**Bernd Leitenberger**

**Raketenlexikon**

**Band 2: Internationale Trägerraketen**

Edition Raumfahrt

**Bernd Leitenberger**

**Raketenlexikon**

**Band 2: Internationale Trägerraketen**

Edition Raumfahrt

Bibliografische Information der Deutschen Nationalbibliothek:
Die Deutsche Nationalbibliothek verzeichnet diese Publikation in der Deutschen
Nationalbibliografie; detaillierte bibliografische Daten sind im Internet über
http://dnb.d-nb.de abrufbar.

Edition Raumfahrt
© 2009 Bernd Leitenberger
http://www.bernd-leitenberger.de
Herstellung und Verlag: Books on Demand GmbH, Norderstedt
1.te Auflage 2009
ISBN-13: 9783839127193

# Inhaltsverzeichnis

| | |
|---|---|
| Vorwort | 8 |
| Russische Trägerraketen | 9 |
|   R-7 / Sputnik | 10 |
|     Wostok L (Luna) | 19 |
|     Wostok | 23 |
|     Sojus | 26 |
|     Sojus Ikar | 32 |
|     Sojus Fregat | 35 |
|     Sojus 2 / Sojus STK | 39 |
|     Molnija | 43 |
|   Kosmos 11K63 | 48 |
|   Kosmos 3M / 11K65 | 52 |
|   Proton | 57 |
|     Proton K | 62 |
|     Proton K / Block D | 65 |
|     Proton K / Block D-1 | 67 |
|     Proton K / Block D-2 | 69 |
|     Proton K / Block DM | 71 |
|     Proton K / Block DM2 | 73 |
|     Proton K / Block DM-2 Modifikationen | 75 |
|     Proton M | 78 |
|   Zyklon | 83 |
|     Zyklon 2A | 86 |
|     Zyklon 2 | 89 |
|     Zyklon 3 | 92 |
|     Zyklon 4 | 95 |
|   N-1 | 97 |
|     N1-F | 108 |
|   Zenit | 112 |
|     Zenit 2 | 114 |
|     Zenit 3SL | 117 |
|     Zenit 3LL / Zenit Fregat | 122 |
|   Energija | 125 |
|     Energija M | 135 |
|   Rockot | 137 |
|     Strela | 143 |
|   Dnepr | 146 |
|   Start-1 | 151 |

| | |
|---|---|
| Start | 156 |
| Shtil | 159 |
| Wolna | 163 |
| Angara | 167 |
|     Angara 1.1 / Baikal | 174 |
|     Angara 1.2 | 176 |
|     Angara A3 | 177 |
|     Angara A5 | 179 |
|     Angara 7 | 181 |
| Russische Raketenprojekte | 183 |
| Europäische Trägerraketen | 189 |
|     Diamant | 190 |
|         Diamant A | 191 |
|         Diamant B | 194 |
|         Diamant BP4 | 197 |
|     Black Arrow | 200 |
|     OTRAG | 203 |
|     Europa | 208 |
|         Europa I | 209 |
|         Europa II | 213 |
|         Europa III | 216 |
|     Ariane 1 | 219 |
|         Ariane 2 und 3 | 224 |
|         Ariane 4 | 228 |
|     Ariane 5 | 233 |
|         Ariane 5 E | 239 |
|     Vega | 244 |
| Chinesische Trägerraketen | 248 |
|     Feng Bao FB-1 | 250 |
|     Langer Marsch 1 | 252 |
|         Langer Marsch 1D | 254 |
|     Langer Marsch 2 | 256 |
|         Langer Marsch 2C | 257 |
|         Langer Marsch 2D | 260 |
|         Langer Marsch 2E | 263 |
|         Langer Marsch 2F | 266 |
|     Langer Marsch 3 Familie | 269 |
|         Langer Marsch 3 | 270 |
|         Langer Marsch 3A | 273 |
|         Langer Marsch 3B | 276 |
|         Langer Marsch 3C | 279 |

|   |   |
|---|---|
| Langer Marsch 4A | 281 |
| Langer March 4B | 284 |
| Langer Marsch 4C | 287 |
| Kaituozhe 1 | 289 |
| Kaituozhe 2 | 292 |
| Langer Marsch 5 | 293 |
| Japanische Trägerraketen | 296 |
| Lambda | 297 |
| My Serie / My 4S | 300 |
| My 3C | 303 |
| My 3H | 306 |
| My 3S | 309 |
| My 3S-II | 312 |
| My-V | 315 |
| J-1 | 319 |
| N Serie | 322 |
| H-1 | 327 |
| H-2 | 330 |
| H-IIA | 335 |
| H-IIB | 340 |
| J-1A / GX | 343 |
| Indische Trägerraketen | 345 |
| SLV 3 | 346 |
| ASLV | 349 |
| PSLV | 351 |
| GSLV | 357 |
| GSLV Mark II | 362 |
| GSLV Mark III | 364 |
| Der Rest der Welt | 367 |
| Sparta Redstone | 368 |
| Shavit / Leolink | 371 |
| VLS | 378 |
| KSLV / Naro-1 | 381 |
| Paektusan-1 / Taepodong 1 | 384 |
| Unha 2 / Taepodong 2 | 386 |
| Safir | 388 |
| Weitere Trägerraketenprojekte | 391 |

# Vorwort

Seit ich mich für Raumfahrt interessiere, faszinieren mich Trägerraketen. Sie nehmen auch auf meiner Website einen hohen Stellenwert ein. Doch wie es so kommt – in dem Bestreben, möglichst viele Informationen über die verschiedenen Typen zusammen zu tragen, geht sehr oft der Blick auf das Wesentliche verloren. Deswegen entschloss ich mich, dieses Buch zu schreiben. Es basiert auf den Daten, die ich schon für meine Website gesammelt habe, konzentriert sich aber auf die wesentlichen Fakten. Diese Angaben wurden aufbereitet, aktualisiert und die Datenblätter in ein einheitliches Format gebracht. Jeder Eintrag zu einer Rakete soll separat lesbar sein, daher sind einige Wiederholungen von grundlegenden Prinzipien (Stufentrennung, Nebenstrom- und Hauptstromverfahren) unvermeidlich. Ich habe diese Erklärungen aber jeweils auf einen oder zwei Sätze beschränkt.

Sehr bald wurde mir klar, dass durch die vielen Subtypen bei den US-Trägern nicht alle Trägerraketen in einem Band unterzubringen waren. Der vorliegende zweite Band enthält daher alle „Nicht US-Träger", vor allem russische, europäische und asiatische Raketen.

Die Angaben über Anzahl der Flüge und Fehlschläge stammen von Jonathan McDowell's Space Report (http://www.planet4589.org/space/jsr/jsr.html). Dies ist die wohl umfangreichste Website auf diesem Gebiet. In der Regel beinhalten die Startlisten nur die orbitalen Startversuche, nicht die Einsätze ohne Oberstufen oder als Höhenforschungsraketen. Redaktionsschluss für die Angaben war der 1.11. 2009. Für viele Raketen war es schwierig, an qualitativ gutes und hochauflösendes Bildmaterial zu kommen. Zum einen, weil viele der vorgestellten Typen schon recht alt sind und Bilder daher meist nur in gedruckter Form mit deutlich sichtbarer Rasterung vorliegen. Anderseits gibt es aber auch von aktuellen Trägern zum Teil nur niedrig aufgelöste Aufnahmen, gedacht für die Darstellung im Internet. Wenn sich ein Träger äußerlich kaum von einem anderen Modell unterscheidet, wie dies etwa bei den verschiedenen Versionen der Proton mit Block/DM der Fall ist, habe ich auf ein Foto verzichtet, wenn keines in guter Qualität verfügbar war.

Die Schreibweise von Eigennamen entspricht der im deutschen Sprachraum üblichen Form. Im Zweifelsfall wurde die Schreibweise der deutschen Wikipedia verwendet. Im Web ist oft auch die englische Schreibweise gängig („Soyuz" anstatt „Sojus"). Besonderen Dank schulde ich Ralph Kanig und Kevin Glinka für das Korrekturlesen des Manuskripts.

# Russische Trägerraketen

Die Sowjetunion setzte, wie auch die USA, für ihre ersten Trägerraketen ihre vorhandenen, militärisch genutzten Interkontinental- und Mittelstreckenraketen ein. Es gab jedoch einige Unterschiede. Während die USA die Leistung der Träger durch Maßnahmen wie z.B. neue Triebwerke, Verlängerung der Tanks, Einführung neuer Oberstufen oder den Einsatz von Feststoffboostern laufend steigerten; produzierte die Sowjetunion viele Typen nahezu unverändert über Jahrzehnte hinweg. War ein Träger nicht mehr leistungsfähig genug oder gab es eine bessere Alternative, so wurde seine Produktion eingestellt. Dies war zum Beispiel bei der Wostok oder Kosmos B-1 der Fall. Es gibt insgesamt nur vier russische Trägerraketen, die keine militärischen Wurzeln haben: die N-1, Energija, Zenit und die Angara.

Bedingt durch die viel geringere Betriebszeit der meisten sowjetischen Satelliten im Vergleich zu westlichen Satelliten und einem höheren Anteil an kurzlebigen, militärischen Aufklärungssatelliten erreichte die Produktion der meisten sowjetischen Träger sehr hohe Stückzahlen. Den absoluten Rekord hält die R-7 mit zusammen über 1.700 Exemplaren in allen Entwicklungslinien.

Durch die einfachere Technik, aber auch das viel geringere Lohnniveau in Russland konnten sich zahlreiche russische Träger gut im kommerziellen Markt platzieren. In der Regel gelang dies durch die Kooperation mit westlichen Firmen.

Heute gibt es durch die Öffnung der Sowjetunion, aber auch durch die Vermarktung der Träger, viel mehr Informationen als vor dem Fall der Mauer. Doch gilt dies nicht bei allen Systemen. Von Projekten, die noch im Dienst befindliche Typen einsetzen, gibt es nur sehr wenige Informationen. Dies ist zum Beispiel bei den U-Boot Raketen Shtil und Wolna oder der „Start" der Fall. Ich habe versucht, die verfügbaren Informationen zusammenzutragen und mit „Mut zur Lücke" bei fehlenden Fakten entsprechende Felder in den Datenblättern frei zu lassen.

Den Abschluss des Kapitels bilden Projekte, die vorgeschlagen wurden, aber nie realisiert wurden. Ich habe mich dabei auf die Wichtigsten beschränkt. Aus Platzgründen entfielen zahlreiche Projektstudien, die es in den letzten 50 Jahren in der Sowjetunion gab, die aber keinen Zuspruch beim damaligen Politbüro der Kommunistischen Partei fanden.

# R-7 / Sputnik

Bereits 1945, nach Ende des Zweiten Weltkriegs, begangen die USA und die UdSSR mit der Entwicklung von Großraketen. Die Basis dafür war in beiden Ländern die im faschistischen Deutschland entwickelte A-4. Gegenüber dem damaligen Entwicklungsstand der Siegermächte war diese Rakete erheblich fortschrittlicher und moderner. Während die USA den Kern der Entwicklungsmannschaft und etwa einhundert A-4 übernahmen, baute die Sowjetunion die Trägerrakete mit dem Rest der Entwickler nach. In den ersten Nachkriegsjahren wurden in der Sowjetunion und den USA die in Deutschland erbeuteten A-4 gestartet. So wurde Erfahrung mit der Rakete und der in ihr steckenden Technologie gesammelt. Auch der nächste Schritt vollzog sich auf beiden Seiten des Atlantiks ähnlich: Die Technologie der A-4 wurde schrittweise verbessert, indem beispielsweise die Tanks leichter und Alkohol als Treibstoff durch das energiereichere Kerosin ersetzt wurde. Die Weiterentwicklungen der A-4 waren bei beiden Staaten dann Grundlage der ersten Mittelstreckenraketen. Bei der Sowjetunion war dies die Entwicklung von der R-1 und R-2 (Nachbauten der A-4) zur R-5. In Amerika entstanden die Redstone und Jupiter aus der A-4. Alle diese Typen waren Mittelstreckenraketen mit Reichweiten von 300 bis 2.000 km.

Doch es gab auch Unterschiede zwischen den beiden Staaten. Der wichtigste Unterschied lag in der strategischen Lage der Sowjetunion: Während die USA die größeren Städte Westrusslands mit Mittelstreckenraketen von Militärstützpunkten rund um die Sowjetunion und Westeuropa erreichen konnten, hatte die Sowjetunion keine Möglichkeit, die USA ohne Interkontinentalraketen zu erreichen. Weiterhin verfügte die Sowjetunion nicht über eine schlagkräftige strategische Luftwaffe, die Atombomben in die USA hätte transportieren können. Dadurch war die Sowjetunion in einer prekären Lage. Sie setzte erhebliche Mittel ein, um frühzeitig eine Rakete zur Verfügung zu haben, die nukleare Waffen in die USA befördern konnte. Daher verfügte die Sowjetunion früher über eine Trägerrakete, die auch größere Satelliten in einem Orbit transportieren konnte.

## Die R-7 als Interkontinentalrakete

Die R-7 (Raketa-7 = Rakete 7) war die siebte militärische Rakete, welche die Sowjetunion nach dem Zweiten Weltkrieg entwickelte und ihre erste Interkontinentalrakete. Am 17.2.1953 wurde die Entwicklung einer 170 t schweren Interkontinentalrakete beschlossen, die einen 3.000 kg schweren Sprengkopf 8.000 km weit transportieren sollte. Später wurden die Anforderungen erhöht. Entwickelt wurde sie von 1954 bis 1957. Koroljow als Chefkonstrukteur hatte das

Konzept der Bündelung von Stufen im Jahre 1953 entwickelt und schlug es am 25.5.1954 vor. Am 9.7.1954 wurde es genehmigt und Koroljow zum verantwortlichen Leiter ernannt. Schon am 15.5.1957, also nur drei Jahre später, fand der erste Start statt. Am 12.8.1953 hatten die Sowjets ihre erste Wasserstoffbombe gezündet. Sie war die Nutzlast der R-7. Wie bei den Amerikanern war das erste Modell noch verhältnismäßig schwer und so wurde die R-7 für den Transport eines 5.500 kg schweren Sprengkopfes über eine Distanz von 8.000 km ausgelegt. Während der Entwicklung des Sprengkopfes konnte dessen Gewicht auf 3 t gesenkt werden. Koroljow blieb jedoch bei dem ursprünglichen Konzept. Zum einen traute er den Konstrukteuren der Wasserstoffbombe nicht, vielleicht würde dieser ja wieder schwerer werden. Zum anderen plante er schon den Einsatz für die Raumfahrt. Je größer die Trägerrakete war, desto mehr Möglichkeiten eröffnete sie. Damit stand der Sowjetunion ein Träger zur Verfügung, der auch schwere Nutzlasten in den Orbit transportieren konnte. Weiterhin konnte auch der leichtere Sprengkopf in der Version R-7A über eine größere Distanz befördern.

Wie bei der ersten amerikanischen Interkontinentalrakete, der Atlas, kam auch der R-7 „Semjorka" keine operationale Rolle als Atomwaffenträger zu. Für einen Einsatz als Interkontinentalrakete war die Rakete mit rund 180 Tonnen flüssigem, bei -183 Grad siedenden, Sauerstoff, zu unpraktikabel. Trotzdem glaubten die USA mangels verlässlicher Informationen, dass die Sowjetunion über eine beträchtliche Raketenstreitkraft verfügte. Das Gegenteil war aber der Fall: Nur wenige Semjorka wurden stationiert. Es verfügten die USA über mehr Interkontinentalraketen als die Sowjetunion. Diese Fehleinschätzung führte schließlich auch zum Kubakonflikt 1962, als die Sowjetunion diesen Mangel durch Stationierung von Mittelstreckenraketen auf Kuba ausgleichen wollte.

In Ermangelung einer Alternative wurde die R-7 noch bis zum Jahr 1961 verbessert, indem der Schub gesteigert und mehr Treibstoff zugeladen wurde. Die Leermasse konnte ebenfalls gesenkt werden. Dazu kam ein neues Lenksystem, das ohne Funkleitstrahl auskam. Diese Version R-7A transportierte einen 3 t schweren Sprengkopf über eine Distanz von 12.100 km. Dies war nötig, da die drei Abschussbasen der Rakete in Plessezk, Baikonur und Kapustin Yar im Westen der Sowjetunion lagen. Mit der ursprünglichen Reichweite von 8.000 km bei der Version R-7 konnte so die Westküste der USA nicht erreichen werden. Diese zweite Version wurde vom 31.12.1959 bis 1968 stationiert. Nur einmal während dieses Zeitraums war eine R-7 während der Kubakrise auch mit einem nuklearen Sprengkopf ausgerüstet. Sie hätte innerhalb von 8 bis 12 Stunden gestartet werden können, was zeigt, dass diese Rakete nur als Erstschlagwaffe brauchbar war.

Für die Tests der Semjorka wurde in Baikonur ein Startgelände gebaut, das anders als das bisherige Startgelände in Kapustin Yar nicht von amerikanischen Radaranlagen in der Türkei überwacht werden konnte. Vom Mai 1955 an wurde hier die Startanlage 1 für die R-7 gebaut. Dafür wurden 150.000 m³ Boden ausgehoben und 30.000 m³ Beton verbaut. Bis zu 1.000 Güterwagen kamen jeden Tag auf der Baustelle an. Alleine das 8 km von der Startrampe entfernte Montagegebäude war 100 m lang, 50 m breit und 20 m hoch. Dort wurde die Semjorka horizontal zusammengebaut. Danach zog eine Lokomotive die Rakete über einen Schienenweg zum Startplatz.

Der erste Flug einer R-7 am 15.5.1957 endete nach 98 Sekunden, als sich Block D vom Zentralblock löste. Beim nächsten Versuch im Juni kam es dreimal nicht zur Zündung, weil ein Stickstoffventil falsch eingebaut wurde. Der dritte Versuch am 12.7.1957 endete mit der Explosion der Rakete durch Versagen der Steuerung. Doch am 27.8.1957 klappte zum ersten Mal ein Start. Obwohl dieser Erfolg von der russischen Nachrichtenagentur TASS verbreitet wurde, fand er im Westen keinerlei Beachtung. Dabei reklamierte die UdSSR sogar einen neuen Weltrekord für die erbrachte Reichweite. Nach dem zweiten erfolgreichen Testflug über interkontinentale Distanzen am 7.9.1957 erfolgte schon der Start von Sputnik 1. Bis Ende 1960 wurden weitere Entwicklungsflüge unternommen.

Beim Start steht die R-7 nicht über der Rampe auf einer Startplattform, sondern hängt über dem Flammenschacht. Vier Streben, die an Blütenblätter erinnern, (daher auch die russische Bezeichnung „Tjulpan" = Tulpe für die Konstruktion) halten die Rakete 20 m über dem Boden. Wenn die Triebwerke so viel Schub aufgebaut haben, dass die Rakete abheben konnte, wurden die Aufleger entlastet. Sie schwenken durch Gegengewichte ohne jede Hydraulik zurück. Dieses einfache System war sehr zuverlässig. Es ist bis heute im Einsatz und wird auch bei dem neuen Launchpad für die Starts von Kourou aus eingesetzt.

## Die Technik der R-7

Bei dem Bau der neuen Trägerraketen beschritten sowohl die UdSSR wie auch die USA ähnliche Lösungswege. Es zeigte sich, dass eine Interkontinentalrakete zwei Stufen benötigte, da anders die hohe Endgeschwindigkeit von 6.000 – 7.000 Metern pro Sekunde nicht erreicht werden kann. Bisher lagen jedoch nur Erfahrungen mit einer Stufe vor, die am Boden gezündet wurden. Niemand hatte bisher eine Stufe mit flüssigen Treibstoffen während des Fluges gezündet. Insbesondere gab es keine Erfahrungen, wie sich der Treibstoff unter Schwerelosigkeit verhalten würde. Die Zuverlässigkeit von Raketen war Mitte der fünfziger Jahre auch noch gering, da es oftmals bei der Zündung Probleme gab.

Beide Staaten griffen daher zu einer Kompromisslösung. Die erste und zweite Stufe wurden gleichzeitig am Boden gezündet. Vor dem Abheben konnten so beide Stufen überprüft werden. Zugleich war so eine Zündung während des Fluges zu vermeiden.

Die zweite Stufe verfügte jedoch über eine erheblich längere Brennzeit, sodass die erste Stufe vor Brennschluss der zweiten Stufe abgesprengt werden konnte. Diese Technologie wird daher oft auch als „eineinhalbstufig" bezeichnet. Es ist eine Form der Bündelrakete oder Parallelstufenrakete. Bei der Semjorka wurde die erste Stufe in Form von vier Zusatzraketen an die zweite Stufe, dem Zentralblock, angeflanscht. Bei Abtrennung der ersten Stufe war dadurch der Tank der zweiten Stufe erst zu 30-40 Prozent leer. Die R-7 bündelte sowohl bei der zentralen Stufe, wie auch bei den vier Außenblocks jeweils vier Brennkammern zu einem Triebwerk. Der Schub jeder einzelnen Brennkammer war dadurch nicht höher als bei der A-4. Einzig die Förderung des Treibstoffes musste für den vierfachen Umsatz ausgelegt sein. Die Semjorka benutzt Kerosin und flüssigen Sauerstoff als Treibstoffe.

## Block B, W, G und D

Die vier Außenblocks hatten die Bezeichnung Block B, W, G und D. Dies sind nach „A" die ersten vier Buchstaben im russischen Alphabet. Sie hatten die Form eines Kreiskegels. Die Länge betrug jeweils 19,80 m bei einem maximalen Durchmesser von 2,68 m. Jeder Block wurde von einem Triebwerk des Typs RD-107 angetrieben. Dieses bestand aus vier Brennkammern mit einer gemeinsamen Förderturbine und einem gemeinsamen Gasgenerator. Der Schub betrug 790 kN am Boden bzw. 812 kN im Vakuum. Dazu kamen an der Außenseite noch zwei Steuertriebwerke. Obgleich die Blöcke riesig wirken, wog jeder voll betankt nur 43 t und leer 3,4 t. Das Triebwerk ist nicht schwenkbar aufgehängt. Änderungen der Lage erfolgen durch den Betrieb der Verniertriebwerke.

## Block A

Der zentrale Block A hatte die Form eines Zylinders, der sich allerdings in 19,80 m Höhe von 2,05 auf 2,95 m Durchmesser vergrößerte und dann wieder auf 2,60 m verjüngte. Die Länge betrug 26,00 m. Er wog mit 94 t Startmasse und 7,5 t Leermasse mehr als doppelt so viel wie ein Außenblock. Dazu kam noch die Steuersektion und der Stufenadapter mit rund 800 kg Gewicht. Die Tanks bestanden bei Block A, wie auch bei den Außentanks, aus Aluminium.

Sein Triebwerk RD-108 unterschied sich nur geringfügig von dem RD-107, welches in den Außenblocks verwendet wurde. Der Schub war mit 745 kN am Boden etwas geringer, aber im Vakuum mit 912 kN größer. Das Triebwerk war besser für den Betrieb im Vakuum angepasst und besaß hier einen höheren spezifischen Impuls und geringfügig höheren Brennkammerdruck. Dazu kommen vier Steuertriebwerke vom selben Typ wie beim Außenblock. Auch hier ist das Triebwerk starr eingebaut.

## Die Triebwerke

Die Triebwerke der R-7 waren gegenüber denen der A-4 und früheren Mustern weiterentwickelt worden. Geplant war ein auf dem deutschen Triebwerk ED-140 basierendes Einkammertriebwerk. Doch Entwicklungsprobleme bei diesem Triebwerk führten zu einer Lösung mit vier Brennkammern. In Russland sind Erzeugniscodes üblicher als die Triebwerksbezeichnung. Die R-7 setzte hier die Erzeugniscodes 8K71-0 (RD-107) und 8K71-1 (RD-108) ein.

Die Technologie wurde gegenüber den Vorgängern R-4 und R-5 verbessert. So war die Brennkammer nicht massiv, mit ausgefrästen Rippen für die Kühlflüssigkeit, sondern doppelwandig mit einer Wellblech-Verstärkung. Durch sie zirkuliert das Kerosin; die Kammer weist aber noch nicht die Technologie der verschweißten Kühlröhren auf. Verglichen mit den Vorgängern konnte so der Brennkammerdruck gesteigert werden. Das Kerosin kühlte auch die Düse, bevor es in die Brennkammer eingespritzt wurde. Die Probleme, die entstehen, wenn ein Triebwerk geschwenkt werden muss (die Turbopumpen mit ihren hohen Drehzahlen erzeugen einen Drehimpuls und dadurch eine Kraft, wenn sie mit dem Triebwerk geschwenkt werden), umging Koroljow, indem er die Triebwerke fest einbaute und schwenkbare kleinere Steuertriebwerke für die Korrekturen um Nick- und Gierachse einsetzte. Auch die Turbopumpen wurden moderat in ihrer Leistung gesteigert. Es gab eine eigene Turbopumpe für die Förderung von Sauerstoff und Kerosin. Dazu kamen zwei Hilfspumpen für den Gasgenerator und die Förderung von Stickstoff zur Druckbeaufschlagung in beiden Tanks. Jede Turbopumpe hatte eine Leistung von 4.000 kW und fördert pro Sekunde 91 kg Kerosin und 227 kg flüssigen Sauerstoff. Der Treibstoff wurde mit 51 bar (RD-107) bzw. 58,5 bar (RD-108) in die Brennkammer eingespritzt. Die Brennkammern haben Zylinderform und bei den Düsen ging Koroljow von der konischen auf eine parabolische Form über. An die A-4 erinnerte noch der Gasgenerator – er nutzte katalytisch zersetztes Wasserstoffperoxid.

Die Stabilisierung erfolgte durch die oben angesprochenen Steuertriebwerke. In den Außenblocks gab es zwei, und im Zentralblock vier Triebwerke. Sie hatten jeweils 25 kN Schub. Die Steuertriebwerke waren in zwei Raumrichtungen um 45 Grad schwenkbar. Damit konnte die Bewegung um die Nick- und Gierachse gesteuert werden. Die Stabilisierung in der Rollachse erfolgte in der ersten Flugphase mit Finnen, das sind kleine Flügel an den Außen- und dem Zentralblock. Diese verhinderten ein Rollen um die Längsachse während des Fluges durch die Atmosphäre. Danach war die Rakete so schnell, dass eine Stabilisierung durch die Geschwindigkeit erfolgte.

Die Verniertriebwerke wurden von der Turbopumpe des Haupttriebwerks gespeist und gehörten mit zu dem Triebwerk RD-107/8. Im Westen wurde die Rakete erstmals im Jahre 1967 auf der Pariser Luft und Raumfahrtausstellung präsentiert. Vorher war nur die Leistung von 20 Millionen PS bekannt, die (in Unkenntnis der Brennzeit) mit einem Startschub von 5.000 kN (tatsächlich 3.940 kN) und mit überlegenen Triebwerken assoziiert wurde. Als Experten die Konstruktion dann sahen, schlug die Meinung ins Gegenteil um. Die Rakete wäre primitiv, die UdSSR hätte nicht einmal den Schub des A-4 Triebwerks pro Brennkammer erreicht und müsste beim Start 32 Triebwerke zünden, während die Atlas mit fünf Triebwerken auskam (Haupttriebwerke und Steuertriebwerke zusammengefasst). Mit Sicherheit war die Lösung komplexer als die der Atlas. Doch die Erfahrung zeigte, dass sie trotzdem zuverlässig ist. Die R-7 zählt heute zu den zuverlässigsten Trägerraketen der Welt.

Der Start einer Semjorka war arbeitsaufwendig: Etwa 300 Personen waren eine Woche lang mit den Vorbereitungen beschäftigt. Beim Start zündeten alle 20 Haupt- und 12 Steuertriebwerke gleichzeitig. Die vier Außenblocks hatten ihren Treibstoff nach 120 Sekunden verbraucht und wurden bei einer Geschwindigkeit von 2.170 m/s in 50 km Höhe, 100 km vom Startplatz entfernt, abgetrennt. Sie wurden bis dahin durch ein Spannband am Zentralblock fixiert. Dieses wurde nun durchtrennt. Durch den Restschub der Triebwerke drehte sich der Außenblock dann nach außen. Er löste dabei die Verbindung oben an der Rakete, die aus einem Kugelgelenk bestand. Dabei reagierte ein Kontakt, der Ventile an der Oberseite der Außenblocks öffnete. Der Restsauerstoff strömte aus und der dabei entstehende Schub drückte die Außenblocks von dem Zentralblock weg. Diese einfache Konstruktion ohne Trennraketen bewährte sich und es gab nur wenige Fälle, bei denen ein Außenblock nicht abgetrennt wurde.

Die Zentralstufe arbeitete noch weitere 180 Sekunden. Sie wurde in 170 km Höhe, 700 km vom Startplatz entfernt, bei einer Geschwindigkeit von 6.340 m/s abgetrennt. Danach flog der 5.500 kg schwere Sprengkopf auf einer ballistischen Bahn zu seinem 8.000 km entfernten Ziel. Gebaut wurden nur neun Startrampen für die R-7 in Plessezk und Baikonur. Jeder Startkomplex kostete rund 500 Millionen Rubel. Von 1960 bis 1966 war die R-7 operational, von 1960-1968 die R-7A. Zwölf Testflüge wurden durchgeführt. Nach dem Ausmustern wurden die R-7 Startplätze für Satellitenstarts genutzt.

## Sputnik

Schon 1956 hatte die Sowjetunion angekündigt, dass sie während des geophysikalischen Jahres vom Juli 1957 bis Dezember 1958 einen Erdsatelliten starten würde. Im Westen wurde dies aber als Propaganda abgetan. Koroljow versuchte, die Führung seines Landes von der Notwendigkeit eines Satelliten zu überzeugen. Er schaffte es und konnte schon nach dem zweiten Testflug einer R-7 einen Satellitenstart ansetzen. Frühzeitig hatte er an einem anspruchsvollen, 1.200 kg schweren Erdsatelliten gearbeitet. Dessen Bau verzögerte sich jedoch immer wieder und es war abzusehen, dass die Amerikaner vorher einen Satelliten starten würden. Um den USA zuvor zu kommen, entschied sich Koroljow deshalb dafür, zuerst einen einfachen und schnell zu bauenden Satelliten zu starten. Der am 4. Oktober 1957 gestartete Sputnik 1 war daher nichts weiter als ein Sender in einer hermetisch verschlossenen Kugel. Solange seine Batterien Strom lieferten, sandte er alternierend auf 20 und 40 MHz, einem Frequenzband, welches damals jeder Funkamateur empfangen konnte. Der Frequenzwechsel sorgte beim Empfang auf einem der beiden Bänder für das charakteristische Beep-Beep Geräusch.

Trotzdem schlug der Start wie eine Bombe ein. Nicht nur, das der Satellit mit 83,60 Kilogramm Gewicht schwerer als jeder projektierte Satellit der USA war: Die USA hatten der UdSSR nicht zugetraut, dass sie einen Satelliten starten könnte. Kurz danach starteten die Sowjets als weitere propagandistische Erstleistung mit Sputnik 2 das erste Lebewesen in den Weltraum – die Hündin Laika. Anders als verlautbart, starb diese allerdings schon bald nach dem Start, als die Temperatur in der Kapsel rasch anstieg. Nicht nur diese Erstleistung, sondern auch das mit 502 kg angegebene Gewicht schockierte. Eine Rakete, die eine solche Nutzlast in einen Orbit beförderte, konnte auch Atomwaffen bis zu den USA transportieren. Im Mai 1958 war schließlich der schwere Satellit zum Start bereit. Mit 1.328 Kilogramm war Sputnik 3 noch schwerer als Sputnik 2. Damit war jedoch auch die Grenze der Kapazität der Semjorka ohne eine Oberstufe erreicht. Er machte umfangreiche Untersuchungen des erdnahen Raums. Ihm entging aber die Entdeckung des Strahlengürtels. Der Bahnpunkt, wo er die Messungen im Van-Allen Gürtel machte, befand sich auf der Südhalbkugel und dort hatte die Sowjetunion keine

Empfangsmöglichkeit. Für die Starts der ersten drei Sputniks wurden unveränderte R-7 verwendet, nur der Sprengkopf wurde durch den Satelliten ersetzt. Ein Start eines zweiten Exemplars des Sputnik 3 schlug fehl. Das System, die Rakete nach einer Nutzlast („Sputnik", russisch für „Weggefährte") zu benennen, übernahm die UdSSR bei weiteren Trägern und Subversionen.

Für den Start wurde das Startgewicht der R-7 reduziert: Der Adapter zur Nutzlast wurde verkürzt, Batterien und Kabel entfernt und die Triebwerke arbeiteten bis zum Erschöpfen von Treibstoff oder Oxidator. Bei den normalen ICBM-Tests wurden sie üblicherweise abgeschaltet, wenn der Treibstofffluss zurückging. Der Erzeugniscode der Sputnik war 8K71PS.

| Datenblatt R-7 „Sputnik" | | |
|---|---|---|
| Einsatzzeitraum: | 1957 – 1958 | |
| Starts: | 4, davon ein Fehlstart | |
| Zuverlässigkeit: | 75 % erfolgreich | |
| Abmessungen: | 29,19-32,80 m Höhe 10,30 m Durchmesser | |
| Startgewicht: | 272.830 kg | |
| Maximale Nutzlast: | 1.500 kg in einen 200 km hohen LEO-Orbit mit 65 ° Inklination | |
| Nutzlasthülle: | 1,17 – 4,78 m Höhe, 2,60 m Durchmesser | |
| | **Block B, W, D, G** | **Block A** |
| Länge: | 19,60 m | 26,00 m |
| Durchmesser: | 2,60 m | 2,95 m |
| Startgewicht: | 4 × 42.000 kg | 99.100 kg |
| Trockengewicht: | 4 × 3.700 kg | 7.500 kg |
| Schub Meereshöhe: | 4 × 790 kN | 745 kN |
| Schub Vakuum: | 4 × 812 kN | 912 kN |
| Triebwerke: | 4 × 8K71-0 | 1 × 8K71-1 |
| Spezifischer Impuls (Meereshöhe): | 2428 m/s | 2364 m/s |
| Spezifischer Impuls (Vakuum): | 2983 m/s | 3029 m/s |
| Brenndauer: | 120 s | 300 s |
| Treibstoff: | LOX / Kerosin | LOX / Kerosin |

*Abbildung 1: Sputnik 2 vor dem Start*

# Wostok L (Luna)

Die sowjetische Führung war überrascht von dem Medienecho beim Start des Sputniks. So forderte nun das Politbüro rasch weitere publicityträchtige Erstleistungen. Schon im Laufe des Jahres 1958 entbrannte ein Wettrennen im Weltraum, welches schließlich mit der Landung von Apollo 11 seinen Gipfelpunkt erreichte. Das nächste Ziel war, den Mond mit einer Sonde zu erreichen. In den USA arbeiteten gleich zwei Teams von der Army und der Air Force mit separaten Raumsonden daran, vor den Sowjets am Mond vorbeizufliegen. Die zweistufige R-7 erreichte nicht die dafür notwendige Geschwindigkeit. Sie musste um eine weitere Stufe erweitert werden. Die Arbeiten dafür begannen im Januar 1958. Die Oberstufe sollte sowohl fähig sein, eine Raumsonde zum Mond zu befördern, als auch eine Raumkapsel in einen Erdorbit. Am 10.3.1958 gab das Politbüro als Vorgabe, dass die R-7 innerhalb eines Jahres eine Sonde zum Mond befördern sollte.

Das Wichtigste an der Oberstufe war daher, dass sie möglichst schnell zur Verfügung stand. Sie wurde „Block E" genannt (nach dem nächsten Buchstaben im Alphabet). Diesem Ziel wurden andere Aspekte, wie eine technisch ausgeklügelte Lösung oder hohe Leistung, untergeordnet.

Da immer noch keine Erfahrung über die Zündung in der Schwerelosigkeit vorlag, versuchte Koroljow diese zu vermeiden. Dies geschah, indem die dritte Stufe kurz vor Ausbrennen der zweiten Stufe gezündet wurde. Dadurch wurde auch gleichzeitig die dritte Stufe stabilisiert und die zweite Stufe von der Dritten durch den Rückstoß abgetrennt. Die Abgase der Oberstufe trafen auf einen zusätzlich montierten Ablenkkonus aus Titan auf dem Zentralblock. Dieser verhinderte eine Explosion des Sauerstofftanks des Zentralblocks durch die Flammen der Oberstufe. Die Flammen entwichen durch einen Gitterrohradapter zur Seite. Die Zündung war mit dem Rückgang des Schubs des Zentralblocks synchronisiert. Bei Erreichen des Nominalschubs der Oberstufe wurde der Gitterrohradapter gesprengt und die Stufentrennung erfolgte. Oberhalb von Block A befand sich das Lenksystem der Rakete. Auf ihm wurden Schutzschild und Gitterrohradapter montiert.

Die Oberstufe Block E verwendete wie die ersten beiden Stufen die Treibstoffkombination flüssiger Sauerstoff und Kerosin. Koroljow bevorzugte diese Treibstoffkombination, obwohl Gluschko mit dem RD-109 ein Triebwerk mit doppelt so hohem Schub und einem erhöhten spezifischen Impuls entwickelt hatte. Doch die Treibstoffkombination LOX/UDMH, die dafür eingesetzt wurde, war noch unerprobt und wurde als zu riskant eingestuft. Das Triebwerk RO-07 hatte einen Schub von 49 kN. Es verfügte nur über eine Brennkammer und war nicht schwenkbar. Die Stabilisierung der Stufe geschah durch die Abgase des Gasgenerators, die durch Düsen ins Freie geleitet wurden.

Wichtigstes Designmerkmal war, dass die Stufe recht kompakt war, um die Statik der Rakete nicht zu verändern. So umgaben Treibstofftank und Oxidatortank jeweils ringförmig das Triebwerk. Sie waren nicht tragend und wurden an einer starren Außenhülle fixiert. Der untere Kerosintank umgab das Triebwerk und der obere Sauerstofftank ließ eine Öffnung frei, in welche die Luna Sonden hineinragten. Da bei einem sehr flachen Tank die Gefahr von POGO Schwingungen sehr groß war, ragten durchlöcherte Prallbleche in die Tanks. Zusammen mit der ungünstigen, nicht tragenden Tankform, ergab sich die relativ hohe Leermasse von Block E.

Block E war bei einem Durchmesser von 2,58 m nur 2,98 m lang. Mit Nutzlastverkleidung betrug die Länge lediglich 4,75 m. Die Luna war mit 33 m nicht höher als die letzte R-7 Version, die Sputnik 3 beförderte. Block E brannte etwa 400 Sekunden lang und beförderte die Luna Sonden direkt zum Mond, d.h. ohne vorher eine Parkbahn einzuschlagen. Dies erforderte eine hohe Genauigkeit und so verpasste auch Luna 1 den Mond und verließ das Erde-Mond-System. Block E wurde in Rekordzeit entwickelt und stand schon Ende 1958, also weniger als ein Jahr nach Entwicklungsbeginn, zur Verfügung.

Diese Rakete wurde zuerst eingesetzt, um als weitere propagandistisch nutzbare Erstleistung eine Luna Sonde auf den Mond aufschlagen zu lassen (Luna: russisch für Mond). Mehrere Starts der ersten Luna Sonden missglückten aber. Trotzdem gelang der Sowjetunion mit Luna 1 der Start der ersten Raumsonde, welche den Mond passierte, und mit Luna 2 der erste Aufschlag einer Raumsonde auf dem Mond. Dem folgte mit Luna 3 die erste Mondumrundung, wobei die Sonde die ersten Bilder der Rückseite des Mondes lieferte. Nach nur neun Starts, von denen lediglich drei Einsätze keine Fehlstarts waren, wurde die „Luna" Trägerrakete nicht mehr eingesetzt. Grund war neben der geringen Zuverlässigkeit auch die relativ geringe Nutzlastmasse. Einer Stufenleermasse von 1.100 kg stand eine Nutzlast von nur 400 kg gegenüber.

Die Sowjetunion bezeichnete die neue Trägerrakete als „Luna" – nach der ersten mit ihr gestarteten Nutzlast und suggerierte damit, eine neue Trägerrakete in Dienst gestellt zu haben. Erst 1967 wurde bekannt, dass es eine Variation der Wostok Rakete war. Der Erzeugniscode lautete „Wostok-L 8K72".

## Datenblatt Wostok „Luna"

| | |
|---|---|
| Einsatzzeitraum: | 1958 – 1960 |
| Starts: | 9, davon 6 Fehlstarts |
| Zuverlässigkeit: | 33 % erfolgreich |
| Abmessungen: | 33,50 m Höhe |
| | 10,30 m Durchmesser |
| Startgewicht: | 279.000 kg |
| Maximale Nutzlast: | 400 kg auf eine Mondtransferbahn |
| Nutzlasthülle: | 1,77 m Höhe, 2,45 m Durchmesser |

| | Block B,W,D,G | Block A | Block E |
|---|---|---|---|
| Länge: | 19,80 m | 28,75 m | 2,98 m |
| Durchmesser: | 2,60 m | 2,95 m | 2,45 m |
| Startgewicht: | 4 × 43.300 kg | 100.400 kg | 8.100 kg |
| Trockengewicht: | 4 × 3.710 kg | 6.800 kg | 1.100 kg |
| Schub Meereshöhe: | 4 × 790 kN | 745 kN | - |
| Schub Vakuum: | 4 × 821 kN | 940 kN | 49 kN |
| Triebwerke: | 4 × 8K71-0 | 1 × 8K71-1 | 1 × RO-07 |
| Spezifischer Impuls (Meereshöhe): | 2452 m/s | 2432 m/s | - |
| Spezifischer Impuls (Vakuum): | 3060 m/s | 3080 m/s | 3090 m/s |
| Brenndauer: | 130 s | 295 s | 400 s |
| Treibstoff: | LOX / Kerosin | LOX / Kerosin | LOX / Kerosin |

*Abbildung 2: Start von Luna 1 am 2.1.1959*

# Wostok

Später wurde die Luna Trägerrakete in einer leicht verbesserten Form als Rakete für die ersten bemannten Starts der Wostok Kapsel genutzt. Hier konnten die Konstrukteure die Nutzlast der Rakete in einen LEO-Orbit von 1.500 auf 4.730 kg verdreifachen. Der russische Begriff Wostok bedeutet „Osten". Schon vor dem ersten bemannten Einsatz am 12.4.1961 mit dem Flug Gagarins auf Wostok 1 gab es Einsätze der Rakete. Sie transportierten die Wostok-Kapsel zuerst unbemannt, um diese zu testen. Dabei wurden die Nutzlasten als „Sputniks" klassifiziert, um zu verschleiern, dass es Testflüge der Kapsel waren. Später folgten dann Wostok-Kapseln mit Hunden als Passagiere. Sieben Testflüge gingen dem ersten bemannten Einsatz voraus. Mit dem Start von Wostok 1 wurde auch die Trägerrakete als Wostok bezeichnet. Damit sollte suggeriert werden, die Sowjetunion hätte eine neue Trägerrakete mit der dreifachen Nutzlast der Sputnik in Dienst gestellt.

Auch später wurden noch mit dieser Rakete Nutzlasten gestartet. Ihre Bedeutung schwand jedoch mit der Zeit. Block E konnte nur Orbits direkt ohne Freiflugphase und Wiederzündung erreichen. Block E wurde direkt nach Ausbrennen des Block A gezündet und es war nur diese eine Zündung möglich. Damit nahm die Nutzlast für höhere, kreisförmige Bahnen rasch ab. Dafür hätte die Wostok in eine ballistische Bahn mit einem Gipfelpunkt auf der Bahnhöhe starten müssen, was energetisch sehr ungünstig ist. Möglich waren aber elliptische Bahnen mit einem sehr erdnahen Perigäum. Trotzdem wurden von dieser Rakete zahlreiche Nutzlasten befördert, für die dies keine Einschränkung war.

Es gab zwei Versionen. Mit der ersten vom Typ Wostok 8K72K wurden die Wostok-Raumschiffe gestartet. Auch die aus diesem Raumschiff entwickelten Zenit-1 Aufklärungssatelliten flogen mit dieser Version. Der letzte Flug dieser Version erfolgte 1967. Schon 1966 wurde sie durch eine modernisierte Version Wostok 8A92 ersetzt. Sie startete bis 1991 die schwereren Zenit-2 Aufklärungssatelliten und Meteor Wetterbeobachtungssatelliten. In dieser Version der „Wostok" wurde der Schub des Triebwerks RO-07 leicht erhöht. Die Brenndauer verringerte sich und der spezifische Impuls stieg an.

Block E hatte bei beiden Versionen eine größere Leermasse von 1,4 t anstatt 1,1 t. Die Verstärkung der Struktur erlaubte es, schwerere Nutzlasten bis zu 4.730 kg Gewicht in eine Erdumlaufbahn zu transportieren. Dafür nahm die Stufe nur 6,4 t anstatt 7,0 t Treibstoff auf. Weitere Verbesserungen betrafen die Blocks A-G, die nun über einen etwas höheren Startschub von 4.060 kN anstatt 3.904 kN verfügten. Auch hier wurden die Triebwerkskenndaten verbessert und die Struktur verstärkt, um größere Nutzlasten zu starten. Erstmals wurde auch eine geräumige Nutzlastverkleidung eingesetzt. Die Bedeutung der Wostok schwand jedoch. Im Jahr 1991 erfolgte der letzte Flug einer Wostok.

| Datenblatt Wostok 8A92 | | | | |
|---|---|---|---|---|
| Einsatzzeitraum: | 1960 – 1991 | | | |
| Starts: | Wostok 8K72: 4, davon 1 Fehlstart<br>Wostok 8K72K: 13, davon 2 Fehlstarts<br>Wostok 8A92: 45, davon 45 Fehlstarts<br>Wostok 8A92M: 94, davon 2 Fehlstarts<br>Insgesamt: 156, davon 10 Fehlstarts | | | |
| Zuverlässigkeit: | 93,6 % erfolgreich | | | |
| Abmessungen: | 38,90 m Höhe<br>10,30 m Durchmesser | | | |
| Startgewicht: | 287.000 kg | | | |
| Maximale Nutzlast: | 4.730 kg in eine Umlaufbahn in 200 km Höhe, 52 Grad Neigung.<br>1.540 kg in eine 650 km hohe sonnensynchrone Umlaufbahn.<br>1.150 kg in eine 1.000 km hohe sonnensynchrone Umlaufbahn. | | | |
| Nutzlasthülle: | 9,61 m Höhe, 2,58 m Durchmesser. | | | |
|  | **Block B,W,D,G** | **Block A** | **Block E** | |
| Länge: | 19,80 m | 28,75 m | 3,80 m | |
| Durchmesser: | 2,60 m | 2,95 m | 2,45 m | |
| Startgewicht: | 4 × 43.300 kg | 101.000 kg | 7.755 kg | |
| Trockengewicht: | 4 × 3.710 kg | 6.500 kg | 1.440 kg | |
| Schub Meereshöhe: | 4 × 830 kN | 745 kN | - | |
| Schub Vakuum: | 4 × 995 kN | 912 kN | 55 kN | |
| Triebwerke: | 4 × 8D74-K | 1 × 8D75-K | 1 × RO-07 | |
| Spezifischer Impuls (Meereshöhe): | 2452 m/s | 2432 m/s | - | |
| Spezifischer Impuls (Vakuum): | 3060 m/s | 3080 m/s | 3178 m/s | |
| Brenndauer: | 120 s | 300 s | 370 s | |
| Treibstoff: | LOX / Kerosin | LOX / Kerosin | LOX / Kerosin | |

*Abbildung 3: Eine Wostok in einer Ausstellung in Moskau*

## Sojus

Basierend auf den Erfahrungen mit der Wostok-Trägerrakete, kam der Wunsch auf, eine leistungsstärkere Oberstufe einzusetzen. Diese Oberstufe hätte zum einen die Nutzlast in einen nahen Erdorbit um weitere zwei Tonnen erhöht, zum anderen hätte sie eine vierte Stufe für interplanetare Missionen transportieren können. Die vierstufige Version wurde als „Molnija" Rakete zuerst eingesetzt. Die „Sojus" jedoch übertrumpfte alle anderen bisher entwickelten sowjetischen Raketen hinsichtlich Stückzahl und Startfrequenz. Mehr als 1.500 Stück wurden seit dem Erststart eingesetzt.

Die Rakete wurde nach dem Start der Raumkapsel Woschod (russisch für „Aufgang") zuerst als Woschod bezeichnet. Als zwei Jahre später die Sojus-Kapseln (russisch für „Union") starteten, wurde dieselbe Rakete als „Sojus" bezeichnet.

## Drittstufe Block I

Die neue Oberstufe, die den Block E der Wostok ablöste, bekam den Namen Block I und war in der ersten Version 24,3 Tonnen schwer. Für den Transport der schwereren Oberstufe wurden die unteren Blocks strukturell verstärkt. Auch war der Schub und der spezifische Impuls der Triebwerke etwas besser als bei Wostok.

Die Tanks von Block I waren nun zylindrisch mit sphärischen Domen ausgeführt und nicht mehr torusförmig. Dies senkte ihre Leermasse. Block I hatte zwei Triebwerke. Die ersten Versionen nutzten das Triebwerk RD-0110 mit 297,9 kN Schub und einem Brennkammerdruck von 68,2 bar. Der spezifische Impuls dieses Triebwerks betrug 3198 m/s.

Eine Verbesserung des RD-0110 führte zum RD-0110A. Bei gleichem Schub besitzt dieses eine höhere Zuverlässigkeit. Es wird seit 1969 eingesetzt. Anders als die bisherigen Triebwerke nutzt es die Treibstoffe selbst zum Betrieb des Gasgenerators. Es führt also kein Wasserstoffperoxid mit sich. Die Abgase des Gasgenerators und der Turbine werden auch für den Betrieb von vier Vernierdüsen genutzt, welche die Stufe beim Flug stabilisieren. Wie bei den unteren Stufen verfügt das Triebwerk über vier Brennkammern mit einer gemeinsamen Turbopumpe und einem Gasgenerator. Die Abgase des Gasgenerators werden auch benutzt, um den Kerosintank unter Druck zu setzen. Der Sauerstofftank wird durch Erhitzen eines Teils des Sauerstoffs am Triebwerk unter Druck gesetzt.

Block I wiegt je nach Version 24,3 bis 25,4 t und arbeitet mit den Treibstoffen flüssiger Sauerstoff (LOX) und Kerosin. Die Brennzeit beträgt nominell 240 Sekunden. Das Leergewicht beträgt 2 bis 2,4 t. Für bemannte Einsätze gibt es das Rettungssystem SAS, das nach 150 Sekunden abgesprengt wird. Für die Besatzung brachte die Sojus eine Verbesserung, da die schwere Oberstufe die Spitzenbelastung vor dem Brennschluss von Block A von 5 g auf 2,2 g reduzierte. Block I wird wie Block E vor der Stufentrennung gezündet. Dieses findet zwei Sekunden vor Brennschluss von Block A statt. Auch die Sojus verwendet daher einen Gitterrohradapter, damit die Flammen des RD-0110 Triebwerks entweichen können. Die Trennung findet bei einer vorgegebenen Geschwindigkeit statt. Block I hat eine eigene Steuerung. Sie ersetzt allerdings nicht die Steuerung der Grundstufe, die davon unabhängig arbeitet. Sie arbeitet wie in der Grundstufe mit analoger Elektronik und verfügt über keine Inertialplattform, sondern nutzt die Radionavigation zur Bestimmung der Position.

Eine Konsolidierung in der Entwicklung der verschiedenen Versionen der R-7 setzte mit der Umbenennung als Sojus Trägerrakete ein, nachdem ab 1967 Raumschiffe dieses Typs starteten. Zweimal wurde während der Entwicklung die Sojus in ihrer Leistung gesteigert. 1971 wurde die Sojus-U und 1982 die Sojus-U2 eingeführt. In der Sojus-U wurden zahlreiche Modifikationen, die vorher in die Produktion einflossen, zusammengefasst. Das „U" steht für die Abkürzung des russischen Wortes für „vereinheitlicht". Bisher gab es kleinere Unterschiede in der Fertigung der Zentralstufe abhängig von den Oberstufen (Sojus, Wostok und Molnija Versionen). Die Sojus-U ersetzte diese durch eine gemeinsame Zentralstufe, wobei die Außenblocks und das Zentraltriebwerk in ihrer Leistung leicht gesteigert wurden. Verbesserungen gab es auch in den Bodenanlagen, dadurch konnten die Starts schneller durchgeführt werden. Es stehen vier Nutzlastverkleidungen von 2,70, 3,00, 3,30 und 3,70 m Durchmesser zur Verfügung.

Die Sojus-U2 ist eine spezielle Version der Sojus U für bemannte Einsätze. Diese Version benutzt anstatt Kerosin eine Kohlenwasserstoffmischung namens „Sintin" in Block A-G. Sintin besitzt eine etwas höhere Energiedichte, wodurch die Nutzlast um 200 Kilogramm steigt. Sie wird nach dem Produktionsstop für Sintin seit 1996 nicht mehr eingesetzt. Die Mehrkosten für die Sojus-U2 standen offensichtlich in keinem Verhältnis zum Nutzlastgewinn.

Im Laufe der Entwicklung stieg die Nutzlast für einen 200 km hohen Orbit mit 65 Grad Neigung von 5.900 kg bei der Woschod auf 7.050 kg bei der Sojus-U2. Die Datenblätter weisen die Sojus U2 und Woschod als die beiden Extreme der alten Versionen aus. Eingesetzt wurden folgende Versionen:

| Version | Bezeichnung | Starts | Fehlstarts | Einsatz |
|---|---|---|---|---|
| Sojus FG | „Sojus Fregat" | 29 | 0 | Mit Fregat Oberstufe seit 2001 im Einsatz |
| Sojus 11A510 | | 2 | 0 | Testversion 1964-1965 |
| Sojus 11A511 | „Sojus" | 31 | 2 | Bemannte und unbemannte Einsätze 1966-1976 |
| Sojus 11A511L | „Sojus L" | 3 | 0 | Mondlandefährentests 1970-1971 |
| Sojus 11A511M | „Sojus M" | 8 | 0 | Orion Satelliten 1971-1976 |
| Sojus 11A511U | „Sojus U" | 752 | 20 | Standardisierte Version. Seit 1976 im Einsatz für bemannte und unbemannte Flüge. |
| Sojus 11A511U2 | „Sojus U2" | 71 | 0 | Bemannter Einsatz für Mir Flüge von Sojus und Progress Raumschiffe 1982-1995 |
| Woschod 11A57 | „Woschod" | 300 | 13 | Woschod und Zenit 2/4 Starts von 1963-1976 |
| Sojus 2 | „Sojus 2" | 6 | 0 | Modernisiertes Lenksystem und Triebwerke. Seit 2004 im Einsatz |

Heute startet Russland seine militärischen Satelliten und Progress Raumtransporter mit der Sojus-U, die bemannten Missionen mit der Sojus-FG. Kommerzielle Starts erfolgen nur mit der Sojus-FG. Die Sojus 2 soll beide Versionen mittelfristig ersetzen.

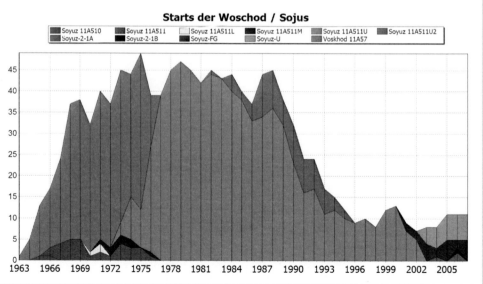

*Abbildung 4: Starts der Sojus von 1963-Ende 2007*

## Datenblatt Woschod 11A57

| | | | |
|---|---|---|---|
| Einsatzzeitraum: | 1963 – 1976 | | |
| Starts: | 300, davon 13 Fehlstarts | | |
| Zuverlässigkeit: | 95,6 % erfolgreich | | |
| Abmessungen: | 30,87 m Höhe (ohne Nutzlastspitze) | | |
| | 10,30 m Durchmesser | | |
| Startgewicht: | 306.000 kg | | |
| Maximale Nutzlast: | 5.900 kg auf eine 200 km hohe 65° geneigte Umlaufbahn. | | |

| | Block B,W,D,G | Block A | Block I |
|---|---|---|---|
| Länge: | 19,80 m | 28,00 m | 6,70 m |
| Durchmesser: | 2,60 m | 2,95 m | 2,66 m |
| Startgewicht: | 4 × 43.300 kg | 100.500 kg | 24.300 kg |
| Trockengewicht: | 4 × 3.800 kg | 6.800 kg | 2.000 kg |
| Schub Meereshöhe: | 4 × 821 kN | 765 kN | - |
| Schub Vakuum: | 4 × 995 kN | 941 kN | 298 kN |
| Triebwerke: | 4 × 8D74-K | 1 × 8D75-K | 1 × RD-0110 |
| Spezifischer Impuls (Meereshöhe): | 2521 m/s | 2476 m/s | - |
| Spezifischer Impuls (Vakuum): | 3060 m/s | 3080 m/s | 3236 m/s |
| Brenndauer: | 119 s | 301 s | 241 s |
| Treibstoff: | LOX / Kerosin | LOX / Kerosin | LOX / Kerosin |

## Datenblatt Sojus U2 11A511U2

| | |
|---|---|
| Einsatzzeitraum: | 1982 – 1995 |
| Starts: | 71, davon kein Fehlstart |
| Zuverlässigkeit: | 100 % erfolgreich |
| Abmessungen: | 34,50 m Höhe (ohne Nutzlastspitze) |
| | 10,30 m Durchmesser |
| Startgewicht: | 310.000 kg |
| Maximale Nutzlast: | 7.050 kg auf eine 200 km hohe 65° geneigte Umlaufbahn. |

| | Block B,W,D,G | Block A | Block I |
|---|---|---|---|
| Länge | 19,80 m | 27,80 m | 6,70 m |
| Durchmesser: | 2,60 m | 2,95 m | 2,66 m |
| Startgewicht: | 4 × 42.810 kg | 101.600 kg | 25.400 kg |
| Trockengewicht: | 4 × 3.550 kg | 6.500 kg | 2.400 kg |
| Schub Meereshöhe: | 4 × 821 kN | 765 kN | - |
| Schub Vakuum: | 4 × 1020 kN | 1010 kN | 298 kN |
| Triebwerke: | 4 × 8D74-K | 1 × 8D75-K | 1 × RD-0110A |
| Spezifischer Impuls (Meereshöhe): | 2521 m/s | 2472 m/s | - |
| Spezifischer Impuls (Vakuum): | 3060 m/s | 3130 m/s | 3236 m/s |
| Brenndauer: | 118 s | 286 s | 250 s |
| Treibstoff: | LOX / Kerosin | LOX / Kerosin | LOX / Kerosin |

*Abbildung 5: eine Sojus U vor dem Start.*

# Sojus Ikar

Die Ikar war eine neue Oberstufe für die Sojus, die als vierte Stufe eingesetzt wurde. Sie konnte bei der Sojus-U, FG und 2 eingesetzt werden. Die Ikar arbeitet mit den lagerfähigen Treibstoffen Stickstofftetroxid und UDMH und ist 50-mal wiederzündbar, anders als die Oberstufe der Molnija (Block L). Die Ikar Oberstufe wurde ursprünglich für militärische Missionen entwickelt. Sie ist wesentlich kleiner als Block I und dient als Manövriertriebwerk dazu, höhere Umlaufbahnen zu zirkularisieren. Ihre Starts beförderten vornehmlich westliche Nutzlasten wie Globalstar Satelliten. Neben der neuen Oberstufe verfügt die Rakete über eine neue Steuerung. Sie kann nicht nur vom Boden aus gesteuert werden, sondern auch autonom arbeiten.

Gegenüber dem Block L der Molnija hat die Ikar Oberstufe zwei Vorteile. Die Treibstoffkombination Stickstofftetroxid mit Unsymmetrischem Dimethylhydrazin (UDMH) entzündet sich bei Kontakt selbst, ist also leicht wiederzündbar. Das druckgeförderte Triebwerk 17D61 hat sich auch in 30 Einsätzen in Aufklärungssatelliten bewährt und besitzt eine höhere Zuverlässigkeit als Block L. Bei einem Brennkammerdruck von 9 bar entwickelt es einen Schub von 3 kN. Neben dem Haupttriebwerk verfügt die Ikar Oberstufe über vier Steuertriebwerke mit jeweils 52 N Schub und vier Lageregelungstriebwerke mit 5,88 N Schub. Sie können im Pulsbetrieb 1,08 Millionen mal gezündet werden. Die Stufe hat einen Durchmesser von 2,72 m und eine Länge von 2,58 m.

Die Ikar Oberstufe hat eine hohe Trockenmasse. Es ist ein „Injektion Modul", das zusammen mit der Nutzlast in einem elliptischen Orbit von typischerweise 240 km erdnächsten Punkt und einem von der Nutzlast abhängigen, variablen Apogäum abgesetzt wird. Bei den Globalstar Satelliten lag es in 920 km Höhe. Diese Bahn wird dann von der Ikar Stufe zirkularisiert. Sie ist ausgerichtet für Nutzlasten von 750 bis maximal 3.910 kg Gewicht. Bei der Standard Sojus (ohne Fregat Oberstufe) steigert sie Nutzlast bei kreisförmigen Bahnen oberhalb von 500 km Höhe. Für den von Globalstar genutzten 1.400 km hohen Orbit wurde daher die Ikar Oberstufe benötigt.

Seit die Fregat Oberstufe zur Verfügung steht, gab es keinen Einsatz der Ikar mehr. Sie hat eine geringere Nutzlast als die Fregat, bietet aber eine höhere Bahngenauigkeit und kann bis zu 30 Stunden lang betrieben werden. Es gab seitdem aber keine Nutzlasten, die dies erforderlich machten. Die Einsätze erfolgten für den Start von 24 Globalstar Satelliten. Dazu wurde eine von der Proton übernommene Nutzlastverkleidung von 3,70 m Durchmesser und 8,30 m Länge eingesetzt.

## Datenblatt Sojus U Ikar

| | |
|---|---|
| Einsatzzeitraum: | 1998 – 1999 |
| Starts: | 6, davon kein Fehlstart |
| Zuverlässigkeit: | 100 % erfolgreich |
| Abmessungen: | 43,40 m Höhe |
| | 10,30 m Durchmesser |
| Startgewicht: | 305.000 kg |
| Maximale Nutzlast: | 2.750 kg in einen 800 km hohen SSO Orbit. |
| | 900 kg in einen 1.400 km hohen Orbit mit 52 ° Inklination. |
| Nutzlastverkleidung: | 3,70 m Durchmesser, 7,30 und 8,30 m Länge. |

| | Block B,W,D,G | Block A | Block I | Ikar |
|---|---|---|---|---|
| Länge: | 19,80 m | 27,80 m | 6,70 m | 2,59 m |
| Durchmesser: | 2,60 m | 2,95 m | 2,66 m | 2,72 m |
| Startgewicht: | 4 × 42.810 kg | 101.600 kg | 25.400 kg | 3.210 kg |
| Trockengewicht: | 4 × 3.550 kg | 6.500 kg | 2.400 kg | 2.310 kg |
| Schub Meereshöhe: | 4 × 821 kN | 765 kN | - | - |
| Schub Vakuum: | 4 × 1020 kN | 1010 kN | 298 kN | 2,943 kN |
| Triebwerke: | 4 × 8D74-K | 1 × 8D75-K | 1 × RD-0110 | 1 × 17D61 |
| Spezifischer Impuls (Meereshöhe): | 2521 m/s | 2472 m/s | - | - |
| Spezifischer Impuls (Vakuum): | 3060 m/s | 3130 m/s | 3236 m/s | 3020 m/s |
| Brenndauer: | 118 s | 286 s | 250 s | 600 s |
| Treibstoff: | LOX / Kerosin | LOX / Kerosin | LOX / Kerosin | NTO / UDMH |

*Abbildung 6: Startvorbereitung für einen Sojus Ikar Start*

## Sojus Fregat

Die Sojus Ikar war eine Möglichkeit, recht rasch die Sojus im Westen anzubieten. Die Ikar Oberstufe ist aber nur eine Zwischenlösung gewesen. Die Fregat (russisch für „Fregatte") Oberstufe sollte die Vorteile der Ikar (eine Vielzahl von Bahnen kann erreicht werden) mit denen von Block E (höhere Nutzlast, verglichen mit der Ikar Oberstufe) kombinieren. Die Sojus-Fregat ist – wie die Molnija – eine vierstufige Rakete.

Das Triebwerk S5.92 der Fregat wurde im Jahre 1978 entwickelt, um ein sehr leistungsfähiges Triebwerk für verschiedene Oberstufen, wie auch Antriebe von Planetensonden zu haben. Es wurde zum Beispiel bei den Raumsonden Venera 15+16, Phobos 1+2 und Mars 96 eingesetzt. Es wird auch in den Oberstufen Breeze-KM (Rockot) und Breeze-M (Proton) eingesetzt. Der Schub ist variierbar zwischen 14 und 19,6 kN. Das Mischungsverhältnis von NTO zu UDMH beträgt 1.95 – 2,05. Der Brennkammerdruck wird zur Schubreduktion von 98 auf 68,5 bar reduziert. Der spezifische Impuls ist bei beiden Betriebsarten fast gleich groß: 3100 m/s bei 14 kN Schub und 3207 m/s bei 19,6 kN Schub. Auch der Schub der Steuerdüsen sinkt auf 18,6 N ab, wenn der Schub des Haupttriebwerks sinkt. Der Niedrigschubmodus wird vor allem eingesetzt, wenn eine Bahn mit sehr hoher Genauigkeit erreicht werden muss.

Angetrieben wird das S5.92 mit einer einzelnen Turbopumpe, welche die Treibstoffe fördert. Die Umdrehungszahl beträgt 43.000 U/min bei 14 kN Schub und 58.000 U/min bei 19,6 KN Schub. Dies entspricht einem Fluss von 4,43 bzw. 6,12 kg Treibstoff pro Sekunde. Ausgelegt ist das S5.92 für eine maximale Brenndauer von 2.000 Sekunden. Bei der Sojus beträgt die nominelle Brennzeit 900 Sekunden. Für ein Triebwerk dieser Schubkategorie ist die Masse von S5.92 sehr gering. Sie beträgt lediglich 37,5 kg bei einem maximalen Durchmesser von 0,84 m und einer Länge von 1,03 m.

Die Fregat Oberstufe wurde aus einem Traktorblock entwickelt, der bei den Missionen Venera 15+16, Phobos 1+2 und Mars 96 schon eingesetzt wurde. Weiterhin musste die Sojus modifiziert werden, um im Westen übliche Standards für Vibrationen und maximalen Schalldruck einzuhalten. So ist die Nutzlastverkleidung etwas größer und wird später abgetrennt, um die aerodynamische Belastung zu reduzieren. Die Fregat ist nur 1,50 m hoch und wird von der Nutzlastverkleidung mit umhüllt. Die Verkleidung mit einem Durchmesser von 3,70 m stammt von der Proton.

Die Fregat ist zwanzigmal wiederzündbar. Die Stufe ist jedoch doppelt so schwer wie die Ikar, weist aber ein besseres Voll- zu Leermasse Verhältnis auf. Eigenartig ist die Konstruktion. Die Stufe hat sechs Tanks aus der 1,80 mm starken Aluminiumlegierung AMG-6. Aber nur in vier der kugelförmigen Tanks befinden sich Treibstoffe. Die Avionik mit ihren beiden Lithiumthionylchloridbatterien befindet sich in den beiden anderen Tanks. Zwei weitere, kleinere Tanks enthalten 85 kg Hydrazin für die 12 Lageregelungsdüsen, die in vier Gruppen an der Oberseite der Stufe angeordnet sind. Jedes Triebwerk hat 50 N Schub. Es gibt jeweils vier Düsen pro Raumrichtung. Das Kontrollsystem arbeitet nach dem Voting Prinzip, d.h. zwei von drei Rechnern müssen übereinstimmende Ergebnisse berechnen. Es verwendet GPS als Ergänzung zur internen Navigation, um die Einschussgenauigkeit zu erhöhen. Telemetrie wird im S-Band zum Boden gesandt.

Die Stufe wurde für eine Zuverlässigkeit von 99 % ausgelegt. Die Fregat Oberstufe verfügt über eine eigene Steuerung, sodass es in einer Sojus-Fregat drei Steuerungen im Zentralblock, Block I und der Fregat Oberstufe gibt. Sie ist voll digital und verfügt über eine Inertialplattform. Sie wurde aus der Steuerung für militärische Raketen entwickelt. Die Fregat ist für eine Operationsdauer von 48 Stunden ausgelegt.

Es erfolgten zuerst zwei Qualifizierungsflüge, danach die Starts von Cluster und Mars Express. NPO Lavochkin, der Hersteller der Fregat, kann acht Stufen pro Jahr bei einer Lieferfrist von 10 bis 15 Monaten liefern.

Der Vorteil der neuen Oberstufe liegt in einer größeren Zahl möglicher Nutzlasten. Die Sojus selbst ist ausgelegt für schwere Nutzlasten in erdnahe Orbits – bei höheren Orbits nimmt die Nutzlast rasch ab. Die Molnija ist ausgelegt für die gleichnamigen Nachrichtensatelliten – die Oberstufe ist nicht wiederzündbar und muss mit der Nutzlast in eine Erdumlaufbahn gebracht werden, wodurch die Nutzlast auf 1.600 kg beschränkt ist. Fregat ist wiederzündbar, kann dadurch jeden Orbit erreichen und die Nutzlast ist nur durch die für die Bahn benötigte Geschwindigkeit begrenzt. Während eine Molnija 1.100 kg zum Mars transportiert, sind es bei der Sojus Fregat 1.220 kg.

Die Sojus selbst setzt in der FG-Version die Triebwerke der Sojus 2 ein, welche einen höheren spezifischen Impuls haben. Die Nutzlast für einen 200 km hohen 52 Grad Orbit von Baikonur aus steigt so von 6.950 auf 7.130 kg. Seit 2002 wird diese Version exklusiv zum Start der Sojus-TMA Raumschiffe eingesetzt (ohne Fregat Oberstufe).

## Datenblatt Sojus FG

| | |
|---|---|
| Einsatzzeitraum: | 2001 – heute |
| Starts: | 26, davon kein Fehlstart |
| Zuverlässigkeit: | 100 % erfolgreich |
| Abmessungen: | 42,50 m Höhe (Sojus FG/Fregat) |
| | 49,50 m Höhe (Sojus FG mit SAS Fluchtsystem) |
| | 10,30 m Durchmesser |
| Startgewicht: | 305.000 kg |
| Maximale Nutzlast: | 7.130 kg in einen 200 km hohen Orbit mit 52 ° Inklination. |
| | 5.000 kg in einen 450 km hohen 52° Orbit. |
| | 4.000 kg in einen 1400 km hohen 52° Orbit. |
| | 1.220 kg zum Mars |
| Nutzlastverkleidung: | 3,70 m Durchmesser, 7,30 und 8,30 m Länge |

| | **Block B,W,D,G** | **Block A** | **Block I** | **Ikar** |
|---|---|---|---|---|
| Länge: | 19,80 m | 27,10 m | 6,70 m | 1,50 m |
| Durchmesser: | 2,60 m | 2,95 m | 2,66 m | 3,40 m |
| Startgewicht: | 4 × 43.400 kg | 99.500 kg | 25.200 kg | 6.535 kg |
| Trockengewicht: | 4 × 3.800 kg | 6.500 kg | 2.410 kg | 1.100 kg |
| Schub Meereshöhe: | 4 × 838 kN | 792,2 kN | - | - |
| Schub Vakuum: | 4 × 1021 kN | 992,2 kN | 298 kN | 19,6 kN |
| Triebwerke: | 4 × RD-107A | 1 × RD-108A | 1 × RD-0110A | 1 × S.92 |
| Spezifischer Impuls (Meereshöhe): | 2570 m/s | 2501 m/s | - | - |
| Spezifischer Impuls (Vakuum): | 3129 m/s | 3130 m/s | 3188 m/s | 3207 m/s |
| Brenndauer: | 118 s | 295 s | 250 s | 877 s |
| Treibstoff: | LOX / Kerosin | LOX / Kerosin | LOX / Kerosin | NTO / UDMH |

*Abbildung 7: Start von Sojus TMA-5 auf einer Sojus-FG*

# Sojus 2 / Sojus STK

Seit Mitte der neunziger Jahre vermarktet das Unternehmen Starsem die Sojus im Westen. Starsem besteht aus folgenden Unternehmen:

- der russischen Weltraumagentur Roskosmos (25%)
- „ZSKB-Progress", dem Hersteller der Sojus Trägerrakete (25%)
- EADS SPACE Transportation (35%)
- Arianespace (15%)

Die Sojus 2 soll die Marktchancen der Sojus vor allem im kommerziellen Transport in den geostationären Orbit vergrößern. Russland war auch an einer Modernisierung interessiert, aber aus einem anderen Grund. Russland wollte Komponenten, die noch aus anderen ehemaligen Sowjetrepubliken, vor allem der Ukraine stammten, durch eigene ersetzen. Die Sojus 2 soll alle Einsatzversionen (Sojus U, FG und Molnija) ersetzen.

Es gibt zwei Versionen, die auch als Sojus 2-1a und Sojus 2-1b bezeichnet werden. Die Sojus 2-1a ist nur eine leicht modernisierte Sojus, die auf die Anforderungen westlicher Satelliten zugeschnitten ist. In den Außenblocks und der ersten Stufe gibt es neue Injektoren, die dritte Stufe hat verlängerte Tanks und ist in der Struktur verstärkt. Das Steuerungssystem ist vollständig digital und entspricht dem in der Ariane 5 verwendeten. Es gibt nun nur noch ein Steuerungssystem und nicht eines für Block A,I und die Fregat. Die Rakete verwendet eine modifizierte Ariane 4 Nutzlastverkleidung und kann so erheblich voluminösere Nutzlasten transportieren. Sie wird 155 – 200 Sekunden nach dem Start abgetrennt. Die bisherigen kleineren Nutzlastverkleidungen stehen alternativ zur Verfügung und werden bei russischen Satelliten eingesetzt. Die Rakete verwendet nun mehr russische Teile. Die Verbesserung der Treibstoffinjektoren und das veränderte Mischungsverhältnis von Sauerstoff zu Kerosin erhöhen den spezifischen Impuls der Triebwerke um 49 m/s.

Die dritte Stufe wurde im Vergleich zur Standard-Sojus verkürzt, indem die Tanks abgeflacht wurden. Bei Nutzung der neuen Verkleidung befindet sich die Fregat Oberstufe zusammen mit der Nutzlast in der Hülle. Die Fregat Oberstufe erhöht vor allem für höhere Orbits die Nutzlast beträchtlich. Bei erdnahen Orbits ist die Nutzlast etwas kleiner als bei der Sojus-U, da die Nutzlastverkleidung erheblich schwerer ist und später abgeworfen wird. Die Fregat Oberstufe ist bei der Sojus 2 um 150 kg leichter verglichen mit der Sojus U. Dadurch steigt die Nutzlast in gleichem Maße an. Der neue digitale Bordcomputer stammt von SAAB und besitzt mit 99,5 % eine höhere Zuverlässigkeit als das alte analoge Modell mit 99 %. Das neue Steuerprogramm erlaubt es auch, den Treibstoff effizienter zu nutzen und so Reserven zu verkleinern. Dies erhöht ebenfalls die beförderte Nutzlast.

Die Sojus 2-1b setzt das Triebwerk RD-0124 in der dritten Stufe ein. Das RD-0124 arbeitet mit denselben Treibstoffen (LOX und Kerosin). Es verwendet aber einen geschlossenen Kreislauf, der die Abgase der Turbine in die Brennkammer einspritzt und so einen Brennkammerdruck von 160 bar erreicht. Dazu wird eine zweistufige Pumpe eingesetzt, um diesen hohen Druck zu erreichen. Der Tankdruck wird durch Heliumgasflaschen gewährleistet. Es handelt sich um ein Triebwerk mit nur einer Brennkammer, anstatt vier beim RD-0110. Die Ausströmgeschwindigkeit ist dadurch höher und die Nutzlast für einen niedrigen Orbit soll um 950 bis 1200 kg ansteigen. So erreicht die dritte Stufe auch beim Einsatz der Fregat (anders als bei der Sojus 2-1a) einen Orbit. Der Schub liegt mit 294,3 kN fast gleich hoch wie beim RD-0110, die Brenndauer ist dagegen länger und liegt bei 300 Sekunden. Weiterhin entfallen die Steuerdüsen des RD-0110, da die Düse des RD-124 schwenkbar ist. Der Rest des Trägers ist identisch zur Sojus 2-1a.

Ab Anfang 2010 soll die Sojus vom CSG in Französisch-Guyana aus starten. Durch den hohen Breitengrad von Baikonur ist die Nutzlast für einen GTO-Orbit sehr klein und liegt bei 1.500 kg. Dagegen liegt die Nutzlast beim Start vom CSG aus bei 2.850 (Sojus 2-1a) beziehungsweise 3.240 kg (Sojus 2-1b). Dies ist ausreichend für kleinere Kommunikationssatelliten oder Satelliten des Galileo Navigationssystems. Das Abkommen für den Bau eines Startkomplexes zwischen der CNES, Starsem und der ESA wurde am 7.11.2003 unterzeichnet. Von den Investitionen in Höhe von 344 Millionen Euro wird die ESA 223 Millionen Euro bezahlen, Starsem nur 121. Starsem gab einen Startpreis von 50 Millionen Dollar für die Sojus-STK an. Die als Sojus-STK (**S**ojus **T**wo **K**ourou) bezeichnete Variante ist angepasst an das tropische Klima in Kourou (Korrosionsfestigkeit). Das Sicherheitssystem und Bordcomputer wurden an die veränderte Trajektorie angepasst. Alleine die veränderte Aufstiegsbahn bringt 20 % der zusätzlichen Nutzlast in den GTO-Orbit. Die restlichen 80 % resultieren aus der günstigeren geografischen Lage. Das Telemetriesystem sendet auf den Frequenzen, welche die in Kourou vorhandenen Empfangsstationen nutzen. Erstmals kann vom Boden aus das Triebwerk einer Sojus abgeschaltet werden, wenn eine Fehlfunktion vorliegt.

Das Launchpad in Kourou ist nicht für bemannte Starts vorgesehen, könnte jedoch umgebaut werden. Es entspricht dem in Baikonur, inklusive des „Tulipans". Von Kourou aus liegt die Nutzlast einer Sojus 2a in den ISS-Transferorbit bei 9.000 bis 9.200 kg. Das sind 1000 kg mehr, als eine Sojus 2b von Baikonur aus transportieren kann.

| | Datenblatt Sojus 2b STK | | | |
|---|---|---|---|---|
| Einsatzzeitraum: | 2004 – heute (Sojus 2-1a) | | | |
| Starts: | 2006 – heute (Sojus 2-1b) | | | |
| Zuverlässigkeit: | 4, davon kein Fehlstart | | | |
| Abmessungen: | 100 % erfolgreich<br>46,30 m Höhe<br>10,30 m Durchmesser | | | |
| Startgewicht: | 312.000 kg | | | |
| Maximale Nutzlast: | 7.020 kg in einen 200-km-Orbit mit 52 ° Inklination (2a, Baikonur).<br>8.250 kg in einen 200-km-Orbit mit 52 ° Inklination (2b, Baikonur).<br>2.640 kg in einen GTO-Orbit (STK 2a).<br>3.240 kg in einen GTO-Orbit (STK 2b).<br>1.600 kg auf einen Fluchtkurs | | | |
| Nutzlastverkleidung: | 4,11 m Durchmesser, 11,40 m Länge, 1.700 kg Gewicht | | | |
| | **Block B,W,D,G** | **Block A** | **Block I** | **Fregat** |
| Länge: | 19,80 m | 27,10 m | 6,70 m | 1,50 m |
| Durchmesser: | 2,60 m | 2,95 m | 2,66 m | 3,40 m |
| Startgewicht: | 4 × 44.417 kg | 99.725 kg | 27.555 kg | 6.300 kg |
| Trockengewicht: | 4 × 3.784 kg | 6.545 kg | 2.255 kg | 950 kg |
| Schub Meereshöhe: | 4 × 838 kN | 792,2 kN | - | - |
| Schub Vakuum: | 4 × 1021 kN | 992,2 kN | 294 kN | 19,6 kN |
| Triebwerke: | 4 × RD-107A | 1 × RD-108A | 1 × RD-0124 | 1 × S.92 |
| Spezifischer Impuls (Meereshöhe): | 2570 m/s | 2501 m/s | - | - |
| Spezifischer Impuls (Vakuum): | 3130 m/s | 3130 m/s | 3520 m/s | 3207 m/s |
| Brenndauer: | 118 s | 295 s | 300 s | 877 s |
| Treibstoff: | LOX / Kerosin | LOX / Kerosin | LOX / Kerosin | NTO / UDMH |

*Abbildung 8: Sojus 2A mit dem Satelliten METEOP-1 vor dem Start*

# Molnija

Historisch gesehen wurde die vierstufige Molnija vor der Sojus in Dienst gestellt. Der erste Einsatz einer Molnija erfolgte schon früh, um als weitere Erstleistung Flüge zu den nächsten Planeten Venus und Mars durchzuführen. Erst 1965 bekam die Molnija ihren Namen, nach den wichtigsten Nutzlasten – den Nachrichtensatelliten des Typs Molnija, die in einer exzentrischen Umlaufbahn von 500-40.000 Kilometer Höhe die Erde umlaufen (Molnija = Blitz). Am Beispiel dieser Nachrichtensatelliten zeigt sich auch die Auslegung der Molnija auf diese Nutzlasten. Die Oberstufe ist in ihrer Größe so gewählt, dass sie mitsamt der Nutzlast von einer Sojus Trägerrakete in den Erdorbit befördert werden kann.

Die Entwicklung der Molnija begann offiziell am 4.6.1960 mit der Verabschiedung eines Plans zur Erforschung der Planeten mit Raumsonden. Diese waren auch die ersten Nutzlasten der Rakete. Bis Ende der sechziger Jahre wurden alle Planetensonden der UdSSR mit dieser Rakete gestartet.

Zwar hätte auch eine „Luna" Raumsonden zu Mars oder Venus transportieren können, doch die Nutzlast von 400 kg zum Mond war im Vergleich zu den 1.440 kg Leermasse des Block E sehr klein. Für Venus und Mars wurde eine noch höhere Geschwindigkeit benötigt, sodass das Gewicht der Nutzlast rapide abnahm. Die Lösung war eine vierstufige Rakete, bei der die Sojus um eine weitere Stufe (Block L) erweitert wurde.

Der typische Start eines Molnija Satelliten verläuft so: Eine Sojus Trägerrakete (mit der Oberstufe Block I) transportiert die Oberstufe Block L in einen erdnahen Orbit. Der erdfernste Punkt dieses Orbits liegt auf der südlichen Halbkugel. Bei Erreichen dieses Punktes wird ein Feststofftriebwerk gezündet, welches den Treibstoff der Oberstufe Block L sammelt. Die Oberstufe kann nun gezündet werden, als würde sie nicht unter Schwerelosigkeit arbeiten. Nach der Zündung der Oberstufe wird dieses Hilfstriebwerk BOZ abgeworfen. Es ist auch verantwortlich für die Stabilisierung der Stufe in ihrem etwa 50 minütigen Freiflugphase, bis sie den Punkt erreicht, an dem Block L gezündet wird. Die Oberstufe beschleunigt dann die Nutzlast um 2.500 Meter pro Sekunde und erreicht dabei den endgültigen Orbit von 500 × 40.000 Kilometer Höhe.

Die Nutzlast der Molnija ist allerdings beschränkt, denn sie muss mit Block L einen Erdorbit erreichen. Als die UdSSR von den 12 Stundenbahnen der Molnija Satelliten (500 × 40.000 km) auf 24 Stundenbahnen überging (500 × 65.000 km), konnte so die Treibstoffzuladung vergrößert werden. Denn nun waren die Satelliten um 600 kg leichter. Diese Serie von Nachrichtensatelliten war an die Geographie Russlands angepasst. Bedingt durch die nördliche Lage ist es für Teile der Sowjetunion schwierig einen geostationären Satelliten zu nutzen, weil er zu nah am Horizont steht. Die Molnija Nachrichtensatelliten hatten eine Bahn, die den erdnächsten Punkt auf der Südhalbkugel schnell durchläuft und sie sind dann sehr lange im Apogäum, das in 65.000 km Höhe über Sibirien liegt. Während dieser Zeit bewegen sie sich von der Erde aus gesehen kaum, wodurch die Nachführung von Antennen recht einfach ist. Sie wurden vor allem für militärische Kommunikation innerhalb Russlands genutzt.

## Block L

Die Block L genannte Stufe kam in zwei Versionen vor. Die erste Version orientierte sich an dem schon existierenden Block E. Er verfügte über zwei toroidale Tanks von je 60 cm Durchmesser. Ein schwenkbares Triebwerk des Typs S1.5400 mit 66,7 kN Schub und 192 bis 250 s Brennzeit treibt ihn an. Es wurde für die R-9 Interkontinentalrakete entwickelt. Das Design der Wostok Oberstufe mit ihren toroidalen Tanks wurde übernommen.

Die Startmasse dieser Version beträgt 5,1 t und die Leermasse 0,95 t. Treibstoffe sind flüssiger Sauerstoff als Oxidator und Kerosin als Brennstoff. Der spezifische Impuls beträgt 3334 m/s, ein für diese Treibstoffkombination sehr hoher Wert. Die Stabilisierung in der Nick- und Gierachse geschieht durch Schwenken des Triebwerks. Es kann um 3 Grad aus der Ausgangsposition gedreht werden. In der Rollachse sorgen zwei Düsen mit je 100 N Schub für die Stabilisierung.

Das Problem des Zündens im Vakuum wurde gelöst, indem ein weiterer Triebwerksblock (BOZ) zuerst gezündet wird. Er sammelt die Treibstoffe am Boden. Danach zündet das Haupttriebwerk und das 900 kg schwere BOZ wird abgeworfen. Während der Freiflugphase sorgt ein Stabilisierungssystem namens SOIS für eine korrekte Ausrichtung von Stufe und Nutzlast. Da BOZ nur einmal eingesetzt werden kann, ist Block L zwar in der Schwerelosigkeit zündbar, jedoch nicht wiederzündbar.

Diese frühe Version von Block L wurde von 1960 bis 1970 genutzt. Die Nutzlast betrug 900 kg zum Mars. Die Erfolgsquote war bei 15 Fehlstarts von 27 Starts sehr niedrig (44,4 %). Oft war hier Block L schuld und viele Planetensonden strandeten in einem Erdorbit. Es kam vor allem zu Problemen bei der Zündung des Block L, die ausblieb oder die Brennzeit des Blocks war zu kurz. Mit der Molnija wurden die Raumsonden Luna 4-14, Mars 1-3, Venera 1-8 gestartet. Es zeigte sich, dass alle

Block L, die vom Oktober 1960 bis März 1964 gestartet wurden, unter einem Designfehler litten. Vor Zündung des Block L musste ein Schalter die Stromversorgung vom BOZ auf die eigentliche Steuerung des Block L umschalten. Dies unterblieb aber. Als Folge war die Stufe nicht mehr kontrollierbar für das Steuersystem. Eine Zündung war erfolgreich, wenn die Stufe ihre räumliche Auslegung nicht veränderte. Gab es eine solche Abweichung, stoppten die Gyroskope der Inertialplattform und damit wurde der Brennschluss von Block L ausgelöst und die Nutzlast strandete in einem Erdorbit. Es dauerte mehrere Jahre, bis die Techniker die Ursache fanden, da die Zündungen über dem Atlantik stattfanden und es so keine Realzeitdaten gab.

Der Designfehler in Block L führte dazu, dass ab 1964 eine verbesserte Version von Block L eingesetzt wurde. Diese Rakete, die auch Verbesserungen in den unteren Stufen mit einschloss, war die Molnija-M (M für „modernisiert"). Die Startmasse von Block L stieg auf bis zu 6.660 kg. Ein Großteil davon entfiel auf den Treibstoff, denn die Leermasse stieg nur leicht auf 1.160 kg. Die Treibstoffzuladung ist variabel und orientiert sich an der Forderung, dass Oberstufe und Satellit einen erdnahen Orbit erreichen müssen. Das BOZ wog nur noch 700 kg. Vor allem wurde aber die Zuverlässigkeit beträchtlich gesteigert. Diese Version konnte bis zu 1.200 kg zur Venus und 1.100 kg zum Mars transportieren.

Es gibt noch einige weitere Subversionen. Sie unterschieden sich in geringfügigen Modifikationen des Block L. Zumeist musste Treibstoff bei schweren Satelliten weggelassen werden und als Folge konnte auch das Strukturgewicht gesenkt werden. Jede dieser Varianten transportierte nur eine Satellitenserie in einen bestimmten Orbit und war an diese Nutzlast angepasst.

Trotz der einfachen Konstruktion hat bis heute die Molnija die schlechteste Zuverlässigkeit innerhalb der R-7 Familie. Grund dafür waren vor allem die Fehler der Oberstufe Block L. Auch heute kommt es immer wieder zu Fehlstarts, während die Sojus seit Jahren mit einer Zuverlässigkeit von 100 % fliegt. Dieses Manko hat dazu geführt, das heute die Molnija seltener eingesetzt wird. Mit der Sojus-Fregat steht eine neue vierstufige Version der R-7 mit höherer Nutzlast und der Fähigkeit der Wiederzündung zur Verfügung. Sie wird die Molnija ersetzen. Es stehen bei Redaktionsschluss noch zwei Molnija für Starts zur Verfügung. Nach dem Fehlstart einer Molnija am 21.6.2005 wurde angenommen, dass sie von der Sojus 2 ersetzt wird. Doch am 2.12.2008 erfolgte erneut ein Molnija Start, sodass damit zu rechnen ist, dass auch die beiden noch verbliebenen Exemplare gestartet werden.

## Datenblatt Molnija

| | |
|---|---|
| Einsatzzeitraum: | 1960 – 1965 (Molnija 8K78) |
| Starts: | 1964 – heute (Molnija 8K78M) |
| | 20, davon 11 Fehlstarts (45 % Molnija 8K78) |
| | 295, davon 19 Fehlstarts (93,5 % Molnija 8K78M) |
| | 4, davon 3 Fehlstarts (33 % Molnija 8K78E6) |
| Abmessungen: | 43,40 m Höhe |
| | 10,30 m Durchmesser |
| Startgewicht: | 305.000 kg |
| Maximale Nutzlast: | 1.000 kg in den Molnija Orbit. (500 × 6.5000, 65°) |
| | 1.100 kg zum Mars |
| | 1.200 kg zur Venus |
| | 1.550 kg zum Mond |

| | Block B,W,D,G | Block A | Block I | Block L |
|---|---|---|---|---|
| Länge: | 19,80 m | 28,75 m | 8,10 m | 5,10 m |
| Durchmesser: | 2,60 m | 2,95 m | 2,66 m | 2,80 m |
| Startgewicht: | 4 × 43.400 kg | 100.600 kg | 24.800 kg | 6.660 kg |
| Trockengewicht: | 4 × 3.770 kg | 6.800 kg | 1.976 kg | 1.160 kg |
| Schub Meereshöhe: | 4 × 821 kN | 765 kN | - | - |
| Schub Vakuum: | 4 × 996 kN | 966 kN | 298 kN | 67 kN |
| Triebwerke: | 4 × RD-107 | 1 × RD-108 | 1 × RD-0110 | 1 × ST5400-A |
| Spezifischer Impuls (Meereshöhe): | 2520 m/s | 2432 m/s | - | - |
| Spezifischer Impuls (Vakuum): | 3080 m/s | 3090 m/s | 3237 m/s | 3340 m/s |
| Brenndauer: | 120 s | 295 s | 270 s | 250 s |
| Treibstoff: | LOX / Kerosin | LOX / Kerosin | LOX / Kerosin | LOX / Kerosin |

*Abbildung 9: Molnija Trägerrakete in einer Raumfahrtaustellung bei Moskau*

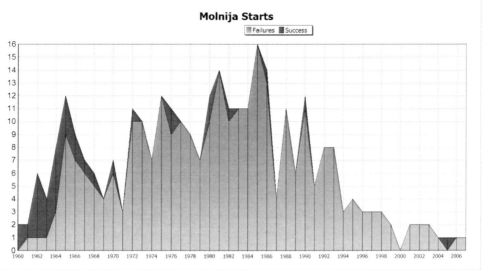
*Abbildung 10: Starts der Molnija bis Ende 2007*

# Kosmos 11K63

Die R-7 war zwar eine leistungsstarke Trägerrakete, aber ihre große Nutzlast wurde nicht immer benötigt. So lag es nahe, für leichtere Nutzlasten einen kleineren Träger zu wählen. Dafür wurde die vorhandene Mittelstreckenrakete R-12 modifiziert. Die im Westen als SS-4 „Sean" bekannte Rakete wurde von 1952 bis 1956 entwickelt. Schon vor dem Weltraumeinsatz machte diese Rakete von sich reden, als sie auf Kuba stationiert werden sollte. Von dort aus hätte sie bei einer Reichweite von 1.500 km den gesamten Westen der USA erreichen können. Dies war der Auslöser der Kubakrise. Die Stationierung der Rakete war die sowjetische Antwort auf die Stationierung der Thor in England und der Jupiter in der Türkei. Als Folge wurden nach dem Übereinkommen zwischen Kennedy und Chruschtschow nicht nur die SS-4, sondern auch die Jupiter und Thor von ihren Stützpunkten abgezogen. Die R-12 absolvierte am 22.6.1957 ihren Erstflug und wurde bald in die sowjetischen Raketenstreitkräfte aufgenommen. Sie war eine einstufige Rakete und stellte die erste Stufe der Kosmos Trägerrakete. Zwischen März 1959 und Juni 1987 befand sich diese Rakete im Einsatz bei den Raketenstreitkräften. Für den Einsatz in Silos war der Durchmesser der Rakete auf 1,65 m beschränkt, was eine sehr schlanke Konstruktion bedingte. Die Rakete wurde erstmals bei der Maiparade 1961 der Öffentlichkeit vorgeführt. Sie transportierte einen 1.600 kg schwere Wasserstoffbombe mit einer Sprengkraft von 2,3 MT TNT Äquivalent.

Die SS-4 arbeitete als erste sowjetische Rakete mit den lagerfähigen Treibstoffen Kerosin und Salpetersäure. Das Erststufentriebwerk RD-214 hatte vier Brennkammern mit einer gemeinsamen Turbopumpe. Die Zündung erfolgte durch Einspritzen von Tonka-250, einem Gemisch von 50 % Triethylamin und 50 % Xylidin. Wie bei der R-7 wurde der Gasgenerator noch mit Wasserstoffperoxid angetrieben, eine Technologie, die 1960 schon obsolet war. Der Schub betrug 635 kN am Boden und 730 kN im Vakuum bei einem Brennkammerdruck von 43,6 bar. Wegen der Startbarkeit aus Silos erfolgten anfangs auch die Satellitenstarts aus solchen.

Die Zweitstufe wurde dagegen neu entwickelt. Wegen des schlechten spezifischen Impulses der Erststufe von 2255 m/s am Boden und 2590 m/s im Vakuum musste die Zweitstufe eine sehr hohe Leistung erreichen, um die Nutzlast nicht zu klein werden zu lassen. Als Zweitstufe wurde das Triebwerk RD-119 mit den Treibstoffen UDMH und LOX gewählt. Diese Mischung hat einen etwas höheren Impuls als Sauerstoff und Kerosin. Weiterhin wurde ein Triebwerk mit sehr hohem Entspannungsverhältnis von 102 gewählt, sodass der Treibstoff sehr effizient genutzt werden konnte. Doch wurde diese Technologie von Koroljow abgelehnt, da UDMH stark toxisch ist. So ist die Kosmos B-1 die einzige Trägerrakete Russlands, welche die Treibstoffkombination UDMH und LOX einsetzte. Das RD-119 besaß einen Schub von 105 kN und arbeitete bei einem Brennkammerdruck von 78,9 bar. Das RD-119 wurde seit dem 10.10.1058 als Triebwerk für Block E der Wostok entwickelt. Doch wegen der hohen Anforderungen an die Leistung gab es Probleme bei der Entwicklung. Daher griff Koroljow auf das schneller verfügbare RO-7 zurück. Yangel nahm sich des Triebwerks an und brachte es zur Einsatzreife. Das RD-119 zersetzt im Gasgenerator das UDMH katalytisch, anstatt es mit dem Oxidator zu verbrennen. Nach Passage der Turbopumpe wurden mit dem Gasgemisch dann die vier Steuerdüsen betrieben. Um die Trockenmasse zu reduzieren, wurden Teile der Stufe aus Titan gefertigt. Erste und zweite Stufe hatten jeweils getrennte Tanks für Oxidator und Verbrennungsträger.

Wie bei anderen russischen Raketen wurde bei der Kosmos eine technisch sehr einfache Lösung gewählt. So wurden die Probleme der Zündung im Vakuum umgangen, indem die Oberstufe noch während des Betriebs der Unterstufe zündete. Diese Vorgehensweise brachte aber auch einige Probleme mit sich. Bei einer zweistufigen Rakete mit einer kurzen Brenndauer muss normalerweise eine Freiflugphase eingeschoben werden, in der die Rakete antriebslos ist. Dies liegt daran, dass die Rakete bei Kreisbahnen zuerst die spätere Höhe des Orbits erreichen muss, um dort auf Orbitalgeschwindigkeit zu beschleunigen. Dies war bei der Kosmos B-1 nicht möglich, was in der Praxis zu elliptischen Bahnen mit einem sehr niedrigen Perigäum führte. Die maximal mögliche Nutzlast von 500 kg wurde so nie erreicht, sondern lag zwischen 280 und 420 kg. Getrennt werden die beiden Stufen durch einen Gitteradapter.

Den Namen „Kosmos" erhielt die Rakete – wie bei anderen sowjetischen Raketen – von der ersten Nutzlast, dem Satelliten Kosmos-1. Inzwischen gibt es einige Tausend Kosmos Satelliten, aber nur wenige wurden von der Kosmos gestartet. Die russische Typenbezeichnung lautet „Kosmos 11K63". Im Westen wurde sie als Kosmos B-1 bezeichnet – „B" weil es die zweite eingeführte Trägerrakete nach der Sputnik war und „1" für die erste Subversion. Nach Verfügbarkeit des Nachfolgemodells Kosmos C-1 wurde die Startrate langsam reduziert und 1977 fand der letzte Start statt. Es gab zwei Versionen. Die erste Version 63S1 wurde 38-mal für suborbitale Starts und Satellitentransporte eingesetzt. Sie war von 1961 bis 1967 in Dienst und hatte eine sehr schlechte Zuverlässigkeit, da 12 ihrer Starts scheiterten. Die verbesserte Version 11K63 wurde dagegen 126-mal von 1967 bis 1977 gestartet. Bei ihr wurde in der ersten Stufe die Salpetersäure durch ein Gemisch von 73 % Salpetersäure und 27 % NTO ersetzt. Die Nutzlast stieg bei dieser Version von 350 auf 420 kg. Sie wies eine deutlich höhere Zuverlässigkeit auf.

## Datenblatt Kosmos 11K63

| | |
|---|---|
| Einsatzzeitraum: | 1961 – 1977 |
| Starts: | Kosmos 63S1: 38 Starts, 12 Fehlstarts 68,4 % erfolgreich. |
| | Kosmos 11K63: 126 Starts, 8 Fehlstarts, 93,7 % erfolgreich. |
| | Gesamt: 166 Starts, 20 Fehlstarts, 88,0 % erfolgreich |
| Abmessungen: | 29,59 m Höhe |
| | 2,26 m Durchmesser (mit Finnen) |
| Startgewicht: | 48.110 kg |
| Maximale Nutzlast: | 420 kg in einen LEO-Orbit |

| | R-12 | S1 |
|---|---|---|
| Länge: | 18,00 m | 7,80 m |
| Durchmesser: | 1,65 m | 1,65 m |
| Startgewicht: | 39.515 kg | 8.494 kg |
| Trockengewicht: | 3.150 kg | 840 kg |
| Schub Meereshöhe: | 635 kN | - |
| Schub Vakuum: | 720 kN | 105 kN |
| Triebwerke: | 1 × RD-214 | 1 × RD-119 |
| Spezifischer Impuls (Meereshöhe): | 2255 m/s | - |
| Spezifischer Impuls (Vakuum): | 2590 m/s | 3450 m/s |
| Brenndauer: | 130 s | 260 s |
| Treibstoff: | Salpetersäure / Kerosin | LOX / UDMH |

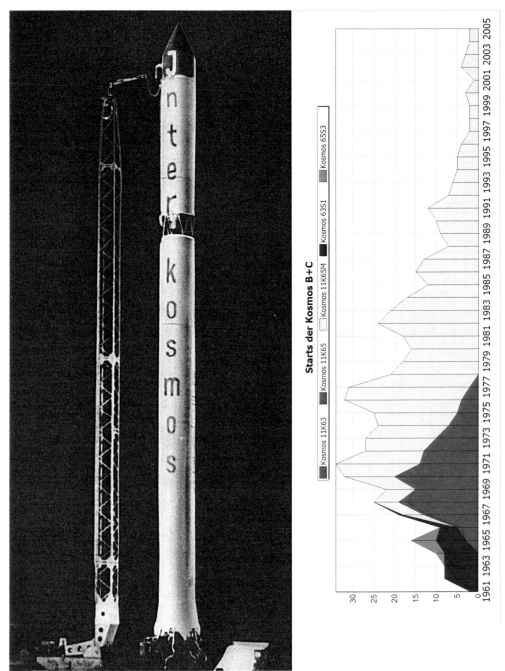

*Abbildung 11: Startvorbereitungen für eine Kosmos 11K63 / Statistik*

# Kosmos 3M / 11K65

Die Kosmos B-1 hatte zwei sehr wichtige Nachteile:

- Die Nutzlastkapazität war beschränkt.

- Es waren keine höheren Kreisbahnen möglich, da die Rakete keine Freiflugphase hatte und die Oberstufe nicht wiederzündbar war.

Daher wurde eine neue Trägerrakete auf Basis der Mittelstreckenrakete R-14 (US Bezeichnung SS-5 „Skean") konstruiert. Die R-14 war eine von 1958 bis 1961 entwickelte Mittelstreckenrakete mit 3.600 km Reichweite, die in der Sowjetunion stationiert war und auf Westeuropa zielte. Die ersten Raketen wurden am 31.12.1961 stationiert und blieben über 25 Jahren im Dienst.

Die R-14 stellte die erste Stufe der Kosmos C-1. In der militärischen Version transportierte sie einen 680 kg schweren Sprengkopf mit einer Sprengkraft von 1 MT TNT. Gegenüber dem Vorgängermodell R-12 war die R-14 fast doppelt so schwer. Dies erlaubte es, beim Einsatz als Trägerrakete eine wesentlich größere Zweitstufe mitzuführen. Die R-14 wurde im Rekordtempo entwickelt: Im März 1958 genehmigt, wurde das Konzept im Dezember 1958 abgeschlossen. Schon zwei Jahre später, am 28.3.1960, begannen die ersten Tests. Als Treibstoff wurde in beiden Stufen UDMH und als Oxidator Salpetersäure mit 27 % Stickstofftetroxid eingesetzt. Der Brennkammerdruck des RD-216 Triebwerks in der ersten Stufe lag bei 73,5 bar. Das Entspannungsverhältnis betrug 18,8. Das Haupttriebwerk RD-216 war fest eingebaut und nicht schwenkbar. Es bestand technisch aus zwei Triebwerken des Typs RD-215, mit jeweils zwei Brennkammern, einem Gasgenerator und einer Turbopumpe. Die Steuerung erfolgte durch Strahlruder aus Graphit und Finnen an der Grundstufe. Zur aerodynamischen Stabilisierung weitete sich das Heck auf 2,85 m auf. Mit Finnen betrug die Spannweite 4,40 m.

Die Treibstofftanks standen unter Druck. Beim Oxidator wurde dazu Pressluft genutzt und beim Brennstofftank Stickstoff. In der ersten Stufe waren die beiden Tanks voneinander getrennt. Sie bestanden aus Aluminium in Monocoque Bauweise mit einer minimalen Wandstärke von 2,25 mm.

Die guten Leistungen der ersten Stufe erlaubten es, in der zweiten Stufe ein Triebwerk mit schlechteren Leistungen als das RD-119 der Kosmos C-1, aber höherer Zuverlässigkeit, einzubauen. Das Triebwerk RD-219 in der zweiten Stufe verfügte über zwei Brennkammern mit einer gemeinsamen Turbopumpe. Der Schub betrug

157 kN. Der Brennkammerdruck wurde im Laufe des Einsatzes von 73,6 auf 98,1 bar erhöht. Der spezifische Impuls erhöhte sich dabei von 2875 m/s auf 2972 m/s. Die maximale Nutzlast stieg von 1.300 auf 1.500 kg. Oxidator und Brennstoff hatten einen gemeinsamen Tank mit einem Zwischenboden. Es kamen dieselben Treibstoffe wie bei der ersten Stufe zum Einsatz. Verbunden wurde sie mit der ersten Stufe mit einem zylindrischen Adapter. Es war kein Gitterrohradapter wie bei der R-7 oder Kosmos B-1, aber es gab im Adapter Öffnungen, durch die die Abgase der zweiten Stufe bei der Zündung entweichen konnten. Wie bei bisherigen Modellen erfolgte die Stufentrennung „heiß", d.h. noch während die erste Stufe arbeitete, wurde die Zweite gezündet.

Die zweite Stufe war nach der Stufentrennung wiederzündbar. Dies geschah aber auf eine unkonventionelle Art. Es gab vier kleinere Steuerdüsen mit 1,4 bis 1,7 kN Schub zur Lageregelung und für die Freiflugphasen. Um höhere Kreisbahnen zu erreichen, wurde das zentrale Triebwerk nach einer ersten Brennphase abgeschaltet, sobald die Geschwindigkeit für das Perigäum erreicht war. Nun begann eine Freiflugphase. Die Lageregelungsdüsen arbeiteten mit 25 % des Schubes weiter, bis nach 500 – 3.300 Sekunden das Apogäum erreicht war. Dann wurden die Lageregelungsdüsen auf vollen Schub gefahren. Dies diente dem Sammeln des Treibstoffes und zum Zünden des Haupttriebwerkes. Dieses zirkularisiert dann die Bahn. Dazu war eine 2 bis 8 Sekunden lange Brennperiode nötig. Der Nachteil dieser Vorgehensweise war, dass dies zwischen 60 und 300 kg zusätzlichen Treibstoff für den Betrieb der Lageregelungsdüsen erforderte. Die Steuerdüsen wurden alleine durch Druckförderung betrieben. Der Treibstoff für sie umgab in einem ringförmigen Tank den Haupttank.

Bei einer kreisförmigen Bahn von 470 km Höhe wurde die Nutzlast nach 1.665 Sekunden in 465 km Höhe abgetrennt. Für diese Bahn arbeiteten die Steuerdüsen 1.170 Sekunden lang. Der Vorteil dieser Vorgehensweise war, dass so die Wiederzündung in der Schwerelosigkeit vermieden werden konnte. Durch den Betrieb der Lageregelungsdüsen herrschte immer noch eine geringe Beschleunigung bei der zweiten Zündung. Die Lageregelungsdüsen hatten Treibstoff für eine Betriebsdauer von maximal 4.310 Sekunden. Dies ermöglicht bis zu 1.700 km hohe kreisförmige Bahnen.

Im Jahr 1966 absolvierte die Kosmos 11K65 ihren ersten Start, zehn Jahre nach der Kosmos B-1 / 11K63. Im Westen bekam sie die Bezeichnung „Kosmos C-1" (dritte von der Sowjetunion in Dienst gestellte Trägerrakete, Subversion 1). Nach dem Start der ersten Interkosmos Satelliten bezeichnete die Sowjetunion sie auch als

„Interkosmos". Die Starts der Kosmos 11K63 wurden dann nach und nach eingestellt und im Jahre 1977 flog die letzte Kosmos B-1. Es gab drei Versionen:

- Die 11K65, von der nur acht Exemplare gestartet wurden. Sie diente zur Erprobung der Trägerrakete und wurde bei den ersten Testflügen eingesetzt.

- Die Serienversion 11K65M (M für modifiziert) war von 1971 bis 1999 im Einsatz. Bei ihr war die spezifische Impuls in beiden Stufen gesteigert worden von 2765 auf 2857 m/s in der ersten Stufe und von 2875 auf 2972 m/s in der zweiten Stufe indem die Salpetersäure durch NTO ersetzt wurde. Als Folge stieg die maximale Nutzlast von 1.400 auf 1.700 kg an. Sie wurde auch als „Kosmos 3" bezeichnet.

- Die letzte Version, die 11K65MP, ist seit 1973 im Einsatz. Sie wird inzwischen vom Hersteller PO POLYOT als „Kosmos 3M" bezeichnet und im Westen von verschiedenen Firmen vermarktet. Partner sind die deutsche Firma OHB Systems und Kosmos International in Russland. So erfolgten die Starts der deutschen Satelliten Abrixas, Champ und SARLupe 1-5 mit diesem Träger. Die Produktion ist jedoch ausgelaufen und nun werden nur noch die verfügbaren Exemplare gestartet. Für die Nutzlast steht eine 5,72 m lange Verkleidung mit einem nutzbaren Innendurchmesser von 2,20 m zur Verfügung. Sie wird relativ früh, in 75 km Höhe, abgetrennt. Dies bedeutet eine höhere aerodynamische Belastung als bei den meisten Starts mit westlichen Trägerraketen. Die Nutzlast sinkt durch die größere Nutzlastverkleidung aber wieder auf 1.400 kg ab. Ein Start kostet rund 13,5 Millionen Dollar.

Neben den über 400 Starts in den Orbit gab es 300 suborbitale Einsätze. Darunter die suborbitale Erprobung der Raumfähre Buran mit einem verkleinerten Modell. Als Höhenforschungsrakete konnte die Rakete 560 kg auf 1.500 km Höhe und 860 kg auf 500 km Höhe transportieren. Als Höhenforschungsrakete wurde nur die erste Stufe verwendet. So konnten ausgemusterte Mittelstreckenraketen nutzbringend „entsorgt" werden.

Die Kosmos 3M startet heute von Kapustin Yar (48 Grad Neigung) oder Plessezk, 800 km nordöstlich von Moskau aus (66 – 98,5 Grad Neigung). Der letzte Start ist für 2011 geplant. Eine Zeitlang war eine modernisiere Version der Kosmos unter der Bezeichnung „Wslet" geplant. Sie sollte ein modernisiertes Steuerungssystem auf Basis von GPS Empfängern erhalten. Eine optimierte Aufstiegsbahn sollte sowohl eine höhere Nutzlast von bis zu 1.800 kg ermöglichen, als auch die Möglichkeit, die zweite Stufe zu deorbitieren. Es fehlten jedoch die Finanzmittel um diese Pläne umzusetzen.

## Datenblatt Kosmos 3M

| | |
|---|---|
| Einsatzzeitraum: | 1964 – heute |
| Starts: | Kosmos 11K65: 4 Starts, davon 2 Fehlstarts. Zuverlässigkeit 50 % |
| | Kosmos 65S3: 8 Starts, davon 1 Fehlstart. Zuverlässigkeit 87,5 % |
| | Kosmos 11K65M: 442 Starts, davon 23 Fehlstarts. Zuverlässigkeit 94,8 % |
| Abmessungen: | 32,42 m Höhe |
| | 4,40 m maximaler Durchmesser |
| Startgewicht: | 109.000 kg |
| Maximale Nutzlast: | 1.300 kg in 400 km Orbit mit 66,7 Grad Neigung |
| | 730 kg in einen 800-km-SSO Orbit mit 98,5 Grad Neigung |
| Nutzlasthülle: | 5,54 m Länge, 2,40 m Durchmesser |

| | RS-14 | S-3M |
|---|---|---|
| Länge: | 23,50 m | 6,60 m |
| Durchmesser: | 2,40 m | 2,40 m |
| Startgewicht: | 87.200 kg | 20.434 kg |
| Trockengewicht: | 5.300 kg | 1.434 kg |
| Schub Meereshöhe: | 1.485,8 kN | - |
| Schub Vakuum: | 1.744,5 kN | 157 kN |
| Triebwerke: | 1 × RD-216 | 1 × RD-219 |
| Spezifischer Impuls (Meereshöhe): | 2462 m/s | - |
| Spezifischer Impuls (Vakuum): | 2867 m/s | 2972 m/s |
| Brenndauer: | 130 s | 325 – 343 s |
| Treibstoff: | Salpetersäure + NTO / UDMH | Salpetersäure + NTO / UDMH |

*Abbildung 12: Eine Kosmos 3M mit dem deutschen Satelliten SARLupe 1 wird auf den Start vorbereitet.*

# Proton

Die Proton war ursprünglich dazu gedacht, eine 100 Megatonnen Bombe zu transportieren, welche die Sowjetunion Anfang der sechziger Jahre testete. Da eine solche Bombe militärisch aber weitgehend nutzlos ist (einfach weil sie zu groß ist, es ist einfacher mehrere Ziele mit kleineren Sprengköpfen bekämpfen), wurde die Interkontinentalrakete nie gebaut. Auch hatte das Politbüro nach dem Machtwechsel im Oktober 1964 kein Interesse mehr an Chruschtschows „Superbombe". So wurde aus der Interkontinentalrakete eine Trägerrakete.

Die Proton war dabei nur ein Mitglied einer geplanten Serie von Trägerraketen, wie auch am Entwurfsname „UR-500" erkennbar ist – UR steht für „Universelle Rakete". Geplant war, durch Kombination verschiedener Stufen und Triebwerke eine Raketenfamilie für unterschiedlich schwere Nutzlasten zu entwickeln. Weitere Mitglieder waren die kleinere UR-200 von der Größe einer ICBM und die UR-700, welche schon die halbe Nutzlast der N-1 transportierte. Hinter der Proton steht Koroljows ewiger Konkurrent Valentin Gluschko mit seiner Vorliebe für lagerfähige Treibstoffe.

Die Entwicklung begann 1961 mit Vorarbeiten zur UR-500. Die Entwicklung der Proton wurde endgültig am 24.4.1962 beschlossen. Sie wurde 1965 abgeschlossen und es folgten die Testflüge, die bis 1967 dauerten.

Ihren Namen erhielt die Rakete von den Proton Satelliten, die sie als erste Nutzlast transportierte. Der Start dieser Satelliten zur Strahlungsmessung war der einzige Einsatz der zweistufigen Version. Sie diente nur zum Test der ersten zwei Stufen. Im operationellen Einsatz waren nur die dreistufigen und vierstufigen Varianten. Erstere für nahe Erdorbits (Mir, Saljut), Letztere für geostationäre Orbits (Ekran, Gorizont) und Planeten- und Mondmissionen (Mars, Venera, Luna, Sond).

## Stufe 1

Die erste Stufe besteht aus einem zentralen Tank, gefüllt mit dem Oxidator Stickstofftetroxid. Sechs Außentanks enthalten den eigentlichen Treibstoff Unsymmetrisches Dimethylhydrazin (UDMH). Diese Treibstoffkombination ist lagerfähig und zündet bei Kontakt selbst. Sie wird in den ersten drei Stufen verwendet. Der Durchmesser der ersten Stufe und ihre Konstruktion war bedingt durch den Transport per Bahn. Dabei gaben Schienennetz und Tunnel einen maximalen Durchmesser von 4,15 m vor.

An den Außentanks hängen je sechs Triebwerke des Typs RD-253. Der zentrale Tank hat einen Durchmesser von 4,15 m, die Außentanks einen von 1,60 m. Die Breite der ersten Stufe beträgt maximal 7,40 m und die Höhe 21,07 m. Die Außentanks sind 19,50 m lang. Die Triebwerke sind – anders als viele frühere Konstruktionen – mit nur einer Brennkammer ausgerüstet und verbrennen einen Teil des Treibstoffes schon im Gasgenerator. Anschließend wird dieser wieder in die Brennkammer eingebracht. So ergibt sich ein geschlossenes System mit hohem Brennkammerdruck von über 150 bar. Es war das erste Triebwerk Russlands mit dem Hauptstromverfahren, welches im Westen erst bei dem Space Shuttle eingesetzt wurde. Die Nutzung der Abgase des Gasgenerators und die Erhöhung des Brennkammerdrucks verbesserten den Schub jedes Triebwerks um 12,5 %, wodurch nur sechs anstatt acht Triebwerke benötigt wurden.

Gegenüber der R-7 war der Leistungssprung enorm. Die Brennkammern wurden von 200 kN auf 1500 kN Schub gesteigert. Der Brennkammerdruck erhöhte sich um das zweieinhalbfache. Die Turbopumpe besitzt eine Leistung von 18,7 MW. Das Volumen der Brennkammer beträgt nur 30 dm³. Ein Triebwerk mit der Technologie des RD-107 hätte ein Volumen von 2000 dm³ benötigt. Das Triebwerk RD-253 wiegt nur 1.280 kg, wodurch ein hervorragendes Schub- zu Gewichtverhältnis von über 100 resultiert. Doch diese Technologie mit hohen Brennkammerdrücken musste erst entwickelt werden. So erstaunt es nicht, dass die Proton zahlreiche Fehlstarts hinnehmen musste, bis Russland diese Technologie beherrschte. Valentin Gluschko, der diese Triebwerke entwickelte, favorisierte sie auch für seinen Entwurf der Mondrakete. Er konnte sich damit jedoch nicht gegen den Entwurf von Koroljow mit der N-1 durchsetzen.

Im Laufe der Zeit wurde dieses Triebwerk immer wieder in seiner Leistung gesteigert, wodurch auch die Nutzlast der Proton bei der dreistufigen Variante von 17 auf 20,6 t anstieg. Der Startschub erhöhte sich von 8.800 kN auf 9.500 kN.

| Erzeugniscode | 8D411 | 11D41 | 11D43 | 14D14 |
|---|---|---|---|---|
| Entwicklungszeitraum | 1961-1965 | achtziger Jahre | 1986 | 1991 |
| Brennkammerdruck | 147 bar | 157 bar | 158 bar | 168 bar |
| Schub (Meereshöhe) | 1.474 kN | 1.580 kN | 1.588 kN | 1.616 kN |
| Schub Vakuum | 1.670 kN | 1.750 kN | 1.760 kN | 1.783 kN |

Das neueste Modell mit dem Erzeugniscode 14D14 wird auch als RD-275 geführt. Die Triebwerke werden 3,1 Sekunden vor dem Start gezündet, 1,6 Sekunden vor dem Start auf 40 % Schub und schließlich 0,15 Sekunden vor dem Abheben auf 107

% Schub hochgefahren. Die Brenndauer beträgt 126 Sekunden beim letzten Modell. Die Triebwerke sind fest eingebaut. Zur Schubvektorsteuerung wird bei einem Triebwerk der Schub heruntergefahren, wodurch die Rakete sich neigt. Dadurch bleiben allerdings immer Reste in einem Außentank. Pläne für neuere Varianten der Proton M (S.78) sehen daher auch eine Reduktion dieser Treibstoffverschwendung vor.

## Stufe 2

Die zweite Stufe wird wie bei anderen russischen Raketen „heiß" gezündet. Daher ist die erste Stufe mit einem Gitterrohradapter ausgerüstet, damit die Flammen freien Weg haben. Diese Methode vermeidet das Problem der Zündung in der Schwerelosigkeit, sie bedeutet aber auch, dass Treibstoff in der ersten Stufe „verschenkt" wird. Früher schlugen die ersten Stufen mit viel Resttreibstoff in der Steppe auf und verseuchten große Flächen. Auch bedingt durch Schadensersatzforderungen von Kasachstan arbeiten heute die Triebwerke weiter, bis der Treibstoff verbraucht ist. Die Triebwerke werden nach 122 Sekunden gezündet und nach 126 Sekunden, wenn die erste Stufe abgeschaltet wird, auf volle Leistung hochgefahren.

Der Durchmesser der zweiten und dritten Stufe entspricht der des zentralen Tanks der ersten Stufe und beträgt 4,15 m. Drei Triebwerke des Typs RD-210 und eines des Typs RD-211 liefern einen Schub von 2.332 kN. Das RD-211 ist als Triebwerk identisch zum RD-210. Es trägt aber einen Wärmeaustauscher, der aus einem Teil des Treibstoffs das Druckgas für die Druckbeaufschlagung der Tanks liefert. Die zweite Stufe hatte bei der ersten Version eine Länge von 10,90 m und wog 134,9. Sie hat eine konventionelle Bauart mit zylindrischen Tanks und schwenkbaren Triebwerken.

## Stufe 3

Auch die dritte Stufe wird noch während des Betriebs der zweiten angelassen. Allerdings sind es hier nur die Steuerdüsen zur Stabilisierung der Stufe und zur Sammlung des Treibstoffs. Sie werden 332 Sekunden nach dem Start gezündet. Zwei Sekunden später erfolgt die Stufentrennung. Die Zündung der dritten Stufe selbst erfolgt erst eine Sekunde nach Abtrennung von der zweiten Stufe. Die dritte Stufe wird von einem einzelnen Triebwerk des Typs RD-213 angetrieben. Dieses ist nicht schwenkbar und verwendet zur Lageregelung vier Vernierdüsen, die an der Turbopumpe des Haupttriebwerkes angeschlossen sind. Das Haupttriebwerk vom Typ RD-213 ist eine nicht schwenkbare Version des RD-210 in der zweiten Stufe.

Die vier Verniertriebwerke haben jeweils 31 kN Schub. Sie gehören zu einem Triebwerk RD-214 mit zentraler Treibstoffförderung und vier Brennkammern.

An die dritte Stufe schließt sich die Steuerungseinheit an. Die Proton wurde von einer analogen Programmsteuerung gesteuert, verfügt also über keinen Bordrechner. Erste und zweite Stufe arbeiten nach einem festen Schema und die dritte übermittelt die Beschleunigungsdaten an einen „elektrolytischen Integrator", der vor der Mission aufgeladen wird und der durch diese Impulse laufend entladen wird. Beim Verbrauch der Ladung ändert sich der innere Widerstand des Integrators und dadurch unterbrechen Relais die Treibstoffzufuhr für die dritte Stufe. Diese Technologie wurde von der A-4 übernommen, in der sie erstmals eingesetzt wurde. Eine Batterie wird vor dem Start aufgeladen und eine Schaltung entlädt die Batterie entsprechend dem Strom, der von den Beschleunigungssensoren geliefert wird. Wenn sie vollständig entladen ist, verändert sich ihr Widerstand und löst den Brennschluss aus.

## Proton 2

Die Proton 2 war die erste Entwicklungsstufe der Proton. Bei ihr wurden nur die beiden ersten Stufen eingesetzt. Sie flog nur viermal und beförderte dabei die Erdsatelliten Proton 1-3 in den Orbit, die mit 12,2 t damals schwersten Satelliten. Von diesen 12,2 t entfielen allerdings 8,4 t auf die zweite Stufe. Für den operationellen Einsatz war ihre Nutzlast zu klein. Damit war die Proton 2 ein Entwicklungsmuster zum Test der Rakete. Wäre die Proton als Interkontinentalrakete eingesetzt worden, so wäre allerdings die zweistufige Version verwendet worden. Sie hätte den schon angesprochenen, 100 MT großen, Sprengkopf über eine Distanz von 12.100 km befördern können.

Für die Proton wurden in Baikonur zwei Komplexe mit jeweils zwei Startrampen errichtet (Komplex 81 und 200). Verglichen mit dem aufwendigen Versorgungsturm für eine R-7 mit seinen vielen Zugangsebenen, war der Startkomplex der Proton recht einfach aufgebaut. Nach dem Betanken der Stufen gab es nur noch eine Nabelschnur, die automatisch gelöst wurde, wenn die Rakete um 10 – 15 cm abgehoben hatte.

Im Westen erhielt die Proton als vierte von der UdSSR eingeführte Trägerrakete die Bezeichnung „D-1". Der russische Erzeugniscode ist 8K82. Ein Foto der zweistufigen Version der Proton liegt dem Autor nicht vor.

## Datenblatt Proton 2

| | | |
|---|---|---|
| Einsatzzeitraum: | 1965 – 1967 | |
| Starts: | 4, davon ein Fehlstart | |
| Zuverlässigkeit: | 75 % erfolgreich | |
| Abmessungen: | 39,80 m Höhe | |
| | 7,40 m Durchmesser | |
| Startgewicht: | 591.000 kg | |
| Maximale Nutzlast: | 3.800 kg in einen LEO-Orbit | |

| | Stufe 1 | Stufe 2 |
|---|---|---|
| Länge: | 21,10 m | 10,10 m |
| Durchmesser: | 7,40 m | 4,10 m |
| Startgewicht: | 449.800 kg | 132.000 kg |
| Trockengewicht: | 33.500 kg | 8.400 kg |
| Schub Meereshöhe: | 8.844 kN | - |
| Schub Vakuum: | 9.500 kN | 2.322 kN |
| Triebwerke: | 6 × RD-253 | 3 × RD-210 + 1 × RD-211 |
| Spezifischer Impuls (Meereshöhe): | 2619 m/s | - |
| Spezifischer Impuls (Vakuum): | 3099 m/s | 3188 m/s |
| Brenndauer: | 126 s | 165 s |
| Treibstoff: | NTO / UDMH | NTO / UDMH |

# Proton K

Die dreistufige Version hat die Bezeichnung „Proton K", im Westen war lange Zeit die Bezeichnung „Proton 3" (für 3 Stufen) üblich. Die Entwicklung der dritten Stufe wurde am 3.8.1964 genehmigt, als die Entwicklung der ersten zwei Stufen schon voll im Gange war.

Die dreistufige Version der Proton wurde erst nach der vierstufigen Variante eingesetzt. Der Grund dafür war, dass dem Mondprogramm höhere Priorität eingeräumt wurde. Erst Anfang der siebziger Jahre gab es mit den Raumstationen Almaz und Saljut auch Nutzlasten für diese Rakete. Später wurde sie zum Transport der Mir und ihrer Module wie „Kwant" und „Spektr" eingesetzt. Alle Starts dieser Rakete beförderten Raumstationen oder Bauteile für diese. Die einzige Ausnahme war der erste Start. Es war ein Qualifikationsflug, bei dem der vierte und letzte Proton-Satellit gestartet wurde.

Die angegebenen Daten der Rakete sind die der heute in Dienst stehenden Version. Die Nutzlast wurde im Laufe der Jahre durch verbesserte Triebwerke von 17 t auf 20,6 t für einen 200 km hohe Bahn gesteigert. „Proton K" ist der Name, unter dem die Rakete auch im Westen firmierte, das „K" gab den Unterschied zur originalen zweistufigen Proton an. Gegenüber der zweistufigen Version wurde die zweite Stufe um rund 50 % vergrößert. Die Stufenlänge der zweiten Stufe stieg durch den Gitterrohradapter auf 17,05 m. Davon entfielen 14,42 m auf die eigentliche zweite Stufe.

Die dritte Stufe lehnte sich in ihrer Konzeption an die erste und zweite Stufe an und arbeitete mit denselben lagerfähigen Treibstoffen. Sie wurde ebenfalls im Flug gezündet. Für die Stabilisierung nach Abtrennung von der zweiten Stufe und Kurskorrekturen zum Erreichen des Orbits sorgten vier Verniertriebwerke mit je 31 kN Schub.

Die Proton 3 unterschied sich von der vierstufigen Variante durch ihre sehr große Nutzlastverkleidung mit einer Gesamtlänge von 14,88 m und einem maximalen Durchmesser von 4,35 m. Sie bestand aus einer 2,23 m langen Übergangssektion zur dritten Stufe von 4,00 m Durchmesser und einer 12,65 m langen Hauptsektion von 4,35 m Durchmesser. Sie wog 4.160 kg. Die Zuverlässigkeit der Proton 3 war erheblich höher, als die der vierstufigen Variante. Der letzte Start einer Proton K fand am 12.7.2000 statt, als sie das Swesda Modul zur ISS brachte. Ein weiterer Start eines ISS Moduls ist für 2011 angekündigt. Er wird jedoch von der Proton M durchgeführt werden.

## Datenblatt Proton K

| | |
|---|---|
| Einsatzzeitraum: | 1967 – 2000 |
| Starts: | 29, davon drei Fehlstarts |
| Zuverlässigkeit: | 89,6 % erfolgreich |
| Abmessungen: | 58,46 m Höhe |
| | 7,40 m Durchmesser |
| Startgewicht: | 691.000 kg |
| Maximale Nutzlast: | 20.600 kg in einen LEO-Orbit |
| Nutzlasthülle: | 4,15 und 4,53 m Durchmesser, |
| | 14,10, 14,88 und 16,15 m Länge |

| | Stufe 1 | Stufe 2 | Stufe 3 |
|---|---|---|---|
| Länge: | 21,10 m | 17,05 m | 6,52 m |
| Durchmesser: | 7,40 m | 4,10 m | 4,10 m |
| Startgewicht: | 449.800 kg | 167.868 kg | 50.747 kg |
| Trockengewicht: | 33.500 kg | 11.715 kg | 4.167 kg |
| Schub Meereshöhe: | 8.800 kN | - | - |
| Schub Vakuum: | 9.500 kN | 2.322 kN | 583 kN |
| Triebwerke: | 6 × RD-253 | 3 × RD-210 + 1 × RD-211 | 1 × RD-213 + 1 RD-214 |
| Spezifischer Impuls (Meereshöhe): | 2619 m/s | - | - |
| Spezifischer Impuls (Vakuum): | 3099 m/s | 3206 m/s | 3187 m/s |
| Brenndauer: | 126 s | 214 s | 241 s |
| Treibstoff: | NTO / UDMH | NTO / UDMH | NTO / UDMH |

*Abbildung 13: Letzter Proton K Start mit Swesda am 12.7.2000*

# Proton K / Block D

Die vierstufige Version der Proton absolvierte ihren Erstflug vor der dreistufigen Version. Die Rakete wurde als dreistufige Rakete (Proton K) + Oberstufe (Block D) bezeichnet. Von letzterer gab es drei Entwicklungsvarianten und die neue Version Block DM.

Die Oberstufe Block D stammte von Koroljow und war für den russischen Mondflug gedacht. Dort sollte sie ein Raumschiff in eine Mondumlaufbahn und wieder zurück zur Erde bringen. Sie arbeitete mit den nicht lagerfähigen Treibstoffen flüssigen Sauerstoff und Kerosin. Diese haben den Vorteil, eine höhere Energiedichte als die Kombination Stickstofftetroxid und UDMH zu besitzen. Er hatte eine Länge von 4,90 ohne und 6,28 m mit Stufenadapter. Block D hatte einen ringförmigen Kerosintank, der das Triebwerk umgab und einen zylindrischen Sauerstofftank oberhalb des Triebwerks. Diese Konstruktion verkürzte die Baulänge.

Die Proton K / Block D hatte anfangs etliche Ausfälle zu beklagen. Bei den frühen Mustern durch Ausfälle der ersten zwei Stufen, später vor allem durch den Block D. Er zündete nicht oder fiel kurz nach der Zündung aus. Etliche Nutzlasten strandeten so in einem unbrauchbaren Erdorbit. Bei dem ursprünglichen Block D übernahm die Nutzlast die Steuerung, nachdem die dritte Stufe diese in einen erdnahen Orbit abgesetzt hatte. Mit dem Block D wurden in den späten sechziger Jahren vor allem Mond- und Planetensonden gestartet. Die Nutzlast lag bei der Proton viermal höher als bei der Molnija Trägerrakete. Diese wurde von der Proton als Standardträgerrakete für Planetensonden abgelöst. Die hohe Nutzlastmasse ermöglichte größere und komplexere Raumsonden. Mit der Proton starteten die Sonden Venera 9-10, die Fotos von der Venusoberfläche machten, sowie die beiden Lunochods und Luna 16 und 20, welche unbemannt Bodenproben vom Mond entnahmen und zur Erde zurück brachten.

Block D war mit 13,4 t Startmasse noch leicht genug, dass eine Proton K ihn zusammen mit der Planetensonde in einen Erdorbit bringen konnte. Er war wiederzündbar und für eine Betriebszeit von maximal 12 Tagen ausgelegt. Eine Isolation um den Sauerstofftank gewährleistete, dass der -183 °C kalte Sauerstoff nicht in dieser Zeit verdampfte. Bei der Zündung brannten zuerst Steuerdüsen mit den hypergolen Treibstoffen UDMH / Stickstofftetroxid, welche den Treibstoff am Boden der Tanks sammelten. Der Sauerstoff wurde dann mit Triethylaluminat zur Entzündung gebracht und in die Verbrennungsflamme dann das Kerosin eingespritzt. Die Proton K / Block D wird heute nicht mehr eingesetzt.

## Datenblatt Proton K Block D

| | |
|---|---|
| Einsatzzeitraum: | 1967 – 1975 |
| Starts: | 39 Starts, davon 16 Fehlstarts |
| Zuverlässigkeit: | 59,9 % |
| Abmessungen: | 56,14 m Höhe |
| | 7,40 m maximaler Durchmesser |
| Startgewicht: | 691.000 kg |
| Maximale Nutzlast: | 5.900 kg zum Mond |
| | 4.900 kg zur Venus |
| | 4.650 kg zum Mars |
| Nutzlastverkleidung: | 3,70 m und 4,10 m Durchmesser, |
| | 7,60 und 9,10 m Länge |

| | Stufe 1 | Stufe 2 | Stufe 3 | Block D |
|---|---|---|---|---|
| Länge: | 21,20 m | 17,05 m | 6,52 m | 6,28 m |
| Durchmesser: | 7,40 m | 4,10 m | 4,10 m | 3,70 m |
| Startgewicht: | 449.800 kg | 167.868 kg | 50.747 kg | 13.360 kg |
| Trockengewicht: | 31.100 kg | 11.715 kg | 4.167 kg | 1.800 kg |
| Schub Meereshöhe: | 8.800 kN | - | - | - |
| Schub Vakuum: | 9.500 kN | 2.322 kN | 583 kN | 83,36 kN |
| Triebwerke: | 6 × RD-253 | 3 × RD-210 + 1 × RD-211 | 1 × RD-213 + 1 RD-214 | 1 × RD-58 |
| Spezifischer Impuls (Meereshöhe): | 2795 m/s | - | - | - |
| Spezifischer Impuls (Vakuum): | 3099 m/s | 3206 m/s | 3187 m/s | 3422 m/s |
| Brenndauer: | 133 s | 214 s | 241 s | 470 s |
| Treibstoff: | NTO / UDMH | NTO / UDMH | NTO / UDMH | LOX/ Kerosin |

# Proton K / Block D-1

Der Block D-1 war die erste Weiterentwicklung des Blocks D. Er verwendete ein verbessertes Triebwerk RD-58M und die Treibstoffzuladung wurde leicht erhöht. Mit dem Block D-1 wurden in den siebziger und achtziger Jahren vor allem Venussonden, aber auch Satelliten in hochelliptische Umlaufbahnen (Granat, Astron) gestartet. Inzwischen war der Block D-1 soweit ausgereift, das alle Starts gelangen. Eventuell war dies auch der Grund für die Weiterentwicklung, denn zahlreiche Starts des Blocks D scheiterten (wie bei der Proton K / Block D erwähnt) schon bei dessen Zündung im Orbit.

Auch der Schub der Triebwerke in den anderen Stufen wurde signifikant erhöht, bei der ersten Stufe zum Beispiel um 4 %. In der dreistufigen Version stieg so die Nutzlast von 19,6 auf 20,6 t an. Für die Planetenmissionen zur Venus hatte eine Proton K / Block D-1 rund 400 kg mehr Nutzlast als die Proton K / Block D.

Auffällig an dem Einsatz der Proton ab Mitte der siebziger Jahre war der starke Rückgang der Startraten. Gab es beim Vorgängermodell noch 39 Starts in 17 Jahren, so waren nun nur noch 11 Flüge in 13 Jahren. Block D-1 wurde wie sein Vorgänger durch die Verniertriebwerke vor der Zündung ausgerichtet und hatte lediglich einen Zeitgeber, der eine Zündung zu einem bestimmten Zeitpunkt auslöste. Die gesamte Steuerung erfolgte durch die Raumsonde. Das Steuerungssystem der Proton war in der dritten Stufe untergebracht.

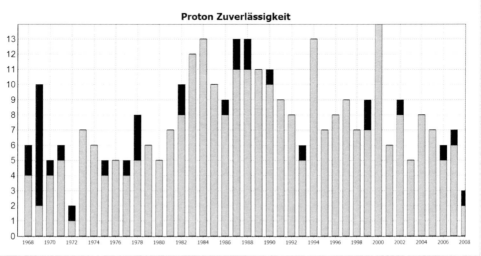

*Abbildung 14: Starts und Fehlstarts der Proton*

## Datenblatt Proton K Block D-1

| | |
|---|---|
| Einsatzzeitraum: | 1976 – 1989 |
| Starts: | 11 Starts, davon kein Fehlstart |
| Zuverlässigkeit: | 100 % |
| Abmessungen: | 56,14 m Höhe |
| | 7,40 m maximaler Durchmesser |
| Startgewicht: | 690.200 kg |
| Maximale Nutzlast: | 5.700 kg zum Mond |
| | 5.300 kg zur Venus |
| | 4.600 kg zum Mars |
| Nutzlastverkleidung: | 3,70 m und 4,10 m Durchmesser |
| | 7,60 und 9,10 m Länge |

| | Stufe 1 | Stufe 2 | Stufe 3 | Block D |
|---|---|---|---|---|
| Länge: | 21,20 m | 17,05 m | 6,52 m | 5,50 m |
| Durchmesser: | 7,40 m | 4,10 m | 4,10 m | 3,70 m |
| Startgewicht: | 449.800 kg | 167.830 kg | 50.750 kg | 14.220 kg |
| Trockengewicht: | 31.100 kg | 11.720 kg | 4.090 kg | 2.160 kg |
| Schub Meereshöhe: | 9.191 kN | - | - | - |
| Schub Vakuum: | 10.200 kN | 2.322 kN | 583 kN | 85,3 kN |
| Triebwerke: | 6 × RD-253 | 3 × RD-210 +1 × RD-211 | 1 × RD-213 + 1 RD-214 | 1 × RD-58 |
| Spezifischer Impuls (Meereshöhe): | 2795 m/s | - | - | - |
| Spezifischer Impuls (Vakuum): | 3099 m/s | 3206 m/s | 3187 m/s | 3451 m/s |
| Brenndauer: | 133 s | 214 s | 241 s | 500 s |
| Treibstoff: | NTO / UDMH | NTO / UDMH | NTO / UDMH | LOX / Kerosin |

## Proton K / Block D-2

Die letzte Modifikation des ursprünglichen Block D war der Block D-2. Sie war nötig zum Starten von überschweren Marssonden. Die Raumsonden Phobos 1+2 wurden während der Entwicklung laufend schwerer. Sie konnten so mit einem normalen Block D-1 nicht mehr zum Mars befördert werden. Der Block D-2 erhielt nochmals mehr Treibstoff. Doch dies alleine reichte nicht aus. Phobos 1+2 hatten auch eine eigene Stufe, um in den Marsorbit einzuschwenken. Dieser Traktorblock wurde nach dem Ausbrennen von Block D-2 ein erstes Mal gezündet. Er brachte die noch verbliebenen 575 m/s Geschwindigkeit auf. Block D-2 beschleunigte die Raumsonde um 3.150 m/s. Da er leer nur 600 kg wog (Block D-2 dagegen 2.160 kg), konnte so die Nutzlast weiter gesteigert werden.

Als Summe dieser Maßnahmen stieg die Nutzlast bei einem günstigen Startfenster zum Mars von 4.650 auf 5.500 kg. Phobos 1+2 und Mars 96 wogen beim Start jeweils 6.220 kg, davon entfielen rund 3.600 auf den Traktorblock. Mars 96 sollte noch 5.174 kg wiegen, wenn sie die Erde verlassen hätte. Es wurden nur diese drei Raumsonden mit der Proton K / Block D-2 gestartet.

Der Traktorblock wurde ursprünglich für die Venera 15+16 Missionen entwickelt und ist als eine fünfte Stufe zu betrachten. Er lieferte die letzte nötige Geschwindigkeit um den Mars zu erreichen und bremste die Sonde in eine Umlaufbahn um den Mars. Aus ihm wurde später die Breeze Oberstufe entwickelt. Beim Start von Mars 96 aber scheiterte Block D-2. Er zündete nicht oder nur kurz und brachte die Sonde auf eine unbrauchbare Umlaufbahn. Der Traktorblock brachte nun Mars 96 nicht auf einen Fluchtkurs, sondern senkte stattdessen das Perigäum weiter ab, sodass die Sonde nach nur drei Erdumläufen verglühte.

Der Start von Mars 96 war auch der letzte Einsatz der Proton für Raumsonden. Bisher waren diese die Hauptnutzlast der Proton. Dies sollte sich nun ändern.

## Datenblatt Proton K Block D-2

| | |
|---|---|
| Einsatzzeitraum: | 1988 – 1996 |
| Starts: | 3 Starts, davon ein Fehlstart |
| Zuverlässigkeit: | 66,7 % |
| Abmessungen: | 56,14 m Höhe |
| | 7,40 m maximaler Durchmesser |
| Startgewicht: | 694.500 kg |
| Maximale Nutzlast: | 5.500 kg zum Mars |
| Nutzlastverkleidung: | 4,10 m Durchmesser, 9,10 m Länge |

| | Stufe 1 | Stufe 2 | Stufe 3 | Block D-2 |
|---|---|---|---|---|
| Länge: | 21,20 m | 17,05 m | 6,52 m | 4,90 m |
| Durchmesser: | 7,40 m | 4,10 m | 4,10 m | 3,70 m |
| Startgewicht: | 449.800 kg | 167.830 kg | 50.750 kg | 17.110 kg |
| Trockengewicht: | 31.100 kg | 11.720 kg | 4.090 kg | 2.130 kg |
| Schub Meereshöhe: | 9.500 kN | - | - | - |
| Schub Vakuum: | 10.500 kN | 2.322 kN | 583 kN | 85,3 kN |
| Triebwerke: | 6 × RD-253 | 3 × RD-210 + 1 × RD-211 | 1 × RD-213 + 1 RD-214 | 1 × RD-58 |
| Spezifischer Impuls (Meereshöhe): | 2795 m/s | - | - | - |
| Spezifischer Impuls (Vakuum): | 3109 m/s | 3206 m/s | 3187 m/s | 3451 m/s |
| Brenndauer: | 133 s | 214 s | 241 s | 620 s |
| Treibstoff: | NTO / UDMH | NTO / UDMH | NTO / UDMH | LOX / Kerosin |

# Proton K / Block DM

Eine weitere Verbesserung bedeutete der Einsatz des Blocks DM Mitte der siebziger Jahre. „M" steht hier für modifiziert. Während weiterhin mit dem Block D Planetensonden gestartet wurden, transportierte der Block DM Nutzlasten in geosynchrone Umlaufbahnen oder in den 19.000 km hohen Glonass Navigationsorbit. Lange Zeit war die Proton DM die einzige russische Trägerrakete, die Satelliten in sehr hohe Orbits aussetzen konnte. Wie bei US-Militärsatelliten wurde die Anhebung des Perigäums von der Oberstufe durchgeführt und nicht von einem im Satelliten integrierten Antrieb.

Wesentliche Unterschiede zum Block D waren ein eigenes Navigations- und Steuerungssystem. Weiterhin gab es eine verbesserte Thermalisolierung. Die Zahl der Zündungen wurde durch mehr Treibstoff für die Vernierdüsen erhöht. Zwei bis drei Zündungen von Block DM wurden benötigt, um die geostationäre Bahn zu erreichen. Das Triebwerk RD-58M wurde vom Block D übernommen. Da die russischen Nutzlasten im geostationären Orbit maximal 2,2 t wogen, konnte Block DM mehr Treibstoff als Block D-1 aufnehmen. Der Treibstoff Kerosin befand sich in einem toroidalen Tank, der das Triebwerk umgab, der Oxidator in einem sphärischen Tank darüber. Die Düse des Triebwerks RD58M wurde durch Sublimation von Graphit gekühlt. Block DM war etwa 70 cm länger als Block D.

Block DM war modular aufgebaut. Er bestand aus den Modulen Basismodul (mit Tanks), zwei Modulen mit dem Lageregelungstreibstoff, dem Triebwerk, der automatischen Steuerung und der Verbindungsstruktur. Dies ermöglichte es, wenn eine Nutzlast zu schwer war, die Steuerung wegzulassen und Block DM wie Block D von der Nutzlast steuern zu lassen. Dies spielte jedoch nur bei russischen Starts eine Rolle. Sind weniger Zündungen nötig, kann ein Tank mit Lageregelungstreibstoff entfallen. Dieses modulare Design erlaubte eine leichte Anpassung von Block DM für die Zenit, welche in der Sea Launch Version nun auch den Block DM einsetzt. Block DM konnte nicht kontinuierlich rotieren, sondern nur um 180 Grad um eine Referenzrichtung geschwenkt werden. Dies war eine Einschränkung für Nutzlasten, die vor dem Abtrennen in leichte Rotation versetzt werden, um die thermische Belastung bis zur endgültigen Ausrichtung der Satelliten zu minimieren. Die Zündung erfolgte durch kleine Mengen von hypergolen Treibstoffen, welche vor dem Sauerstoff und Kerosin in die Brennkammer eingespritzt wurden und sich selbst entzündeten. Bis zu fünf Zündsequenzen waren möglich. Vier Vernierdüsen mit eigenem Treibstoff (UDMH und MNH) wurden für die Lageregelung und zur Stabilisierung in Freiflugphasen eingesetzt.

## Datenblatt Proton K Block DM

| | |
|---|---|
| Einsatzzeitraum: | 1974 – 1990 |
| Starts: | 66 Starts, davon 3 Fehlstarts |
| Zuverlässigkeit: | 92,4 % |
| Abmessungen: | 54,89 m Höhe |
| | 7,40 m maximaler Durchmesser |
| Startgewicht: | 690.100 kg |
| Maximale Nutzlast: | 2.100 kg in einen GEO-Orbit |
| Nutzlastverkleidung: | 4,10 m Durchmesser, 8,90 m Länge |

| | Stufe 1 | Stufe 2 | Stufe 3 | Block DM |
|---|---|---|---|---|
| Länge | 21,20 m | 17,05 m | 6,52 m | 4,90 m |
| Durchmesser: | 7,40 m | 4,10 m | 4,10 m | 3,70 m |
| Startgewicht: | 449.800 kg | 167.830 kg | 50.750 kg | 17.550 kg |
| Trockengewicht: | 31.100 kg | 11.720 kg | 4.090 kg | 2.300 kg |
| Schub Meereshöhe: | 9.534 kN | - | - | - |
| Schub Vakuum: | 10.470 kN | 2.322 kN | 583 kN | 83,61 kN |
| Triebwerke: | 6 × RD-275 | 3 × RD-210 + 1 × RD-211 | 1 × RD-213 + 1 RD-214 | 1 × RD-58M |
| Spezifischer Impuls (Meereshöhe): | 2795 m/s | - | - | - |
| Spezifischer Impuls (Vakuum): | 3109 m/s | 3206 m/s | 3187 m/s | 3462 m/s |
| Brenndauer: | 124 s | 214 s | 241 s | 610 s |
| Treibstoff: | NTO / UDMH | NTO / UDMH | NTO / UDMH | LOX / Kerosin |

## Proton K / Block DM2

Ab 1982 wurde eine verbesserte Version des Blocks DM eingeführt. Neben einem verbesserten Lenksystem war nun auch ein kontrolliertes Entleeren der Tanks nach Missionsende möglich. Dadurch wurden Explosionen vermieden, die zu einer größeren Anzahl von Trümmern im geostationären Orbit führten. Block DM-2 war um 160 kg leichter als sein Vorgänger. Dadurch konnte die Nutzlast in den GSO-Orbit um 200 kg gesteigert werden.

In der ersten Stufe wurden die RD-275 Triebwerke eingeführt. Sie hatten einen zusätzlichen Gasgenerator im Triebwerk, der das Gas für die Druckbeaufschlagung der Tanks lieferte. Die Leistungsdaten entsprachen denen der letzten RD-253 Version. Russland setzte Block DM-2 weiterhin für eigene Satelliten ein, auch nachdem für westliche Nutzlasten neue Modifikationen von Block DM entwickelt wurden.

Die Proton K mit Block DM-2 war auch die erste Version, die im Westen angeboten wurde. 1987 offerierte Glawkosmos einen Proton Start mit einer maximalen Nutzlast von 2.200 kg in den geostationären Orbit für 30 Millionen Dollar. Zur gleichen Zeit kostete ein Ariane 44L Start mit einer vergleichbaren Nutzlast rund 84,1 Millionen Dollar. Ein Titan 3 Commercial Start sogar 150 Millionen Dollar. Die damals gültigen COCOM (**Co**ordinating **C**ommittee **o**n **M**ultilateral Export Controls) Bestimmungen verhinderten jedoch den Export von westlicher Hochtechnologie in die Sowjetunion und andere Staaten des Warschauer Pakts. So kam es damals noch zu keinen Vertragsabschlüssen. Diese Bestimmungen sollten verhindern, dass die damaligen Gegner China und Russland während des Kalten Krieges Zugang zu westlicher Technologie bekamen. Dies betraf auch die in Kommunikationssatelliten befindliche Mikroelektronik. Obgleich es US-Bestimmungen waren, betrafen sie auch andere Länder, sofern sie Bauteile einer US-Firma verwandten, was bei elektronischen Bauteilen praktisch immer gegeben war.

Im Dezember 2007 startete erstmals eine Proton-M mit dem Block DM-2, sodass wahrscheinlich die Proton-K auch bei russischen Nutzlasten durch die Proton M ersetzt wird. Ebenfalls im Dezember 2007 fand auch der erste Start eines russischen Satelliten mit der Breeze-M Oberstufe statt.

So wird die bisher übliche Trennung der Starts mit den Konfigurationen Proton-K + Block DM-2 für russische Nutzlasten und Proton M + Breeze M für westliche Nutzlasten bald der Vergangenheit angehören. Eine ähnliche Konsolidierung gibt es auch bei der Sojus, wo die Sojus 2 westliche und russische Nutzlasten befördert.

Die russische Regierung zahlt für die Herstellung der Proton (ohne Startdurchführung) etwa 25 Millionen Dollar. Dies ist ein Bruchteil dessen, was westliche Kunden bezahlen müssen.

| | | | | |
|---|---|---|---|---|
| **Datenblatt Proton K Block DM-2** | | | | |
| Einsatzzeitraum:<br>Starts:<br>Zuverlässigkeit:<br>Abmessungen:<br><br>Startgewicht:<br>Maximale Nutzlast:<br>Nutzlastverkleidung: | 1982 – 2007<br>107 Starts, davon 7 Fehlstarts<br>93,4 %<br>54,89 m Höhe<br>7,40 m maximaler Durchmesser<br>692.700 kg<br>2.300 kg in einen GEO-Orbit<br>4,10 m Durchmesser, 8,90 m Länge | | | |
| | **Stufe 1** | **Stufe 2** | **Stufe 3** | **Block DM-2** |
| Länge: | 21,20 m | 17,05 m | 6,52 m | 4,90 m |
| Durchmesser: | 7,40 m | 4,10 m | 4,10 m | 3,70 m |
| Startgewicht: | 449.800 kg | 167.830 kg | 50.750 kg | 17.600 kg |
| Trockengewicht: | 31.100 kg | 11.720 kg | 4.190 kg | 2.140 kg |
| Schub Meereshöhe: | 9.534 kN | - | - | - |
| Schub Vakuum: | 10.470 kN | 2.322 kN | 583 kN | 83,61 kN |
| Triebwerke: | 6 × RD-275 | 3 × RD-210 + 1 × RD-211 | 1 × RD-213 + 1 RD-214 | 1 × RD-58M |
| Spezifischer Impuls (Meereshöhe): | 2795 m/s | - | - | - |
| Spezifischer Impuls (Vakuum): | 3109 m/s | 3206 m/s | 3187 m/s | 3462 m/s |
| Brenndauer: | 123,8 s | 214 s | 241 s | 610 s |
| Treibstoff: | NTO / UDMH | NTO/ UDMH | NTO / UDMH | LOX / Kerosin |

## Proton K / Block DM-2 Modifikationen

Eine Modifikation des Bocks DM-2, der Block DM-2M, machte ihn um 120 kg leichter, vor allem durch Einsparungen bei der Navigations- und Steuerelektronik. Diese zusätzlichen 120 kg steigerten die Nutzlast. Block DM-2M wurde nur bei den modernsten russischen Kommunikationssatelliten eingesetzt, eventuell waren diese für die anderen Varianten zu schwer.

Die Bemühungen Russlands, westliche Satelliten zu starten, waren schließlich erfolgreich. 1992 gab es eine Abmachung, das zuerst ein Inmarsat mit einer Proton fliegen durfte. Danach wurde eine Quote festgelegt. Acht Nutzlasten konnten im Zeitraum von 1996 bis 2000 zu Preisen maximal 7,5 % unter den westlichen Startpreisen gestartet werden. Bei sich verbessernden Beziehungen wurde dies geändert in 16 Nutzlasten und 15 % unter den westlichen Preisen. Die Proton wurde damals für 70 Millionen Dollar angeboten. Ein Start eines 3.000 kg schweren Satelliten auf einer Atlas kostete zum gleichen Zeitpunkt 90 Millionen Dollar. Außerhalb dieser Vereinbarung liefen drei Starts von Nutzlasten für das Iridium System. Seit 1996 wurde die Proton von ILS (**I**nternational **L**aunch **S**ervices) gemeinsam mit der Atlas vermarktet. Lockheed Martin (Hersteller der Atlas) hielt an dieser Firma 51%, die restlichen 49% GKNPZ Chrunitschew. Damit hatte GKNPZ Chrunitschew als Hersteller der Proton einen westlichen Partner und die Quoten fielen weg. Für den Start von westlichen Kommunikationssatelliten mussten einige Änderungen an der Rakete durchgeführt werden. Die folgenden Subvarianten sind Variationen des Block DM-2M. ILS trifft hier keine Unterscheidung und spricht nur von der „Proton-K / Block DM".

Block DM-3 war ausgelegt mit einem Nutzlastadapter der Firma Saab. Er sollte Nutzlasten von 3 t in einen 12.000 × 36.000 km Orbit von 7 Grad Inklination befördern. Nach dem Fehlstart von Asiasat-3 in einen unbrauchbaren Orbit gab es eine Untersuchung, denn schon vorher gab es mit Block-DM 3 zwei Fehlstarts. Es stellte sich heraus, dass Block DM-3 nicht wie vorgesehen wesentlich schwerere Nutzlasten als Block DM-2 befördern konnte, sondern die Nutzlastmasse auf 2.400 kg beschränkt werden musste. Dies machte weitere Anpassungen nötig.

Block DM-4 war ausgelegt, 2,1 t direkt in den GEO-Orbit zu befördern. Eine größere Nutzlastverkleidung und die spätere Abtrennung dieser senkte wieder die Nutzlast. Dafür kann mehr Treibstoff zugeladen werden, da die Nutzlast leichter ist. Weiterhin konnte der Block DM nun auch mit zwei verschiedenen Benzinmischungen betankt werden – mit normalem Kerosin oder einem synthetischen Gemisch namens Sintin. Mit diesem wird eine etwas höhere Nutzlast erreicht.

Für das Iridiumsystem waren schwerere Nutzlasten in einen niederen Orbit zu transportieren. Dafür hatte Chrunitschew den Block DM-2 strukturell verstärkt und Treibstoff weggelassen. Dieselbe Konfiguration fand auch bei einigen russischen Satelliten Anwendung. Diese Konfiguration wurde als Block DM-5 bezeichnet. Er wog nur noch 14.600 kg beim Start, hatte jedoch ein Trockengewicht von 3.300 kg wegen des Dispensers, um sieben Satelliten auf unterschiedliche Bahnen auszusetzen. Für westliche Nutzlasten, die etwas größer als russische Nutzlasten sind, wurde eine neue Nutzlastverkleidung mit einem durchgängigen Durchmesser von 4,35 m und einer Länge von 10,00 m entwickelt. Sie wird erst nach 351 Sekunden abgeworfen, um die Belastung durch die Reibungswärme zu senken. Bei russischen Nutzlasten erfolgt die Abtrennung deutlich früher nach 183 Sekunden.

Lange Zeit erwog Russland, die Proton von Australien aus zu starten, wie seinerzeit die erfolglose Europa Rakete. (Siehe S. 209). Von einem Startplatz im Norden Australiens aus, z.B. in der Nähe von Darwin, würde die Bahnneigung nur noch 13 anstatt 52 Grad betragen. Dann könnte sie 7,4 t in einen 200 × 36.000 km Orbit transportieren. Bisher wurden die dafür notwendigen Investitionen gescheut. Seit die Proton M verfügbar ist, erfolgten keine Starts der Proton K mit modifizierten Block DM2 Oberstufen mehr. Ein Start kostete vor dem Zusammenschluss mit Lockheed Martin 60-63 Millionen Dollar, danach 90 bis 98 Millionen Dollar.

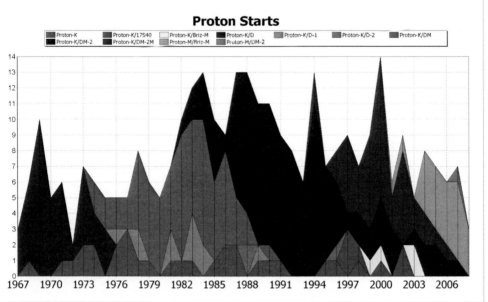

*Abbildung 15: Starts der Proton bis Ende 2007*

## Datenblatt Proton K Block DM-3

| | |
|---|---|
| Einsatzzeitraum: | 1996 – 2006 |
| Starts: | 41 Starts, davon 1 Fehlstart, 3 unbrauchbare Orbits |
| Zuverlässigkeit: | 90,2 % |
| Abmessungen: | 57,14 m Höhe |
| | 7,40 m maximaler Durchmesser |
| Startgewicht: | 693.000 kg |
| Maximale Nutzlast: | 1.880 kg in einen GEO-Orbit |
| | 3.700 kg in eine Marstransferbahn |
| | 4.350 kg in einen GTO-Orbit, 1500 m/s Geschwindigkeitsdifferenz zum GEO-Orbit. (Ariane kompatibler Orbit) |
| | 4.530 kg in eine Mondtransferbahn |
| | 19.750 kg in einen LEO-Orbit (drei Stufen) |
| Nutzlastverkleidung: | 4,10 m Durchmesser, 10,00 m Länge |

| | Stufe 1 | Stufe 2 | Stufe 3 | Block DM-2 |
|---|---|---|---|---|
| Länge: | 21,20 m | 17,05 m | 6,52 m | 7,10 m |
| Durchmesser: | 7,40 m | 4,10 m | 4,10 m | 3,70 m |
| Startgewicht: | 450.410 kg | 167.530 kg | 52.062 kg | 17.495 kg |
| Trockengewicht: | 31.100 kg | 11.700 kg | 3.700 kg | 2.440 kg |
| Schub Meereshöhe: | 9.600 kN | - | - | - |
| Schub Vakuum: | 10.600 kN | 2.322 kN | 583 kN | 83,61 kN |
| Triebwerke: | 6 × RD-275 | 3 × RD-210 + 1 × RD-211 | 1 × RD-213 + 1 RD-214 | 1 × RD-58M |
| Spezifischer Impuls (Meereshöhe): | 2795 m/s | - | - | - |
| Spezifischer Impuls (Vakuum): | 3109 m/s | 3206 m/s | 3187 m/s | 3462 m/s |
| Brenndauer: | 123,8 s | 214 s | 241 s | 600 s |
| Treibstoff: | NTO / UDMH | NTO / UDMH | NTO / UDMH | LOX / Kerosin |

## Proton M

Mit dem Anbieten des Trägers im Westen ging GKNPZ Chrunitschew, finanziell unterstützt von Lockheed Martin, an die Modernisierung der Rakete. Die ersten drei Stufen der Proton wurden weitgehend unverändert übernommen. Die Rakete erhielt ein neues, adaptives Lenksystem. Dieses folgte nicht mehr einem starren Programm, sondern reagierte auf Einflüsse auf die Flugbahn. So waren um 50 % geringere Treibstoffreserven möglich. Alle drei Stufen verbrannten nun ihren Treibstoff auch vollständig. Insgesamt gab es Änderungen an 16 % der Subsysteme der ersten drei Stufen.

Die Proton M nutzte die erste Stufe unverändert von der Proton K. Die zweite Stufe wurde strukturell in der vorderen Sektion verstärkt, um eine höhere aerodynamische Belastung zu ermöglichen. An anderen Stellen wurde das strukturelle Limit abgesenkt. Damit reduzierte sich das Gewicht der Stufe gegenüber der Proton K um 400 kg. Dieselbe Modifizierung der Struktur erfolgte auch in der dritten Stufe und erleichterte sie um 350 kg. Diese Maßnahmen erhöhten die Nutzlast eine LEO-Bahn um 400 kg. Für einen erdnahen Orbit stieg die Nutzlast von 20,6 auf 21 t.

Die dritte Stufe bringt nun die Oberstufe mit der Nutzlast auf eine suborbitale Bahn (35 × 200 km) und verglüht danach. Dies reduziert die Bildung von Weltraummüll. Bei der Proton K gelangte die dritte Stufe in einen Orbit. Die Nutzlast mit der Breeze Oberstufe in den GTO-Orbit wurde von 4.821 kg bei den ersten Flügen auf 5.520 kg ab dem achten Flug gesteigert. Die „alte" Proton K / Block DM lieferte 4.350 kg in den GTO-Orbit. Weiterhin ist die Breeze auch kompakter, sodass es mehr Raum für die Nutzlast gibt. Eingesetzt wird die Proton M auch mit Block DM-2. Seit Ende 2007 sind drei Starts dieser Kombination mit russischen Satelliten erfolgt.

## Breeze M Oberstufe

Die Oberstufe Breeze-M wurde aus der Breeze-K Oberstufe der Rockot entwickelt. Die Rockot verwendet eine 6,6 t schwere Breeze-K Stufe. Die Modifikation für die Proton besteht in einem zweiten toroidalen Tank mit 14,6 t Treibstoff, der die Breeze-K Stufe umgibt und nach Verbrauch des Treibstoffs abgetrennt wird. Dadurch wird die Leermasse um 650 kg gesenkt. Es ist auch eine Version der Breeze M ohne diesen Zusatztank verfügbar. Der Einsatz dieser Breeze M CU (**C**ore **U**nit) wird eventuell auf der Angara erfolgen. Sie wiegt nur 5,72 t bei einer Leermasse von 1,72 t und brennt 650 anstatt 2400 Sekunden lang.

Neben dem Haupttriebwerk vom Typ 14D30 verfügt die Breeze über vier kleinere Triebwerke vom Typ 11D-458 mit jeweils 393 N Schub. Sie dienen dem Sammeln des Treibstoffs am Boden der Tanks vor der Zündung des Haupttriebwerks und zur Lageregelung während des Betriebs des Haupttriebwerks. Zwölf weitere kleine Triebwerke vom Typ 17D58-E (Verniertriebwerke) dienen der Steuerung der räumlichen Ausrichtung der Stufe während der Freiflugphasen. Sie haben nur jeweils 13,30 N Schub. Das Design von Breeze M lässt eine Missionsdauer von bis zu 24 Stunden und acht Zündungen zu. Weitere Details zur Breeze Oberstufe finden Sie im Kapitel über die Rockot auf S.138.

Eine größere Nutzlastverkleidung nimmt noch größere Nutzlasten auf. Die neue Verkleidung hat einen Durchmesser von 5,10 m und eine Länge von 15,22 m. Sie umgibt auch die Breeze M Oberstufe, wodurch 3,07 m in der Länge verloren gehen. Das nutzbare Volumen beträgt 89 m³.

Das Flugprofil für den geostationären Orbit sieht normalerweise so aus: Nach dem Ausbrennen der ersten drei Stufen zündet die Breeze M Oberstufe zum ersten Mal nach einer kurzen Freiflugphase von etwa 2 Minuten. Die Dauer der Zündung ist abhängig vom Gewicht der Nutzlast und kann bis zu 8 Minuten dauern. Die Sonde erreicht nach dieser ersten Zündung einen 175 km hohen kreisförmigen Orbit. Es schließt sich eine längere Freiflugphase an, bis die Sonde von Süden kommend, den Äquator 74 Minuten nach dem Start passiert. Ist der Äquator erreicht, so wird die Breeze erneut gezündet. Es wird nun ein elliptischer Orbit mit einer Inklination von 50 Grad erreicht. Dieser zweite Orbit hat einen erdfernsten Punkt von 5.000 km und einen erdnächsten Punkt von 170 – 175 km. Nach weiteren 2 Stunden und einem weiteren Umlauf zündet die Breeze ein drittes Mal, wenn das Perigäum erneut durchlaufen wird und erreicht nun einen Orbit von 400 × 35.800 km. In der Höhe entspricht dies schon dem GTO-Orbit, doch die Inklination von 50 Grad ist noch zu hoch. Nun wird der Zusatztank der Breeze Oberstufe abgeworfen. Achteinhalb Stunden nach dem Start wird der Äquator zum dritten Mal passiert. Nun zündet Breeze zum vierten Mal und erhöht den erdnächsten Punkt des Orbits. Um wie viel, hängt von der Nutzlast ab. Je leichter sie ist, desto höher kann dieser Punkt liegen. Im erdfernsten Punkt findet dann die letzte Zündung der Breeze statt. Diese hat die Aufgabe die Bahnneigung zu erniedrigen. Werte von 10 bis 16 Grad sind hier üblich. Die zwei Zündungen zum Anheben des Apogäums sind durch den geringen Schub der Breeze und die dadurch bedingte lange Brenndauer notwendig. Bei nur einer Zündsequenz zur Anhebung des Apogäums wird durch die Gravitationsverluste zu viel Treibstoff verbraucht. Bisher gab es zwei Fehlstarts und zweimal wurden Satelliten in unbrauchbaren Orbits hinterlassen. Nach dem bisher letzten Fehlstart mit dem Satelliten AMC-14 konnte als Ursache eine geborstene Gasleitung vom Gasgenerator zur Turbine ausgemacht werden. Ob dies ein Designfehler war und auch die Ursache für die beiden anderen Starts, bei denen die Breeze vorzeitig den Betrieb einstellte, wurde nicht bekannt gegeben.

Im Juli 2007 fand der Erstflug einer in der Leistung gesteigerten Version der Proton M statt, welche 5.700 kg in einen geostationären Orbit befördern kann. Die Änderungen zur Basisversion der Proton M sind folgende:

- 112 % Schub bei den Triebwerken der ersten Stufe

- Verbesserte Steuerdüsen mit höherem spezifischen Impuls bei der Breeze M

- Leichtere Nutzlastverkleidung

- Verwendung von Verbundwerkstoffen anstatt Metall und dadurch Reduzierung der Leermasse bei der zweiten und dritten Stufe und der Breeze M

- Brennen der Breeze M bis zum Erschöpfen des Treibstoffs

- Neuer, treibstoffoptimierter Orbit für die Breeze M

- Die Fähigkeit, zwei Nutzlasten gleichzeitig starten zu können. Die maximale Höhe darf 5,67 m für die Untere und 5,20 m für die obere Nutzlast betragen. Jede Einzelnutzlast kann maximal 3.000 kg wiegen.

Eine weitere Leistungssteigerung soll eine kryogene Oberstufe bringen. Sie basieren auf den Vorarbeiten für die dritte Stufe der indischen GSLV, die ebenfalls von GKNPZ Chrunitschew gebaut wird. Die als KVRB bezeichnete Stufe nimmt bis zu 19 t Treibstoff auf. Sie verfügt über ein Triebwerk von Typ RD-56M mit 100,6 kN Schub, das bis zu fünfmal gezündet werden kann. Eine Betriebsdauer bis zu neun Stunden ist möglich. Die Stufe ist 10,07 m lang bei einem durchgängigen Außendurchmesser von 4,10 m. Der Innendurchmesser beträgt nur 3,60 m. Eine Isolation von bis zu 25 cm Stärke verhindert ein Verdampfen des Treibstoffs während der langen Freiflugphasen. Der Wasserstofftank ist zylindrisch und hat einen gemeinsamen Zwischenboden mit dem oben liegenden toroidalen Sauerstofftank.

Typische Nutzlasten einer solchen Oberstufe wären 6,6 t in den GTO-Orbit und 3,6 t in den GSO-Orbit. Als Nachteil verringert sich durch die längere Stufe der Platz für die Nutzlast. Der zylindrische Teil der Nutzlasthülle verkürzt sich trotz einer

16,37 m langen Verkleidung von 11 auf 4,11 m. Diese Stufe wird allerdings wohl nicht entwickelt werden. Nachdem sich Lockheed Martin aus ILS zurückgezogen hat, fehlt zum einen ein wichtiger Finanzier und zum Zweiten soll die Angara mittelfristig die Proton ablösen. 2004 betrugen die Startkosten der Proton M 112 Millionen Dollar.

| | Datenblatt Proton M / Breeze M | | | |
|---|---|---|---|---|
| Einsatzzeitraum: | 2001 – heute | | | |
| Starts: | 35 Starts, davon 1 Fehlstart, 3 unbrauchbare Orbits | | | |
| Zuverlässigkeit: | 88,6 % | | | |
| Abmessungen: | 58,19 m Höhe | | | |
| | 7,40 m maximaler Durchmesser | | | |
| Startgewicht: | 693.000 kg | | | |
| Maximale Nutzlast: | 2.930 kg in einen GEO-Orbit | | | |
| | 5.645 kg in einen GTO-Orbit, 1500 m/s Geschwindigkeitsdifferenz zum GEO-Orbit. (Ariane kompatibler Orbit) | | | |
| | 5.650 kg in eine Mondtransferbahn | | | |
| | 21.600 kg in einen LEO-Orbit (drei Stufen) | | | |
| Nutzlastverkleidung: | 5,10 m Durchmesser, 15,22 m Länge | | | |
| | **Stufe 1** | **Stufe 2** | **Stufe 3** | **Breeze M** |
| Länge: | 21,20 m | 17,05 m | 6,52 m | 2,62 m |
| Durchmesser: | 7,40 m | 4,10 m | 4,10 m | 4,10 m |
| Startgewicht: | 450.010 kg | 167.513 kg | 52.262 kg | 21.170 kg |
| Trockengewicht: | 30.700 kg | 11.400 kg | 3.700 kg | 2.370 kg |
| Schub Meereshöhe: | 9.700 kN | - | - | - |
| Schub Vakuum: | 10.700 kN | 2.322 kN | 583 kN | 19,62 kN |
| Triebwerke: | 6 × RD-278 | 3 × RD-210 + 1 × RD-211 | 1 × RD-213 + 1 RD-214 | 1 × 14D30 |
| Spezifischer Impuls (Meereshöhe): | 2795 m/s | - | - | - |
| Spezifischer Impuls (Vakuum): | 3109 m/s | 3206 m/s | 3187 m/s | 3192 m/s |
| Brenndauer: | 123,8 s | 214 s | 241 s | 2400 s |
| Treibstoff: | NTO / UDMH | NTO / UDMH | NTO / UDMH | NTO / UDMH |

*Abbildung 16: Start einer Proton M mit dem Fernmeldesatelliten Thor-5 am 20.2.2008*

# Zyklon

Im Jahre 1962 kündigte Nikita Chruschtschow eine neue Interkontinentalrakete an, die jeden Punkt der Erde erreichen könnte. Damals wurde dies als Propaganda angesehen. Und doch wurde mit der Interkontinentalrakete R-36 (im Westen als SS-9 bezeichnet) eine Rakete entwickelt, die genau dies konnte.

Die R-36 wurde entwickelt, um die USA über den Südpol vom Süden aus anzugreifen. Dafür musste der Sprengkopf in einen Orbit gebracht werden und vor dem Wiedereintritt wieder abgebremst werden. Dies wurde als FOBS (**F**ractional **O**rbit **B**ombardment **S**ystem) bezeichnet. Da sich alle US-Frühwarnstationen nahe des Nordpols befanden, der kürzesten Strecke zwischen der UdSSR und den USA, erlaubte dies die Vorwarnzeit von 20 auf unter 5 Minuten zu reduzieren. Andere Modifikationen der R-36 trugen sehr große Atomsprengköpfe mit einer Sprengkraft von bis zu 25 MT TNT-Äquivalent.

Die Nutzlast der R-36 wog bis zu 5.825 kg. Insgesamt 288 R-36 wurden in Silos stationiert. Der Abstand eines Silos zum nächsten betrug mindestens 8 – 10 km, sodass ein gegnerischer Sprengkopf nie mehr als einen Silo zerstören konnte. Die R-36 entstand aus der R-16, einer Rakete, die durch die Nedelin Katastrophe (Explosion bei Wartungsarbeiten im Jahre 1960 mit über 100 Toten) traurige Berühmtheit erlangte. Der Unterschied zur R-16 war ein durchgängiger Durchmesser von 3,00 m, wodurch eine wesentlich schwerere zweite Stufe mitgeführt werden konnte. Weiterhin war sie die erste russische Rakete, die über fünf Jahre in Bereitschaft gehalten werden konnte. Durch Salpetersäure als Bestandteil des Oxidators der R-16, war dies bei der R-16 nur über maximal 30 Tage möglich. Aus der R-16 sollte eigentlich eine weitere Trägerrakete entstehen. Diese bekam den Namen „Zyklon". Das Projekt wurde später aber abgebrochen. Die Bezeichnung „Zyklon 1" wurde jedoch nicht neu vergeben und so wurde aus der R-36 die Zyklon 2.

Die Entwicklung der R-36 begann am 16.4.1962. Der erste Teststart fand im Juli 1965 statt und die ersten R-36 Raketen wurden am 5.11.1966 stationiert. Im Jahre 1971 wurden sie zu MIRV Trägern umgerüstet. Die letzten R-36 wurden im Jahre 1979 aus dem Dienst genommen. Der Beschluss der Schaffung eines Satellitenträgers auf Basis der R-36 erfolgte am 16.8.1965. Schon zwei Jahre später wurde am 27.10.1967 der erste FOBS-Test durchgeführt. Als Trägerrakete füllte die R-36 dabei die Lücke zwischen den Kosmos Trägerraketen (500 beziehungsweise 1.500 kg Nutzlast) und den Semjorka Modellen (4.700 – 7.000 kg Nutzlast).

Die R-36 wurde von 1966 bis 1970 in vier Modellen mit unterschiedlichen Sprengköpfen stationiert. Insgesamt wurden 355 Systeme gebaut. Maximal 7,5 Jahre konnte eine Rakete aktiv sein. 1971 wurde eine Maximalzahl von 255 Systemen stationiert. Bis 1979 wurden die meisten aus dem Dienst genommen, die Letzte nach den Bestimmungen des SALT-2 Vertrages 1983. Abgelöst wurde die R-36 durch die RS-36M, die nochmals 30 t schwerer war und heute als „Dnepr" Satelliten transportiert. (Siehe S.146).

Die R-36 als zweistufige ICBM hatte eine Startmasse von 182 t und war 32,30 m lang bei einem durchgehenden Durchmesser von 3,00 m. Die beiden Stufen nutzten die lagerfähigen Treibstoffe Stickstofftetroxid und Unsymmetrisches Dimethylhydrazin (UDMH). Die Stufentrennung erfolgte wie bei allen frühen sowjetischen Modellen „heiß", d.h. die Zündung der zweiten Stufe findet statt, wenn die erste Stufe noch brennt. Dazu wird zeitgleich ein Kommando zum Zünden der zweiten Stufe und zum Abschalten der ersten Stufe gesendet. Durch den Schub der zweiten Stufe brechen Verbindungen zwischen den Stufen. Vier kleine Feststoffraketen drücken dann die erste Stufe von der Oberstufe weg. Die Zyklon verwandte einen Gitterrohradapter, wodurch die Flammen leicht entweichen konnten.

Die erste Stufe besteht aus einem Triebwerksblock RD-251. Dieser beinhaltet zwei Triebwerke des Typs RD-250 in einem gemeinsamen festen Rahmen. Jedes RD-250 Triebwerk besteht wiederum aus drei Brennkammern mit einer gemeinsamen Turbopumpe. So verteilt sich der Startschub von 2.792 kN auf sechs Brennkammern. Der Brennkammerdruck beträgt 83,3 Bar, das Entspannungsverhältnis liegt bei 14,70. Der Triebwerksblock hat einen Durchmesser von 2,52 m und eine Höhe von 1,72 m und wiegt 1.739 kg.

Durch die feste Montage werden weitere Triebwerke zur Steuerung benötigt. Dazu dienen vier Triebwerke des Typs RD-855 mit je 28,55 kN Schub an der Außenseite, versetzt um 90 Grad. Diese sind um 41 Grad schwenkbar. Die Länge der ersten Stufe beträgt 18,84 m ohne und 20,10 m mit Stufenadapter. Die Tanks sind getrennt mit einer strukturell verstärkten Zwischentanksektion. Die Treibstoffleitungen des oberen NTO-Tanks laufen durch den UDMH-Tank. Er ist von vier Schutzabdeckungen bedeckt, damit die zweite Stufe ihn bei der Zündung nicht zur Explosion bringt. Darunter sitzen vier Feststoffraketen, die bei Stufentrennung die untere Stufe abbremsen und so eine Kollision verhindern. Der Stufenadapter ist fest an der ersten Stufe angebracht. Hier nimmt ein Verstärkungsring die Kräfte auf und leitet sie auf die Struktur der ersten Stufe.

Die zweite Stufe verwendet ein Triebwerk RD-252 mit zwei Brennkammern an einer gemeinsamen Turbopumpe. Der Vakuumschub beträgt 955 kN. Auch das RD-252 ist nicht schwenkbar. Die Lageregelung erfolgt wie bei der ersten Stufe durch vier Verniertriebwerke des Typs RD-855. Sie sind um 30 Grad schwenkbar. Kurz vor Brennschluss wird der Schub des RD-252 um 20 % heruntergefahren, um die Beschleunigungskräfte zu reduzieren. Das RD-252 arbeitet mit einem Brennkammerdruck von 89,7 Bar und einem niedrigen Entspannungsverhältnis von 46,7. Dafür ist das Triebwerk leichtgewichtig und wiegt nur 715 kg.

Die Länge der zweiten Stufe beträgt 9,40 m. Der Tank ist hier unterteilt in den oberen Oxidatortank und den unteren Treibstofftank. Auch hier verlaufen die Treibstoffleitungen durch den UDMH-Tank. Die untere Stufe ist ebenfalls durch Abdeckungen gegen die Verbrennungsabgase geschützt. Feststoffraketen trennen diese Verkleidung nach der Stufentrennung ab und legen dadurch auch die Verniertriebwerke frei. Diese werden pneumatisch geschwenkt. Alle Triebwerke der Zyklon, auch die Verniertriebwerke, arbeiten mit klassischem Gasgeneratorantrieb nach dem Nebenstromverfahren.

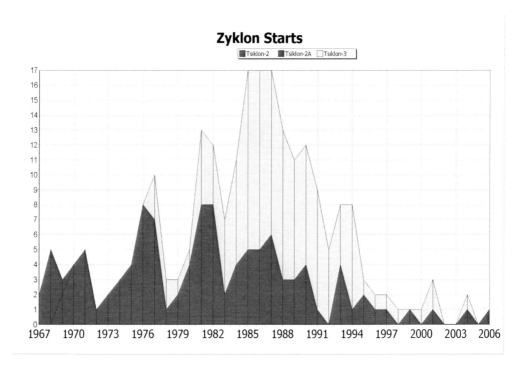

# Zyklon 2A

Die erste Version der Zyklon entsprach der originalen Interkontinentalrakete. Etwas verwirrend war die offizielle Bezeichnung „Zyklon 2A", da diese vor der Zyklon 2 gestartet wurde. Die Bezeichnung „Zyklon 1" war, wie schon oben erwähnt, für eine Trägerrakete auf Basis der R-16 vorgesehen, die jedoch niemals zu Ende entwickelt wurde.

Eine Besonderheit der Zyklon war, dass sie „man free" gestartet werden konnte. Da die ICBM voll betankt über 7,5 Jahre im Silo startfähig blieb, musste vor dem Start niemand an der Rakete arbeiten. Es reichte, den Start manuell oder automatisch auszulösen. Danach war die Rakete durch ihr Trägheitsnavigationssystem autonom.

Mit zwei Stufen konnte die Nutzlast nur auf eine suborbitale Bahn transportiert werden. Das heißt, die Nutzlast benötigte einen eigenen, integrierten Antrieb, um den Orbit zu erreichen. Die Zyklon 2A startete in eineinhalb Jahren acht militärische Satelliten des Typ IS und US Raketoplan. Beide hatten einen eigenen Antrieb, da es sich um Antisatelliten Waffen handelte, die so getestet wurden.

Wichtige technische Daten der Zyklon 2A sind außer ihrer Höhe nicht bekannt. Ich habe daher für das Datenblatt die Angaben der Zyklon 2 übernommen.

*Abbildung 17: Zuverlässigkeit der Zyklon*

## Datenblatt Zyklon 2A

| | |
|---|---|
| Einsatzzeitraum: | 1967 – 1969 |
| Starts: | 8, davon ein Fehlstart |
| Zuverlässigkeit: | 87,5 % erfolgreich |
| Abmessungen: | 35,50 m Höhe |
| | 3,00 m Durchmesser |
| Startgewicht: | 179.000 kg |
| Maximale Nutzlast: | 2.700 kg in einen LEO-Orbit |
| Nutzlasthülle: | 6,00 m Höhe, 3,00 m Durchmesser. |

| | Stufe 1 | Stufe 2 |
|---|---|---|
| Länge: | 20,10 m | 9,40 m |
| Durchmesser: | 3,00 m | 3,00 m |
| Startgewicht: | 122.300 kg | 49.300 kg |
| Trockengewicht: | 6.400 kg | 3.700 kg |
| Schub Meereshöhe: | 2.263 kN | - |
| Schub Vakuum: | 2.651,7 kN | 940,2 kN |
| Triebwerke: | 1 × RD-251 | 1 × RD-252 |
| Spezifischer Impuls (Meereshöhe): | 2638 m/s | - |
| Spezifischer Impuls (Vakuum): | 2952 m/s | 3108 m/s |
| Brenndauer: | 120 s | 160 s |
| Treibstoff: | NTO / UDMH | NTO / UDMH |

*Abbildung 18: Eine Zyklon 2 vor dem Start*

## Zyklon 2

Schon 1969 wurde die Zyklon 2A von einer verbesserten Version, der Zyklon 2, abgelöst, die heute noch im Einsatz ist. Diese Version wurde zuerst eingesetzt für die Tests des FOBS (**F**ractional **O**rbit **B**ombardment **S**ystem). Später wurden mit dieser Rakete Killersatelliten (ASAT) getestet und operationelle Radar-Beobachtungssatelliten (RORSAT) gestartet. Letztere erlangten traurige Bekanntheit durch zwei Unfälle, bei denen radioaktives Material aus ihrem Reaktor freigesetzt wurde. Heute werden nur noch passive Radar Satelliten des Typs EORSAT mit dieser Rakete gestartet. Sie haben keinen Kernreaktor an Bord und besitzen eine höhere Lebensdauer. Die Starthäufigkeit sank so auf etwa einen Start pro Jahr ab.

Die Zyklon 2 ist wie die Zyklon 2A eine zweistufige Rakete, setzte ihre Nutzlast aber in einen niedrigen Erdorbit ab. Die Zyklon 2 startete von zwei Startanlagen in der „Zone 90" von Baikonur aus. Der Übergang von der Zyklon 2A zur Zyklon 2 scheint im wesentlichen eine Anpassung der ICBM an die neue Nutzung als Trägerrakete zu sein. Dagegen hat die Zyklon 2A die Interkontinentalrakete wohl weitgehend unverändert eingesetzt. So kann bei einer Trägerrakete das Lenksystem einfacher ausgelegt werden und im Extremfall ist eine Steuerung vom Boden aus möglich. Weiterhin kann Gewicht in der zweiten Stufe eingespart werden, da die Nutzlast nur die Hälfte eines Atomsprengkopfes wiegt. Dies machte wohl den Unterschied zwischen beiden Versionen aus. Es gab bei der Zyklon 2 verschiedene Nutzlastverkleidungen, jeweils angepasst an die Nutzlast. Die Länge der Rakete schwankte dadurch zwischen 35,50 m und 39,70 m.

Bedingt durch nur zwei Stufen, die kurz hintereinander zünden, wurden nur Bahnen mit einem niedrigen Perigäum erreicht. Die Nutzlasten hoben dieses dann entweder durch einen integrierten Antrieb an, oder waren kurzlebige Aufklärungssatelliten, die in dem niedrigen Erdorbit verblieben.

Die Zyklon 2 erreichte eine sehr hohe Zuverlässigkeit: Von 105 Starts misslang nur einer. Zusammen mit dem Nachfolgemodell Zyklon 3 erfolgten bis zu 15 Starts pro Jahr. Nach dem Zusammenbruch der Sowjetunion nahm die Startfrequenz rapide ab, da die Zyklon von KB Juschnoje in der Ukraine produziert wird. Aus Sicht Russlands Sie also eine „ausländische Rakete" war. Die Zyklon 2 wird heute von der ukrainischen Firma Puskovie Uslugi angeboten. Dafür wurde sie um ein „Boost Segment" AKS erweitert. Es ist eine Modifikation des MIRV Moduls der letzten Einsatzversionen der R-36. Dieses hat ein Gewicht von 1.600 betankt und 1.000 kg leer. Es wird nach einer Freiflugphase gezündet um den Orbit anzuheben.

Bedingt durch die lange Brenndauer des AKS von bis zu 2.000 Sekunden können auch höhere Orbits erreicht werden. Es verwendet 20 kleine Verniertriebwerke, die aus einem gemeinsamen Tank gespeist werden. Verbrannt wird NTO mit UDMH. Das AKS ist rein druckgasgefördert. Als Druckgas diente gasförmiger Stickstoff. Die Ventile wurden elektromechanisch betätigt. Von den 20 Triebwerken sind vier Haupttriebwerke, acht dienen der Rollachsensteuerung und weitere acht der Lageregelung um die Nick- und Gierachse.

Diese Version der Zyklon verfügt über eine größere Nutzlastverkleidung von 9,41 m Länge und 2,70 m durchgehenden Durchmesser. Sie wird als „Zyklon 2K" bezeichnet.

Anfang der neunziger Jahre wurde die Rakete auch im Westen als Träger für einen sehr günstigen Startpreis von 10 Millionen Dollar angeboten. Ein Erfolg war diesem Vorhaben jedoch nicht beschieden. Nachdem Boeing die Vermarktung 1996 zuerst übernahm, dann aber zugunsten des Unternehmens Sea Launch wieder einstellte, liefen Verhandlungen mit der deutschen DASA. Doch diese entschied sich schließlich für die Vermarktung der Rockot.

Inzwischen wurde die Produktion bei Dnjepropetrowsk in der Ukraine eingestellt. Es stehen nur noch wenige Restexemplare zur Verfügung. Die Firma „United Start", hinter der Puskovie Uslugi stand, bot die Zyklon lange Zeit auf dem Weltmarkt an. Seit Anfang 2008 ist deren Website aber nicht mehr aktiv, sodass nicht von einer weiteren Vermarktung auszugehen ist. Es gelang nicht, einen kommerziellen Start durchzuführen. Ein Flug sollte im Jahre 2000 rund 20 bis 25 Millionen Dollar kosten.

## Datenblatt Zyklon 2K

| | |
|---|---|
| Einsatzzeitraum: | 1969 – heute |
| Starts: | 105, davon ein Fehlstart |
| Zuverlässigkeit: | 99,0 % erfolgreich |
| Abmessungen: | 35,50-39,50 m Höhe |
| | 3,00 m Durchmesser |
| Startgewicht: | 182.000 kg |
| Maximale Nutzlast: | 2.900 kg in einen LEO-Orbit |
| Nutzlasthülle: | 9,40 m Höhe, 2,71 m Durchmesser. |

| | Stufe 1 | Stufe 2 | AKS |
|---|---|---|---|
| Länge: | 20,10 m | 9,40 m | 2,90 m |
| Durchmesser: | 3,00 m | 3,00 m | 2,00 m |
| Startgewicht: | 122.300 kg | 49.300 kg | 1600 kg |
| Trockengewicht: | 6.400 kg | 3.700 kg | 1000 kg |
| Schub Meereshöhe: | 2.263 kN | - | - |
| Schub Vakuum: | 2.651,7 kN | 940,2 kN | 2,44 kN |
| Triebwerke: | 1 × RD-251 | 1 × RD-252 | 4 × S7.21 + 16 × 80 N |
| Spezifischer Impuls (Meereshöhe): | 2638 m/s | - | - |
| Spezifischer Impuls (Vakuum): | 2952 m/s | 3108 m/s | 2952 m/s |
| Brenndauer: | 120 s | 160 s | 720 s |
| Treibstoff: | NTO / UDMH | NTO / UDMH | NTO / UDMH |

# Zyklon 3

Seit 1970 lief die Entwicklung einer einheitlichen Oberstufe für die Zyklon. Doch erst 1977 fand der erste Start und 1980 die Indienststellung statt. Seitdem hat die Zyklon 3 hinsichtlich der Startrate die Zyklon 2 überholt. Bedingt durch den hohen Schub der ersten beiden Stufen muss dabei eine Freiflugphase bis zum Start der dritten Stufe absolviert werden. Mit dieser Oberstufe sind auch höhere Bahnen möglich. Durch die relativ kleine Oberstufe (im Vergleich zur zehnmal größeren zweiten Stufe) ist die Nutzlast aber nur wenig größer als bei der Zyklon 2.

Die dreistufige Variante der Zyklon löste die Wostok als Trägerrakete für meteorologische Beobachtungssatelliten, taktische Kommunikationssatelliten und elektronische Aufklärungssatelliten ab. Gegenüber der Wostok, war die Zyklon erheblich preiswerter und unkomplizierter in der Handhabung. So kann die Rakete innerhalb von nur drei Stunden gestartet werden. Die Zyklon 3 startet nur vom Startzentrum Plessezk im Norden Sibiriens aus. Somit beträgt die kleinste Neigung beim Start 65 Grad.

Im Vergleich zur Zyklon 2 wurden die Stufen 1 und 2 nur gering modernisiert. Die Triebwerke wurden verbessert, liefern einen etwas höheren Schub und haben einen besseren spezifischen Impuls. Die neue dritte Stufe wird kalt gezündet, also erst nach Abtrennung der zweiten Stufe. Dazu beschleunigen zwei Feststofftriebwerke zuerst die Stufe, um den Treibstoff zu sammeln. Dann erst erfolgt die Zündung. Weiterhin hat die Oberstufe ihre eigene Steuerung. Sie arbeitet wie die ersten beiden Stufen mit den lagerfähigen Treibstoffen NTO und UDMH.

Die ersten zwei Stufen haben ein eigenes Lenksystem, das 752 kg wiegt und autonom arbeitet. Die dritte Stufe wird dagegen von einem eigenen Steuerungssystem gesteuert. Die Stufe S3M verwendet das fest eingebaute Triebwerk RD-861. Es arbeitet wie die unteren Stufen mit NTO und UDMH. Sein Brennkammerdruck beträgt 88,8 bar. Es besitzt mit 112,1 ein wesentlich höheres Entspannungsverhältnis als die unteren beiden Stufen. Es ist 1,56 m hoch, hat einen Durchmesser von 1,53 m und wiegt 161 kg. Zur Steuerung dienen sechs Steuertriebwerke in zwei Schubstärken. Sie benutzen das Abgas der Turbine als Antrieb. Das RD-861 ist nur einmal zündbar und wird pyrotechnisch gestartet.

## Datenblatt Zyklon 3

| | |
|---|---|
| Einsatzzeitraum: | 1977 – heute |
| Starts: | 121, davon 7 Fehlstarts |
| Zuverlässigkeit: | 94,2 % erfolgreich |
| Abmessungen: | 39,27 m Höhe |
| | 3,00 m Durchmesser |
| Startgewicht: | 190.000 kg |
| Maximale Nutzlast: | 3.600 kg in einen LEO-Orbit |
| Nutzlasthülle: | 9,40 m Höhe, 2,71 m Durchmesser. |

| | **Stufe 1** | **Stufe 2** | **S3M** |
|---|---|---|---|
| Länge: | 20,10 m | 9,08 m | 2,58 m |
| Durchmesser: | 3,00 m | 3,00 m | 2,25 m |
| Startgewicht: | 127.424 kg | 53.160 kg | 4.600 kg |
| Trockengewicht: | 6.150 kg | 4.160 kg | 1.407 kg |
| Schub Meereshöhe: | 2.533 kN | - | - |
| Schub Vakuum: | 2.824,2 kN | 941 kN | 78,71 kN |
| Triebwerke: | 1 × RD-261 | 1 × RD-262 | 1 × RD-861 |
| Spezifischer Impuls (Meereshöhe): | 2647 m/s | - | - |
| Spezifischer Impuls (Vakuum): | 2952 m/s | 3118 m/s | 3109 m/s |
| Brenndauer: | 120 s | 160 s | 125 s |
| Treibstoff: | NTO / UDMH | NTO / UDMH | NTO / UDMH |

*Abbildung 19: Zyklon 3*

## Zyklon 4

Nachdem sich die DASA, mit der KB Juschnoje Mitte der neunziger Jahre verhandelte, für die Rockot Trägerrakete entschied, suchte Juschnoje nach neuen Partnern.

Mit Brasilien wurde ein Abkommen unterzeichnet, welches Starts vom Alcantara Raumfahrtzentrum nahe am Äquator vorsieht. Brasilien und die Ukraine sollten zusammen 180 Millionen Dollar in die Startanlagen investieren. Beide Parteien beteiligen sich jeweils zur Hälfte an den Kosten. Ziel ist es, die Zyklon als Trägerrakete für geostationäre Satelliten zu nutzen. Dazu ist Brasilien aus zweierlei Gründen geeignet. Zum einen entfallen hier die COCOM-Bestimmungen, die bei einem Start von Russland aus greifen. Diese verbieten den Export von westlicher Hochtechnologie in bestimmte Länder. Andere russische Hersteller umgehen dies mit der Kooperation mit einer westlichen Firma. Der zweite Vorteil ist der, dass das Startgelände nahe des Äquators liegt.

Die Zyklon soll angepasst werden und verwendet nun Teile der SS-18 „Satan" Trägerrakete, die auch im Westen als „Dnepr" angeboten wird. Die ersten beiden Stufen sind identisch zur Zyklon 2. Die neue dritte Stufe arbeitet mit dem Triebwerk RD861K LRE und ist mit 13,3 t Startmasse wesentlich schwerer als die bisherige Drittstufe der Zyklon. Das Triebwerk ist eine Variation des schon verwendeten RD-861. Anders als dieses aber drei bis fünf Mal wiederzündbar, sodass die Nutzlast für höhere Orbits größer ist. In einen 500 km hohen Orbit werden 5.500 kg transportiert. Für eine GTO-Bahn liegt die Nutzlast bei 1.700 kg. Weiterhin kann es nun durch die Abgase des Gasgenerators pneumatisch geschwenkt werden, sodass die Vernierdüsen entfallen.

Neu ist auch ein digitales Lenksystem und eine 9,58 m lange Nutzlastverkleidung von 2,70 m Durchmesser. Diese stellt 50 % mehr Volumen zur Verfügung als die der Zyklon 2K.

Die Arbeiten an der Startplattform begannen im Frühjahr 2004 und sollten in drei Jahren abgeschlossen sein. Der Jungfernflug wurde aber durch Finanzierungsschwierigkeiten auf 2011 verschoben. Die Ukraine hatte nicht einmal das Geld, die Produktion der Zyklon wieder aufzunehmen, geschweige denn in das Startgelände zu investieren. Brasilien wiederum hat zahlreiche Kooperationsverträge mit anderen Nationen abgeschlossen. Keine hat bisher nennenswert in Alcantara investiert. So verlautbarte Brasilien, diese Verträge wieder zu kündigen, und eventuell selbst eine größere Trägerrakete zu entwickeln. Die Zusammenarbeit mit der Ukraine ist hier ein heißer Kandidat. Zudem ist inzwischen eine GTO-Nutzlast von 1.700 kg zu gering für die meisten Kommunikationssatelliten. So könnte es zur Einstellung des Projektes kommen. Sollte das Joint Venture bestehen bleiben, so wird eine Startfrequenz von drei bis sechs Starts pro Jahr anvisiert.

| Datenblatt Zyklon 4 | | | |
|---|---|---|---|
| Einsatzzeitraum: | 2011? | | |
| Starts: | - | | |
| Zuverlässigkeit: | - | | |
| Abmessungen: | 39,95 m Höhe  3,00 m Durchmesser | | |
| Startgewicht: | 198.250 kg | | |
| Maximale Nutzlast: | 5.500 kg in einen LEO-Orbit  1.700 kg in einen GTO-Orbit | | |
| Nutzlasthülle: | 9,40 m Höhe, 2,71 m Durchmesser. | | |
| | **Stufe 1** | **Stufe 2** | **Stufe 3** |
| Länge: | 20,10 m | 9,08 m | 4,00 m |
| Durchmesser: | 3,00 m | 3,00 m | 3,96 m |
| Startgewicht: | 127.424 kg | 53.160 kg | 13.380 kg |
| Trockengewicht: | 6.150 kg | 4.160 kg | 4.260 kg |
| Schub Meereshöhe: | 2.533 kN | - | - |
| Schub Vakuum: | 2.971 kN | 955,4 kN | 78,71 kN |
| Triebwerke: | 1 × RD-261 | 1 × RD-262 | 1 × RD-861 |
| Spezifischer Impuls (Meereshöhe): | 2647 m/s | - | - |
| Spezifischer Impuls (Vakuum): | 2946 m/s | 3080 m/s | 3187 m/s |
| Brenndauer: | 120 s | 160 s | 380 s |
| Treibstoff: | NTO / UDMH | NTO / UDMH | NTO / UDMH |

# N-1

Die N-1 ging auf einen Entwurf Koroljows für eine 70 Tonnen Rakete aus dem Jahr 1956 zurück, wie sie für eine Raumstation benötigt wurde. Die Abkürzung „N" kommt von **N**ositjel (Träger) im Gegensatz zu den Abkürzungen „R" von **R**aketa (Rakete), wie sie bei militärischen Typen üblich war.

Bei der N-1 Mondrakete beschloss Koroljow, das Prinzip des Bündelns beizubehalten und entwickelte eine Rakete mit nicht weniger als 30 Triebwerken in der ersten Stufe. Seine Auslegung bestand aus einer Bündelung vieler Triebwerke und der bewährten Kombination von flüssigem Sauerstoff (LOX) und Kerosin. Sein Konkurrent Walentin Gluschko, der zeitgleich Proton entwickelte, favorisierte dagegen stärkere Triebwerke mit bis zu 600 t Schub und die Kombination von lagerfähigen Treibstoffen in der Grundstufe und Wasserstoff / Sauerstoff in den Oberstufen, um die Startmasse zu verringern. Koroljow überwarf sich mit Gluschko, dem führenden Triebwerkskonstrukteur der UdSSR. Gluschko hatte die Triebwerke für die Proton und zahlreiche Interkontinentalraketen entwickelt. Gluschko favorisierte lagerfähige Treibstoffe (NTO/UDMH) wegen der einfacheren Handhabung. Koroljow dagegen Sauerstoff und Kerosin wegen der längeren Erfahrung und der Ungiftigkeit. Doch Koroljow war Raketenbauer, kein Triebwerksspezialist. Er musste sich deshalb mit der Nummer Zwei zusammentun. Dies war Nikolai Kusnezow, der die Triebwerke NK-15 für die erste Stufe entwickeln sollte. Die Konstrukteure von Kusnezow hatten die Triebwerke des Typs NK-9 für die R-9 entwickelt.

## Triebwerke

Auf Basis dieses NK-9 mit etwa 39 t Schub entwickelte Kusnezow das Triebwerk NK-15 mit 150 t Schub. Gluschko präsentierte zuerst sein Triebwerk RD-253 mit 1.500 kN Schub als Gegenentwurf, später das RD-270 mit 6.272 kN Schub als Alternative zum NK-15. Obwohl das RD-270 die Triebwerkszahl auf ein Viertel reduziert hätte, wurden beide Vorschläge abgelehnt. Der Entwurf von Kusnezow wurde akzeptiert. So waren jedoch viele Triebwerke nötig und es war ein Ausfall statistisch nicht auszuschließen. So sah Koroljow in der ersten Stufe eine Schubreserve von 25 Prozent vor. Weiterhin wurde ein Kontrollsystem mit der Bezeichnung KORD entwickelt, welches bei einer Fehlfunktion automatisch das gegenüberliegende Triebwerk mit abschaltete. Diese Vorgehensweise war notwendig, um die Schubsymmetrie zu erhalten. Der erste Entwurf sah 24 Triebwerke in der ersten Stufe vor, die ringförmig an der Außenseite angeordnet waren.

Damit die Strukturmasse gering blieb und das Volumen der Rakete nicht zu groß wurde, sollte der Treibstoff in kugelförmigen Tanks untergebracht werden. Da die N-1 erheblich mehr Sauerstoff als Kerosin brauchte, war der Kerosintank kleiner und über dem Sauerstofftank angebracht. Verkleidet hatte jede Stufe so die Form eines Kegelstumpfes und auch die gesamte Rakete sah wie ein Kegel aus.

Als am 14.1.1966 das Mondlandeteam eine Nutzlast von 95 t, anstatt den anfänglich projektierten 75 t verlangte, musste das Design des Trägers geändert werden. Nun kamen zu den ringförmig angeordneten 24 Triebwerken sechs weitere Triebwerke im Zentrum hinzu. Das erhöhte die Komplexität der ersten Stufe. Um die Belastung für die Astronauten am Brennschluss, wenn der Treibstoff fast aufgebraucht ist, zu reduzieren, wurden die inneren sechs Triebwerke nach 90 Sekunden abgeschaltet.

Wie sich zeigte, war Kusnezow mit den Triebwerken überfordert. Schon früh in der Entwicklung musste er den Brennkammerdruck von 150 auf 80 bar absenken. Trotzdem zeigten die Triebwerke NK-15 der ersten und zweiten Stufe bei Tests eine erschreckend niedrige Zuverlässigkeit. Gluschko bezeichnete sie als „faule Triebwerke" und versuchte durchzusetzen, dass sein RD-270 mit 6.713 kN Schub eingesetzt wurde. Doch zu diesem Zeitpunkt die Sowjetunion schon im Wettrennen zum Mond ins Hintertreffen geraten und konnte nicht mehr wechseln. Nach den ersten beiden Fehlstarts beschloss Koroljows Nachfolger Mischin, die Triebwerke von Grund auf neu zu konstruieren. Die Triebwerke NK-33 und NK-43, welche aus den ursprünglichen Triebwerken entstanden, sollten in den folgenden Flügen eingesetzt werden und die geforderte Sicherheit bei sehr guten Leistungswerten erreichen.

Die Verwendung von Wasserstoff als Treibstoff zumindest in den Oberstufen, wie bei der Saturn V, wurde nie erwogen. Die N-1 setzte folgende Triebwerke ein:

- Erste Stufe: 30 × NK-15.

- Zweite Stufe: 8 × NK-15V

- Dritte Stufe: 4 × NK-9V

- Vierte Stufe: (Stufe 1 des Mondkomplexes L-3). 1 × NK-9V

- Fünfte Stufe: (Stufe 2 des Mondkomplexes L-3). 1 × RD-58.

Das „V" stand für an den Betrieb im Vakuum angepasste Versionen. Die N-1 bestand aus drei Stufen, die alle mit der Treibstoffkombination LOX und Kerosin angetrieben wurden. Sie transportierten den Block L-3 in eine Erdumlaufbahn. Block L-3 verfügte über zwei weitere Stufen, eine zum Verlassen der Erdumlaufbahn und eine zum Einschwenken in eine Mondumlaufbahn und die Rückkehr zur Erde. In der Entwicklung handelte es sich um getrennte Projekte. Anders als die Saturn V trug die N-1 ihre Nutzlast nur in einen niedrigen Erdorbit.

Von jedem Triebwerk wurde eine modernere und zuverlässigere Ausführung entwickelt, die jedoch wegen der ausführlichen Tests erst später zur Verfügung stand. Daher sah Mischin zwei Linien vor, um nicht noch mehr Zeit zu verlieren. Zuerst war geplant, nach zwei nicht flugfähigen Testmustern (1L und 2L) fünf Flugexemplare mit den NK-15/NK-9 Triebwerken zu bauen. Zumindest die ersten Raketen dieser Serie hatten nur eine Nutzlast von 70 t. Diese erhielten die Bezeichnung 3L bis 7L. Das achte Exemplar wäre das erste der endgültigen Version N-1F gewesen. Diese sollte 95 bis 97 t Nutzlast erreichen. Die ersten drei Fehlstarts führten dazu, dass das Exemplar 7L einige der konstruktiven Änderungen der N-1F schon übernahm, aber noch die alten NK-15 Triebwerke verwendete.

## Allgemeines

Auffällig war die streng spitzkegelförmige Form der Rakete. In der Größe war die N-1 nur mit der Saturn vergleichbar. Sie war 105 m mit Fluchtturm und Mondlander hoch und hatte an der Basis eine Breite von 16,69 m. Die Startmasse von 2.778 t war etwas kleiner als die der Saturn V (2.870 t).

Alle drei Stufen waren ebenfalls von spitzkegelförmiger Gestalt, die Treibstofftanks waren kugelförmig. Verbunden waren die Stufen durch einen Gitterrohradapter. Der größte Teil der Rakete wurde aus Aluminium gefertigt. Einzelne Teile mit besonders hohen Anforderungen an das Material wurden aus Stahl hergestellt. Dies waren die Gitterrohradapter und die Oberseiten der Kerosintanks, da sie der Hitze der Triebwerke der oberen Stufe ausgesetzt waren, wenn diese zündeten, während die Stufe noch mit der Unterstufe verbunden war.

## Block A

Die erste Stufe Block A bestand aus 30 NK-15 Triebwerken. 24 Triebwerke waren in einem Kreis mit einem Durchmesser von 13,40 m an der Außenseite um sechs zentral angeordnete Triebwerke angeordnet. Der Abstand der Triebwerke im Kreis betrug 15 Grad. Die inneren sechs Triebwerke saßen im 60-Grad-Winkel in einem

Kreis mit einem Durchmesser von 4,80 m. Alle Triebwerke saßen in zwei Rahmen, einem Äußeren und einem Inneren, jeweils in einer Kegelhalbschale ausgeführt. Die Triebwerke waren nicht schwenkbar. Umgeben war das Schubgerüst von einem Wärmeschutz in Torusform aus Asbest.

Die Lageregelung in der Rollachse erfolgte durch acht Düsen, welche jeweils in zwei Paaren im 90-Grad-Winkel um die Rakete angeordnet waren. Durch sie wurde das Abgas der Turbine expandiert. In der Nick- und Gierachse war eine Lageregelung durch Schubsenkung von Triebwerken im Außenbereich vorgesehen. Ab Flug 7 und bei der N-1F gab es acht eigene Triebwerke für die Rollachse mit einem Schub von jeweils 12,4 kN. Sie verbrannten einen Teil des Treibstoffs, anstatt die Turbinenabgase zu nutzen.

Die Rakete ruhte auf 24 Stützen, die sich zwischen inneren und äußeren Triebwerksring befanden. Das Heckteil hatte eine Länge von 7 m und einen oberen Durchmesser von 14 m. Der untere Durchmesser lag bei 16,88 m bei den ersten 6 Raketen und 15,90 m bei dem Flug 7 und der N-1F. Die Reduktion erfolgte, um die Belastung des Hitzeschutzschildes zu verringern.

Über dem Heckteil mit den Triebwerken befand sich der kugelförmige Sauerstofftank. Dieser hatte einen Durchmesser von 12,80 m und ein Volumen von 1.100 m². Er nahm 1.375 t Sauerstoff auf. Der Sauerstofftank war unversteift und an 48 Stellen am Äquator mit der äußeren Struktur verbunden. Die äußere Struktur bestand aus einem Gerüst von Quer- und Längsträgern, belegt mit einer 3 mm dicken Verkleidung aus Aluminium. Aus dem Sauerstofftank führten am Pol 15 Leitungen von jeweils 250 mm Durchmesser zu den Triebwerken. Jeweils zwei Triebwerke teilten sich eine Leitung. Über die Außenseite des Tanks führten sechs Leitungen von jeweils 270 mm Durchmesser, durch die das Kerosin nach unten geleitet wurde. Hier teilten sich jeweils fünf Triebwerke eine Leitung. Beide Tanks wurden während des Fluges mit einem Druck von 8 bar beaufschlagt – der Sauerstofftank durch das Erhitzen von Sauerstoff am Triebwerk und der Kerosintank durch das, durch Einspritzen von Kerosin, abgekühlte Generatorgas.

Zwischen den Tanks lag die Zwischentanksektion aus sieben Stringern und 168 Querspanten. Die Höhe betrug 13 m und der untere Durchmesser 13,85 m.

Der kugelförmige Kerosintank von 10,90 m Durchmesser und einem Volumen von 680 m² nahm 564 t Kerosin auf. Er war am Äquator mit einem Ring in der Struktur verankert. Die Dicke des Tanks variierte. Die untere Kugelschale war verhältnismäßig dünn, die obere dagegen dicker und am oberen Ende mit einem Wärmeschutzschild bedeckt, um eine Explosion des Tanks durch die auftreffenden Flammen der zweiten Stufe zu vermeiden. An dieser Stelle hatte Block A nur noch 11,00 m Durchmesser.

Block A war konzipiert mit einem Schubüberschuss von 25 %. Die Beschleunigung der Rakete betrug beim Start 1,5 g. Bis zu drei Triebwerke konnten innerhalb der ersten 90 Sekunden ausfallen. In diesem Fall schaltete das Steuerungssystem KORD das achsensymmetrisch dazu zugehörige Triebwerk automatisch ab. Nach 90 Sekunden wurden die mittleren sechs Triebwerke ausgeschaltet, um die Beschleunigung zu senken. Die Brenndauer von Block A betrug lediglich 120 Sekunden.

## Block B

Block B, die zweite Stufe, bestand aus acht Triebwerken des Typs NK-15V. Die NK-15V hatten eine verlängerte Düse um den Treibstoff im Vakuum besser ausnützen zu können. Die Stufe führte 145 t Kerosin und 360 t Sauerstoff mit sich. Sie hatte einen Durchmesser von 10,30 m an der Basis und 7,59 m an der Spitze.

Verbunden war die zweite Stufe mit der Ersten durch einen Gitterrohradapter. Die Rohre von 200 mm Durchmesser und 3 mm Wandstärke waren an 24 Punkten an Block A und Block B befestigt und mündeten in einen zentralen Ring.

Die acht Triebwerke NK-15V saßen auf einem Ring mit einem Durchmesser von 10 m, alle 45 Grad eines. Im wesentlichen war Block B genauso wie Block A aufgebaut. Auch hier finden wir einen äußeren Ring, in dem die Triebwerke sitzen, unten abgeschlossen von einem Hitzeschutzschild. Die Tanks sind kugelförmig und die Stufe hat die Form eines Kegelstumpfes. Nur fehlt der innere Triebwerksring des Blocks A und die Stufe ruht nicht auf Abstandsblöcken im Inneren, sondern dem äußeren Schubgerüst.

Die Zündung des Gasgenerators und des Triebwerks erfolgte pyrotechnisch und wurde noch ausgelöst während Block A brannte, kurz bevor der Schub abfiel. Durch Sprengbolzen wurde dann die zweite Stufe vom Gitterrohradapter abgetrennt. KORD konnte den Ausfall eines Triebwerks abfangen. Ebenso wie bei der ersten Stufe schaltete es dazu das gegenüberliegende Triebwerk ab. Alle Triebwerke waren nicht schwenkbar eingebaut. Die Regelung um die Rollachse wurde durch das Gasgeneratorabgas durchgeführt, die Regelung in der Nick- und Gierachse durch Schubregelung der Triebwerke.

Der Sauerstofftank der zweiten Stufe hatte einen Durchmesser von 8,40 m bei einem Volumen von 300 m³. Er hing an 48 Stellen am Außengerüst. Dieses Bauteil aus zwei Spanten und 96 Stringern hatte eine Länge von 6,60 m. Es war mit einer 3 mm dicken Aluminiumverkleidung überzogen. Der obere Kerosintank hatte einen Durchmesser von 3,33 m und ein Volumen von 155 m². Auch hier führten vier Rohre um den Sauerstofftank herum. Der Sauerstofftank hatte acht Leitungen und jede führte direkt zu jeweils einem Triebwerk, beim Kerosintank teilten sich zwei Triebwerke eine der Treibstoffleitungen.

## Block C

Block C, die dritte Stufe, wurde mit vier Triebwerken NK-9V mit je 402 kN Schub ausgestattet. Die NK-9V entstanden aus den NK-9 der R-9, waren aber für den Betrieb im Vakuum angepasst (V=Vakuum). Block C führte 125 t LOX und 50 t Kerosin mit sich. Der Durchmesser der Stufe verjüngte sich von 7,59 m auf 5,46 m an der Spitze.

Die Triebwerke waren wie bei Block A und B fest eingebaut. Es fanden hier dieselben Konstruktionsprinzipien wie bei Block A und B Anwendung. Die Rollsteuerung erfolgte durch vier Düsen im 90-Grad-Winkel um die Stufe. Nach dem 4,40 m langen Heckteil, welches die vier Triebwerke im 90 Grad Abstand aufnahm, folgte der Sauerstofftank von 2,87 m Durchmesser und 98,6 m³ Volumen. Er war in der Mitte an 48 Stellen mit der aus 72 Stringern bestehenden Zwischentanksektion verbunden. Sie hatte eine Länge von 7 m und mit 2,0 bis 2,2 mm dicken Aluminiumblechen belegt.

Der 2,45 m durchmessende Kerosintank mit einem Volumen von 61,6 m³ war an einem Ring an der Zwischentanksektion befestigt. Die vier Treibstoffleitungen sollten ab der achten N-1 durch den Sauerstofftank führen, bei den ersten sieben Raketen verliefen sie jedoch noch über die Außenseite.

Daran schloss sich die 30,20 m lange und an der Basis 4,10 m breite Nutzlastverkleidung an. Sie wog 17 t und umhüllte die beiden Stufen des Mondlandekomplexes L3 (Block G und D), den Mondlander und das Sojus Raumschiff. Es folgte ein Fluchtturm mit dem Rettungssystem SAS. Nach Ausbrennen der ersten Stufe wurde SAS abgesprengt und zog dabei die Nutzlasthülle von der Rakete weg.

# Block G, D und Steuerung

Block G war die erste Stufe des Mondlanders. Sie brachte Block D und die Sojus mit dem Mondlander auf einen Fluchtkurs. Die vierte Stufe Block G hatte nur ein Triebwerk NK-19. Das NK-19 war ein NK-9V, welches anders als dieses schwenkbar aufgehängt war. Block G selbst war 9,10 m hoch und anders als die unteren Stufen von zylindrischer Gestalt mit einem durchgängigen Durchmesser von 4,10 m. Er verbrannte Sauerstoff und Kerosin, wobei der Kerosintank das Triebwerk torusförmig umgab und der Sauerstofftank sich darüber befand.

Über Block G befand sich der Block D. Er hatte die Aufgabe, ein Sojus-Raumschiff mit angekoppeltem Mondlander in einen Mondorbit zu bringen und nach der Rückkehr des Kosmonauten vom Mond das Sojus-Raumschiff wieder zurück zur Erde zu schicken. Block D wurde von einem Triebwerk RD-58 mit 83,4 kN Schub angetrieben. Auch hier wurden Sauerstoff und Kerosin verwendet. Block D war mehrfach wiederzündbar und die Treibstoffe hätten bei einer Mondmission mindestens 7,5 Tage verflüssigt bleiben müssen. Block D hatte ebenfalls einen torusförmigen Kerosintank und einen zylindrischen Sauerstofftank. Block D wurde bei Kosmos Missionen getestet und bei der Proton Trägerrakete als vierte Stufe eingesetzt. Er war das einzige System der N-1, das vor dem Jungfernflug flugerprobt war.

Die N-1 verfügte über eine interne Navigation. Sie besaß eine Plattform mit Kreiseln, durch welche die genaue Lage im Raum und die momentane Beschleunigung ermittelt werden konnte. Die Entwicklung des Steuerungssystems gestaltete sich schwierig. So wurde es zuerst von Koroljows OKB-1 entwickelt. Dann forderte Nikolai Piljugin für sein Kombinat NII-885 den Auftrag für das System, sodass die Entwicklung von vorne beginnen musste. Die ersten beiden Stufen hatten zudem das Sicherheitssystem KORD in der Zwischentanksektion integriert.

# Entwicklung

Die Entwicklung der N-1 war von drei Faktoren geprägt – Zeit- und Geldmangel und eine Aufspaltung der Ressourcen auf zu viele Projekte. Im Mai 1961 gab J.F. Kennedy den Startschuss für das Apollo-Programm. Auf russischer Seite gab es dagegen den ZK-Beschluss 655-288 erst am 3.8.1964. Dieser umfasste damals drei Mondprogramme: das einer Mondumkreisung mit einer Proton, den Bau der N-1 und Aufträge für die Entwicklung zweier weiterer Raketen. Dies waren die UR-700 und die R-56, die als Alternativen zur N-1 in Frage kamen. Die UR-700 hätte bei einer Startmasse von 4.823 t eine Nutzlast von 151 t in einen Erdorbit befördert und die R-56 hätte eine Nutzlast von 40 t gehabt. Beide basierten auf dem Triebwerk RD-270, welches mit 6.713 kN Schub erheblich stärker als das NK-15 Triebwerk war. Erst Ende 1966 gab die UdSSR die beiden alternativen Konzepte auf. Das Projekt der Mondumkreisung blieb jedoch und wurde unbemannt mit den Raumsonden Zond 4 bis 8 erprobt. Wären diese erfolgreich verlaufen, so wäre ein Sojus Raumschiff mit Kosmonauten auf eine freie Rückkehrbahn um den Mond geschickt worden.

Für die N-1 standen weniger als ein Drittel der Mittel zur Verfügung, welche die USA für die Saturn V aufwendeten. Das führte dazu, dass die unteren Stufen niemals als Ganzes getestet wurden. Stattdessen sollten die Testflüge die notwendigen Daten liefern. Nach Koroljows Tod im Januar 1967 übernahm Wassili Mischin das Projekt. Er leitete es gut, konnte aber nicht die nötigen Mittel erhalten, die für eine ausgereifte und zuverlässige Rakete notwendig gewesen wären.

In Baikonur wurde für die Montage ein riesiges Gebäude errichtet. Mit 240 m Länge, 190 m Breite und 30 bis 60 m Höhe war es möglich dort eine N-1 horizontal zu integrieren. Die N-1 wurde in Einzelteilen nach Baikonur gebracht und erst dort zusammengebaut. 165 Güterwaggons waren dafür pro Rakete nötig.

Mit vier Dieselloks wurde die leere Rakete, nur mit betanktem L3 Komplex, auf einem mobilen Starttisch zum Startkomplex 110N gefahren. Dieser hatte zwei 500 m voneinander entfernten Rampen. Jede Startrampe bestand aus einer 30 m großen Abschussplattform, in der Mitte mit einer kreisrunden Öffnung für die Flammen der Triebwerke. Vom 42 m tiefen Flammenschacht führten drei mit Wasser gefüllte Umlenkschächte im Abstand von 120 Grad weg. Eine sechsseitige Pyramide teilte die Flammen auf. Die Rakete wurde von einem 16 m durchmessenden Stützring an 24 Stellen gehalten und ruhte auf 24 Standflächen. 48 Sprengbolzen öffneten den Stützring beim Start. Der Startturm hatte eine Höhe von 145 m. Dreizehn in der Höhe verschiebbare Plattformen ermöglichten den Zugang zu der Rakete. Neben dem Startturm befanden sich zwei Masten als Blitzableiter von jeweils 180 m Höhe.

Am 21.2.1969 fand der erste Testflug einer N-1 statt. Nach 54,5 Sekunden brach im Heck von Block A Feuer aus und nach 68,6 Sekunden schaltete aufgrund des Schubverlusts KORD alle Triebwerke ab. Es zeigte sich, das durch Metallteile eine Turbine zerstört wurde und der nun austretende Treibstoff Feuer fing. Wegen des Zeitdrucks (zu diesem Zeitpunkt stand die Apollo 9 Mission vor dem Start) untersuchte nicht die Fehlerursache, sondern reagierte nur auf die Auswirkungen. So wurde KORD ins Heck verlagert, damit es vor Kabelbränden geschützt war, ein

Feuerlöschsystem installiert und Ventilöffnungen eingebaut, um eine Überhitzung zu vermeiden.

Der zweite Testflug am 3.7.1969 endete in einer Katastrophe: Die Rakete hob langsamer als beim ersten Flug ab, schwankte und nach 10 Sekunden schaltete KORD die Triebwerke ab. Die Rakete fiel zurück auf den Startturm und explodierte. Die Untersuchung zeigte, dass Metallteile in den Treibstoffleitungen schon beim Start die Oxidatorpumpe von Triebwerk 8 zerstört hatten. Die Splitter beschädigten dann die benachbarten Triebwerke 7 und 9 und die Steuerleitungen. Es kam zur Störung der Stromversorgung und damit Abschalten der restlichen Triebwerke, nachdem schon sechs Motoren direkt nach dem Start abgeschaltet wurden.

Nun erst begann eine umfangreiche Fehlersuche. Es wurden Filter in die Treibstoffleitungen eingebaut und die Rakete schwenkte nach dem Start sofort in die Horizontale um, damit bei einem Fehlstart nicht erneut der ganze Startplatz zerstört würde. Erst am 27.6.1971 hob erneut eine N-1 ab. Diesmal geriet die Rakete durch das neue Neigeprogramm bald in eine Schieflage, die immer stärker wurde. Nach 46,8 Sekunden brach die Nutzlastspitze ab. Dies löste das Rettungssystem SAS aus. Nach 50,9 Sekunden wurden von KORD die Triebwerke abgeschaltet. Die Untersuchung zeigte, dass die Rakete aufgrund der aerodynamischen Belastung auseinanderbrach. Das neue Neigeprogramm war vordergründig daran schuld. Aber die wahre Ursache war ein Designfehler, bei dem die Kräfte, die auf eine so große Rakete wirken, unterschätzt wurden.

Das Heck wurde nun überarbeitet und zylinderförmig gestaltet, um die einwirkenden Kräfte zu reduzieren. Anstatt das Abgas des Gasgenerators für die Lageregelung zu nutzen, wurden zusätzliche Triebwerke mit jeweils 12,4 kN Schub installiert und damit die Schubkraft der Rollachsensteuerung beträchtlich erhöht. Am 23.11.1971 fand der letzte Start der N-1 statt. Diesmal explodierte nach 107 Sekunden die Rakete in 40 km Höhe. Über die Ursache stritten sich danach die Konstrukteure. Das Kombinat, welches die N-1 fertigte, machte wieder die Triebwerke verantwortlich, während der Triebwerkshersteller diesen Vorwurf von sich wies und als Ursache eine Schockwelle annahm. Diese sollte sich nach 90 Sekunden, als die inneren sechs Triebwerke abgeschaltet wurden, gebildet haben und eine der Treibstoffleitungen beschädigt haben.

Danach hofften die Konstrukteure auf einen erfolgreichen Test der N-1F, deren Erstflug für Herbst 1974 vorgesehen war. Am 15.5.1974 wurde jedoch Mischin vom Programm entbunden und Gluschko übernahm die Leitung. Er stellte bis zum Oktober 1974 alle Arbeiten an der N-1F ein. Er wollte stattdessen eine eigene

Trägerrakete namens „Vulkan" entwickeln – mit den schon für die N-1 von ihm vorgeschlagenen RD-270 Triebwerken. Doch die sowjetische Führung hatte nicht vor, eine weitere Schwerlastrakete zu finanzieren, nachdem die Amerikaner ihr Mondprogramm bereits eingestellt hatten. So wurde das Programm endgültig eingestellt.

| Datenblatt N-1 | | | | | |
|---|---|---|---|---|---|
| Einsatzzeitraum: | 1969 – 1972 | | | | |
| Starts: | 4 davon 4 Fehlstarts | | | | |
| Zuverlässigkeit: | 0 % erfolgreich | | | | |
| Abmessungen: | Höhe: 105,00 m<br>Maximaler Durchmesser: 16,90 m | | | | |
| Startgewicht: | 2.735.000 kg | | | | |
| Maximale Nutzlast: | 70.000 kg in einen 300 km hohen 51,6° Orbit | | | | |
| | **Block A** | **Block B** | **Block C** | **Block D** | **Block G** |
| Länge: | 30,09 m | 20,50 m | 14,10 m | 9,10 m | 5,70 m |
| Max. Durchmesser: | 16,90 m | 9,80 m | 6,40 m | 4,40 m | 2,90 m |
| Startgewicht: | 1.880.000 kg | 560.700 kg | 188.700 kg | 61.800 kg | 18.200 kg |
| Trockengewicht: | 130.000 kg | 52.200 kg | 13.700 kg | 6.800 kg | 3.500 kg |
| Schub Meereshöhe: | 30 × 1510 kN | - | - | - | - |
| Schub (maximal): | 30 × 1544 kN | 8 × 1648 kN | 4 × 392 kN | 1 × 392 kN | 1 × 85 kN |
| Triebwerke: | 30 × NK-15 | 8 × NK-15V | 4 × NK-9V | 1 × NK-19 | 1 × RD-58 |
| Spezifischer Impuls (Meereshöhe): | 2913 m/s | - | - | - | - |
| Spezifischer Impuls (Vakuum): | 3118 m/s | 3393 m/s | 3393 m/s | 3393 m/s | 3423 m/s |
| Brenndauer: | 120 s | 120 s | 370 s | 443 s | 600 s |
| Treibstoff: | LOX / Kerosin | LOX / Kerosin | LOX / Kerosin | LOX / Kerosin | LOX / Kerosin |

*Abbildung 20: Startvorbereitung für den ersten N-1 Start*

# N1-F

Geplant war die N-1 als erste Ausführung für die ersten Testflüge. Ihr sollte die N-1F für die eigentlichen Mondflüge folgen. Die N-1F erreichte die volle geplante Nutzlast von 95 bis 97 t (manche Quellen sprechen sogar von 105 t). Dies wurde vor allem durch die verbesserten Triebwerke erreicht. Auch die Masse der N-1F war mit 2.950 t um etwa 200 t größer als die der N-1. Die N-1F wurde von 1970-1974 entwickelt.

Die erste N-1F wäre Exemplar Nr. 8 gewesen. Nach der Ernennung Gluschkos zum Leiter des Programms wurde das Programm jedoch eingestellt. Bis dahin wurden zumindest zwei N-1F fertiggestellt. Eine dritte Rakete soll je nach Quellenlage im Bau gewesen sein oder sogar fertiggestellt worden sein.

Die N-1F unterschied ich in zwei Aspekten von der N-1. Die erste Stufe hatte ein zylinderförmiges Heck, die Treibstoffleitungen waren aerodynamisch verkleidet. Die Leermasse konnte gesenkt werden, obwohl 200 t mehr Treibstoff zugeladen wurde. Auch die beiden oberen Stufen nahmen, bei gleicher Leermasse, etwa 10 % mehr Treibstoff auf.

Der wesentliche Unterschied war jedoch der Einsatz der NK-33 und NK-43 Triebwerke anstatt der NK-15 und NK-15V. Die Oberstufe setzte ebenfalls neu entwickelte Triebwerke des Typs NK-39 und NK-31 ein. NK-33 und NK-43 waren identische Triebwerke, das NK-43 war nur an den Betrieb im Vakuum angepasst. NK-39 und NK-31 entstanden aus dem NK-9V und unterschieden sich nur in dem beim NK-31 eingebauten Schwenkmechanismus.

Von diesen Triebwerken wurden nicht weniger als 250 Exemplare für Tests und den Einsatz gebaut. Die Triebwerke absolvierten 677 Tests mit 108.000 Sekunden Brenndauer. Dabei gab es nur 35 Probleme, wobei die letzten 246 Tests des NK-33 und die letzten 86 des NK-43 ohne Probleme verliefen. Das NK-33 konnte bis auf 2.040 kN (135 %) im Schub gesteigert werden und mit sich ändernden Mischungsverhältnissen von 20 % bei den Treibstoffen arbeiten. Es war auf 70 % des Nennschubs drosselbar. Das NK-43 war anders als das NK-15V wiederzündbar. Die Triebwerke konnten bis zu 16.000 Sekunden (bzw. 17 Zündungen) ohne Überholung betrieben werden und hatten eine Lebensdauer von maximal 25.000 Sekunden oder 25 Zündungen. Diese hohe Lebensdauer erlaubte es auch, ein Triebwerk ausgiebig zu testen, bevor es in die Rakete einbaut wurdee. Viel sprach also dafür, dass die Triebwerksprobleme mit dieser zweiten Generation gelöst waren. Für das NK-43 wurde eine Zuverlässigkeit von 99,85 % angegeben.

Die neuen Triebwerke setzten das Hauptstromverfahren anstatt dem Nebenstromverfahren ein. Der Brennkammerdruck stieg so von 78,5 auf 145,7 bar und der spezifische Impuls um rund 200 m/s. Russland baute insgesamt 208 NK-33 und 42 NK-43 Triebwerke. Davon waren 107 für den Flugeinsatz vorgesehene Serienexemplare. Der Rest wurde für Tests benötigt.

Die Triebwerke der Oberstufen teilten viele Eigenschaften mit denen der ersten beiden Stufen, wie der geschlossene Kreislauf, ein hohes Schub zu Masse Verhältnis und eine gute Treibstoffausnutzung. Gegenüber den Triebwerken in der ersten Stufe war die Mischung etwas reicher an Kerosin (2,6:1 anstatt 2,8:1).

Nach der Einstellung des N-1 Programmes wurde ein Großteil der Hardware verschrottet. Die NK-33 und NK-43 Triebwerke wurden aber eingelagert. Heute soll es noch mindestens 66 dieser Triebwerke geben. Die Firma Kistler kaufte 36 Stück und ließ sie von Aerojet überholen. Dort haben sie die Bezeichnung AJ26-58 bis 60. Weitere 30 Stück gibt es noch in Samara in einer Lagerhalle.

Die Nutzung dieser erprobten und leistungsfähigen Triebwerke wurde daher bei vielen Raketenprojekten erwogen. Hier eine Auswahl:

- Für die erste Stufe der japanischen J-1a / GX. Diese Rakete wurde wegen zu hoher Kosten eingestellt. (Siehe S.343)

- Für die erste und zweite Stufe der Kistler K-1. Die Rakete sollte wiederverwendbar sein. Kistler geriet aber in finanzielle Schwierigkeiten als 80 % der ersten Rakete fertiggestellt war und musste Insolvenz anmelden. (Band 1 S.322)

- Heute sollen sie die Taurus II antreiben. Jeweils zwei Triebwerke sind in der ersten Stufe vorgesehen. Der Erstflug dieser Rakete ist für 2010/2011 geplant. (Siehe Band 1, S.280)

- In der Sowjetunion war der Einsatz für verschiedene Varianten der Sojus im Zentralblock vorgesehen, so bei der Yamal, Aurora, Sojus 1, 2-3 und 3. (S. 184).

Für letztere Versionen war auch die Wiederaufnahme der Produktion von leistungsgesteigerten Versionen (NK-33-1) geplant. Derzeit verhandelt Aerojet über die Neuaufnahme der Produktion. Diese Triebwerke sollen bei der Taurus II eingesetzt werden.

## Datenblatt N-1F

| | |
|---|---|
| Einsatzzeitraum: | - |
| Starts: | keiner |
| Zuverlässigkeit: | 0 % erfolgreich |
| Abmessungen: | Höhe: 105,00 m<br>maximaler Durchmesser: 15,90 m |
| Startgewicht: | 2.950.000 kg |
| Maximale Nutzlast: | 97.000 kg in einen 300 km hohen 51,6° Orbit |

| | Block A | Block B | Block C | Block D | Block G |
|---|---|---|---|---|---|
| Länge: | 30,09 m | 20,50 m | 14,10 m | 9,10 m | 5,70 m |
| Max. Durchmesser: | 16,90 m | 9,80 m | 6,40 m | 4,40 m | 2,90 m |
| Startgewicht: | 2.070.000 kg | 620.000 kg | 210.100 kg | 61.800 kg | 18.200 kg |
| Trockengewicht: | 126.340 kg | 55.700 kg | 13.700 kg | 6.800 kg | 3.500 kg |
| Schub Meereshöhe: | 30 × 1510 kN | - | - | - | - |
| Schub (maximal): | 30 × 1680 kN | 8 × 1755 kN | 4 × 402 kN | 1 × 408 kN | 1 × 85 kN |
| Triebwerke: | 30 × NK-33 | 8 × NK-43 | 4 × NK-39 | 1 × NK-43 | 1 × RD-58 |
| Spezifischer Impuls (Meereshöhe): | 2923 m/s | - | - | - | - |
| Spezifischer Impuls (Vakuum): | 3247 m/s | 3404 m/s | 3453 m/s | 3463 m/s | 3423 m/s |
| Brenndauer: | 125 s | 120 s | 370 s | 442 s | 600 s |
| Treibstoff: | LOX / Kerosin | LOX / Kerosin | LOX / Kerosin | LOX / Kerosin | LOX / Kerosin |

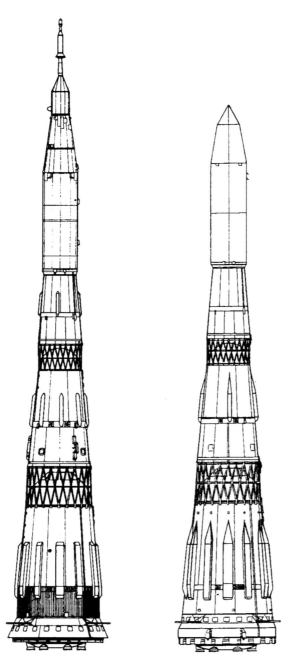

Abbildung 21: Die N-1 und N-1F im Vergleich

# Zenit

Anfang der siebziger Jahre unterbreitete das KB Juschnoje dem Verteidigungsministerium einen Vorschlag für standardisierte Trägerraketen, welche die bisherigen Modelle Kosmos, Sojus, Zyklon und Proton mit ihren Untervarianten ablösen sollten. Es sollten drei Träger gebaut werden:

- 11K55: eine Rakete für kleine Nutzlasten

- 11K77: eine Rakete für mittlere Nutzlasten

- 11K37: ein Träger für große Nutzlasten

Das Militär war nur an der 11K77 interessiert. Von den Vorschlägen für die 11K37 floss später einiges in das Angara-Projekt ein. Im April 1974 stand das erste Design. Dieses sah ein modulares Konzept vor, um die Rakete an verschieden große Nutzlasten anzupassen. Das Konzept wurde 1975 verworfen und eine Rakete mit einer Zentralstufe ohne Zusatzraketen entworfen. Am 16 März 1976 gab das Politbüro der KPdSU die Erlaubnis für die Entwicklung der 11K77, die nun den Namen „Zenit" erhielt. Zudem wurde beschlossen, dass die erste Stufe als Booster für die Trägerrakete Energija eingesetzt werden sollte. Der Erstflug war für 1982 vorgesehen. Die Zenit wurde in den Jahren 1976 bis 1985 entwickelt. Anders, als ältere Modelle, arbeitete die zweite Stufe mit einer adaptiven Steuerung, die aktiv Flugabweichungen ausgleichen konnte. Die erste Stufe arbeitete nach einem starren Schema. Auch wurde die Zenit nicht „heiß gezündet". Die Zündung der zweiten Stufe findet erst nach Abtrennen der Unterstufe statt.

Die Triebwerke RD-171 der ersten Stufe stellten aufgrund ihres hohen Schubs einen Entwicklungssprung dar. Hier betrat die Sowjetunion weitgehend Neuland. Es kam zwischen 1981 und 1983 mehrfach zu Bränden bei Tests und die Indienststellung verzögerte sich. Juschnoje erwog zeitweise die Triebwerke durch die NK-33 der N-1 zu ersetzen. Zudem beschränkte der Niedergang der Ökonomie die Finanzen und die Entwicklung verlief langsamer als geplant. Das Triebwerk RD-171 der ersten Stufe besteht aus vier Brennkammern mit je zwei Gasgeneratoren mit je einer Turbine und Turbopumpe. Wie das Space Shuttle Triebwerk verwendet es einen geschlossenen Kreislauf. Es spritzt also die Abgase des Gasgenerators, nachdem sie die Turbine angetrieben haben, in die Brennkammer zur Nachverbrennung ein. Das RD-171 ist weitgehend bauidentisch zum RD-170. Dieses treibt die Booster der Energija an, aus denen die erste Stufe der Zenit hervorging (siehe S. 126). Anders als das RD-170 war das RD-171 aber nicht „man rated" und die Stufe sollte anders als die Booster nicht wiederverwendet werden. Die RD-171 sind daher nicht für einen längeren Betrieb oder eine erneute Verwendung ausgelegt und preiswerter in der Produktion. Weiterhin ist jede Brennkammer in zwei Achsen schwenkbar. Bei dem RD-170 ist ein Schwenken nur in einer Achse möglich.

Mit einem Schub 7.259 kN am Boden ist dieses Triebwerk das Stärkste je gebaute, noch stärker als das F-1 der Saturn V. Der spezifische Impuls ist sehr hoch, erreicht durch 250 bar Brennkammerdruck. Die Düsen sind um 6,3 Grad schwenkbar und dadurch entfallen Verniertriebwerke für Kursänderungen. Das Triebwerk kann auf 74 Prozent der Nominalleistung heruntergefahren werden, um vor Brennschluss die Belastung zu senken. Der hohe Schub des Triebwerks beschleunigt die Zenit mit 1,6 g. Die Entwicklung des Triebwerks machte einige Probleme und es wurden bis Mitte der achtziger Jahre 200 Stück für Tests gebaut. Eine Variation des RD-171 mit nur zwei Brennkammern, das RD-180, wird seit 2001 in der Atlas III und V eingesetzt. (Band 1 S. 225-240). Als weitere Variante soll ab 2011 das RD-191 mit nur einer Brennkammer die Angara antreiben. (Siehe S. 167). Die erste Stufe wiegt leer 28.080 kg. Dazu kommt noch der 5.820 kg schwere Stufenadapter.

Das Triebwerk RD-120 der zweiten Stufe hat nur eine Brennkammer. Das Triebwerk ist starr eingebaut. Ein weiteres Triebwerk RD-08 mit vier, um 33 Grad schwenkbaren Brennkammern, wird zur Lageregelung eingesetzt. Dieses Verniertriebwerk wird auch zusätzlich zur Korrektur und Feineinstellung der Bahn nach Brennschluss des Haupttriebwerks eingesetzt. Während das Haupttriebwerk nach 360 Sekunden ausgebrannt ist, arbeitet das Verniertriebwerk 65 – 900 Sekunden weiter. Damit erreicht die Zenit auch mit zwei Stufen höhere, kreisförmige Bahnen. Maximal sind 1.500 km hohe Kreisbahnen möglich. Der LOX-Tank umgibt in der zweiten Stufe in einer toroidalen Konstruktion das Triebwerk. Die zweite Stufe besteht wie die Erste vorwiegend aus versteiften Aluminiumlegierungen. Es wurde eine Zeit lang erwogen, das Triebwerk RD-120 in einer modernisierten Sojus-Version, der RUS, einzusetzen. Nach dem Zusammenbruch der Sowjetunion fehlte jedoch das Geld, um diese Pläne umzusetzen. Obgleich das RD-120 wesentlich weniger Schub als das RD-171 entwickelt, war es an den meisten der Fehlstarts beteiligt. Von den ersten neun Fehlstarts entfielen sechs auf das Versagen der zweiten Stufe, zwei auf das Fehler der ersten Stufe und einer auf eine fehlerhafte Steuerung. Die Daten der 1.000 Sensoren in der Rakete werden mit 1 Mbit/sec zur Erde übertragen. Über einen Laserlink ist bis zum Start eine Umprogrammierung der Rakete möglich.

Der Startkomplex wurde von 1978 bis 1983 gebaut. Erst 1990 wurde die zweite Startrampe fertiggestellt.

# Zenit 2

Als „Zenit 1" wurden die Booster für die Energija Rakete bezeichnet. Aus ihr wurde aber kein Satellitenträger entwickelt. Die Zenit 2 wurde bis in die neunziger Jahre sehr häufig für russische Nutzlasten eingesetzt. Seitdem nahm die Startrate stark ab. Da die Zenit in der Ukraine von KB Juschnoje gebaut wird, welches nun für Russland „Ausland" ist und mit Devisen bezahlt werden muss, hat Russland wie bei der Zyklon die Startrate stark gesenkt und seit 2004 gab es keinen Start mehr. Diese Version wird auch nicht im Westen angeboten, da sie nur zwei Stufen hat und daher nur schwere Nutzlasten in einen niedrigen Erdorbit befördern kann. Solche Satelliten sind jedoch äußerst selten. Hauptnutzlast waren Tselina-2 Satelliten, welche den Funkverkehr abhorchten. Jede Zenit konnte zwei dieser 3.750 kg schweren Satelliten gleichzeitig in einen 870 km hohen Orbit befördern. Von den 36 Starts entfielen 27 auf diese Satelliten.

Der Start der Zenit verläuft folgendermaßen: Nach 3,9 Sekunden hat die Rakete den Schub aufgebaut und hebt ab. Die erste Stufe brennt bis zum Verbrauch des Treibstoffs. Sinkt die Beschleunigung ab, beginnt die Stufentrennung während noch die erste Stufe arbeitet. Zuerst zünden für 5 Sekunden das Verniertriebwerk der zweiten Stufe. Danach wird die erste Stufe durch vier Retroraketen von der zweiten Stufe entfernt und erst danach das Haupttriebwerk RD-120 gezündet. Dieses brennt je nach Mission 300 bis 330 Sekunden lang. Das Verniertriebwerk arbeitet weiter, da sonst das Perigäum zu niedrig wäre. Die Brenndauer des Verniertriebwerk nach Brennschluss der Hauptstufe liegt in der Regel zwischen 500 und 900 Sekunden. Eine Brenndauer des Verniertriebwerks von 65 Sekunden bedeutet ein Perigäum von 180 km Höhe, eine von 500 Sekunden ein Perigäum von 400 km. Der Schub des RD-08 ist mit 67,4 kN recht hoch, ebenso der spezifische Impuls von 3355 m/s. Die Nutzlastverkleidung wird nach 290 Sekunden abgesprengt.

Bei den Starts von Baikonur aus sind Inklinationen von 51,5, 63,9 und 98,8 Grad möglich. Bei Flügen mit diesen Bahnneigungen fliegt die Zenit über unbewohntes Gebiet. Es gab zwei Launchpads für die Zenit in Zone 45 in Baikonur. Am 4. Oktober 1990 explodierte eine Zenit-2 drei Sekunden nach dem Start und zerstörte eine der beiden Startrampen vollständig. Das Geld zum Wiederaufbau der Anlage fehlte jedoch, sodass seitdem nur eine Startrampe in Baikonur existiert. Im Jahre 1998 wurde das Triebwerk der ersten Stufe um 5 % im Schub gesteigert und 200 kg leichter. Manche Autoren bezeichnen diese Version als RD-172 und die Trägerrakete entsprechend als Zenit 2M. Die Nutzlast liegt bei dieser Version bei maximal

13.740 anstatt 13.500 kg. Im Jahre 2000 bot die Ukraine einen Zenit 2 Start für lediglich 42 Millionen Dollar an.

### Datenblatt Zenit 2

| | | | |
|---|---|---|---|
| Einsatzzeitraum: | 1985 – heute | | |
| Starts: | 37, davon 7 Fehlstarts | | |
| Zuverlässigkeit: | 81,8 % erfolgreich | | |
| Abmessungen: | 57,00 m Höhe | | |
| | 3,90 m Durchmesser | | |
| Startgewicht: | 459.150 kg | | |
| Maximale Nutzlast: | 13.740 kg in einen LEO-Orbit | | |
| Nutzlasthülle: | 11,15 oder 13,65 m Länge, 3,90 m Durchmesser. | | |
| Nutzlastadapter: | 900 kg Gewicht. | | |
| | | Stufe 1 | Stufe 2 |
| Länge: | | 31,95 m | 10,80 m |
| Durchmesser: | | 3,90 m | 3,90 m |
| Startgewicht: | | 346.880 kg | 88.900 kg |
| Trockengewicht: | | 33.600 kg | 8.300 kg |
| Schub Meereshöhe: | | 7.259 kN | - |
| Schub Vakuum: | | 7.903 kN | 833 kN + 78,4 kN |
| Triebwerke: | | 1 × RD-171 | 1 × RD-120 + 1 × RD-08 |
| Spezifischer Impuls (Meereshöhe): | | 3033 m/s | - |
| Spezifischer Impuls (Vakuum): | | 3246 m/s | 3432 m/s |
| Brenndauer: | | 134 s | 315 s |
| Treibstoff: | | LOX / Kerosin | LOX / Kerosin |

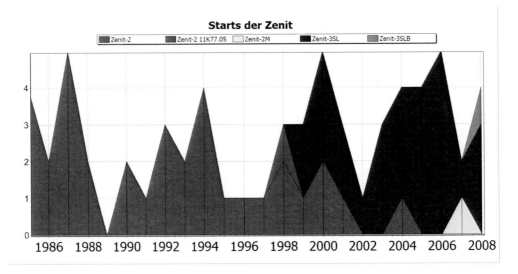

Abbildung 22: Eine Zenit-2 vor dem Start und Startstatistik der Zenit.

## Zenit 3SL

Die Zenit 2 war für Transporte in den geostationären Orbit nicht geeignet. Mit nur zwei Stufen hätte es diesen nie erreichen können. Boeing, Energija, Juschnoje und Kvaerner haben ein gemeinsames Unternehmen gegründet, um die Zenit auch in diesen Marktsegment zu etablieren. Das Unternehmen wurde Sea Launch getauft, weil die Starts von See aus erfolgen. Sea Launch besteht aus den Herstellern der Zenit (Juschnoje), des Block DM (Energija), einer Startplattform (Kvaerner) und Boeing mit seiner Erfahrung in der Vermarktung.

Die dritte Stufe Block DM wird seit 1974 auf der Proton Rakete als vierte Stufe eingesetzt. Sein modulares Design machte eine Anpassung für die Zenit sehr einfach. Wesentliche Änderungen gab es nur in den Verbindungen zur Zenit und zu den Nutzlasten. Darüber hinaus verwendet er ein moderneres und leichteres Steuerungssystem. Das Gewicht enthält auch die beiden Adapter zu der Nutzlastverkleidung und der zweiten Stufe der Zenit. Der Letztere wird nach der Zündung abgetrennt, sodass die Leermasse bei Brennschluss geringer ist. Die strukturelle Grenze von Block DM für die Zenit liegt bei 6.100 kg.

Der Treibstoff Kerosin befindet sich in einem toroidalen Tank, der das Triebwerk umgibt, der Oxidator in einem sphärischen Tank darüber. Die Düse des Triebwerks RD-58M wird durch Sublimation von Graphit gekühlt.

Block DM ist modular aufgebaut und besteht aus den Modulen Basismodul (mit Tanks), zwei Lageregelungsmodulen mit Treibstoff, dem Triebwerk, der Steuerung und der Verbindungsstruktur. Block DM kann nicht kontinuierlich rotieren, sondern nur um 180 Grad in eine Referenzrichtung geschwenkt werden. Dies ist eine Einschränkung für Nutzlasten, die normalerweise vor dem Abtrennen in leichte Rotation versetzt werden, um die thermische Belastung bis zur vollen Ausrichtung der Satelliten zu minimieren. Die Zündung erfolgt durch kleine Mengen von NTO und MNH, welche vor dem Sauerstoff und Kerosin in die Brennkammer eingespritzt werden und sich selbst entzünden. Der Treibstoffvorrat für dieses System reicht für fünf Zündungen aus. Vier Verniertriebwerke mit eigenem Treibstoff (NTO/MNH) werden für die Lageregelung und zur Stabilisierung in Freiflugphasen eingesetzt. Da Block DM bei der Zenit für eine geostationäre Übergangsbahn nur zweimal zünden muss, wird meist nur eines der beiden möglichen Lagesteuerungsmodule eingesetzt.

Die Verkleidung stammt von der Proton. Sie hat eine Länge von 10,40 m bei einem Durchmesser von 4,10 m. Sie wird nach 229 bis 330 Sekunden in 118 bis 173 km

Höhe abgetrennt. Eine größere Verkleidung mit 5,00 m Durchmesser war geplant, wurde aber niemals eingeführt. Neu sind auch der Bordcomputer und die Navigation.

Die Zenit kann Satelliten von bis zu 6 t Gewicht in den GTO-Orbit befördern. Es kann nur ein Satellit pro Start befördert werden. Es sind aber Sekundärnutzlasten möglich.

Die Zenit wird automatisch von Kvaerner umgebauten Ölbohrplattform „Odyssey" mit 131 m Länge und 28.000 t Gewicht gestartet. Die Startvorbereitungen geschehen auf einem 198 m langen, 31 m breiten und 30.000 BRT Transportschiff, der „Sea Launch Commander". Dort wohnen auch die 240 Personen, die mit dem Start betraut sind.

Die Zenit eignet sich für einen solchen Start von See aus besonders, da sie rasch den Schub aufbaut. Solange eine Rakete nicht abgehoben hat, überträgt sie ihre Kraft auf die Struktur des Startplatzes. Die Vorbereitung der Rakete für einen Start dauert etwa zwei Monate. Sea Launch hat insgesamt 300 Angestellte und Arbeiter. Die Startplattform Odyssey wird vor dem Start durch Fluten der Ballastwassertanks tiefer ins Wasser versenkt. Während des Starts ist die Plattform unbemannt. Die Sea Launch Commander verfolgt den Start aus einer sicheren Distanz von 5 km. Die Startvorbereitungen dauern 27 Stunden, wobei das Befüllen der Tanks erst 2 Stunden 40 Minuten vor dem Start beginnt. 20 Minuten vorher haben die letzten Arbeiter die Odyssey verlassen. Es gibt ausreichend Treibstoffvorräte für drei Startversuche. Die Computer übernehmen den Countdown in der letzten Minute. Vorher überwachen 50 Techniker die Systeme der Rakete von Bord der Sea Launch Commander aus. Andere Schiffe müssen einen Sicherheitsabstand von 25 Meilen von der Rakete einhalten.

Der Start der ersten zwei Stufen erfolgt wie bei der Zenit. Bei einer GTO-Mission wird das RD-120 der zweiten Stufe nach 429 Sekunden heruntergefahren und bis 504 Sekunden nach dem Start arbeiten das RD-08 weiter. Danach brennt Block-DM zum ersten Mal für 270 Sekunden und erreicht dabei einen 180 km hohen Parkorbit. Nach 1.800 Sekunden wird Block DM im Apogäum nochmals für 425 Sekunden gezündet und erreicht die endgültige 220 × 36.000 km GTO Bahn. Es ist auch nur eine Zündsequenz von Block-DM möglich. Dies ergibt eine niedrigere Perigäumshöhe von 200 km. Dafür ist die Nutzlast um 66 kg höher.

Durch den Start von einer mobilen Plattform kann der Satellit dort gestartet werden, wo es geografisch am günstigsten ist. Bei polaren Orbits ist dies nahe

Hawaii, bei geostationären Orbits nahe der Weihnachtsinsel (0°N, 154° Ost) am Äquator. Geschätzt wird, dass „Sea Launch" 400 bis 500 Millionen Dollar in das System investiert hat. Sicherheit gaben bereits vor dem Jungfernflug gebuchte Starts: 19 Starts waren durch zwei Langzeitverträge mit Loral und Hughes schon gebucht. Ein Start ist bis 18 Monate nach Vertragsunterzeichnung möglich, der Anschlussflug einer weiteren Nutzlast nach jeweils 12 Monaten. Die Zeit zwischen zwei Starts liegt bei mindestens 50 Tagen. Ein Start kostet rund 90 Millionen Dollar.

Seit 2004 stehen verbesserte Versionen der ersten und zweiten Stufe zur Verfügung. Der Schub des RD-171 wurde leicht abgesenkt auf 7.840 kN, dafür die Brenndauer auf 148 Sekunden erhöht und sein spezifischer Impuls leicht von 3236 auf 3308 m/s gesteigert. Beim RD-120 wurde der Schub auf 913 kN angehoben.

Bisher gab es drei Fehlstarts. Beim Letzten explodierte die Zenit auf der Odyssey. Die Reparaturen dauerten ein Jahr und Sea Launch verlor dadurch Aufträge an die Konkurrenz. Der Verlust von Startaufträgen brachte die Firma in finanzielle Schwierigkeiten. Am 22. Juni 2009 musste Sea Launch nach US-Insolvenzrecht Chapter 11 Bankrott anmelden. Grund dafür war Überschuldung – Aktiva von geschätzten 100 bis 500 Millionen US-Dollar standen Verbindlichkeiten von bis zu zwei Milliarden US-Dollar entgegen. Zu diesem Zeitpunkt waren 10 weitere Starts geplant, davon drei mit der Land-Launch Variante. Inzwischen verhandeln Kunden von Sea Launch wie Intelsat direkt mit dem russisch-ukrainischen Herstellerkonsortium der Rakete, um einen termingerechten Start ihrer Satelliten zu gewährleisten. Die betrifft bisher allerdings nur die Land Launch Variante. Loral und Intel äußerten öffentlich ihre Absicht, weitere Startaufträge zu vergeben, sofern Sea Launch aus dem Chapter 11 herausgeführt wird.

Die folgende Tabelle informiert über die Einsätze der Triebwerke:

| | RD-171 | RD-172 | RD-120 | RD-120M |
|---|---|---|---|---|
| Schub: | 7.256,9 / 7903 kN | 7.668,4 / 8.354 kN | 833,6 kN | 913 kN |
| Spezifischer Impuls: | 3033 m/s | 3049 m/s | 3432 m/s | 3432 m/s |
| Brennzeit: | 134,1 s | 127,8 | 300 s | 265 s |
| Einsatz auf: | Zenit 2 | Zenit 3 / Zenit 2M | Zenit 2 | Zenit 3 SL/LL |

## Datenblatt Zenit 3SL

| | |
|---|---|
| Einsatzzeitraum: | 1999 – heute |
| Starts: | 31, davon 3 Fehlstarts |
| Zuverlässigkeit: | 90,3 % erfolgreich |
| Abmessungen: | 60,00 m Höhe |
| | 3,90 m Durchmesser |
| Startgewicht: | 473.000 kg |
| Maximale Nutzlast: | 15.700 kg in einen 200-km-LEO-Orbit mit 65° Inklination |
| | 6.000 kg in einen GTO-Orbit |
| | 4.005 kg auf Fluchtgeschwindigkeit |
| Nutzlasthülle: | 11,39 m Länge, 4,15 m Durchmesser. |

| | Stufe 1 | Stufe 2 | Block DM-SL |
|---|---|---|---|
| Länge: | 32,80 m | 10,40 m | 4,90 m |
| Durchmesser: | 3,90 m | 3,90 m | 3,70 m |
| Startgewicht: | 354.582 kg | 90.757 kg | 19.811 kg |
| Trockengewicht: | 32.302 kg | 9.017 kg | 3.861 kg |
| Schub Meereshöhe: | 7.688,4 kN | - | - |
| Schub Vakuum: | 8.354 kN | 813 kN + 78,4 kN | 80 kN |
| Triebwerke: | 1 × RD-172 | 1 × RD-120 + 1 × RD-08 | 1 × RD-85S |
| Spezifischer Impuls (Meereshöhe): | 3049 m/s | - | - |
| Spezifischer Impuls (Vakuum): | 3308 m/s | 3432 m/s | 3452 m/s |
| Brenndauer: | 128 s | 265 s-290 s | 600 s |
| Treibstoff: | LOX / Kerosin | LOX / Kerosin | LOX / Kerosin |

*Abbildung 23: Start von Direct TV 11 am 19.3.2008*

## Zenit 3LL / Zenit Fregat

Inzwischen wird die Zenit auch als **Land-Launch Version** angeboten. Dabei startet die Zenit von Startrampen in Baikonur. Es ist hier eine zweistufige (Zenit 2LL) und dreistufige Version (Zenit 3LL) möglich. Die Zenit 3LL basiert auf der Zenit 2M, wobei die M für „modifiziert" steht. Die Rakete bekam ein moderneres Steuersystem und das Triebwerk RD-172 in der ersten Stufe. Die Zenit 2M, die bei anderen Quellen auch als normale Zenit 2 aufgeführt wird, hatte ihren Erstflug am 29.7.2007 mit Kosmos 2428.

Für GTO Missionen hat die Zenit 3LL Version nur eine Nutzlast von 3.600 kg. Diese wird in einen 4.100 × 36.000 km hohen und 23,2 Grad geneigten Orbit entlassen. Dieser ist energetisch gleichwertig mit dem Orbit, der von der Odyssey Plattform aus erreicht wird. Für GTO Missionen ist ein Start von Baikonur unattraktiv, da zu weit nördlich. Es gibt drei Zündungen von Block DM. Die Erste bringt die Nutzlast in eine niedrige Erdumlaufbahn. Nach Erreichen des Äquators wird Block DM zum zweiten Mal gezündet. Es resultiert ein 200 × 36.000 km Orbit mit einer verringerten Inklination (durch Zünden am Äquator). Die dritte Zündung, am Apogäum nach fünf Stunden, hebt diesen Orbit an und verringert nochmals die Inklination.

Die Zenit Land Launch kann mit der Oberstufe Block DM oder der neuen Oberstufe Fregat SB eingesetzt werden. Block DM hat ein strukturelles Limit von 5,0 t. Er wiegt mit 17,8 t auch weniger als der bei der Zenit 3 SL verwendete. Durch zwei neue 100 N Steuerdüsen kann der mindestens vorhandene Resttreibstoff für eine Wiederzündung von 4.000 auf 1.500 kg gesenkt werden. Die Fregat SB Stufe ist die Fregat Oberstufe der Sojus, ergänzt um einen abwerfbaren, toroidalen und 3.390 kg/375 kg (Startgewicht/Trockengewicht) schweren Tank. Das Konzept des abwerfbaren Tanks wurde von der Breeze M der Proton übernommen. Er erhöht den Durchmesser auf 3,44 m, die niedrige Bauhöhe der Stufe bleibt jedoch erhalten. Das Datenblatt führt beide Oberstufen auf. Eingesetzt wird aber jeweils nur eine Variante. Derzeit einziger Start der Zenit Fregat ist der von Phobos Grunt im Jahre 2011. Die Raumsonde wurde zu schwer für eine Sojus und so war die einfachste Lösung sie mitsamt der Fregat Oberstufe mit einer normalen zweistufige Zenit zu starten.

Die zweistufige Version könnte 12 t zur Raumstation ISS transportieren. Sea Launch bot 2001 die Land Launch Version der NASA als Cargo Transporter für die ISS an. Es gab jedoch seitens der NASA keinen Bedarf. Für kleinere geostationäre Satelliten ist die Zenit 3LL eine Alternative, da die gesamten Startvorbereitungen in

Baikonur erfolgen können. Das verbilligt diese, verglichen mit dem kompletten Transport der mobilen Startplattform zum Zielgebiet. Der Erststart der Zenit LL hat sich um einige Jahre verzögert, doch seitdem startet sie genauso oft wie ihre Sea Launch Version. Da bei der Landlaunch Variante nur russische und ukrainische Unternehmen involviert sind, kann diese trotz Bankrott von Sea Launch weiter betrieben werden.

### Datenblatt Zenit 3 LL / Zenit Fregat

| | |
|---|---|
| Einsatzzeitraum: | 2008 – heute |
| Starts: | 3, davon kein Fehlstart |
| Zuverlässigkeit: | 100 % erfolgreich |
| Abmessungen: | 59,27 m Höhe |
| | 3,90 m Durchmesser |
| Startgewicht: | 461.160-470.150 kg |
| Maximale Nutzlast: | 13.000 kg in einen 200-km-LEO-Orbit mit 65° Inklination |
| | 3.600 kg in einen GTO-Orbit |
| | 1.600 kg in einen GSO-Orbit |
| Nutzlastverkleidung: | 11,39 m Länge, 4,15 m Durchmesser. |

| | Stufe 1 | Stufe 2 | Block DM-SL | Fregat SB |
|---|---|---|---|---|
| Länge | 32,80 m | 10,40 m | 4,90 m | 2,30 m |
| Durchmesser: | 3,90 m | 3,90 m | 3,70 m | 3,44 m |
| Startgewicht: | 354.582 kg | 90.757 kg | 17.800 kg | 11.600 kg |
| Trockengewicht: | 32.302 kg | 9.017 kg | 3.220 kg | 1.350 kg |
| Schub Meereshöhe: | 7.688,4 kN | - | - | - |
| Schub Vakuum: | 8.354 kN | 813 kN + 78,4 kN | 80 kN | 19,85 kN |
| Triebwerke: | 1 × RD-172 | 1 × RD-120 + 1 × RD-08 | 1 × RD-85S | 1 × S5.92M |
| Spezifischer Impuls (Meereshöhe): | 3049 m/s | - | - | - |
| Spezifischer Impuls (Vakuum): | 3308 m/s | 3432 m/s | 3452 m/s | 3246 m/s |
| Brenndauer: | 128 s | 265 s-290 s | 548 s | 1534 s |
| Treibstoff: | LOX / Kerosin | LOX / Kerosin | LOX / Kerosin | NTO / UDMH |

*Abbildung 24: Start von Amos 3 am 28.4.2008*

# Energija

Das Space Shuttle wurde von der Sowjetunion als Bedrohung angesehen. Das Militär befürchtete, mit dem Space Shuttle könnten die USA sowjetische Satelliten einfangen oder zerstören. So begann 1976 die UdSSR die Entwicklung eines eigenen Raumgleiters und einer Trägerrakete.

Obgleich von der äußerlichen Erscheinung dem Shuttle sehr ähnlich, verfolgten Energija und Buran ein viel flexibleres Konzept. Der erste Unterschied war die Aufteilung in eine Trägerrakete und einen Raumgleiter. Buran hat, anders als der Space Shuttle, keine integrierten Haupttriebwerke. Diese sitzen in der Energija Hauptstufe. Deshalb konnte Energija auch ohne den Orbiter als Rakete eingesetzt werden. Die Trennung erfolgte ursprünglich aus der Überlegung heraus, dass es schon schwierig genug wäre, ein Triebwerk auf Basis von Wasserstoff als Treibstoff zu entwickeln. Die Konstrukteure nahmen nicht an, es gelänge dieses Triebwerk wieder verwendbar zu gestalten. So lag es auf der Hand, es in die Zentralstufe der Rakete zu integrieren. Dies erhöhte die Nutzlastmasse des Orbiters durch die niedrigere strukturelle Belastung und bei Manövern musste weniger Gewicht bewegt werden. Dadurch nahm die Nutzlast in höhere Bahnen langsamer als beim Shuttle ab. Vor allem aber konnte Energija auch ohne den Raumgleiter starten und dann die dreifache Nutzlast eines Space Shuttles ins All befördern. So entstand die Trägerrakete „Energija" (Energie) mit dem Produktcode 11K25 und ein davon unabhängiger Raumgleiter mit der Bezeichnung „Buran" (Schneesturm).

Der zweite Unterschied war, dass die Booster flüssige Treibstoffe (Kerosin und flüssiger Sauerstoff) verbrannten. Die Sowjets haben nie in dem Maße wie die Amerikaner Feststoffraketen eingesetzt und keine großen Feststoffbooster entwickelt. Daher erfolgte der Rückgriff auf die schon erprobte Technologie von Hochdrucktriebwerken betrieben mit Kerosin und flüssigem Sauerstoff. Die Zahl der Booster konnte variiert werden. Bei den beiden Starts waren es jeweils vier. Möglich sollten auch zwei, sechs und acht Booster sein. Aus ihnen entstand die erste Stufe der Zenit Trägerrakete, die so als „Abfallprodukt" entstand. Die Zenit füllte mit ihren 11 – 13 t Nutzlast die Lücke zwischen der Sojus (6-7 t) und Proton (19-21 t).

Die Nutzlast oder der Orbiter sind an der Seite der Zentralstufe angebracht worden. Dadurch waren sehr voluminöse Nutzlasten möglich. Die Booster sollten bei späteren Flügen geborgen werden. Geplant war eine weiche Landung mit Fallschirmen und Airbags. Bei den durchgeführten Starts wurde darauf verzichtet. Die Zentralstufe erreicht eine suborbitale Bahn ähnlich dem Shuttle Tank. Die Nutzlast musste dann mit einem eigenen Antrieb den Orbit erreichen. Mit geeigneten Oberstufen waren von einer Parkbahn aus auch Starts zu den Planeten und in den geostationären Orbit möglich. Die Nutzlast lag dann bei 18 bis 20 t in den geostationären Orbit (ohne Buran) gegenüber 2,3 t bei der Shuttle/IUS Kombination.

Insgesamt war das Energija Konzept flexibler und erlaubte ein breiteres Spektrum an Einsatzmöglichkeiten als der amerikanische Space Shuttle. Mehrere Oberstufen sollten eingesetzt werden. Beim ersten Start kam der FGB zum Einsatz, der von dem Proton Block DM das Triebwerk RD-58 übernommen hatte.

## Die Booster (Block A)

Die Booster benutzten das Triebwerk RD-170, welches in einer leicht veränderten Form als RD-171 in der ersten Stufe der Zenit eingesetzt wird. Die Triebwerke RD-170 der ersten Stufe waren in ihrer Technik ein Entwicklungssprung und hier betrat die Sowjetunion weitgehend Neuland. Es kam zwischen 1981 und 1983 mehrfach zu Bränden bei Tests und die Indienststellung verzögerte sich.

Die Booster wurden in den Jahren 1976 bis 1985 entwickelt. Jedes Triebwerk RD-170 entwickelte einen Vakuumschub von 7.903 kN. Allerdings bestand das Triebwerk, wie viele andere russische Triebwerke auch, aus vier Verbrennungskammern, gespeist von zwei Vorbrennern und einer gemeinsamen Turbopumpe.

Es wurden 200 Stück für Tests gebaut. Das RD-170 arbeitete nach dem Hauptstromverfahren. Ein Vorbrenner verbrennt ein sauerstoffreiches Gemisch des Treibstoffs. Der entstehende Gasstrom diente zum Antrieb der Turbine der Turbopumpe und erzeugte einen hohen Brennkammerdruck von 250 bar. Die Brennkammer wurde mit Kerosin gekühlt, bevor es mit dem Gasgemisch zusammen eingespritzt und verbrannt wurde. 600 kg Treibstoff verbrauchte jedes Triebwerk pro Sekunde. Die Zündung erfolgte hypergol, d.h. es wird zum Start eine Flüssigkeit eingespritzt, welche sich mit Sauerstoff spontan entzündet. Die Düsen waren um 6,3 Grad schwenkbar.

Die bei hohen Drücken auftretenden Hochfrequenz-Oszillationen wurden bei dem Design berücksichtigt und die Düsen so gestaltet, dass ihr Eigenschwingungsmuster sich von dem der Brennkammer unterschied. Weiterhin gab es ein Anti-Vibrationssystem in den Rahmen, welches die Weitergabe von Schwingungen verhindern sollte. Die Düsen wurden mit 2 % der Treibstoffmenge gekühlt, damit sie nicht überhitzen. Sie bestanden aus einer hochtemperaturfesten Nickel-Legierung.

Das RD-170 war in seinem Schub weit regelbar von 70 bis 100 %. Dies geschah primär durch das Absenken des Brennkammerdrucks. Die Turbopumpe des RD-170 hatte einen Förderdruck von 600 bar für den Sauerstoff und 500 bar für das Kerosin. Die Gasturbine lieferte eine Leistung von 190 MW, was in etwa einem kleinen Kraftwerk entspricht. Das Triebwerk hatte ein Gewicht von 9.750 kg, einen maximalen Durchmesser von 4,02 m und eine Länge von 3,78 m. Hydraulische Aktoren schwenkten die vier Brennkammern als Ganzes. Jede Hydraulik konnte einen Druck von 50 t ausüben. Da es noch die Triebwerke der Zentralstufe gab, reichte es aus, den Schwenkmechanismus auf eine Achse zu beschränken.

Bei späteren Starts der Energija sollten die Booster geborgen werden. Sie wären zuerst durch Fallschirme abgebremst worden. Bei Bodenberührung hätten Airbags die Restenergie aufgefangen. Für die Startazimute von 51, 65 und 97 Grad gab es Landezonen in unbesiedeltem Gebieten. Das RD-170 lief in Tests weitaus länger als die geforderten 140 Sekunden, sodass die Booster zehn Mal wieder verwendet werden sollten. In Tests liefen die Triebwerke ohne Probleme 20 bis 27 Zyklen.

Die Leermasse eines Boosters betrug 35 t ohne Bergungssystem und 65,6 t mit Bergungssystem. Der Sauerstofftank von 208 m³ Größe und der Kerosintank von 106 m³ Größe bestanden aus zylindrischen Tanks ohne gemeinsamen Zwischenboden. Die Wand war an der Zwischentanksektion bis zu 30 mm stark, um die Kräfte beim Start aufzunehmen. 70 bis 75 Prozent der Subsysteme der Booster und der ersten Stufe der Zenit sind identisch.

## Zentralstufe (Block TS)

Ab 1986 begannen auch die ersten Tests der Haupttriebwerke der Zentralstufe. Mit diesem Triebwerk betrat die Sowjetunion für sie technisches Neuland. Das Triebwerk RD-0120 verbrannte erstmals Wasserstoff und Sauerstoff. Die Bezeichnung kann leicht mit dem RD-120 in der zweiten Stufe der Zenit (ohne führende Null) verwechselt werden. Erstaunlich war, dass die Entwicklung dieses relativ großen Triebwerks von 1976 bis 1983 ohne größere Probleme verlief. Das Triebwerk war in seiner technologischen Auslegung vergleichbar dem amerikanischen SSME. Mit 218 bar Druck war allerdings der Brennkammerdruck etwas geringer. Dafür setzte die Energija vier anstatt drei Triebwerken ein. Trotzdem stellte das RD-0120 für die Sowjetunion einen enormen Entwicklungssprung dar. Die Sowjetunion hatte vorher kein größeres Triebwerk mit Wasserstoff als Treibstoff entwickelt und nun stand eines zur Verfügung, welches das Hauptstromverfahren mit seinen hohen Brennkammerdrücken einsetzte. Ein einzelner Vorbrenner verbrannte einen Teil des Treibstoffs und erzeugte daraus 527 Grad heißes Arbeitsgas. Dieses trieb mit 44 und 23 bar Druck (Wasserstoff / Sauerstoff) direkt die zweite Stufe der Wasserstoffpumpe an, welche 32.500 U/min erreichte. Ein Teil des Gases trieb auch die Sauerstoffturbopumpe an, die ohne erste Stufe auskam. Die erste Stufe der Wasserstoffpumpe wurde angetrieben von dem gasförmigen Wasserstoff, der beim Kühlen der Brennkammer entstand. Beide Turbopumpen lagen auf einem Turbinenschaft.

Die Düse hatte einen Halsdurchmesser von 261 mm und einen Mündungsdurchmesser von 2.420 mm. Das Flächenverhältnis betrug 85,7. Das Triebwerk war mit 3.450 kg Gewicht deutlich schwerer als ein SSME – dieses wiegt bei 33 % mehr Schub nur 3.177 kg. Es hatte eine Länge von 4,55 m und einen maximalen Durchmesser von 2,42 m. Der spezifische Impuls war fast genauso hoch wie beim SSME. Besonders auffällig war der große Regelbereich des Schubs von 45 bis 114 %. Das Mischungsverhältnis von Sauerstoff und Wasserstoff konnte um 7-10 % schwanken, ebenfalls ein recht hoher Toleranzfaktor.

Die Brennkammer und Düse des Triebwerks wurde aus einem Stück gefertigt. Bis 1990 wurde das Triebwerk extensiv geprüft. 90 Modelle und Triebwerke wurden gebaut und getestet. Energomasch tastete sich an die Technologie heran und entwickelte zuerst kleinere Versionen mit 40 und 75 t Schub. Alle Tests zusammen akkumulierten zu 163.000 Sekunden Betriebszeit. Das RD-0120 sollte eine Zuverlässigkeit von 0,992 aufweisen, also ein Ausfall bei 125 Starts. Obwohl das Triebwerk nominell 480 Sekunden lief (in Notsituationen bis 540 Sekunden), war es zertifiziert bis 1.670 Sekunden Betrieb am Stück.

Die Ausmaße der Stufe mit den langen Schweißnähten und das Erfordernis, einen sehr großen Wasserstofftank zu kühlen, machten dagegen einige Probleme bei der Entwicklung. Schließlich hatte die Zentralstufe eine Produktionszeit von 1,5 Jahren – relativ lang für russische Verhältnisse. Bisherige Bauteile von russischen Raketen orientierten sich an den Einschränkungen im Eisenbahntransport. Bei der Energija Zentralstufe war dies nicht möglich. So musste der Tank mit einem Flugzeug, einer umgebauten 3M-T, huckepack transportiert werden.

Die vier Triebwerke wurden in einem Winkel von 7 Grad zur Vertikalachse eingebaut und konnten in einem Bereich von 7 bis 11 Grad geschwenkt werden. Der 1.523 m³ große zylindrische Wasserstofftank war unterhalb des spitzförmig zulaufenden 552 m³ großen Sauerstofftank angebracht. Die Betankung sollte mit fortlaufender Flugnummer voller werden, bis mit 710 t Treibstoff die Maximalmenge erreicht wäre. Die Tanks waren wie beim Space Shuttle mit einer fest aufgesprühten Polyurethanschicht isoliert. Die Tanks bestanden aus Blechen aus

Aluminiumlegierungen, die aus 45 mm dicken Aluminiumstücken durch Auswalzen erhalten wurden. Die strukturell am stärksten belastete Zwischentanksektion mit den oberen Befestigungen der Booster bestand aus Titanlegierungen. Das Schubgerüst bestand ebenfalls aus Titan. Insgesamt gab es 9 km Leitungen für den Transfer von Flüssigkeiten im Zentralblock.

Die Zentralstufe war verglichen mit dem Space Shuttle Tank relativ schwer. Korrekterweise muss beim Space Shuttle Tank die drei Haupttriebwerke des Space Shuttles und das Schubgerüst hinzuaddiert werden, um einen korrekten Vergleichsmaßstab zu haben. Es gibt über die Zentralstufe einige widersprüchliche Daten. So wird die Leermasse zwischen 76 und 88 t angegeben. Am häufigsten findet sich in der Literatur eine Leermasse von 85 t.

## Dritte Stufe

Eine dritte Stufe namens Vesuvius mit einem 11D56UA Triebwerk war geplant. Sie verbrannte flüssigen Wasserstoff mit flüssigem Sauerstoff. Das 11D56UA Triebwerk basierte auf dem 11D56U Triebwerk. Dieses sollte einen spezifischen Impuls von 4520 m/s besitzen. Doch die Erreichung eines so hohen Wertes stieß auf Schwierigkeiten, sodass das 11D56UA nur 4409 m/s erreichte. Die Stufe sollte eine Länge von 9,00 m und einen Durchmesser von 5,50 m haben und 1994 erstmals eingesetzt werden. Das 11D56 wurde von 1965 – 1972 für das Mondlandeprogramm der Sowjets entwickelt. Die Version 11D56U war eine verbesserte Version dieses Triebwerks. Aus dem 11D56 mit einem Schub von 75 kN wurde später das Triebwerk RD-56. Dieses Triebwerk treibt die dritte Stufe der indischen GSLV an. (Siehe S.357) und soll auch in der Angara eingesetzt werden (Siehe S.167).

## Start

Die Energija wurde horizontal montiert und auf Schienen zum Startplatz gezogen. Dort wurde sie aufgerichtet und betankt. Acht Sekunden vor dem Zünden der Booster zündeten die vier RD-0120 Triebwerke der Zentralstufe. In dieser Zeit erfolgte ihre Funktionsprüfung. Bei Problemen wurden sie wieder abgeschaltet und die Rakete blieb am Boden. Erst danach zündeten die vier Booster. Ihr rasch ansteigender Schub führte zum Abheben der Rakete. Nach einer Sekunde hatten sie 90 % des Nominalschubs erreicht. Freigegeben wurde die Rakete aber erst nach 3,2 Sekunden, wenn die RD-170 Triebwerke auf fehlerfreie Funktion getestet waren.

Nach 30 Sekunden im Flug drosselte eines der RD-0120 Triebwerke seinen Schub um 30 %, um die aerodynamische Belastung zu senken. Nach weiteren neun

Sekunden folgte ein zweites Triebwerk. Nach 77,1 Sekunden, nach Passage der Zone mit maximaler aerodynamischer Belastung, fuhren beide Triebwerke erneut auf 100 % Schubniveau hoch. Nach 133,1 Sekunden, kurz vor Brennschluss von Block A, fuhren die RD-170 Triebwerke auf das niedrigste Schubniveau herunter.

Die vier Booster brannten 144,1 Sekunden lang. Um 0,15 Sekunden zeitversetzt wurden jeweils zwei Booster simultan abgeschaltet und in 53 km Höhe abgetrennt. Energija hatte zu diesem Zeitpunkt eine Geschwindigkeit von 1,8 km/s erreicht. Die ausgebrannten Booster wurden nicht simultan abgetrennt, sondern über 10 Sekunden verteilt, beginnend 15 Sekunden nach dem Brennschluss. Beide Booster einer Seite wurden zusammen abgetrennt und trennten sich dann im Flug. Sie erreichten so ihre Landezone, 426 km vom Startort entfernt, in einem Intervall von 8 Minuten. Nach dem Auslösen der Fallschirme (5 km Höhe: Pilotfallschirm – reduziert die Geschwindigkeit auf 20-30 m/s; 3-4 km Höhe: Hauptfallschirm reduziert auf 13-19 m/s Fallgeschwindigkeit) landete die Stufe weich. Dies geschah durch das Zünden von Triebwerken und Airbags in 30 bis 50 m Höhe. Bei den beiden Testflügen gab es noch keine Bergung. Daher wurden die Booster früher abgetrennt nach 145,9 Sekunden, da sie nicht in der vorgegebenen Landezone auftreffen mussten.

Ein völliger Ausfall eines Boosters im Flug hätte zum Verlust der Mission geführt, weil der Schubverlust nicht aufgefangen werden konnte. Es gab daher Notfallpläne für bemannte Starts. Bis 102 Sekunden nach dem Abheben wäre die Besatzung mit Schleudersitzen aus Buran heraus gesprengt worden. Danach gab es 20 kritische Sekunden, in denen die Geschwindigkeit zu gering für eine Rückkehrbahn nach Baikonur war. Später wäre Buran abgesprengt worden und zum Landeplatz zurückgekehrt. Bei einem späteren Triebwerksausfall waren bei einem Abbruch suborbitale Flüge vorgesehen. Bei einem Ausfall eines Triebwerks nach 300 Sekunden hätte der Schubverlust durch die anderen Triebwerke aufgefangen werden können, die dann länger (bis 540 Sekunden) betrieben worden wären. Insgesamt stuften die Konstrukteure das Verlustrisiko der Besatzung geringer als beim Space Shuttle ein, da jederzeit die Triebwerke abschaltet werden konnten.

Die vier RD-0120 Triebwerke des Zentralblocks hatten nach Abtrennen der Außenblocks genügend Schub, um Zentralstufe und Nutzlast alleine weiter zu beschleunigen. Nach 413,1 Sekunden wurde der Schub aller RD-0120 um 30 % gesenkt, um die maximale Beschleunigung für die Besatzung zu reduzieren. Nach 441 Sekunden erfolgte das Absenken auf das niedrigste mögliche Schubniveau. Die maximale Beschleunigung betrug wie beim Space Shuttle 3,0 g.

Bei dem ersten Start fand die Abtrennung der Nutzlastverkleidung nach 212 Sekunden in 90 km Höhe statt. Nach 480 Sekunden war der Treibstoffvorrat erschöpft und Energija hat eine Bahn von 115 km Höhe erreicht, allerdings mit einem erdnächsten Punkt am Erdboden. Dieser führte zum Wiedereintritt der Zentralstufe im Pazifik. Die Nutzlast musste daher mit eigenen Triebwerken einen Orbit erreichen, wozu ihr nur etwa 100 m/s fehlen. Dafür waren normalerweise zwei Zündungen nötig – eine erste direkt nach dem Abtrennen, welche den erdfernsten Punkt in eine sichere Höhe anhebt und eine Zweite nach einem halben Umlauf, wenn dieser Punkt erreicht ist. Bei Buran führte dies die Raumfähre durch, bei dem ersten Start ein in die Nutzlast integriertes Triebwerk, welches aber nicht zündete. Bei Starts in höhere oder stark elliptische Bahnen würde eine dritte optionale Stufe dieses Manöver durchführen.

Eine Projektstudie sah für eine „Energija 2" eine geflügelte Zentralstufe vor, die dann vollständig wiederverwendbar gewesen wäre.

## Nutzlasten

Die Leistung einer dreistufigen Energija mit zwei Boostern betrug:

- 32 t zum Mond (v=11.000 m/s)
- 28 t zur Venus/Mars (v=11.500-11.700 m/s)
- 18 – 22 t in den geostationären Orbit (v=12.300 m/s)
- 5 – 6 t zu Jupiter (v=14.400 m/s)

Energija sollte zwei primäre Nutzlasten haben – schwere Weltraumwaffen und Buran.. Der erste Start fand mit einem Modell eines Waffensystems statt. Durch Boostervariation konnte die Kapazität den Anforderungen angepasst werden:

- zwei Booster: 40 – 60 t in den Orbit.
- vier Booster: 88- 105 t in den Orbit.
- sechs Booster: 123 t in den Orbit.
- acht Booster: 145 t in den Orbit.

Nach dem dritten Start war geplant, sukzessive die Nutzlast zu erhöhen. Dies sollte zum einen wie beim Space Shuttle durch einen höheren Schub der Zentraltriebwerke erfolgen (Steigerung von 1864 kN auf 1960 kN). Zum anderen durch unterkühlte Treibstoffe (höhere Treibstoffzuladung) und Betanken bis zum Maximum. Die folgende Tabelle informiert über die Änderungen:

|  | Erster Start | Endgültig |
|---|---|---|
| Treibstoff erste Stufe | 1.231,2 t | 1.281,6 t |
| Treibstoff zweite Stufe | 714 t | 735 t |
| Schub RD-0120 | 1.864 kN | 1.961 kN |
| Nutzlast: | 96 t | 105 t |

Die Kosten eines Energija Starts betrugen 1987 schon 145 – 155 Millionen Rubel mit folgender Aufteilung:

- Block TS (Zentralblock): 59,2 Millionen Rubel
- 4 × Block A: 74,4 Millionen Rubel
- Block D: Einschuss in den Orbit: 7,8 Millionen Rubel
- Block I: Bodengerüst, Wiederaufarbeitungskosten: 1,5 Millionen Rubel

Ein Rubel hatte damals einen Umrechnungskurs von 3 DM/Rubel. Der Dollarkurs lag bei 1,80 DM/$, sodass dies etwa 250 Millionen Dollar entsprach, also in etwa den damaligen Space Shuttle Startkosten. Allerdings war der volkswirtschaftliche Wert viel höher. So kostete z.B. die erste Stufe der Zenit nur 4,5 Millionen Rubel, der Block A mit 75 % identischer Technologie aber 18 Millionen Rubel. Eine Untersuchung ergab, dass die Transportkosten von Energija etwa sechsmal höher waren als bei anderen russischen Trägern. Dabei stiegen diese durch die Inflation noch an. Der Flug von Buran im Jahre 1988 kostete schon 350 Millionen Rubel – 210 Millionen für Energija und 140 Millionen für Buran.

Die sich ausweitende wirtschaftliche Krise führte dazu, dass die UdSSR nach dem zweiten Testflug das Programm einstellte. Es war zu teuer und das Space Shuttle hatte sich nicht als die vermutete Gefahr erwiesen. Der erste Testflug brachte ein Polyuzmodul in eine suborbitale Bahn. Dort zündeten allerdings nicht dessen eigene Triebwerke. Das Polyuzmodul war der Prototyp einer Weltraumwaffe, angekoppelt an den Basisblock einer Mir Raumstation und ein Triebwerksmodul. Der zweite Testflug brachte Buran in eine suborbitale Bahn. Buran zündete seine Triebwerke und erreichte einen Orbit. Nach zwei Erdumrundungen setzte er zur Landung an und landete problemlos auf einer Landebahn in Baikonur. Die komplette Steuerung übernahmen hierbei die Bordcomputer, denn der Testflug war unbemannt. Auch dies war ein wesentlicher Unterschied zum Space Shuttle, der nur bemannt erprobt wurde.

## Datenblatt Energija

| | |
|---|---|
| Einsatzzeitraum: | 1987 – 1988 |
| Starts: | 2, davon kein Fehlstart |
| Zuverlässigkeit: | 100 % erfolgreich |
| Abmessungen: | 58,76 m Höhe |
| | 18,20 m Durchmesser |
| Startgewicht: | 2.361.700 kg |
| Maximale Nutzlast: | 105.000 kg in eine suborbitale Bahn (Buran) |
| | 96.000 kg in einen 200 km hohen LEO-Orbit (mit FGB) |
| | 32.000 kg auf eine Mondtransferbahn (mit Vesuvius Oberstufe) |
| | 22.000 kg in einen GEO-Orbit (mit Vesuvius Oberstufe) |
| Nutzlasthülle: | keine eingesetzt |

| | Block A | Block TS | FGB |
|---|---|---|---|
| Länge: | 37,70 m | 58,80 m | 5,30 m |
| Durchmesser: | 3,90 m | 7,70 m | 3,70 m |
| Startgewicht: | 4 × 372.600 kg | 776.200 kg | 17.000 kg |
| Trockengewicht: | 4 × 65.600 kg | 72.557 kg | 2.000 kg |
| Schub Meereshöhe: | 4 × 7.259 kN | 4 × 1451 kN | - |
| Schub Vakuum: | 4 × 7.904 kN | 4 × 1864 kN | 85 kN |
| Triebwerke: | 4 × RD-170 | 1 × RD-0120 | 1 × RD-58 |
| Spezifischer Impuls (Meereshöhe): | 3031 m/s | 3463 m/s | - |
| Spezifischer Impuls (Vakuum): | 3308 m/s | 4443 m/s | 3453 m/s |
| Brenndauer: | 145 s | 470 s | 680 s |
| Treibstoff: | LOX / Kerosin | LOX / LH2 | LOX / Kerosin |

*Abbildung 25: Künstlerische Darstellung des Buran Jungfernflugs*

## Energija M

Das Kombinat RKK Energija wollte die Energija im Westen vermarkten. Dafür war Energija aber viel zu groß. Nutzlastmassen von 22 t in GTO Bahnen lagen fünfmal höher als die damals leistungsfähigsten westlichen Modelle Titan 3 und Ariane 4. So wurde 1991 eine kleinere Version der Energija entworfen – mit nur zwei Boostern und einer verkleinerten Zentralstufe. Mit nur einem Triebwerk in der Zentralstufe hätte diese Rakete nur noch 35 t in einen niedrigen Erdorbit transportiert. Mit einer zusätzlichen Oberstufe dann 6,5 t in eine GEO-Bahn oder 9 t zu Mars/Venus. Die Rakete wäre in etwa so leistungsfähig gewesen wie eine Ariane 5 ECB oder Delta 4 Heavy.

Ungewöhnlich war die Konstruktion der Rakete. Die verkürzte Zentralstufe mit nur einem Viertel der Treibstoffmasse war nun zu kurz zum Anbringen der beiden Booster. Diese wurden an der Nutzlasthülle befestigt, die mehr als die Hälfte der Raketenlänge einnahm. Der Durchmesser des Zentralblocks TS blieb konstant, nur wurde er auf 25,50 m verkürzt. Der Wasserstofftank hatte nur noch 600 anstatt 1.400 m³ Volumen und war 12,00 m lang. Der Sauerstofftank hatte 200 m³ Volumen (anstatt 600 m³ bei der Energija) und war 6,20 m lang. Von der Höhe von 50,50 m entfielen also nicht weniger als 25,00 m auf die Nutzlastverkleidung von 7,70 m Durchmesser. Leer sollte der als „Block B" bezeichnete Zentralblock 20 – 25 t wiegen.

Die Booster sollten nicht mehr geborgen werden und später durch die Zenit Erststufe ersetzt werden, die nur ein Viertel eines Blocks A kostete. Die Energija-M wurde auch als Ersatz der Proton vorgeschlagen, da sie mehr Nutzlast offerierte und die umweltproblematischen Treibstoffe der Proton durch verträglichere Stoffe ersetzte.

Doch das Ende des Projektes kam rasch. Zum einen fand das Kombinat keine Kunden. Zum anderen wurden die Booster in der Ukraine hergestellt, mit denselben politischen Problemen, die es auch bei Zenit oder Zyklon gab. Im Jahre 1991 wurde ein 1:1 Mockup der Energija-M fertiggestellt. Doch danach fehlte es an Mitteln, die Entwicklung fortzuführen. Angesichts der hohen Herstellungskosten für die Energija ist es fraglich, ob der Energija M ein wirtschaftlicher Erfolg beschieden wäre. Zum einen war die Nutzlast immer noch höher, als die damals größten verfügbaren Raketen transportieren konnten und diese führten schon Doppelstarts durch. Zum anderen gab es mit der Zenit und Proton auch Konkurrenz im eigenen Lande, die bald Joint-Ventures mit westlichen Partnern anbieten konnten.

## Datenblatt Energija-M

| | |
|---|---|
| Einsatzzeitraum: | - |
| Starts: | keiner |
| Zuverlässigkeit: | . |
| Abmessungen: | 50,50 m Höhe |
| | 18,20 m Durchmesser |
| Startgewicht: | 1.017.000 kg |
| Maximale Nutzlast: | 34.000 kg in einen 185 km hohen LEO-Orbit |
| | 9.000 kg zum Mond |
| | 4.500-6.000 kg in einen GSO-Orbit (mit Oberstufe) |
| Nutzlasthülle: | 25,00 m Höhe, 7,70 m Durchmesser |

| | Block A | Block B |
|---|---|---|
| Länge: | 37,70 m | 25,50 m |
| Durchmesser: | 3,90 m | 7,00 m |
| Startgewicht: | 2 × 366.500 kg | 272.000 kg |
| Trockengewicht: | 2 × 35.000 kg | 28.000 kg |
| Schub Meereshöhe: | 2 × 7.256 kN | 1 × 1451 kN |
| Schub Vakuum: | 2 × 7.904 kN | 1 × 1961 kN |
| Triebwerke: | 2 × RD-171 | 1 × RD-0120 |
| Spezifischer Impuls (Meereshöhe): | 3031 m/s | 3462 m/s |
| Spezifischer Impuls (Vakuum): | 3246 m/s | 4443 m/s |
| Brenndauer: | 145 s | 550 s |
| Treibstoff: | LOX / Kerosin | LOX / LH2 |

# Rockot

Mit der Abrüstung nach Ende des Kalten Krieges mussten zahlreiche Interkontinentalraketen ausgemustert werden. Diese werden nun als Trägerraketen eingesetzt. Die Rockot (russisch für „Getöse") basiert auf der RS-18 (Nato Code SS-19 „Stiletto"). Sie wird von der Firma Eurockot vermarktet. Die DASA (heute EADS Space) hält 51 % an dem gemeinschaftlichen Unternehmen. Die anderen 49 % werden vom Hersteller der Rockot, GKNPZ Chrunitschew, gehalten. Da EADS der Mehrheitsaktionär an dem Unternehmen ist, gibt es keine Probleme mit den COCOM-Bestimmungen, welche den Start bei rein russischen Unternehmen erschweren. EADS hat etwa 40 Millionen Euro in die Rockot investiert.

Im Jahre 1990 und 1991 fanden zwei suborbitale Testflüge statt. Der erste orbitale Testflug wurde 1994 noch von Russland durchgeführt. Am 23.3.1995 wurde Eurockot als Vermarktungsgesellschaft gegründet. Danach verzögerte sich der operationelle Einsatz zunächst, weil die Finanzierung nicht vollständig gesichert war. So fand der geplante Erststart mit einer westlichen Nutzlast anstatt 1997 erst im Jahre 2000 statt. Ein Start ist 18 Monate nach einer Vertragsunterzeichnung möglich. Maximal 12 Einsätze pro Jahr sind durchführbar.

Die RS-18 wurde von 1970 bis 1973 entwickelt und die ersten Muster 1974 in Dienst gestellt. Es gab insgesamt drei Entwicklungslinien, die letzte Entwicklungslinie wurde 1979 abgeschlossen. Bis zum Jahre 1987 wurden 360 Raketen gebaut. Danach wurde die SS-19 sukzessive durch neuere Raketen, wie die SS-24, ersetzt. Die Ausmusterung der letzten Modelle erfolgte 2005. Von den nicht verschrotteten Raketen stehen 45 für Weltraumeinsätze zur Verfügung. Über 15 Raketen verfügt Eurockot direkt. Die Firma rechnet damit, dass auf insgesamt 160 Raketen zurückgegriffen werden kann. Die Raketen wurden für die Langzeitstationierung in Silos entworfen und sollen mindestens bis zum Jahr 2014 startfähig bleiben.

Für die Rockot wurde die Oberstufe Breeze K entwickelt, um mit dieser Rakete im Ernstfall schnell kleine Kommunikationssatelliten zu starten. So ist die Rockot prädestiniert als Raumfahrtträger. Ein Start kann in 23 Tagen vorbereitet werden. Der anvisierte Markt besteht aus erdnahen Kommunikationssatelliten und Erdbeobachtungssatelliten in sonnensynchronen Bahnen von 300 bis 1500 km Höhe.

Die RS-18 wurde als ICBM 144-mal getestet, davon waren 141 Flüge erfolgreich – durchgehend die letzten 80 der letzten 15 Jahre. Die RS-18 besitzt zwei Stufen. Beide verwenden die lagerfähige Treibstoffkombination unsymmetrisches Dimethylhydrazin (UDMH) mit NTO als Oxidator. In beiden Stufen wird der Tankdruck durch ein Heißgassystem aufrecht gehalten. Beide Stufen besitzen auch einen durchgängigen Tank mit einem Trennboden zwischen Oxidator und Brennstoff.

## Die erste Stufe

Die erste Stufe verwendet vier Triebwerke des Typs RD-0233/0234. Anders als frühere Konstruktionen hat jedes Triebwerk eine eigene Turbopumpe und einen eigenen Gasgenerator. Sie sind kardanisch schwenkbar. Verniertriebwerke sind damit nicht nötig. Der Schub jedes Triebwerks beträgt 470 kN am Boden und 520 kN im Vakuum. Die Triebwerke arbeiten nach dem Hauptstromprinzip. Alle vier Triebwerke sind identisch bis auf eines – es trägt den Erzeuger für das Heißgas und wird als RD-0234 bezeichnet. Die anderen drei sind vom Typ RD-0233.

Auf der ersten Stufe sitzen vier Retroraketen, die zur Stufentrennung gezündet werden. Nach ihrem Ausbrennen wird die erste Stufe durch Sprengschnüre zerstört. Durch den hohen Startschub startet die Rockot mit 1,8 g Beschleunigung. Dies steigert sich auf 7,2 g vor Brennschluss. Das sind relativ hohe Belastungen für eine Rakete mit flüssigen Treibstoffen. Bei anderen Raketen dieser Bauweise liegt der Spitzenwert meist unter 5,5 g.

## Die zweite Stufe

Die zweite Stufe verwendet ein einzelnes Triebwerk des Typs RD-235 und vier Verniertriebwerke vom Typ RD-236. Das Triebwerk RD-235 ist fest eingebaut und nicht schwenkbar. Es verfügt über einen Schub von 240 kN im Vakuum. Kurskorrekturen erfolgen durch die Verniertriebwerke. Die Stufentrennung erfolgt heiß. Zuerst werden die vier Verniertriebwerke gezündet. Sie stabilisieren die zweite Stufe, dann zünden die Retroraketen der ersten Stufe und zuletzt das Haupttriebwerk der zweiten Stufe. Auch das RD-0235 arbeitet nach dem Hauptstromverfahren. Die vier Verniertriebwerke von je 15,76 kN Schub sind in jeweils einer Achse schwenkbar. Die vier Brennkammern hängen an einer gemeinsamen Turbopumpe. Sie brennen 17 Sekunden länger als das Haupttriebwerk. Der spezifische Impuls der Verniertriebwerke beträgt 2873 m/s.

## Die Oberstufe Breeze KM

Das Triebwerk S5.92 wurde im Jahre 1978 entwickelt, um ein sehr leistungsfähiges Triebwerk für Oberstufen und Planetensonden zu haben. Der Schub ist variierbar zwischen 19,6 und 14,0 kN. Der Brennkammerdruck wird dazu von 98 auf 68,5 bar reduziert. Der spezifische Impuls ist bei beiden Betriebsarten fast gleich groß: 3100 m/s bei 14 kN Schub und 3207 m/s bei 19,6 kN Schub. Auch der Schub der Steuerdüsen sinkt von 393 auf 186 N ab, wenn der Schub des Haupttriebwerks sinkt. Der Niedrigschubmodus wird vor allem eingesetzt, wenn eine Bahn mit sehr hoher Genauigkeit erreicht werden muss. Angetrieben wird das S5.92 mit einer einzelnen Turbopumpe, welche die Treibstoffe fördert. Die Umdrehungszahl beträgt 43.000 U/min bei 14 kN Schub und 58.000 U/min bei 19,6 kN Schub. Gefördert werden 4,43 kg (bei 14 kN) oder 6,12 kg Treibstoff (bei 19,6 kN) pro Sekunde. Ausgelegt ist das S5.92 für eine maximale Brenndauer von 2.000 Sekunden. Wie die Triebwerke der unteren Stufe setzt auch das S5.92 einen geschlossenen Kreislauf ein. Es wiegt 37,5 kg bei einem maximalen Durchmesser von 0,838 m und einer Länge von 1,028 m.

Entwickelt wurde die Breeze K von 1990 bis 1994. Die Oberstufe Breeze erlaubt bis zu acht Zündungen mit Freiflugzeiten von maximal fünf Stunden. Mit dieser Oberstufe kann die Rockot auch kleine Nutzlasten in mittelhohe Orbits transportieren. Ebenso ist das Aussetzen mehrerer Satelliten auf unterschiedlichen Bahnen möglich. Dies wurde beim fünften Start demonstriert, als neun Satelliten auf verschiedenen Bahnen ausgesetzt wurden. Die Oberstufe Breeze KM wurde aus der Oberstufe Breeze K entwickelt, die bei den ersten drei Flügen der Rockot eingesetzt wurde. Sie ist etwas flacher als die Breeze K und verfügt über eine neue Steuerung, die auch einen Smart-Dispenser für mehrere Satelliten beinhaltet. Die Steuerung der Breeze KM steuert auch den Flug der unteren Stufen. Die Rakete ist völlig unabhängig vom Boden. Die Breeze KM erlaubt etwas längere Freiflugzeiten von bis zu 7 Stunden und hat eine geringere Leermasse. Die Breeze KM besteht aus drei Sektionen: dem Zwischenstufenteil, dem Antriebsteil und dem hermetisch abgeschlossenen Instrumententeil. Das Triebwerk wurde leicht überarbeitet und bekam nun die Bezeichnung S5.98. Sein Schub liegt mit 20 kN leicht über dem des S5.92.

Der Bordcomputer ist dreifach redundant und verfügt über ein Voting System – in periodischen Intervallen synchronisieren sich die Rechner und vergleichen ihre Rechenergebnisse. Weicht einer der beiden Rechner ab, so wird er von den anderen beiden überstimmt. Die Telemetrie wird über zwei unabhängige Kanäle zur Erde gesandt. Dazu gibt es Sender und Empfänger um die Bahn der Rakete zu verfolgen. Bandrekorder können Daten zwischenspeichern, wenn kein Funkkontakt besteht. Die Rakete ist nach dem Start völlig autonom. Die Stromversorgung erfolgt über bis zu drei Silber/Zinkbatterien.

Das Triebwerk S5.98 wird von der Kombination Stickstofftetroxid und UDMH angetrieben. Die Treibstoffe befinden sich in einem gemeinsamen Tank mit einem Zwischenboden. Maximal 3.300 kg NTO und 1.665 kg UDMH können mitgeführt werden. Die Lage im Raum, die Kontrolle der Rollachse und die Stabilisierung von Freiflugphasen wird durch 12 kleine Verniertriebwerke mit dem Erzeugniscode 17D58E geregelt. Jedes hat 13 N Schub. Für kleine Kurskorrekturen gibt es vier größere Verniertriebwerke vom Typ 11D458 von je 400 N Schub. Sie dienen auch der Steuerung in der Nick- und Gierachse. Die Verniertriebwerke sind druckgefördert und verfügen über einen eigenen Treibstoffvorrat von 50 kg. Die Brenndauer der Verniertriebwerke beträgt minimal 0,1 Sekunde, maximal 1.000 Sekunden. Für den Transport in Orbits unter 400 km Höhe reicht eine Zündung der Breeze, darüber hinaus werden zwei Zündsequenzen benötigt.

Die Nutzlastverkleidung hat eine leicht elliptische Form von 2,5 × 2,62 m Durchmesser und besteht aus zwei Hälften. Sie sind hergestellt aus einem Aluminiumkern in Honigwabenbauweise, auf den die eigentliche Verkleidung aus CFK Werkstoffen aufgebracht ist. Diese absorbieren sehr gut den Lärm, der beim Start entsteht. Die Nutzlastverkleidung hat 7,80 m Länge und ein eine nutzbare Höhe von 5,90 m. Sie umgibt auch die Oberstufe Breeze KM. Sie wird abgesprengt, wenn die thermische Belastung 1135 W/m² unterschreitet, nominell ist dies nach 178 Sekunden der Fall.

## Starts

Für die Rockot gibt es eine Startrampe in Plessezk. Sie wurde von der Kosmos-Trägerrakete auf die Rockot umgerüstet. Aufgrund der hohen geografischen Lage erlaubt sie nur Starts mit mehr als 65 Grad Inklination. Starts von Baikonur aus (erreichbare Inklinationen 50 Grad) wurden untersucht. Da die meisten Nutzlasten in sonnensynchrone Orbits gehen (Bahnneigung über 90 Grad), ist der nördliche Startplatz kein Nachteil. Nach Erreichen des Orbits erfolgt eine weitere Zündung der Breeze KM. Sie senkt mit dem verbliebenen Resttreibstoff die Bahn soweit wie möglich ab, um die Stufe schnell verglühen zu lassen. Die Genauigkeit, mit der eine Bahn erreicht wird, gibt Eurokot mit 1,5 % der Bahnhöhe an. Bisher scheiterte nur ein Start mit der ESA-Nutzlast Cryosat am 8.10.2005. Ursache war, dass die zweite Stufe nicht wie vorgesehen abschaltete, sondern ihren gesamten Treibstoff verbrauchte. Als Folge kam es nicht zur Stufentrennung von zweiter Stufe und Breeze. Die Nutzlastspitze stürzte mitsamt ihrer 140 Millionen Euro teuren Nutzlast in die russische See, 100 km von der Küste entfernt. Geplant ist eine verbesserte Breeze Oberstufe, die Breeze KS. Sie soll es erlauben, 2 t Nutzlast in einen polaren Orbit von 600 bis 700 km Höhe abzusetzen.

Der Startpreis einer Rockot ist in den letzten Jahren stetig angestiegen. Er betrug im Jahre 2002 noch 8 Millionen Dollar, 2005 schon 13,5 Millionen Dollar. So startet der Nachbau des verlorenen Cryosat auch nicht mehr mit einer Rockot, sondern der günstigeren Dnepr.

| | **Datenblatt Rockot** | | |
|---|---|---|---|
| Einsatzzeitraum:<br>Starts:<br>Zuverlässigkeit:<br>Abmessungen:<br><br>Startgewicht:<br>Maximale Nutzlast:<br><br>Nutzlasthülle: | 1994 – heute<br>13, davon ein Fehlstart<br>92,3 % erfolgreich<br>29,14 m Höhe<br>2,50 m Durchmesser<br>111.450 kg<br>1.950 in einen 400 km hohen 65° Orbit<br>1.200 kg in einen 400 km hohen SSO-Orbit<br>7,80 m Länge, 2,62 m Durchmesser | | |
| | **Stufe 1** | **Stufe 2** | **Breeze KM** |
| Länge: | 17,20 m | 3,90 m | 2,90 m |
| Durchmesser: | 2,50 m | 2,50 m | 2,50 m |
| Startgewicht: | 86.689 kg | 15.481 kg | 6.575 kg |
| Trockengewicht: | 5.695 kg | 1.485 kg | 1.600 kg |
| Schub Meereshöhe: | 1.870 kN | - | - |
| Schub Vakuum: | 2.010 kN | 240 kN | 14,0 – 19,6 kN |
| Triebwerke: | 4 × RD-0233 | 1 × RD-0235 | 1 × S5.98 |
| Spezifischer Impuls (Meereshöhe): | 2794 m/s | - | - |
| Spezifischer Impuls (Vakuum): | 3040 m/s | 3138 m/s | 3192 m/s |
| Brenndauer: | 121 s | 183 s | 800-1000 s |
| Treibstoff: | NTO / UDMH | NTO / UDMH | NTO / UDMH |

*Abbildung 26: Die Rockot mit Cryosat vor dem Start*

## Strela

Eurockot ist nicht der einzige Anbieter der RS-18. NPO Maschinostrojenija, Entwickler der ICBM, bietet ebenfalls die RS-18 unter der Bezeichnung „Strela" (deutsch: Pfeil) an. Hier fand sich kein westlicher Kooperationspartner, sodass Maschinostrojenija die Strela der russischen Regierung offerierte. Die Strela ist eine weitgehend unveränderte RS-18. Als dritte Stufe fungiert hier der MIRV-Bus der Interkontinentalrakete. Es gibt zwei Möglichkeiten. Entweder bringt die Strela ohne dritte Stufe die Nutzlast auf eine suborbitale Bahn, deren nächster Punkt auf der Erdoberfläche und deren erdfernster Punkt in der gewünschten Höhe liegt. Ein integrierter Antrieb im Satelliten muss dann nach einem halben Umlauf die Bahn zirkularisieren, oder der MIRV-Bus übernimmt diese Aufgabe. Dies dürfte bei kommerziellen Einsätzen immer der Fall sein.

Der MIRV-Bus wiegt nur 1.100 kg und hat eine hohe Leermasse von 725 kg, zudem ist der spezifische Impuls seines Monergolen Treibstoffs Hydrazin niedrig. Durch den geringen Schub kann aber eine Bahn sehr genau erreicht werden. Die Abweichung in der Bahnhöhe liegt bei maximal 5 km und in der Inklination bei maximal 0,05 Grad. Aber die Nutzlast der Strela ist ohne größere Oberstufe kleiner als die der Rockot. Sie liegt bei 1.600 kg in eine 200 km hohe Bahn und 1.100 kg in einen 400 km hohen sonnensynchronen Orbit. Bisher absolvierte die Rakete nur einen Start am 20.12.2003 mit einer 984 kg schweren Testnutzlast in einen 405 × 643 km hohen, 65 Grad geneigten Orbit. Anders als die Rockot startet die Strela von unterirdischen Silos in Baikonur aus. Sie kann so auch Orbits mit niedrigeren Inklinationen (bis zu 50,5 Grad) erreichen. Bahnneigungen von 51, 62, 90 und 99 Grad sind durch die Flugkorridore erlaubt. Bis zu 2.000 km hohe Orbits sind erreichbar.

Neben der geringeren Nutzlast hat die Strela noch zwei weitere Nachteile. Ohne eine neue, große Nutzlastverkleidung ist der Platz für kommerzielle Nutzlasten recht beschränkt. Es gibt zwei Verkleidungen. Die Ursprüngliche der SS-19 mit einem halbkugelförmigen Ende hat eine Länge von 3,50 m und einen Durchmesser von 2,40 m. Sie kann Nutzlasten von maximal 2,20 m Durchmesser und 2,88 m Höhe aufnehmen. Die zweite Nutzlastspitze läuft spitzkegelig zu und ist 6,71 m lang, aber der Durchmesser ist mit 1,75 m Durchmesser geringer. Hier können Nutzlasten von maximal 1,55 m Durchmesser und 5,00 m Höhe transportiert werden.

Ein weiterer Nachteil ist, dass der Start aus einem Silo heraus in den ersten Sekunden einen sehr hohen Schallpegel durch die Reflexionen an den Wänden verursacht. Auf derartige Schallpegel sind westliche Nutzlasten normalerweise nicht ausgelegt. Dafür soll der Flug mit nur 8,5 – 10,5 Millionen Dollar sehr preiswert sein. Für einen Start auf der Rockot muss ein Kunde dagegen mindestens 13 Millionen Dollar bezahlen. Wahrscheinlich liegt die Zukunft der Strela aber eher in der Beförderung von russischen Nutzlasten, die bisher auf der Kosmos 3M flogen. Deren Produktion wurde mittlerweile eingestellt. Dies ist der Ablauf eines Strela Starts in einen 1000 km hohen sonnensynchronen Orbit:

- Die Stufentrennung zwischen erster und zweiter Stufe findet 126,1 s nach dem Start in 70 km Höhe bei einer Geschwindigkeit von 3555 m/s statt.

- Die Nutzlastverkleidung wird nach 164,25 s in einer Höhe von 114 km bei einer Geschwindigkeit von 3992 m/s abgeworfen.

- Die zweite Stufe ist in 240 km Höhe bei einer Geschwindigkeit von 7275 m/s nach 309,1 s ausgebrannt.

- Erhalten wird eine suborbitale Bahn, deren niedrigster Punkt auf der Erdoberfläche liegt. Danach findet eine Freiflugphase statt, bis die Nutzlast nahezu die Sollhöhe erreicht hat.

- Nach 1.575 s wird in einer Höhe von 694 km bei einer Geschwindigkeit von 6894 m/s der MIRV-Bus gezündet. Er bringt die restliche Geschwindigkeit auf und hebt den erdnächsten Punkt an.

- Nach 1.760 s ist in 1000 km Höhe bei einer Geschwindigkeit von 7371 m/s Brennschluss.

## Datenblatt Strela

| | |
|---|---|
| Einsatzzeitraum: | 2003 – heute |
| Starts: | 1, davon kein Fehlstart |
| Zuverlässigkeit: | 100 % erfolgreich |
| Abmessungen: | 24,30 / 28,27 m Höhe |
| | 2,50 m Durchmesser |
| Startgewicht: | 105.000 kg |
| Maximale Nutzlast: | 1.600 in einen 200 km hohen 52° Orbit |
| | 1.100 kg in einen 400 km hohen SSO-Orbit |
| Nutzlasthülle: | 3,50 m Länge und 2,40 m Durchmesser oder |
| | 6,71 m Länge und 1,75 m Durchmesser |

| | Stufe 1 | Stufe 2 | MIRV-Bus |
|---|---|---|---|
| Länge: | 17,20 m | 3,90 m | 0,50 m |
| Durchmesser: | 2,50 m | 2,50 m | 2,50 m |
| Startgewicht: | 86.689 kg | 15.481 kg | 1.100 kg |
| Trockengewicht: | 5.695 kg | 1.485 kg | 725 kg |
| Schub Meereshöhe: | 1.870 kN | - | - |
| Schub Vakuum: | 2.010 kN | 240 kN | 4,9 kN |
| Triebwerke: | 4 × RD-0233 | 1 × RD-0235 | 1 × RD-237 |
| Spezifischer Impuls (Meereshöhe): | 2794 m/s | - | - |
| Spezifischer Impuls (Vakuum): | 3040 m/s | 3138 m/s | 1962 m/s |
| Brenndauer: | 121 s | 183 s | 150 s |
| Treibstoff: | NTO / UDMH | NTO / UDMH | Hydrazin |

# Dnepr

Die Dnepr, benannt nach dem gleichnamigen Fluss in Russland, basiert auf der RS-36M (NATO Bezeichnung SS-18 „Satan"). Sie ist die größte je gebaute ICBM und wiegt 211 t bei 34,00 m Höhe und 3,00 m Durchmesser.

Die RS-36M Entwicklung begann im Jahre 1969. Die Rakete sollte die R-36 ablösen (Aus der die Zyklon Trägerrakete entstand). Die Entwicklung wurde 1972 abgeschlossen und die Stationierung erfolgte ab 1975. Es gab sechs Versionen mit einem Sprengkopf von 20 MT TNT-Äquivalent und 8,5 t Gewicht oder bis zu 10 Einzelsprengköpfen. Die USA gaben der Rakete den Codenamen „Satan", weil Sie befürchteten, dass der Sprengkopf die Minuteman Silos „knacken" könnte. Die SS-18 war eine typische Erstschlagswaffe und führte zur Entwicklung der MX Rakete, welche in mobilen Basen stationiert wurde. Die Startmasse der verschiedenen Varianten lag zwischen 183 und 209,6 t. Durch die Erhöhung der Startmasse und verbesserte Triebwerke konnte die „Wurfmasse", also das Gewicht der Sprengköpfe mit Steuerung, von 5.800 auf 8.800 kg gesteigert werden. 1991 wurde die letzte Modifikation stationiert.

Aufgrund ihrer Natur als Erstschlagswaffe wurde im START-II Abkommen vereinbart, die SS-18 außer Dienst zu stellen. Die letzten RS-36M wurden im August 1991 stationiert. Insgesamt wurden 308 Raketen stationiert. Sie sollten bis 2007 abgebaut werden, im Januar 2009 verfügte Russland aber noch über 68 einsatzbereite RS-18. International Space Company Kosmotras, die Firma welche die Dnepr vermarktet, rechnet mit 150 ausgemusterten SS-18 Interkontinentalraketen, die als Trägerraketen eingesetzt werden könnten. Es wird angenommen, dass die Rakete eine Lebensdauer von 25 Jahren hat. So könnte sie bis 2016 als Trägerrakete genutzt werden.

## Die Stufen

Die Dnepr setzt die RS-36 weitgehend unverändert ein, lediglich der Bordcomputer erhält eine neue Software. Änderungen gibt es in den Adaptern für die Satelliten. Verwendet wird als Treibstoff in allen Stufen die Kombination Stickstofftetroxid und UDMH. Die erste Stufe wird von vier schwenkbaren Triebwerken des Typs RD-264 angetrieben. Jedes Triebwerk hat eine eigene Brennkammer. Die Triebwerke arbeiten nach dem Hauptstromverfahren. Der hohe Startschub führt schon zu einer Anfangsbeschleunigung von 2,0 g, die sich auf 7,5 g steigert.

Die zweite Stufe verfügt über ein Triebwerk des Typs RD-228, welches ebenfalls nach dem Hauptstromverfahren arbeitet und mit vier Brennkammern 760 kN Schub liefert. Die Lageregelung erfolgt durch vier Verniertriebwerke, welche die Turbopumpe und den Gasgenerator des RD-228 nutzen, aber nach dem Nebenstromverfahren arbeiten.

Die Dnepr verwendet die ersten beiden Stufen unverändert. Die dritte Stufe ST-3 diente dazu, die MIRV auf unterschiedliche Bahnen zu lenken. Diese Stufe ist wesentlich kleiner als die zweite Stufe. Der Schub des Triebwerks RD-869 ist regelbar zwischen 8,1 und 18,6 kN. Durch die hohe Leermasse der ST-3 ist die Nutzlast der Dnepr für eine Rakete dieser Größe recht gering. Ohne diese ST-3 Stufe würde die Rakete wegen der kurzen Brennzeit der ersten beiden Stufen jedoch nur Bahnen erreichen, deren Perigäum in niedriger Höhe von etwa 150 bis 200 km liegt.

Für Missionen mit höherem Geschwindigkeitsbedarf sind zwei weitere Stufen geplant. Die ST 1-2 mit einem kleinen Antrieb mit den Treibstoffen NTO und UDMH oder eine zweistufige Variante mit dem amerikanischen Star 37 FM Feststoffantrieb als vierte und der ST 1-2 als fünfte Stufe.

Typische Nutzlastmassen dieser vier- und fünfstufigen Dnepr wären:

- 620 kg in den L2 Librationspunkt
- 750 kg zum Mond
- 450 kg zum Mars
- 700 kg geostationäre Transferbahn
- 300 kg in einen geostationären Orbit
- 1750 kg sonnensynchroner 800 km Orbit

Es stehen zwei Nutzlastverkleidungen von 5,25 und 7,45 m Länge zur Verfügung. Der Durchmesser beträgt bei beiden Typen 3,00 m. Nutzbar sind für den Satelliten 4,50 m und 5,40 m Länge. Auch Doppelstarts sind möglich; dann reduziert sich der zylindrische Teil der Höhe pro Nutzlast aber auf 1,30 m. Dies ist für eine Trägerrakete dieser Größe eine kleine Verkleidung. Die Telemetriedaten werden mit 512 KBit/s zum Boden gesandt. Es ist möglich, mehrere Satelliten gleichzeitig zu starten und Sekundärnutzlasten von bis zu 400 kg Gewicht mitzuführen. Dieses ermöglicht der MIRV-Bus, der ursprünglich Atomsprengköpfe auf unterschiedliche Bahnen aussetzen sollte.

Vermarktet wird die Dnepr von ISC Kosmotras, einem 1997 gegründeten Joint Venture aus russischen und ukrainischen Firmen sowie der Republik Kasachstan, welche die Startanlagen in Baikonur stellt. Im Unterschied zu anderen russischen Trägern fand ISC Kosmotras keinen westlichen Kooperationspartner zur Vermarktung der Dnepr. Trotzdem ist die Dnepr sehr erfolgreich und weist eine steigende Startfrequenz auf. So startet die Rakete auch die beiden deutschen Radarsatelliten TerraSAR und TanDEM-X. Der Startpreis ist mit 13 bis 15 Millionen Dollar sehr niedrig.

## Der Start

Der Start der Dnepr ist sehr ungewöhnlich. Zum einen wird die Rakete aus einem unterirdischen Silo gestartet. Die Rakete sitzt dabei in einem Fiberglascontainer. Am Boden des Silos befindet sich ein Kaltgasgenerator. Das Ende der Rakete ist durch eine Abdeckung geschützt. Der Kaltgasgenerator erzeugt genügend Druck, um die Rakete etwa 20 m aus dem Silo zu heben. Dann fällt die Abdeckung ab und drei kleine Gasgeneratoren beschleunigen sie nach unten. Erst dann zünden die Triebwerke der Dnepr. Die ersten beiden Stufen arbeiten wie bei anderen Raketen. Die Arbeit des MIRV Busses (ST-3) unterscheidet sich von denen anderer dritter Stufen. Seine Düsen zeigen in Richtung Satellit. Dieser ist daher noch von einem **G**as **D**ynamic **S**hield (GDS) umgeben, der ihn vor den Triebwerksflammen schützt. Die Nutzlastverkleidung wird schon kurz nach Zündung der zweiten Stufe abgeworfen. Der MIRV-Bus dreht sich nach Abtrennung von der zweiten Stufe um 180 Grad, damit die Düsen in die Flugrichtung weisen und beschleunigt dann. Nach Erreichen der Umlaufbahn wird der GDS zuerst abgetrennt, während die Triebwerke weiter laufen und so MIRV Bus und Satellit auf Distanz bringen. Kurz danach wird der Satellit abgetrennt.

Es gibt im Kosmodrom Baikonur drei nutzbare Silos für den Start. Damit sind bis zu 25 Starts pro Jahr durchführbar und ein Start ist innerhalb von 21 Monaten nach Vertragsunterzeichnung möglich. Beim Start von Baikonur aus sind Orbits mit Inklinationen von 50,5, 64,5, 87,3 und 98,0 Grad erreichbar. Die Genauigkeit, mit der ein Orbit erreicht wird, liegt bei 4 km Abweichung in der Höhe und 0,05 Grad in der Inklination. Die Rakete absolvierte als Interkontinentalrakete bisher 157 Testflüge mit einer Zuverlässigkeit von 97 %. Die Dnepr offeriert bei Einsatz von nur zwei Stufen eine sehr hohe Nutzlastmasse von bis zu 3.800 kg. Für höhere Bahnen nimmt die Nutzlast dann aber relativ schnell ab. Bei einem 800 km hohen Orbit liegt die Nutzlastmasse bei nur 500 kg. Mit der umgebauten ST-3 Stufe steigt die Nutzlast für hohe Orbits, nimmt aber für niedrige Bahnen ab. Für einen 400 km hohen Orbit beträgt die Nutzlast mit dieser Oberstufe nur 2.000 kg, da ihre Leermasse sehr hoch ist. Doch bei Orbits ab 500 km Höhe ist die Nutzlast mit der Oberstufe ST-3 höher. Sie liegt in 800 km Höhe bei 1.800 kg und in 1.400 km noch bei 1.600 kg. Das Datenblatt weist alle möglichen Oberstufen aus.

### Datenblatt Dnepr

| | |
|---|---|
| Einsatzzeitraum: | 1999 – heute |
| Starts: | 13, davon ein Fehlstart + ein suborbitaler Testflug |
| Zuverlässigkeit: | 93,3 % erfolgreich |
| Abmessungen: | 34,40 m Länge |
| | 3,00 m Durchmesser |
| Startgewicht: | 209.000 kg |
| Maximale Nutzlast: | 3.800 kg in einen 400 km hohen Orbit mit 50,5 Grad Inklination (2 Stufen). |
| | 1.800 kg in einen 800 km hohen Orbit mit 50,5 Grad Inklination (3 Stufen). |
| | 1.600 kg in einen 1400 km hohen Orbit mit 50,5 Grad Inklination (3 Stufen). |
| Nutzlastverkleidung: | 3,00 m Durchmesser, 5,25 m Länge, 500 kg Gewicht. |
| | 3,00 m Durchmesser, 6,11 m Länge, 600 kg Gewicht |

| | Stufe 1 | Stufe 2 | ST-3 | ST 1-1 | ST 1-2 |
|---|---|---|---|---|---|
| Länge: | 22,30 m | 5,70 m | 1,00 m | 0,93 m | - |
| Durchmesser: | 3,00 m | 3,00 m | 3,00 m | 1,69 m | - |
| Startgewicht: | 161.250 kg | 41.120 kg | 4.266 kg | 1.166 kg | 755 kg |
| Trockengewicht: | 13.620 kg | 4.520 kg | 2.356 kg | 96 kg | 255 kg |
| Schub Meereshöhe: | 4.160 kN | - | - | - | - |
| Schub (maximal): | 4.520 kN | 755 kN | 8,1 / 18,6 kN | 47,26 kN | 4,52 kN |
| Triebwerke: | 1 × RD-264 | 1 × RD-228 | 1 × RD-869 | 1 × TE-M-783 | 1 × DU-803 |
| Spezifischer Impuls (Meereshöhe): | 2870 m/s | - | - | - | - |
| Spezifischer Impuls (Vakuum): | 3119 m/s | 3318 m/s | 3109 m/s | 2842 m/s | 3163 m/s |
| Brenndauer: | 130 s | 190 s | 305 / 740 s | 64,6 s | 350 s |
| Treibstoff: | NTO / UDMH | NTO / UDMH | NTO / UDMH | HTPB / Ammoniumperchlorat / Aluminium | NTO / UDMH |

*Abbildung 27: Start einer Dnepr. Der Kaltgasgenerator wird gerade abgeworfen.*

# Start-1

Die Start besteht aus vier Stufen. Die ersten drei Stufen stammen von der Interkontinentalrakete RS-12M „Topol" (Nato Bezeichnung: SS-25 „Sickle"), die Oberstufe von der Mittelstreckenrakete RSD-10 „Pioneer" (NATO Bezeichnung: SS-20 „Saber"). Die RS-12M war die erste russische Interkontinentalrakete mit Feststoffantrieb. Die Entwicklung der Topol begann im Jahre 1977. Erst 1985 startete die Flugerprobung. Diese lange Entwicklungszeit spricht für einige Probleme bei der Entwicklung. Die RS-12M ist die kleinste russische Interkontinentalrakete und mit einer amerikanischen Minuteman in Größe und Gewicht vergleichbar. Entwickelt wurde sie als Gegenstück zur amerikanischen MX „Peacekeeper", denn es handelt sich um eine mobile Rakete, die aus einem fahrbaren Container abgeschossen werden kann. 500 dieser mobilen Abschussbasen wurden über eine Fläche von 190.000 km² verstreut stationiert. Die Stationierung erfolgte ab 1988.

Die Rakete kann einen 1.000 kg schweren 550 kt Sprengkopf über eine Distanz von 10.500 km befördern. Die Treffgenauigkeit liegt sehr hoch, nach westlichen Quellen bei 200 m. Damit ist diese Rakete für Punktschläge prädestiniert. Die sich verbessernden Beziehungen zum Westen führten 1991 zum START-1 Vertrag, bei dem zuerst die Zahl der SS-25 auf 360 begrenzt wurde. Mit dem Start-2 Vertrag wurden dann zahlreiche RS-12M ausgemustert. Am 1.1.2009 verfügte Russland noch über 180 Topol. Die Rakete wird in den nächsten Jahren durch das Nachfolgemodell Topol-M (SS-27) ersetzt. Sie gilt als die modernste russische ICBM und ist der Stolz der russischen Raketenstreitkräfte.

Die erste Stufe besteht aus einem CFK-Gehäuse und hat eine Länge von 8,10 m bei einem Durchmesser von 1,86 m. Sie wiegt 27,8 t. Der mit festen Treibstoffen angetriebene Motor besitzt einen Startschub von 1.290 kN. Die Brenndauer beträgt 63 Sekunden. Die erste Stufe verfügt über Strahlruder zur Schubvektorsteuerung und Finnen zur Stabilisierung. Der hohe Schub beschleunigt die Rakete um 2,8 g beim Start. Dieser Wert steigt bis zum Brennschluss auf 5,15 g an. Nach dem Ausbrennen der ersten Stufe gibt es eine Freiflugphase von 10 – 20 Sekunden. Erst dann wird die zweite Stufe gezündet und der Stufenadapter abgetrennt.

Die zweite Stufe verwendet ebenfalls CFK-Werkstoffe, um die Leermasse zu senken. Sie hat eine Länge von 7,20 m bei 1,55 m Durchmesser. Ihr Antrieb liefert 420 kN Schub. Die Brenndauer beträgt 60 Sekunden. Die zweite Stufe beschleunigt die Rakete mit maximal 6,5 g.

Die dritte Stufe hat eine Länge von 3,90 m und einem Durchmesser von 1,34 m. Ihr Feststoffantrieb liefert 196 kN Schub. Die Brenndauer beträgt 63 Sekunden. Auch diese Stufe beschleunigt die Rakete um bis zu 6,5 g. Die zweite und dritte Stufe verwenden zur Schubvektorsteuerung die Injektion von Gas in die Düse, vergleichbar mit der Einspritzung von flüssigem Treibstoff bei der Scout oder den Titan 3 Boostern.

Die vierte Stufe stammt von der Mittelstreckenrakete SS-20, in Deutschland bekannt als Verursacher des NATO-Doppelbeschluss zur Nachrüstung mit Pershing Raketen und Cruise-Missiles. Diese erfolgte als Reaktion auf die Stationierung der SS-20, einer mobilen Mittelstreckenrakete mit drei Sprengköpfen. Von dieser 37 t schweren Rakete wurde die letzte Stufe als vierte Stufe der Start verwendet. Auch die SS-20 „Pioneer" musste nach Unterzeichnung des INF-Vertrages im Jahre 1991 ausgemustert werden. Die vierte Stufe wird nach einer Freiflugphase von 150 bis 500 Sekunden gezündet und brennt 53 Sekunden lang. Die Beschleunigung erreicht bis zu 10 g vor Brennschluss. Während der Freiflugphase stabilisiert ein Kaltgassystem die Rakete. Es ist auch verantwortlich für die Rollachsensteuerung. Die Düse ist schwenkbar und kann so Korrekturen um die Nick- und Gierachse durchführen.

Die Start-1 hat eine Startmasse von 47 t und eine Länge von 22,70 m. Die gesamte Rakete navigiert mit einem Intertialsystem mit sechs Achsen und steuert sich autonom ohne Eingriffe vom Boden aus. Ein Postburn-Modul, angetrieben mit UDMH und Stickstofftetroxid, soll Ungleichmäßigkeiten beim Einschuss ausgleichen. Eine Bahn kann dadurch mit höherer Präzision erreicht werden. Es brennt 200 Sekunden lang. Das Postburn-Modul kostet allerdings Nutzlastmasse, wie folgende Tabelle zeigt:

| Bahn | 1000 km Höhe | 800 km Höhe | 600 km Höhe | 400 km Höhe | 200 km Höhe |
|---|---|---|---|---|---|
| 52 Grad mit Postburn | 204 kg | 295 kg | 395 kg | 505 kg | 632 kg |
| 90 Grad mit Postburn | 150 kg | 186 kg | 275 kg | 374 kg | 488 kg |
| 98 Grad mit Postburn | 86 kg | 165 kg | 250 kg | 347 kg | 458 kg |
| 98 Grad ohne Postburn | 150 kg | 250 kg | 350 kg | 450 kg | 550 kg |

Da sich die Rakete noch im Einsatz befindet und unter das START-Abkommen fällt, ist die Zahl der Raketen für mögliche Weltraumeinsätze auf 20 begrenzt. Sie wird von Plessezk und dem neuen Weltraumbahnhof Swobodny aus gestartet. Dieser Weltraumbahnhof sollte Baikonur ergänzen, da der wichtigste Weltraumbahnhof Russlands nun in Kasachstan liegt. Die Einigung mit Kasachstan über die Nutzung von Baikonur führte aber dazu, das Swobodny nun stillgelegt werden soll. Swobodny liegt bei 51 Grad Nord und 100 Grad West. Starts mit einer Inklination von 52,76 und 90 Grad sind möglich. Bisher sind die Einsätze der Start die einzigen Flüge, die von Swobodny aus erfolgten.

Die Entwicklung der Start begann 1989 im Auftrag der Firma IVK Joint Company. Die Rakete wird von mobilen Abschussrampen verschossen. Die Nutzlast der 47 t schweren Rakete beträgt 110 bis 550 kg, maximal 1.500 km hohe Kreisbahnen sind möglich. Durch ein Abkommen könnte die Rakete auch von Kanada aus gestartet werden. Eine populäre Nutzlast war der private Erdbeobachtungssatellit EarlyBird. Ein Start ist innerhalb von 4 bis 5 Monaten nach Vertragsunterzeichnung möglich. Die Startvorbereitungen selbst dauern nur 3 – 4 Tage. Dies sind für Trägerraketen sehr kurze Fristen. Eine Ariane 5 Startkampagne dauert z.B. 21 Tage und üblich sind Starts 12-24 Monate nach einem Auftrag.

Eingesetzt wird eine Nutzlastspitze mit einer nutzbaren Höhe von 2,31 m und einem nutzbaren Durchmesser von 1,24 m. Sie wird nach 295 Sekunden in 116 km Höhe abgesprengt. Die Nutzlast ist bei der Start-1 sehr hohen Belastungen von bis zu 10 – 12 g ausgesetzt. Dies ist deutlich mehr als bei den meisten anderen Raketen. Dies schränkt den Kundenkreis ein.

Vermarktet wird die Rakete heute von der amerikanisch-russischen Firma „United Start", welche auch Starts der Kosmos und Zyklon anbietet. Die Firma besteht aus der amerikanischen Firma Delaware und der russischen Minderheitsbeteiligung Puskovie Uslugi, einem 1998 gegründeten Konzern aus Raumfahrtfirmen. Obgleich die Start die erste der „neuen" russischen Raketen war und schon 1993 einen Satelliten startete, ist der große Erfolg bisher ausgeblieben. Seitdem fanden sieben Starts vor allem in sonnensynchrone Bahnen zwischen 500 und 600 km Höhe statt. Bis auf den ersten Einsatz flog die Start von Swobodny aus. Die bekannteste Nutzlast war bis jetzt der schon angesprochene zivile Erderkundungssatellit EarlyBird.

Im Jahre 2000 wurde ein Startpreis von 7,5 Millionen Dollar angegeben. Der letzte Start fand am 25.4.2006 statt. Es war der Erste nach fünf Jahren Pause.

## Datenblatt Start-1

| | |
|---|---|
| Einsatzzeitraum: | 1993 – heute |
| Starts: | 7 davon ein Fehlstart |
| Zuverlässigkeit: | 85,7 % erfolgreich |
| Abmessungen: | 22,94 m Höhe |
| | 1,84 m Durchmesser |
| Startgewicht: | 46.950 kg |
| Nutzlast: | 632 kg in einen 200 km hohen LEO-Orbit. |
| | 186 kg in einen 800 km hohen SSO-Orbit |
| Nutzlastverkleidung: | 3,34 m Länge, 1,34 m Durchmesser, 200 kg Gewicht |

| | Stufe 1 | Stufe 2 | Stufe 3 | Stufe 4 |
|---|---|---|---|---|
| Länge: | 7,90 m | 5,00 m | 3,00 m | 3,40 m |
| Durchmesser: | 1,84 m | 1,55 m | 1,34 m | 1,47 m |
| Startgewicht: | 27.800 kg | 11.500 kg | 5.000 kg | 2.200 kg |
| Trockengewicht: | 3.680 kg | 1.540 kg | 720 kg | 300 kg |
| Schub Meereshöhe: | 889,7 kN | - | - | - |
| Schub Vakuum: | 1.290 kN | 439 kN | 180,4 kN | 98,1 kN |
| Triebwerke: | 1 × 15D23P | 1 × 15D24P | 1 × 15D94 | ? |
| Spezifischer Impuls (Meereshöhe): | 2342 m/s | - | - | - |
| Spezifischer Impuls (Vakuum): | - | 2643 m/s | 2658 m/s | 2736 m/s |
| Brenndauer: | 87 s | 60 s | 63 s | 53 s |
| Treibstoff: | fest | fest | fest | fest |

*Abbildung 28: Start-1 Flug*

## Start

Die leistungsfähigere Variante der Start erhielt nicht die Bezeichnung „Start-2", sondern nur „Start". Die Start ist eine Abwandlung der Start-1. Die bisherige zweite Stufe wird zweimal als zweite und dritte Stufe eingesetzt, die bisherigen dritten und vierten Stufen werden so zur vierten und fünften Stufe.

Die Rakete hat so ein Startgewicht von 60 t. Obgleich die Rakete nur um 25 % schwerer ist, kann die Nutzlast verdoppelt werden und das Postburn Modul kann entfallen. Es gibt eine größere und geräumigere Nutzlastverkleidung in zwei Längen, die nach 295 Sekunden abgeworfen wird.

Die Rakete sollte von der australischen Firma Spacelift gestartet werden. Die Firma plante Starts von Woomera aus, wo auch die Europa-Raketen Ende der 60 er Jahre starteten. (Siehe S. 209) Ein Abkommen wurde 1999 unterzeichnet, der erste Start war schon für 2001 geplant. Die Aktivitäten wurden jedoch eingestellt. Inzwischen gibt es die Firma Spacelift nicht mehr.

Dabei sind die Start und Start-1 sehr geeignet für einen Start von einem geografisch günstigen Gelände. Der Start erfolgt aus einem Transportcontainer und auch die gesamte Bodenanlage für die Startvorbereitung und Überwachung passt in einen zweiten Container. Es ist keine Startrampe und keine Basis mit Flammenschacht nötig und diese beiden Container könnten an jeden Ort transportiert werden. So entfallen die Investitionen für die Infrastruktur beim Startplatz, die bisher von russischen Unternehmen gescheut werden. Bisher gab es zahlreiche Verlautbarungen, Träger aus der ehemaligen UdSSR von äquatornahen Startplätzen aus zu starten. Doch umgesetzt wurde nur der Start der Sojus vom CSG (**C**entre **S**patial **G**uyanais) in Französisch-Guyana aus, der zu zwei Dritteln von der ESA finanziert wird. Mit dieser Mobilität ist die Rakete ein landgestütztes Gegenstück zu Trägern die vom Flugzeug oder vom Meer aus gestartet werden wie der Pegasus und Zenit 3SL.

Die Start konnte nur einen Auftrag verbuchen. Es war der lediglich 50 kg schwere israelische Techsat-1, der eigentlich als Sekundärnutzlast für einen anderen Start vorgesehen war. Der Jungfernflug scheiterte jedoch. Im Jahre 2000 wurde ein Startpreis von 7,5 Millionen Dollar angegeben. Puskovie, welche die Start mittlerweile mit der Zyklon und Kosmos 3M anbietet, führt 2009 nur noch die kleinere Version Start-1 auf ihrer Website.

## Datenblatt Start

| | |
|---|---|
| Einsatzzeitraum: | 1995 |
| Starts: | 1 davon ein Fehlstart |
| Zuverlässigkeit: | 0 % erfolgreich |
| Abmessungen: | 28,94 m Höhe |
| | 1,84 m Durchmesser |
| Startgewicht: | 58.600 kg |
| Maximale Nutzlast: | 850 kg in eine 300 hohem SSO-Orbit |
| | 320 kg in eine 1000 km hohe SSO-Orbit |
| Nutzlasthülle: | 2,80 m Länge, 1,61 m Durchmesser, 200 kg Gewicht |
| | 4,54 m Länge, 1,61 m Durchmesser, 300 kg Gewicht |

| | Stufe 1 | Stufe 2 | Stufe 3 | Stufe 4 | Stufe 5 |
|---|---|---|---|---|---|
| Länge: | 7,90 m | 5,20 m | 5,00 m | 3,10 m | 3,40 m |
| Durchmesser: | 1,84 m | 1,55 m | 1,55 m | 1,34 m | 1,47 m |
| Startgewicht: | 27.800 kg | 11.500 kg | 11.500 kg | 5.000 kg | 2.200 kg |
| Trockengewicht: | 3.680 kg | 1.540 kg | 1.540 kg | 720 kg | 300 kg |
| Schub Meereshöhe: | 889,7 kN | - | - | - | - |
| Schub (maximal): | 1.290 kN | 439 kN | 439 kN | 180,4 kN | 98,1 kN |
| Triebwerke: | 1 × 15D23P | 1 × 15D24P | 1 × 15D24P | 1 × 15D94 | ? |
| Spezifischer Impuls (Meereshöhe): | 2342 m/s | - | - | - | - |
| Spezifischer Impuls (Vakuum): | - | 2643 m/s | 2643 m/s | 2658 m/s | 2736 m/s |
| Brenndauer: | 87 s | 60 s | 60 s | 63 s | 53 s |
| Treibstoff: | fest | fest | fest | fest | fest |

*Abbildung 29: Die Start hebt zu ihrem einzigen Flug ab*

# Shtil

Die Shtil (russisch für „Stille") basiert auf der russischen Rakete R-29RM Sineva, von der Nato auch als SS-N-23 „Skiff" bezeichnet. Sie ist eine SLBM – **s**ubmarine-**l**aunched **b**allistic **m**issile. Die R-29RM sollte eine maximal 2,8 t schwere Nutzlast über eine Distanz von bis zu 8.300 km befördern. Mittlerweile sind auch weiterreichende Versionen mit kleineren Sprengköpfen im Einsatz. Die R-29M hat eine Länge von 14,80 m und einen Durchmesser von 1,90 m. Die Entwicklung der R-29RM begann 1979. Nach 16 land- und seegestützten Testflügen fand die Stationierung im Jahre 1986 auf sieben U-Booten der Delta IV Klasse statt. Jedes dieser U-Boote konnte 16 Raketen mit je vier Sprengköpfen von jeweils 100 kt Sprengkraft mitführen. Eine Version mit 10 Sprengköpfen wurde entwickelt, aber nach Unterzeichnung des START-1 Vertrages nicht mehr stationiert.

Die R-29RM ist eine dreistufige Rakete, angetrieben durch die lagerfähige Treibstoffkombination Stickstofftetroxid (Oxidator) und UDMH (Verbrennungsträger) in allen Stufen.

Heute werden die Shtil vom Makejew Design Bureau angeboten. Es handelt sich um, nach dem START-Abkommen, ausgemusterte Träger.

Neben der Shtil 1 gibt es eine zweite Version namens Shtil 2, welche sich in der Länge unterscheidet. Die Shtil 1 verwendet die Verkleidung der SS-N-23, entworfen für einen kompakten Gefechtskopf. Die Shtil 2 dagegen nutzt eine größere, für größere Satelliten besser geeignete Verkleidung. Weiterhin sind die zweiten und dritten Stufen etwas verlängert worden. Es gibt zwei Versionen mit Längen von 16 m (Shtil 2) und 18,30 m (Shtil 2R). Die Letztere kann nur vom Land aus gestartet werden. Die größere Nutzlasthülle senkt allerdings die Nutzlastmasse ab.

Die neueste Version, Shtil 3, hat eine dritte Stufe mit einer erhöhten Treibstoffzuladung und eine zusätzliche, vierte, Injektionsstufe. Die Startmasse steigt dadurch auf 44 t und die Länge auf 19 m. Auch der Nutzlastadapter und die Instrumenteneinheit wurden neu gestaltet. Der Nutzlast stehen bei der Shtil 3 nun 3,60 m³ Volumen zur Verfügung. Diese Rakete wird nur von Land aus gestartet. Sie transportiert bis zu 430 kg Nutzlast. Es gab Pläne, die Rakete von einem Flugzeug aus abzuwerfen, um die Nutzlast weiter zu erhöhen (Air Launch), diese sind inzwischen aber aufgegeben worden. Die Shtil soll je nach Version nur 100 – 300 Tausend Dollar kosten und ist damit der preiswerteste, weltweit verfügbare Träger. Neben Kleinsatelliten ist die Rakete auch für den Transport von Wiedereintrittskapseln geeignet. Bei einem Shtil-2 Start entfallen 100.000 Dollar auf den Start vom U-Boot aus und 200.000 Dollar auf die Rakete.

Von dem letzten Modell, Shtil-K gibt es nur wenige Daten. Sie soll eine neue Oberstufe mit dem Triebwerk der Fregat, dem S5.92, einsetzen. Bisher gab es nur zwei Starts die beide von der Shtil 1 durchgeführt wurden. Die schwerste Nutzlast wog dabei lediglich 80 kg.

| Rakete | Shtil 1 | Shtil 2 | Shtil 2R | Shtil 3 | Shtil K |
|---|---|---|---|---|---|
| Länge | 14,80 m | 16 m | 18,30 m | 19 m | 17,50 m |
| Startmasse | 39.300 kg | 39.700 kg | 40.000 kg | 44.000 kg | 42.000 kg |
| Nutzlastvolumen nutzbar | 0.195 m³ | 0,25 m³ | 1,17 m³ | 3,60 m³ | |
| Nutzlast 200 km Höhe | 280 kg | 220 kg | 200 kg | 430 kg | 750 kg |
| Startmethode | U-Boot/Boden | U-Boot/Boden | Boden | Boden | Boden |
| Startkosten: | 200.000 $ | 300.000 $ | 300.000 $ | 500.000 $ | ? |

Die erste Stufe der Shtil hat eine Länge von 7,70 m und einem Durchmesser von 1,90 m. Ihr fest eingebauter RD-0233 Antrieb mit 682 kN Schub brennt 75,02 Sekunden lang. Stabilisiert wird der Flug durch vier Verniertriebwerke, die 5 Sekunden länger als das Haupttriebwerk brennen.

Die zweite Stufe hat eine Länge von 4,90 m bei ebenfalls 1,90 m Durchmesser. Sie brennt 87 Sekunden lang. Über Sie und die dritte Stufe, die eine Länge von 2,80 m hat, sind keine weiteren Daten bekannt. Beide Stufen verwenden erweiterbare Düsen. Die Düsenverlängerung wird erst nach der Abtrennung ausgefahren. Dies verlängert in beiden Fällen die Stufenlänge im Flug beträchtlich und steigert den Schub und die Ausströmgeschwindigkeit.

Die Nutzlast einer Shtil 1 in einen 200 km hohen Orbit beim Start von der Barentssee aus liegt bei 280 kg. Eine von einem Flugzeug in Äquatornähe abgeworfene Shtil 3 soll bis zu 950 kg erreichen. Normalerweise wird die Shtil aber von einem U-Boot der Delta-Klasse aus der Barentssee gestartet. Der Startplatz liegt bei 69 Grad Nord, 35 Grad Ost, nördlich von Moskau. Es ist auch ein Start von Land aus möglich. Bisher hatten alle Bahnen eine Inklination von 79 Grad.

Da ein Atom U-Boot prinzipiell jede geografische Breite anfahren kann, könnte ein Start auch vom Äquator aus erfolgen. Die Nutzlast läge dann durch die zusätzliche Geschwindigkeit der Erdrotation höher. Von diesem Vorteil wurde aber bisher nicht Gebrauch gemacht. Wahrscheinlich ist auch die russische Marine nicht daran interessiert, da die Atom-U-Boote immer noch zum Stolz der Flotte gehören. Die Daten für Stufenmassen mussten aufgrund der Triebwerksleistungen geschätzt werden. Als noch im Dienst befindliche SLBM gibt es kein vollständiges Datenblatt für die RS-29 Varianten, da wesentliche Daten noch der Geheimhaltung unterliegen.

| Datenblatt Shtil 1/2 | | | |
|---|---|---|---|
| Einsatzzeitraum: | 1998 – heute | | |
| Starts: | 2, davon kein Fehlstart | | |
| Zuverlässigkeit: | 100 % erfolgreich | | |
| Abmessungen: | 14,80 (Shtil 1) - 18,40 m (Shtil 2R) Höhe 1,90 m Durchmesser | | |
| Startgewicht: | 39.300 kg (Shtil 1), 40.000 kg (Shtil 2) | | |
| Maximale Nutzlast: | 200-280 kg in einen 200 km hohen 78 Grad Orbit | | |
| Nutzlasthülle: | Shtil 1: 1,40 m Länge, 1,30 m Durchmesser Shtil 2: 4,50 m Länge 1,90 m Durchmesser Shtil 2R: 2,90 m Länge 1,90 m Durchmesser | | |
| | **Stufe 1** | **Stufe 2** | **Stufe 3** |
| Länge: | 7,50 m | 4,90 m | 2,80 m |
| Durchmesser: | 1,90 m | 1,90 m | 1,90 m |
| Startgewicht: | 23.000 kg ? | 13.000 kg ? | 3.000 kg ? |
| Trockengewicht: | 1.950 kg ? | 1.400 kg ? | 400 kg ? |
| Schub Meereshöhe: | 682 kN | - | - |
| Schub Vakuum: | 825,5 kN | ? | ? |
| Triebwerke: | 1 × RD-0243 | ? | ? |
| Spezifischer Impuls (Meereshöhe): | 2431 m/s | - | - |
| Spezifischer Impuls (Vakuum): | 2943 m/s | ? | ? |
| Brenndauer: | 75 s | 94 s | 87 s |
| Treibstoff: | NTO / UDMH | NTO / UDMH | NTO / UDMH |

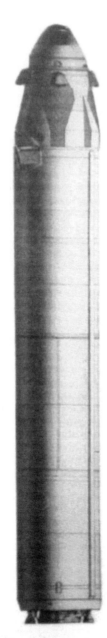

*Abbildung 30: Skizze der kleinsten Shtil Version: Shtil 1*

# Wolna

Die zweite russische SLBM, die als Trägerrakete angeboten wird, ist die Wolna. (Russisch für Welle). Sie basiert auf der R-29L (NATO Code SS-N-18 Stingray). Es handelt sich um eine zweistufige U-Boot Rakete. Die R-29 war die erste russische SLBM mit MIRV Sprengköpfen, welche über interkontinentale Distanzen eingesetzt wurde. Wie die R-29RM (Shtil) basiert diese Rakete auf der R-29. Sie setzt aber eine Stufe weniger als die R-29RM ein. Doch anstelle eines einzelnen Sprengkopfes konnte die R-29L alternativ ein MIRV-Modul mitführen, das drei bis sieben Sprengköpfe über Distanzen von bis zu 6.500 km befördern konnte. Die Version mit einem Sprengkopf erreichte 8.000 km Reichweite. Die Nutzlast betrug in beiden Fällen 1.600 kg.

Die R-29L ist eine zweistufige Rakete mit einer Länge von 14,10 m und einem Durchmesser von 1,80 m. Die Startmasse beträgt 35,3 t. Die Entwicklung begann 1973. Die ersten Testflüge fanden 1976 statt und die Stationierung erfolgte ab 1979 auf 14 U-Booten der Delta III Klasse. Es gab insgesamt 22 Testflüge.

Über die Wolna sind noch weniger Daten bekannt als über die Shtil. Da die Rakete nur zweistufig ist, benötigen Satelliten einen eigenen Kickantrieb, um einen Orbit zu erreichen. Beide Stufen verwenden die Treibstoffkombination UDMH und Stickstofftetroxid. Wie bei der Shtil 1 wird die originale SLBM verwendet. Die Nutzlast wird nur von der kleinen Verkleidung für Atomsprengköpfe umhüllt. Für die Nutzlast steht daher nur ein Volumen von 1,30 m³ zur Verfügung. Die Nutzlasthülle hat eine Höhe von 1,60 m und einen maximalen Durchmesser von 1,30 m.

Beim Start von der Barentssee aus erreicht eine 50 kg schwere Nutzlast einen 70 – 80 Grad geneigten, 600 km hohen Orbit. Beim Start von einer äquatornahen Position im Pazifischen Ozean kann dieselbe Nutzlast in einen 900 km hohen, 52 Grad geneigten Orbit transportiert werden. Die maximale Nutzlastmasse in einen 400 km Orbit liegt je nach Startplatz zwischen 115 und 130 kg. Der Einsatz fand bisher aber nur von der Barentssee aus statt.

Aufgrund der kleinen Nutzlastmasse ist die Wolna eher als Höhenforschungsrakete geeignet. In dieser Konfiguration kann eine Wolna eine 250 bis 650 kg schwere Nutzlast in eine Höhe von 2.000 bis 3.000 km bringen. Das erlaubt für 20 bis 40 Minuten Messungen in der Schwerelosigkeit. Nach dem ersten Start 1995 mit einem deutschen Mikrogravitationsexperiment fanden vier Einsätze mit Höhenforschungsexperimenten statt, von denen einer scheiterte. Als Höhenforschungsrakete kann die Rakete bis zu 720 kg transportieren, davon entfallen 400 kg auf die

Forschungsinstrumente und der Rest auf die Wiedereintrittskapsel. Es steht ein Volumen von 80 × 48 × 48 cm für Instrumente zur Verfügung. Die Kapsel ist ein Wiedereintrittskopf vom Typ WKK ohne den Atomsprengkopf. Die Version für Satellitenmissionen wird als Wolna-O bezeichnet. Der einzige orbitale Einsatz mit dem 40 kg schweren COSMOS-1, einer Erprobung eines Sonnensegels der Planetary Society, scheiterte, als sich die erste und zweite Stufe nicht trennten.

Die Wolna wird vom russischen Hersteller der Rakete Makejew angeboten. Dieser ist auch Anbieter der Shtil und der Vysota Rakete, basierend auf der SS-N-8 „Sawfly" (RS-40M) Rakete. Auch das ist eine Variante der R-29, die R-29D.

Die 33,3 t schwere Vysota Rakete verfügt nur über ein Volumen von 0,70 m³ für die Nutzlast. Es gibt weitere U-Boot Raketen, die Makejew als Weltraumträger einzusetzen gedenkt – PRIBOI, Riksha, Urengoi und Air Launch. Die Größten, zusammengesetzt aus fünf Stufen der RS-52M und RS-54M, sollen eine Nutzlast von 2,4 t haben. Bisher sind dies jedoch nur Projektstudien.

Weitere, noch 1993 geplante Konvertierungen von U-Boot Raketen, wie die Rif-MA (entwickelt aus der RSM-52 / SS-N-20) und Syb (RSM-25) wurden zugunsten der größeren Typen Wolna und Shtil aufgegeben. Die folgende Tabelle informiert über aktuellen Trägerraketenprojekte von Makejew:

| Rakete | Shtil | Wolna | Vysota | PRIBOI | Riksha | Urengoi | Air Launch |
|---|---|---|---|---|---|---|---|
| Basierend auf | SS-N-23 | SS-N-18 | SS-N-8 | SS-N-20 / SS-N-23 | Zenit | - | Herkules-N / Sojus |
| Startmasse | 39.3 – 44 t | 35,3 t | 33,3 t | 104 t | 65 – 185 t | 180 t | 103 t |
| Nutzlast | 200 – 430 kg | 115 kg | - | 3.400 kg | 600 – 4.000 kg | 5.000 kg | 3.000 – 3.800 kg |

Aufgrund der beschränkten Nutzlast konnte Makejew die Wolna nicht erfolgreich im Markt platzieren. Wie bei anderen russischen Firmen fehlen die Eigenmittel um die weitergehenden Projekte für größere Träger umzusetzen.

## Datenblatt Wolna

| | |
|---|---|
| Einsatzzeitraum: | 1995 – heute |
| Starts: | 1, davon ein Fehlstart (nur orbitale Einsätze) |
| Zuverlässigkeit: | 0 % erfolgreich |
| Abmessungen: | 14,20 m Höhe |
| | 1,80 m Durchmesser |
| Startgewicht: | 35.300 kg |
| Maximale Nutzlast: | 50 kg in einen 200 km hohen LEO-Orbit mit 78 Grad Inklination |
| Nutzlasthülle: | 1,60 m Höhe, 1,20 m maximaler Durchmesser |

| | Stufe 1 | Stufe 2 |
|---|---|---|
| Länge: | 9,50 m | 3,30 m |
| Durchmesser: | 1,80 m | 1,80 m |
| Startgewicht: | ? | ? |
| Trockengewicht: | ? | ? |
| Schub Meereshöhe: | 682 kN | - |
| Schub Vakuum: | 852 kN | 123,6 kN |
| Triebwerke: | 1 × RD-0243 | 1 × RD-0242 |
| Spezifischer Impuls (Meereshöhe): | 2431 m/s | - |
| Spezifischer Impuls (Vakuum): | 2943 m/s | 2967 m/s |
| Brenndauer: | ? | ? |
| Treibstoff: | NTO / UDMH | NTO/ UDMH |

*Abbildung 31: Start einer Wolna von einem Delta III U-Boot aus.*

# Angara

Seit Mitte der neunziger Jahre gibt es Pläne in Russland, die meisten existierenden Trägerraketen durch neue Typen zu ersetzen. Wesentliche Triebfeder ist, von Komponenten aus anderen ehemaligen Sowjetrepubliken unabhängig zu sein und durch Standardisierung die Zahl der gefertigten Triebwerkstypen und Stufen zu reduzieren. Ein weiterer Punkt ist, dass es regelmäßig politische Spannungen zwischen Russland und Kasachstan gibt, wenn ein Start einer Trägerrakete mit dem toxischen Treibstoff UDMH fehlschlägt. Dann werden von Kasachstan hohe Schadensersatzansprüche geltend gemacht. Daher sollte die neue Trägerrakete auch „umweltfreundliche" Treibstoffkombinationen, wie flüssigen Sauerstoff und Kerosin oder flüssigen Wasserstoff, einsetzen. Ohne diese Forderungen wäre sicherlich der Umweltschutzaspekt nicht so wichtig gewesen. Lange Zeit blieb es bei den Plänen.

Mit dem Fluss von Devisen durch den Verkauf von Erdgas, Erdöl und Kohle ist auch wieder Bewegung in Russlands Weltraumprogramm gekommen. Nun wird die Angara entwickelt, die 1994 erstmals vorgeschlagen wurde und ihren Erstflug schon 2005/6 absolvieren sollte. Seit 2001 wurde die Rakete in der heutigen Form bei verschiedenen Fachausstellungen vorgestellt.

Erste Pläne für die Angara gab es seit 1994. Seitdem hat sich das Konzept mehrfach gewandelt. Der Hauptkontraktor wechselte von RKK Energija zu GKNPZ Chrunitschew. Die ersten Pläne sahen noch das RD-170 als Triebwerk für die erste Stufe und das RD-0120 in der zweiten Stufe vor. Dabei sollte eine komplett neue zweite Stufe entstehen. Dies wandelte sich nach und nach zu dem heutigen Konzept. Dabei leistete Lockheed Martin ungewollt Schützenhilfe, da die Firma die Entwicklung des RD-180 für die Atlas finanzierte. Dadurch konnte ein Teil der Entwicklungskosten für das RD-191 gespart werden. Als Oberstufen waren damals wie heute die Breeze KM und die Breeze M vorgesehen. Die Nutzlastverkleidungen sollten von bestehenden Trägern, wie Rockot und Proton, übernommen werden.

Grundlage der Entwicklung der Angara ist es zum einen, schon erprobte und verfügbare Technologien einzusetzen. Zum anderen soll durch Standardisierung mit wenigen Komponenten eine breite Palette von Trägern möglich sein. Weiterhin will Russland die 40 bis 50 Jahre alten Triebwerke der Sojus und Proton durch modernere Motoren ersetzen. Die Entwicklungskosten sollen dabei minimal sein. Soweit es möglich ist, greift Chrunitschew daher auf bewährte, schon im Einsatz befindliche Triebwerke zurück. Dadurch soll die Übergangszeit, in der die alten Träger weiterhin einsetzt werden, möglichst kurz sein.

Alle Daten in diesem Kapitel sind vorläufig. Das ganze Konzept ist noch in der Entwicklung, so hob GKNPZ Chrunitschew z.B. 2006 die Nutzlast für die Angara A5 von 24,5 auf 26 t an.

Ohne größere Änderungen sollen nach dem 2000 veröffentlichten Plan die Oberstufen Breeze KM (Rockot), Breeze-M (Proton) sowie die damals für die Proton in der Entwicklung befindliche KVRB Oberstufe für die Angara verwendet werden. Bei den beiden neueren Stufen Breeze M und KVRM achtete Chrunitschew bei der Entwicklung auf eine Kompatibilität zur Proton und Angara. Ebenso unverändert übernommen werden die Nutzlastverkleidungen der Rockot, Proton-K und Proton M. Das URM und die zweite Stufe mit dem Triebwerk RD-0124A sind Neuentwicklungen.

## Stufe 1: URM

Alle Angara Trägerraketen verwenden eine gemeinsame erste Stufe, die englisch URM (**U**niversal **R**ocket **M**odule) oder russisch CCBU abgekürzt wird. Die verschiedenen Versionen unterscheiden sich in der Anzahl der gebündelten URM und unterschiedlichen Oberstufen.

Als einzige Stufe verwendet das URM mit dem RD-191 ein neues Triebwerk. Das RD-191 ist eine Einkammerversion des RD-171, welches die erste Stufe der Zenit antreibt. Das RD-171 hat vier Brennkammern, angetrieben von einem einzelnen Gasgenerator und jeweils zwei Turbopumpen. Aus dem RD-171 wurde im Auftrag von Lockheed Martin eine Zweikammerversion entwickelt, das RD-180. Dieses wird bei der amerikanischen Atlas III und V eingesetzt und bisher gab es mit diesem Triebwerk keine Probleme. Es verfügt durch die zwei Brennkammern nur über den halben Schub des RD-171. Bei dem RD-191 ist erneut eine Brennkammer eingespart worden. Es ist nun ein Triebwerk mit einer Brennkammer, einer Turbopumpe und einem Gasgenerator. Der Schub beträgt nur noch die Hälfte eines RD-180 oder ein Viertel des RD-171. Da die Anforderungen an die Turbopumpe dadurch viel geringer sind, stehen die Chancen gut, dass das RD-191 ein sehr zuverlässiges Triebwerk wird.

Das RD-191 ist zur Schubregelung hydraulisch schwenkbar. Es wird seit 2001 entwickelt und erstmals Ende 2006 getestet. Es arbeitet bei einem Brennkammerdruck von 253 bar. Es ist im Schub regelbar von 70% auf kurzzeitig 105 %. Jedes RD-191 ist 4,00 m hoch, hat einen maximalen Durchmesser von 1,46 m und wiegt 2.200 kg. Es weist ein Entspannungsverhältnis von 64,56 auf und verbrennt LOX und Kerosin im Verhältnis von 2,6 zu 1.

Das RD-191 hat noch zwei weitere Funktionen. An ihm befindet sich ein Wärmeaustauscher, der flüssiges Helium verdampft und dadurch Heliumgas für die Druckbeaufschlagung der Tanks erzeugt. Ein Teil der Turbinenabgase wird benutzt, um die Hydraulik unter Druck zu setzen und damit auch die aerodynamischen Ruder zu betätigen.

Neu ist auch eine Überwachung des Triebwerks durch einen direkt am Triebwerk angebrachten Mikrocontroller, wie dies auch vom SSME bekannt ist. Die Daten werden zum Boden gesandt. Sie können aber auch von einem Notfallsystem genutzt werden, um rechtzeitig vor einem kritischen Zustand bei einer bemannten Mission die Besatzung in Sicherheit zu bringen.

Im Dezember 2008 wurde die Entwicklung des Triebwerks durch NPO Energomasch abgeschlossen. Im Januar 2009 begannen die Tests eines URM. Im Juli 2009 konnte der Abschluss der ersten Testserie gemeldet werden. Jedes URM ist 25,80 m hoch und hat einem durchgehenden Durchmesser von 2,90 m. Die beiden Tanks sind getrennt. Der Kerosintank befindet sich unten, der Tank für den flüssigen Sauerstofftank darüber. Die Treibstoffleitungen des Sauerstofftanks führen an der Außenseite des Kerosintanks zum Triebwerk.

## Stufe 2: modifizierter Block I

Die zweite Stufe soll das RD-0124A einsetzen. Es ist eine Variation des neuen Block I der Sojus 2. (Siehe S.40). Auch hier konnte Russland auf Vorentwicklungen zurückgreifen, da schon bei der Sojus 2 das RD-0124A das RD-0110 ersetzt hat. Das RD-0124A wurde seit 1993 entwickelt und ist eine Fortentwicklung des alten RD-110 Triebwerks. Der Brennkammerdruck wurde von 70 auf 160 bar erhöht, woraus ein spezifischer Impuls von 3520 m/s resultierte. Seit 2001 ist dieses Triebwerk im Einsatz. Es besitzt vier Brennkammern und erzeugt einen Schub von 294 – 297,7 kN bei einer Masse von 480 kg. Das RD-0124A ist nur einmal zündbar. Verbrannt wird Sauerstoff mit Kerosin im Verhältnis von 2,6 zu 1. Die Block I Version für die Angara ist schwerer als die der Sojus und wiegt vollbetankt etwa 40 t anstatt 30 t. Der Durchmesser erhöht sich von 2,66 m auf 3,60 m. Sauerstofftank und Kerosintank sind getrennt und bestehen aus je zwei identischen Kugelschnitten und einem unterschiedlich langen zylindrischen Zwischenstück.

## Stufe 2: Breeze KM

Die kleinste Version der Angara, die Angara 1.1, hat eine so kleine Nutzlast, dass der Block I zu groß wäre. Sie setzt daher die Breeze KM Oberstufe ein. Sie wird identisch von der Rockot übernommen (Beschreibung siehe S.138).

Optional kann die Breeze KM auch als dritte Stufe bei der Angara 3A und 5A eingesetzt werden. Dies kann nötig sein, um Raumsonden auf eine hohe Geschwindigkeit zu beschleunigen. Pläne für solche Missionen liegen derzeit aber nicht vor.

## Stufe 3: Breeze M

Die Breeze M Oberstufe wird in der Proton M eingesetzt und entstand aus der Breeze KM. Zur Beschreibung siehe S.78. Von den Leistungen ist die Breeze M Oberstufe dem Block I unterlegen. Sie ist kleiner, verfügt über weniger Treibstoff und die Energieausbeute des Treibstoffs ist geringer. Sie ist aber bis zu achtmal wiederzündbar und qualifiziert für bis zu 24 Stunden lange Missionen. Die Fähigkeit zur Wiederzündung ist notwendig, wenn die Angara geostationäre Bahnen erreichen will. Dazu muss die Bahn mehrmals am Äquator angehoben werden. Das Triebwerk RD-124A ist nicht für mehrfache Zündungen qualifiziert und der flüssige Sauerstoff verdampft ohne eine zusätzliche Isolation rasch. Die Breeze M ist daher die Standardoberstufe für die Angara 3 und 5 für geostationäre Missionen.

## Stufe 3: KVRM

Eine völlig neue Oberstufe ist die KVRM-Stufe. Sie setzt das Triebwerk RD-56M (Erzeugniscode KVD1-M3) ein. Dies ist eine der wenigen Triebwerke Russlands, welches mit der Treibstoffkombination flüssiger Wasserstoff und flüssiger Sauerstoff arbeitet. Eine Version mit etwas geringerem Leistungen, das RD-56, wird derzeit noch als Antrieb der letzten Stufe der indischen GSLV eingesetzt. Sieben Exemplare der Oberstufe wurden an Indien verkauft. Die ISRO arbeitet aber inzwischen an einem eigenen Triebwerk mit ähnlicher Leistung. Das RD-56M wurde seit 1994 entwickelt und besitzt einen Schub von 102,9 kN. Der spezifische Impuls beträgt 4520 m/s. Das RD-56M hat gegenüber dem älteren RD-56 einen höheren Schub (RD-56: 73,8 kN). Die KVRM kann fünfmal wiedergezündet werden. Die Stufe kann bis zu neun Stunden betrieben werden, wodurch auch GEO-Orbits ohne Apogäumsantrieb möglich sind. Dies ist für russische Satelliten von Bedeutung, da diese keinen integrierten Apogäumsmotor haben. Sie verfügt über eine Isolation um die Treibstoffe kühl zu halten. Wasserstoff- und Sauerstofftanks sind getrennt und die gesamte Stufe wird zusätzlich von der Nutzlasthülle umgeben. Damit wird das Aufheizen durch die Luftreibung beim Start reduziert. Bei dem Einsatz der KVRB kommt daher eine 21,94 m lange Nutzlastverkleidung von 5,00 m Durchmesser zur Anwendung.

Acht kleine Triebwerke des Typs 11D428A-20 mit jeweils 120 N Schub dienen der Stabilisierung der Lage während Freiflugphasen und der Lageregelung um die Rollachse. Vier Triebwerke des Typs S5.142A werden zur Sammlung des Treibstoffs vor dem Start des Haupttriebwerks gezündet. Die Startmasse soll bei einer Leermasse von 3,7 t bei maximal 22,7 t liegen. Die Länge beträgt 9,00 m bei einem Durchmesser von 4,50 m.

# Die Angara-Familie

Durch Kombination dieser Stufen kann Russland eine ganze Familie von Raketen bauen. Bis 2009 waren fünf Familienmitglieder geplant. Dann präsentierte GKNPZ Chrunitschew auf der jährlichen Luft & Raumfahrtausstellung in Berlin eine weitere Version, die Angara 7. Sie ist anders als die vorherigen Versionen, auch für bemannte Flüge vorgesehen. Die einzelnen Mitglieder unterscheiden sich in der Anzahl der URM (1, 3, 5 und 7) und den verwendeten Oberstufen. Bei allen Varianten beträgt die maximale Beschleunigung 4,5 g. Die Angara 1 Serie wird als leichte Trägerrakete, die Angara A3 als mittlere und die Angara A5 und 7 als schwere Trägerraketen eingestuft.

Die Rakete ist so konzipiert, dass die einzelnen Versionen die Transportleistung von existierenden Raketen aufweisen, die dadurch überflüssig werden. Mit der Einführung der Angara können die Kosmos, Strela, Zyklon, Zenit und Proton ersetzt werden. Lediglich die Sojus kann nicht ersetzt werden. Diese wird für Starts der gleichnamigen Sojus-Raumschiffe benötigt und ist durch den Start vom CSG aus auch kommerziell sehr erfolgreich. Die Dnepr und Rockot fehlen in dieser Auflistung, da sie nicht von der russischen Regierung genutzt werden, sondern nur kommerzielle Starts durchführen.

Die Elektronik zur Steuerung ist vollständig digital und die Angara ist nach dem Start autonom.

## Bodenanlagen

Alle Versionen der Angara können von einer Startrampe aus starten. Primärer Startplatz, vor allem für polare Starts, ist Plessezk. Hier nutzt Russland die Gebäude, die für die Zyklon und Rockot errichtet wurden. Pläne, die Angara von Swobodny aus zu starten, wurden inzwischen aufgegeben. Die größeren Versionen werden auch von Baikonur aus starten. Alle geostationären Missionen werden von Baikonur aus erfolgen. Die größeren Versionen nutzen weitgehend die für die Zenit gebauten Startkomplexe und Anlagen. So wird die Rakete in der „Fabrik 1, Nummer 142" in Baikonur zusammengebaut, die früher für die Zenit genutzt wurde. Auch die letzte verbliebene Startrampe der Zenit wird weiter genutzt.

Der Startturm aus 16 Elementen, die jeweils 50 t wiegen, ist neu. Die Rakete wird horizontal zum Startplatz gefahren, dort aufgerichtet und betankt. Bei Verwendung der Breeze Oberstufen mit ihren lagerfähigen Treibstoffen werden diese schon in der Integrationshalle betankt.

## Entwicklung

Erste Pläne für die Angara gab es, wie schon erwähnt, schon im Jahr 1994. Die Konzepte der Bündelung von Stufen sind noch älter und wurden schon für die Vorgänger der Zenit und N-1 vorgeschlagen. Doch kam die Entwicklung der Angara erst 2004 in Gang. In diesem Jahr gab es einen Regierungsbeschluss zur Entwicklung der Rakete.

Ende 2004 wurde ein Vertrag zwischen dem Premierminister Russlands, Michael Fradkov und dem Premierminister von Kasachstan, Daniel Akhmetov, unterzeichnet. Er erlaubt und regelt den Bau einer Startrampe in Baikonur. Das entspanntere Verhältnis zwischen beiden Nationen zeigt sich auch darin, dass Russland den Ausbau von Swobodny stoppte. Natürlich spielen dabei auch finanzielle Erwägungen eine Rolle. Da die gesamte Angara Entwicklung auf maximale Kosteneffizienz getrimmt ist, auch auf Kosten der zukünftigen Leistung der Rakete, begrenzt die Nutzung schon bestehender Infrastruktur die Investitionen.

Der Start einer leichten Version Angara 1.1 sollte nach dem ursprünglichen Zeitplan 2009 stattfinden, der einer Angara 3 oder 5 nicht vor 2011/12. Während die Entwicklung des RD-191 Triebwerks und des URM problemlos verlief, wurden die Bodenanlagen in Plessezk sehr viel teurer als geplant. In den letzten Jahren war hier kein Fortschritt zu vermelden. Ende 2005 waren die Arbeiten in Plessezk zu 80 % fertiggestellt. Ende 2008 waren es immer noch 80 %. Im Mai 2009 sprachen offizielle Quellen von einem Defizit von mindestens 10 Milliarden Rubel (302 Millionen Dollar) in der Finanzierung der Angara.

In Baikonur begann Russland ab 2005 mit der Umrüstung des Startkomplexes 200, einem früheren Startkomplex einer Proton-Trägerrakete. Dies wird mindestens fünf Jahre dauern. Vor Redaktionsschluss war 2011 als Datum für den ersten Start einer Angara im Gespräch. Wahrscheinlicher ist jedoch das Jahr 2012. Die Proton wird auf jeden Fall mindestens bis zum Jahr 2015 weiter eingesetzt werden.

## Kommerzielle Vermarktung

Schon 1999 zahlte Lockheed Martin 68 Millionen Dollar für die Rechte der Vermarktung der Angara. International Launch Systems kündigte 2005 die Vermarktung der Angara an und Lockheed Martin war bereit Investitionen in die Angara zu tätigen. Zu diesem Zeitpunkt bestand das Unternehmen jeweils zu 50 % aus Beteiligungen von Lockheed Martin und GKNPZ Chrunitschew. Im Laufe der Jahre wuchsen die Spannungen zwischen den Partnern. Die Proton, gebaut von GKNPZ Chrunitschew, erhielt mehr Starts als die Atlas III und Atlas V. Insbesondere das neue Modell Atlas V, bei dem Lockheed die Triebwerke in Russland kaufte, hatte weitaus weniger Aufträge zu verzeichnen, als sich Lockheed erhoffte. Ein Vorstoß von Lockheed, die Startpreise der Proton um 15 % anzuheben um die Atlas preislich attraktiver zu machen, wurde von GKNPZ Chrunitschew abgelehnt. Dies führte zum Zerbrechen des Joint Ventures. Ende 2006 verkaufte Lockheed Martin seine Anteile und ILS bietet nun nur noch die Proton an. Seltsamerweise sind zum gleichen Zeitpunkt auch alle Informationen über die Angara bei ILS aus dem Web verschwunden.

Die Angara sollte deutlich günstigere Transporte ermöglichen. Der Preis pro Kilogramm in einen GTO Orbit sollte von 17.000 $/kg bei der Proton K auf 15.000 $/kg bei der Proton M und auf unter 10.000 Dollar/kg bei der Angara sinken. Das entspricht einem Startpreis von 73 Millionen Dollar für die Angara 5A.

Manche Beobachter sehen auch in der starken Protegierung der Angara durch das Militär ein Hindernis für die kommerzielle Vermarktung. So musste die gesamte Startvorbereitung revidiert werden, weil das russische Militär einen Aufenthalt von maximal vier Tagen an der Startrampe forderte, anstatt den von Chrunitschew veranschlagten sieben Tagen.

## Angara 1.1 / Baikal

Das kleinste Familienmitglied verwendet nur einen URM-Booster und die Breeze KM Oberstufe. Die Nutzlast beträgt lediglich 2,0 t. Dies ist für eine Rakete mit modernen Triebwerken und dieser Startmasse ein schlechter Wert und liegt an der zu kleinen und schweren Breeze Stufe.

Allerdings dürfte diese Rakete die einzige Alternative darstellen, wenn nur kleine Nutzlasten befördern werden sollen. Da Russland dafür nicht auf die schon verfügbaren Rockot und Dnepr Raketen zurückgreifen will. Die Kosmos 3M mit einer Nutzlast von etwa 1 t wird nicht mehr gefertigt. Die Breeze KM Oberstufe und die Nutzlastverkleidung wurden von der Rockot übernommen. Die Verkleidung umgibt dabei die Breeze KM Oberstufe und die Nutzlast. Sie hat einen maximalen Durchmesser von 2,62 m. Davon sind 2,20 m nutzbar. Die nutzbare Länge beträgt 6,74 m.

Für einen 800 km hohen polaren Orbit beträgt die Nutzlast noch 1.450 kg. Gegenüber anderen Modellen nimmt die Nutzlast mit steigender Bahnhöhe langsamer ab. Das ist ein Vorteil, da in diesem Nutzlastsegment die meisten Satelliten in sonnensynchrone Bahnen von 600 bis 800 km Höhe abgesetzt werden. Wie bei der Angara 1.2 wird das URM nicht voll betankt. Es werden 125 t anstatt der maximal möglichen 131 t Treibstoff zugeladen. Die Angara 1.1 kann für Russland die Rockot und Kosmos ersetzen.

Eine geflügelte Version des Angara-URM ist unter der Bezeichnung „Baikal" von Chrunitschew vorgeschlagen worden. Baikal ist 28,10 m lang, hat eine Spannweite von 17,10 m und eine Höhe von 8,50 m. Es wiegt beim Start 168,9 t, bei der Landung noch 17,9 t. Es bringt die Nutzlast mit der Oberstufe auf eine Geschwindigkeit von 5640 m/s, kehrt dann nach einem 384 km langen Flug wieder zum Startort zurück und landet dort mit 280 km/h. Dazu nutzt er ein Düsentriebwerk in der Nase mit 5 t Schub.

Die erste Stufe, ein geflügeltes URM wiegt beim Start 130,4 t. Davon sind 109,7 t nutzbarer Treibstoff. Sie bringt die zweite Stufe, einen Block I der Angara, in 75 km Höhe, wo er zündet und eine Nutzlast von 1,9 t in einen LEO-Orbit befördert. Der Block I wiegt betankt 35,9 t und 3,7 t ohne Treibstoffe. Zusammen mit Nutzlastverkleidung und Block I hat Baikal eine Gesamtlänge von 44,00 m. Für Baikal muss das RD-191 wiederverwendbar sein. Das ist derzeit aber nicht der Fall. Angestrebt wird ein zehnmaliger Einsatz, eventuell steigerbar auf 25 Flüge. Ob Baikal jemals gebaut wird, ist derzeit noch offen.

## Datenblatt Angara 1.1

| | |
|---|---|
| Einsatzzeitraum: | ab 2011 |
| Starts: | - |
| Zuverlässigkeit: | - |
| Abmessungen: | 34,91 m Höhe |
| | 2,90 m Durchmesser |
| Startgewicht: | 149.000 kg |
| Maximale Nutzlast: | 2.000 kg in einen 200 km hohen LEO-Orbit mit 65° Inklination |
| | 1.450 kg in einen 800 km hohen sonnensynchronen Orbit |
| Nutzlasthülle: | 9,10 m Länge (nutzbar 6,74 m), 2,62 m Durchmesser |

| | URM | Breeze KM |
|---|---|---|
| Länge: | 25,90 m | 2,68 m |
| Durchmesser: | 2,90 m | 2,50 m |
| Startgewicht: | 131.000 kg | 6.300 kg |
| Trockengewicht: | 10.500 kg | 1.100 kg |
| Schub Meereshöhe: | 1.922 kN | - |
| Schub Vakuum: | 2.080 kN | 19,6 kN |
| Triebwerke: | 1 × RD-191 | 1 × S5.98 |
| Spezifischer Impuls (Meereshöhe): | 3030 m/s | - |
| Spezifischer Impuls (Vakuum): | 3304 m/s | 3192 m/s |
| Brenndauer: | 191 s | 800 s |
| Treibstoff: | LOX / Kerosin | NTO / UDMH |

# Angara 1.2

Die Angara 1.2 setzt den Block I anstatt der Breeze KM Oberstufe ein. Damit die Rakete mit der schweren Oberstufe überhaupt abheben kann, muss Treibstoff in beiden Stufen weggelassen werden. Das URM nutzt 125 t Treibstoff, die zweite Stufe nur 25 t. Bei nur leicht gestiegener Startmasse ist die Nutzlast mit 3,70 t fast doppelt so groß wie bei der Angara 1.1. Die Angara 1.2 verwendet die Nutzlastverkleidung der Sojus von 3,70 m Durchmesser und 9,83 m Länge. Die Angara 1.2 weist fast dieselbe Nutzlast wie die Zyklon auf und kann diese ersetzen.

| Datenblatt Angara 1.2 | | | |
|---|---|---|---|
| Einsatzzeitraum: | ab 2011 | | |
| Starts: | - | | |
| Zuverlässigkeit: | - | | |
| Abmessungen: | 42,73 m Höhe<br>3,70 m Durchmesser | | |
| Startgewicht: | 171.500 kg | | |
| Maximale Nutzlast: | 3.700 kg in einen 200 km hohen LEO-Orbit mit 65° Inklination | | |
| Nutzlasthülle: | 9,83 m Länge (nutzbar 3,30 m), 3,70 m Durchmesser | | |
| | **URM** | **Block I** | **Breeze KM (optional)** |
| Länge: | 25,90 m | 7,30 m | 2,68 m |
| Durchmesser: | 2,90 m | 3,60 m | 2,50 m |
| Startgewicht: | 125.500 kg | 29.000 kg | 6.300 kg |
| Trockengewicht: | 10.500 kg | 3.700 kg | 1.100 kg |
| Schub Meereshöhe: | 1.922 kN | - | - |
| Schub Vakuum: | 2.080 kN | 294 kN | 19,6 kN |
| Triebwerke: | 1 × RD-191 | 1 × RD-0124A | 1 × S5.98 |
| Spezifischer Impuls (Meereshöhe): | 3030 m/s | - | - |
| Spezifischer Impuls (Vakuum): | 3304 m/s | 3521 m/s | 3192 m/s |
| Brenndauer: | 181 s | 300 s | 800 s |
| Treibstoff: | LOX / Kerosin | LOX / Kerosin | NTO / UDMH |

## Angara A3

Die Angara A3 besteht aus drei URM, die gleichzeitig gezündet werden. Dies ist notwendig, da der Startschub von zwei Boostern nur 390 t beträgt, die Rakete aber beim Start 480 t wiegt. Dadurch ist das Stufenverhältnis recht ungünstig, auch wenn das zentrale URM bald nach dem Start mit niedrigerem Schub betrieben wird. Das ermöglicht eine längere Brennzeit und geringere Spitzenbeschleunigung der Nutzlast. Das mittlere URM arbeitet daher 89 Sekunden länger als die beiden äußeren.

Die Angara A3 ist dreistufig. Die dritte Stufe ist die Breeze M. Die zweite Stufe ist wie bei der Angara 1.2 ein modifizierter Block I. Die dritte Stufe kommt nur bei GTO oder GEO-Missionen zum Einsatz.

Verfügbar sind zwei mögliche Nutzlastverkleidungen. Beide stammen von der Proton ab. Der Durchmesser beträgt 4,35 m, davon sind 3,87 m für die Nutzlast verfügbar. Die Länge beträgt 10,00 m oder 13,20 m. Bei Verwendung der Breeze M und Breeze KM Oberstufen geht deren Höhe von der Nutzlast ab. Sie werden von der Verkleidung mit umgeben.

Die Nutzlast der Angara A3 beträgt ohne die Breeze M 14,6 t für erdnahe Orbits und 2,4 t mit der Breeze-M in einen geostationären Übergangsorbit. Die Nutzlast für den GTO-Orbit ist relativ gering. Dies liegt am stark nördlichen Startplatz. Gestartet mit 7 Grad Inklination sollte die Angara A3 nach Chrunitschews Angaben eine GTO-Nutzlast von 5,2 t und eine GEO-Nutzlast von 2.6 bis 2,8 t erreichen.

Mit 14,6 t LEO-Nutzlast kann die Angara die Zenit ersetzen. Sollte Russland jemals den Raumgleiter Kliper entwickeln, so kann auch dieser von der Angara 3A gestartet werden. Er soll 14,0 t wiegen. Für den kommerziellen Transport von Satelliten in den geostationären Orbit ist die Angara 3A aber zu leistungsschwach. Chrunitschew führt zwar eine Version mit der KVRB-Stufe auf, doch auch diese weist nur eine GTO-Nutzlast von 3.700 kg und eine GEO-Nutzlast von 2.000 kg aus. Dies ist für viele heutige Kommunikationssatelliten zu wenig Leistung.

## Datenblatt Angara A3

| | |
|---|---|
| Einsatzzeitraum: | ab 2012 |
| Starts: | - |
| Zuverlässigkeit: | - |
| Abmessungen: | 45,80 m Höhe |
| | 8,70 m Durchmesser |
| Startgewicht: | 480.000 kg |
| Maximale Nutzlast: | 14.600 kg in einen 200 km hohen 65° Orbit |
| | 2.400 kg in einen GTO-Orbit |
| Nutzlasthülle: | 10,00 und 13,20 m Länge |
| | 4,35 m Durchmesser |

| | 3 × URM | Block I | Breeze M |
|---|---|---|---|
| Länge: | 25,90 m | 7,30 m | 2,65 m |
| Durchmesser: | 2,90 m | 3,60 m | 4,10 m |
| Startgewicht: | 3 × 143.100 kg | 39.800 kg | 22.470 kg |
| Trockengewicht: | 3 × 10.500 kg | 3.700 kg | 2.370 kg |
| Schub Meereshöhe: | 3 × 1.922 kN | - | - |
| Schub Vakuum: | 3 × 2.080 kN | 294 kN | 19,62 kN |
| Triebwerke: | 3 × RD-191 | 1 × RD-0124A | 1 × S5.98 |
| Spezifischer Impuls (Meereshöhe): | 3030 m/s | - | - |
| Spezifischer Impuls (Vakuum): | 3304 m/s | 3521 m/s | 3192 m/s |
| Brenndauer: | 213,7 s / 302,7 s | 424 s | 2400 s |
| Treibstoff: | LOX / Kerosin | LOX / Kerosin | NTO / UDMH |

## Angara A5

Die Angara A5 verwendet fünf Booster, aber sonst das gleiche Konzept wie die A3. Alle fünf URM werden beim Start gezündet. Das Mittlere wird noch etwas früher als bei der Angara A3 im Schub heruntergefahren und brennt so 111 Sekunden länger als die vier äußeren Booster.

Die Nutzlast erreicht mit 24,5 t in den LEO-Orbit das Niveau der Proton und kann daher diese ersetzen. Anders als bei den anderen Typen stehen hier zwei Oberstufen zur Verfügung – die Breeze M und die KVRB. Letztere offeriert eine deutlich höhere Nutzlast. Beide Stufen ermöglichen auch Transporte direkt in den geostationären Orbit.

Für kommerzielle Transporte dürfte die Angara A5 die wichtigste Version sein. Ihre Nutzlast liegt höher als die der Proton und Zenit und schließt zu den leistungsstärksten Versionen der Atlas und Delta IV auf. Die Ariane 5 ist noch leistungsfähiger, doch diese transportiert in der Regel auch zwei Satelliten. Mit über 7 t Nutzlast kann die Angara A5 alle zurzeit in der Entwicklung befindlichen Kommunikationssatelliten transportieren.

Die Nutzlasthülle ist in zwei Längen verfügbar, doch der nutzbare Platz ist bei der größeren Hülle kleiner als bei der Kürzeren. Dies liegt darin, das die Verkleidung auch die Oberstufe mit umgibt. Die größere Verkleidung wird bei der KVRB eingesetzt, die 7,35 m länger als die Breeze M ist. Die für eine Rakete dieser Größe recht kleine Verkleidung ist sicherlich ein Schwachpunkt, da Kommunikationssatelliten inzwischen an das bei anderen Trägern verfügbare Volumen angepasst wurden. Ariane, Delta IV und Atlas V bieten Verkleidungen von 5,00 – 5,40 m Durchmesser und bis zu 20 m Länge an. Selbst die Verkleidung der Proton M ist mit 5,10 m Durchmesser und 15,22 m Länge deutlich größer als die der Angara A5.

## Datenblatt Angara A5

| | |
|---|---|
| Einsatzzeitraum: | ab 2012 |
| Starts: | - |
| Zuverlässigkeit: | - |
| Abmessungen: | 55,40 m Höhe (mit Breeze M) / 64,00 m Höhe (mit KVRB) |
| | 8,70 m Durchmesser |
| Startgewicht: | 773.000 kg (mit Breeze M) / 790.000 kg (mit KVRB) |
| Maximale Nutzlast: | 24.700 kg in einen 200 km hohen 65° Orbit |
| | 5.400 kg in einen GTO-Orbit (mit Breeze-M) |
| | 7.300 kg in einen GTO-Orbit (mit KVRB) |
| | 2.900 kg in einen GEO-Orbit (mit Breeze-M) |
| | 4.500 kg in einen GEO-Orbit (mit KVRB) |
| Nutzlastverkleidung: | 11,60 m Länge (für Breeze-M Missionen) |
| | 15,25 m Länge (für KVRB Missionen) |
| | 4,35 m Durchmesser |

| | 5 × URM | Block I | Breeze M | KVRB |
|---|---|---|---|---|
| Länge: | 25,90 m | 7,30 m | 2,65 m | 10,00 m |
| Durchmesser: | 2,90 m | 3,60 m | 4,10 m | 3,60 m |
| Startgewicht: | 5 × 143.100 kg | 39.800 kg | 22.470 kg | 22,700 kg |
| Trockengewicht: | 5 × 10.500 kg | 3.700 kg | 2.370 kg | 3,700 kg |
| Schub Meereshöhe: | 5 × 1.922 kN | - | - | - |
| Schub Vakuum: | 5 × 2.080 kN | 294 kN | 19,62 kN | 102,9 kN |
| Triebwerke: | 5 × RD-191 | 1 × RD-0124A | 1 × S5.98 | 1 × RD-56M |
| Spezifischer Impuls (Meereshöhe): | 3030 m/s | - | - | - |
| Spezifischer Impuls (Vakuum): | 3304 m/s | 3521 m/s | 3192 m/s | 4520 m/s |
| Brenndauer: | 213,7 s / 325,5 s | 424 s | 2.400 s | 834 s |
| Treibstoff: | LOX / Kerosin | LOX / Kerosin | NTO / UDMH | LOX / LH2 |

# Angara 7

Seit 2006 gibt es auch Pläne für eine Angara mit sieben URM. Erstmals wurde bei der Pariser Air Show 2009 ein Modell dieser Rakete vorgestellt. Von der Angara 5 unterscheidet sie aber nicht nur die größere Zahl an Boostern. Es gibt diese Rakete als „Angara 7P" auch in einer Version für bemannte Einsätze.

Der höhere Schub erlaubt den Einsatz einer größeren Zentralstufe mit 4,10 m Durchmesser. Die RD-191 Triebwerke scheinen bei dem Modell auch verlängerte Düsen zu besitzen. Damit kann der spezifische Impuls und Schub gesteigert werden. Es soll zwei Versionen geben – Angara 7P und 7V. Das „P" steht für „pilotiruemaya" (bemannt) und „V" steht für „vodorod" (Wasserstoff).

Die Angara 7P ist eineinhalbstufig. Die sieben Booster bilden die erste Stufe, die Zentralstufe, die gleichzeitig mit ihnen gezündet wird, die zweite Stufe. Durch die erhöhte Treibstoffzuladung brennt sie aber fast doppelt so lange und hat bei Brennschluss der Booster erst die Hälfte ihres Treibstoffs verbraucht. Dadurch resultiert ein günstiges Stufenverhältnis und eine dritte Stufe ist für LEO-Missionen nicht notwendig. Durch Zündung aller Stufen am Boden wird die Zuverlässigkeit gesteigert, ein Punkt, der für bemannte Einsätze wichtig ist.

Die Angara 7V ist zweieinhalbstufig. Die dritte Stufe setzt das RD-0146 Triebwerk ein. Dabei handelt es sich um einen alten Bekannten. Es ist eine verbesserte Version des RL-10A-4-1 Triebwerks von Pratt & Whitney. P&W vergab im Jahre 1998 einen Auftrag an KB KhimAutomatiki für die Verbesserung des RL-10. Am 7.4.2000 wurde ein entsprechender Vertrag unterzeichnet, der P&W die internationalen Vermarktungsrechte an dem Triebwerk sicherte. Die technischen Daten entsprechen in etwa dem RL-10B2. Wie dieses hat es einen Schub von rund 100 kN und eine ausfahrbare Düse.

In der bemannten Version transportiert die Angara 7P rund 35 t in einen Orbit. Unbemannt sind es sogar 40,6 t. Die Nutzlast in den GTO-Orbit liegt bei 13,5 t und bis zu 7,5 t können in den GEO-Orbit gebracht werden. Es steht eine voluminöse Nutzlasthülle von 5,50 m Durchmesser und 26,00 m Höhe zur Verfügung.

Bisher ist die Angara 7 aber noch eine Projektstudie. Sie taucht noch nicht auf den offiziellen Webseiten von Chrunitschew auf. Ob sie jemals gebaut wird, ist angesichts der langsamen Entwicklung der Angara bisher und den Problemen, die Russland bei der Finanzierung seines Weltraumprogramms hat, sehr zweifelhaft.

## Datenblatt Angara 7

| Einsatzzeitraum: | ? |
|---|---|
| Starts: | - |
| Zuverlässigkeit: | - |
| Abmessungen: | 59,40 m Höhe<br>9,90 m Durchmesser |
| Startgewicht: | 1.125.000-1.154.000 kg |
| Maximale Nutzlast: | 40.600 kg in einen 200 km hohen 65° Orbit (mit KVTK-A7).<br>35.000 kg in einen 200 km hohen 65° Orbit (ohne KVTK-A7).<br>12.500 kg in einen GTO-Orbit (mit KVTK-A7).<br>7.500 kg in einen GTO-Orbit (mit KVTK-A7). |
| Nutzlasthülle: | 26 m Länge, 5,50 m Durchmesser, 4.600 kg Gewicht |

|  | 7 × URM | Zentralstufe | KVTK-A7 |
|---|---|---|---|
| Länge: | 25,90 m | 25,90 m | 10,00 m |
| Durchmesser: | 2,90 m | 4,10 m | 3,60 m |
| Startgewicht: | 7 × 138.150 kg | 255.000 kg | 23.300 kg |
| Trockengewicht: | 7 × 10.500 kg | 15.000 kg? | 3,700 kg |
| Schub Meereshöhe: | 7 × 1.922 kN | 1.922 kN | - |
| Schub Vakuum: | 7 × 2.080 kN | 2.080 kN | 2 × 98,1 kN |
| Triebwerke: | 7 × RD-191 | 1 × RD-191 | 2 × RD-0146 |
| Spezifischer Impuls (Meereshöhe): | 3030 m/s | 3030 m/s |  |
| Spezifischer Impuls (Vakuum): | 3304 m/s | 3304 m/s | 4611 m/s |
| Brenndauer: | 202 s | 381 | 460 s |
| Treibstoff: | LOX / Kerosin | LOX / Kerosin | LOX / LH2 |

# Russische Raketenprojekte

Bis zum Zerfall der Sowjetunion 1991 setzte die UdSSR über Jahrzehnte ihre Trägerraketen nahezu unverändert ein. Die einzige Ausnahme bildete die Einführung der Zenit als „Abfallprodukt" der Energija Entwicklung. Danach wurden sehr viele neue Raketen als Ergänzung zu den bestehenden oder deren Ersatz vorgeschlagen.

Warum sollten die bestehenden Träger, die sich in Jahrzehnten bewährt hatten, ersetzt werden? Weil Teile dieser Systeme in anderen Sowjetrepubliken produziert wurden, die nun unabhängig waren. So verwandte die Zenit russische Triebwerke, wurde aber in der Ukraine produziert. Gleiches galt für die Zyklon. Es gab zwei Bestrebungen – unabhängig zu sein und politische Differenzen mit den Regierungen der neuen Staaten zu vermeiden. So erwog Russland zeitweise, auch in Swobodny ein neues Kosmodrom als Alternative zu Baikonur zu bauen.

Die neuen Träger sollten Russland unabhängig von den früheren Sowjetrepubliken machen. Es fehlte jedoch an Geld, nachdem die Wirtschaft über Jahre am Boden lag. Als sich die Situation verbesserte, vor allem durch die steigenden Einnahmen aus dem Export von Rohstoffen, waren viele der Differenzen ausgeräumt. So zahlt heute Russland eine jährliche Pacht von 115 Millionen Dollar für die Nutzung von Baikonur und dieser Vertrag ist bis zum Jahre 2050 gültig. Die meisten dieser Entwicklungsprojekte wurden daher eingestellt. Auch die Hersteller von militärischen Raketen hatten Pläne für eine zivile Nutzung ihrer ausgemusterter Träger. Neben den umgesetzten Projekten gab es auch zahlreiche, denen kein Erfolg beschieden war. Den Anfang der folgenden Aufstellung machen Projekte, um die Sojus zu modernisieren oder zu ersetzen.

## RUS (Sojus-M)

Die RUS hatte das Ziel, die Sojus zu ersetzen. Der Zentralblock sollte das Triebwerk RD-120 erhalten, das in der zweiten Stufe der Zenit eingesetzt wird. Eine Variante dieses Triebwerks, angepasst auf den Betrieb bei 1 bar Außendruck, hätte die Zentralstufe angetrieben. Deren Durchmesser wäre auf durchgehende 2,95 m vergrößert worden. Block I hätte auch ein neues Triebwerk bekommen – das RD-0124, welches heute die Sojus 2 antreibt. Die Fregat Oberstufe wäre als optionale vierte Stufe eingesetzt worden.

Im ersten Schritt sollte nur das Triebwerk von Block I ersetzt werden. Dies hätte eine rund 800 kg höhere Nutzlast erbracht. Mit der Vergrößerung von Block A auf durchgehende 2,95 m und einem ebenfalls vergrößerten Block I hätte die RUS eine Nutzlast von rund 11 t aufgewiesen. 1994 war noch von einem Jungfernflug 1998 die Rede. Danach kam die RUS in Finanzierungsschwierigkeiten und wurde eingestellt.

## Yamal

Unter der Bezeichnung Yamal oder Geos wurde das Konzept der RUS weiter verfolgt. Da die RUS zu teuer wurde, beschränkte ZSKB-Progress bei der Yamal die Änderungen auf die absolut notwendigen und reduzierte die Zahl der neuen Elemente. So sollten die Tanks der Rakete nicht erweitert werden. Die vier Außenblocks wurden unverändert übernommen. Das zentrale Triebwerk in Block A sollte durch ein NK-33 oder ein RD-120 ersetzt werden. Diese Idee wurde in der Folge bei verschiedenen Modifikationen wieder aufgegriffen. Neu war eine nicht genauer definierte Oberstufe namens „Taimyr". Sie hätte den Block L der Molnija ersetzt und sollte das Triebwerk RD-0161 mit rund 20 kN Schub einsetzen. Benannt ist die Rakete nach den gleichnamigen Halbinseln im Norden Sibiriens.

## Aurora

Eine zweite Sojus-Variante war die Aurora (russisch für Morgenröte). In ihr wären die RD-107 des Außenblocks durch RD-107A und das Zentraltriebwerk durch ein NK-33 ersetzt worden. Da das NK-33 über einen höheren Schub als das RD-108 verfügt, wäre der Durchmesser des LOX-Tanks der Zentralstufe auf 3,40 m vergrößert worden. Dies wäre auch wegen des veränderten Mischungsverhältnis notwendig. Block I wäre von einem RD-0155A angetrieben worden. In beiden Fällen wäre die Treibstoffzuladung vergrößert worden.

Für geostationäre Missionen wäre eine verkleinerte Version von Block DM mit einem nahezu sphärischen Sauerstofftank und einer ausfahrbaren Düsenverlängerung eingesetzt worden. Er hätte nur etwa 8 t Treibstoff aufgenommen. Dazu kam eine große Nutzlastverkleidung von 4 bis 5 m Durchmesser, welche der Größe von modernen Kommunikationssatelliten angepasst sein sollte.

Als Startplatz waren die Weihnachtsinseln südlich von Java im Indischen Ozean im Gespräch, die einen GTO-Orbit mit 11 Grad Bahnneigung ermöglichen. Von hier aus sollte die Aurora 12 t in einen ISS-Transferorbit bringen oder 4.500 kg in einen GTO-Orbit. Von Baikonur aus wären es noch etwa 10,6 t zur ISS gewesen. Der Jungfernflug sollte 2004 erfolgen, mit dem Ziel 2007 die ersten kommerziellen Flüge durchzuführen.

Im Jahre 1999 wurde die Konfiguration geändert: Nun sollten die Außenbooster unverändert von der Sojus übernommen werden. Anstelle eines schwenkbaren NK-33 sollte dieses nun fest in der Zentralstufe eingebaut werden. Ein RD-0124 sollte nun als Verniertriebwerk mit vier Brennkammern hinzugenommen werden. Block I sollte nun von dem RD-0124A (demselben wie in der Sojus 2) angetrieben werden. Dies erlaubt es, die unteren Elemente der Yamal zu übernehmen. Um die maximale Nutzlast von 12 t zu halten, wurde die Treibstoffzuladung von Block DM von 8 auf 10 t erhöht.

Die Aurora war als kommerzielle Rakete gedacht und nicht primär für den Start russischer Nutzlasten. Die Ende der neunziger Jahre stark sinkenden Startzahlen bei Transporten in den GTO und die Möglichkeit, die Sojus von Kourou aus zu starten, führten zum Einstellen des Projektes.

## Sojus 1

Eine neue Variation der Sojus ist die Sojus 1. Anders als die früheren Projekte handelt es sich nicht um eine leistungsstärkere Version, sondern um eine Trägerrakete im Nutzlastbereich der Rockot und Dnepr. Die Sojus 1 hat keine Booster. Der Block A wird von einem einzelnen NK-33 Triebwerk angetrieben. Der Durchmesser der unteren Sektion verjüngt sich auf 2,05 m. Die erste und zweite Stufe sind die gleichen wie bei der Sojus 2-1b. Dazu kommt eine Verkleidung des Typs „Yantar", die auch für militärische Starts der Sojus eingesetzt wird. Die Sojus 1 wiegt beim Start 136 t, hat eine Höhe von 44,00 m und einen Startschub von 1.550 kN. Die Nutzlast soll 2.850 kg in einen 200 km hohen Orbit von Baikonur aus betragen. Die Sojus 1 existiert bisher nur auf dem Papier. Sie hat den Vorteil durch die weitgehende Übernahme der bisherigen Stufen kompatibel zu den Launchpads der Sojus 2 zu sein.

## Sojus 2-3

Wird in der Sojus 2-1b in der Zentralstufe das RD-108A durch ein NK-33-1 ersetzt, so resultiert die Sojus 2-3. Das schwenkbare NK-33-1 macht auch die vier Verniertriebwerke überflüssig. Sein um rund 80 t höherer Schub erlaubt es, Block-A auf einen Durchmesser von durchgehend 2,66 m zu erweitern. Die Startmasse der Sojus 3 liegt bei rund 335,5 bis 340 t. Dies sind rund 25 t mehr als bei der Sojus 2-1b. Bei einer Höhe von 47,00 m bringt die Sojus 2-3 zwischen 10 und 10,7 t in einen erdnahen Orbit (verglichen mit 8,3-9,2 t bei der Sojus 2) und 2,48-3,9 t in den GTO Orbit (mit der Fregat Oberstufe). Die Leistung liegt so um rund 20 % höher als bei der Sojus 2-1b.

Das NK-33-1 ist eine leistungsgesteigerte und modernisierte Version des NK-33 mit rund 200 t Bodenschub, verglichen mit den 158 t des Originals.

Das Ersetzen der RD-107A in den Boostern durch die Hochdrucktriebwerke RD-0155 mit etwa gleichem Schub von 912 kN, aber höherem spezifischem Impuls, sowie weitere Optimierungen sollen schließlich die Nutzlast auf 11 bis 12 t anheben. Auch die Sojus 2-3 existiert bisher nur auf dem Papier.

## Sojus 3

Das neueste Konzept, die Sojus zu erweitern, ist die Sojus 3. Die Booster verwenden jeweils ein Triebwerk des Typs RD-120F. Das RD-120F ist eine an Bodenbetrieb angepasste Version des RD-120. Dieses Hochdrucktriebwerk ist bisher noch nicht getestet worden, verspricht aber einen höheren spezifischen Impuls als die RD-107A. Die zentrale Stufe wird von einem NK-33-1 angetrieben. Dieses ist jedoch fest eingebaut und nicht schwenkbar. Die Lageregelung erfolgt durch ein RD-0110 Triebwerk, dessen vier Brennkammern als Verniertriebwerke eingesetzt werden.

Durch den durchgängigen zylindrischen Durchmesser des Blocks A fasst dieser rund 40 t mehr Treibstoff. Soweit ähnelt das Konzept weitgehend dem der Sojus 2-3. Die gravierendste Änderung liegt in der neuen, dritten Stufe mit vier RD-0146 Triebwerken. (Siehe Angara A7 S. 181). Diese Triebwerke verbrennen Wasserstoff und Sauerstoff und sollen die Nutzlast bei einem Startgewicht von 392 t auf rund 14 t anheben. Die Sojus 3 wäre eine Alternative oder eine zweite Ausbaustufe der Sojus 2-3. Sie wurde 2005 vorgeschlagen und soll fähig sein, den Raumgleiter Kliper in eine Erdumlaufbahn zu befördern.

## Onega

Eine weitere Sojus Variante wurde von RSC Energija vorgeschlagen. Anders als bei den bisherigen Varianten sollen dabei die Booster und der Block A unverändert übernommen werden. Block I wird dagegen durch zwei kryogene Oberstufen ersetzt. Die zweite Stufe hat die Bezeichnung Block E (mit vier RD-0146E Triebwerken zu je 98 kN Schub). Ihr folgt die dritte Stufe genannt „Yastreb" mit einem RD-0126 mit 39 kN Schub. Der Start dieser nun „Onega" genannten Sojus würde von Plessezk aus erfolgen. Die Nutzlast soll 11 t in einen LEO-Orbit, aber nur 2,3 t in den GTO-Orbit betragen. Dieser Unterschied ist bedingt durch die sehr ungünstige geografische Lage von Plessezk. Benannt ist die Onega nach einem gleichnamigen russischen Fluss.

# KWANT-1

Die KWANT-1 (russisch für Quant) besteht aus zwei Elementen der Zenit 3L, jedoch unter Verwendung der Sojus Fertigungsanlagen. So verwendet die erste Stufe eine Variante des RD-120 der zweiten Stufe der Zenit. Allerdings hat sie nur 2,70 m Durchmesser, wie bei der Sojus. Die zweite Stufe ist die Oberstufe der Zenit 3SL, der Block DM. Die Elektronik stammt von den Yamal Kommunikationssatelliten. Bei einem Gewicht von 83 t hätte die KWANT-1 je nach Startort (Plessezk, Baikonur oder Sea Launch Plattform) zwischen 1.700 kg und 1.950 kg in einen 200 km hohe Bahn befördern können.

# KWANT

Der große Bruder der KWANT-1 ist die KWANT. Sie hat den gleichen durchgängigen Durchmesser von 3,90 m wie die Zenit und ist mehr als dreimal so schwer. Die erste Stufe setzt vier RD-120F Triebwerke ein, die zweite Stufe ist der normale Block DM der Zenit 3SL. Auch sie setzt die neue Elektronik der militärischen Yamal Satelliten ein. Bei einer Startmasse von 275 t befördert sie je nach Breitengrad des Startorts zwischen 4.700 und 5.800 kg in einen 200 km hohen LEO-Orbit.

# Diana-Burlak

Ein russisches Gegenstück zur Pegasus sollte die Diana-Burlak sein. Die geflügelte Rakete sollte von einer Tu-160SC (**S**pace **C**arrier) in 13.500 m Höhe bei Mach 1,7 abgeworfen werden. Sie hat nur zwei Stufen, beide angetrieben von flüssigen Treibstoffen. Der Start wird von einer IL-76 aus gesteuert und überwacht. Die Rakete hat eine Länge von 22,50 m und einen Durchmesser ohne Flügel von 1,60 m. Die Nutzlastverkleidung hat eine Länge von 3,50 m und einen Durchmesser von 1,40 m. Die erste Stufe hat rund 450 kN Schub und eine Brenndauer von 140 Sekunden, die Zweite einen Schub von 98 kN. Sie wird nach der Mission wieder deorbitiert. Die Startmasse beträgt rund 28,5 t. Von einem äquatorialen Startplatz aus können rund 1.100 kg in einen 200 km hohen Orbit gebracht werden. In einen polaren Orbit in derselben Höhe sind es noch 770 kg. Selbst in einen 1.000 km hohen SSO Orbit beträgt die Nutzlast noch 550 kg. Dies sind sehr gute Leistungen für eine so kleine, zweistufige Rakete.

Die Diana-Burlak sollte 1997/98 erstmals starten. Westlicher Partner war OHB System. OHB vermarktet auch die Kosmos. Russischer Partner war ein Konsortium unter der Führung des RADUGA Mechanical Design Bureaus. Es wurde ein sehr attraktiver Startpreis von 5 Millionen Dollar angegeben. Es fehlten jedoch 50 Millionen DM, um das Projekt umzusetzen.

## Priboj/Berkut

Die Berkut ist eine fünfstufige Rakete. Sie besteht aus der ersten Stufe der U-Boot ICBM RSM-52 (SS-N 20) als erster Stufe und einer RSM-54 (SS-N 22) als zweiter und dritter Stufe. Dazu sollten zwei weitere feste Oberstufen kommen.

Daraus entstand eine sehr lang gestreckte Rakete mit einem maximalen Durchmesser von 2,40 m und einer Länge von 27,50 m. Die Startmasse beträgt 104 t. Die maximale Nutzlast 2.400 kg. Es gab zwei Nutzlastverkleidungen von 1,65 m Durchmesser und 2,28 und 4,28 m Länge. Die Erstere ist geeignet für maximal 1.200 kg schwere Satelliten, die Zweite nutzt die volle Kapazität von 2.400 kg.

Beide Nutzlastverkleidungen sind wasserdicht, da dieselbe Rakete unter der Bezeichnung Priboj von einem auf dem Wasser schwimmenden Container gestartet werden sollte. 1995 wurde noch ein Erststart für 1997 angekündigt, danach wurde das Projekt eingestellt.

## RIF/MA

Eine weitere Nutzung von U-Boot Raketen ist die RIF/MA. Auch hier wird die RSM-52 in unveränderter Form eingesetzt. Das Volumen für die Nutzlast ist dadurch beschränkt. So stehen nur 4 m³ zur Verfügung. Geplant war ein Abwurf von einem An-124 Transportflugzeug aus. Die Nutzlast der zweistufigen Feststoffrakete sollte dann 950 kg in einen niedrigen Erdorbit betragen bei einer Startmasse von 79 t. Auch dieses Projekt von GRZKB Makejew kam nicht über die Projektphase hinaus.

## Rikscha

Das Unternehmen KompoMasch, dem unter anderem Makejew und Energomasch angehören, plante eine leistungsfähige Rakete, die bei lediglich 64 t Startmasse eine Nutzlast von 1.700 kg aufweisen sollte. Beide Stufen sollten mit LOX und Flüssigmethan angetrieben werden, die erste Stufe mit sechs RD-190 Triebwerken, die Zweite mit einem RD-185. Bei einem maximalen Durchmesser von 2,40 m wäre die Rikscha 24,30 m lang gewesen. Die Entwicklungskosten wurden auf 135 Millionen Dollar geschätzt. Ein Start sollte rund 10 bis 15 Millionen Dollar kosten. Auch dieses Projekt verließ niemals die Zeichenbretter.

# Europäische Trägerraketen

Europa durchlief in seinem Raumfahrtprogramm den gleichen Wandel wie in der Wirtschaft. Aus nationalen Programmen wurde ein paneuropäisches Programm, das immer noch nationale Akzente zuließ, aber heute von der ESA dominiert wird.

So standen am Beginn nationale Trägerraketen – die Diamant in Frankreich und die Black Arrow in England, die dann einem europäischen Programm wichen. Der erste Versuch war die Europa-Trägerrakete, doch der wirtschaftliche Erfolg kam erst mit der Ariane.

Gerade Ariane zeigt, wie wichtig es ist, nicht nur eine Rakete zu haben, sondern sich an den Kundenwünschen zu orientieren. Ariane wurde nicht so erfolgreich weil sie preiswerter als andere Modelle war, sondern weil sie zuverlässig war und verfügbar – auch wenn ein Kunde kurzfristig einen Start durchführen wollte, wie zuletzt 2007, als nach einem Fehlstart einer Zenit etliche Kunden zu Arianespace wechselten.

Allerdings musste diese Lektion auch bitter gelernt werden, denn die ersten Versuche mit einer europäischen Rakete scheiterten in den sechziger Jahren kläglich. Dies lag weniger an der Rakete als an fehlender Zusammenarbeit und Kontrolle. Seitdem ist das europäische Raketenprogramm straff organisiert unter französischer Führung.

Dies ändert sich mittlerweile. Zum einen gibt es mit der Vega die erste Rakete, die unter technologischer Führung Italiens entwickelt wird. Zum anderen will die Europäische Gemeinschaft, die mittlerweile mit dem Galileoprojekt und über Eumetsat schon Teile des Raumfahrtprogrammes mitfinanziert, auch mehr Kontrolle über das CSG (**C**entre **S**patial **G**uyanais) gewinnen.

Keine Übersicht über europäische Träger wäre vollständig, ohne den einzigen deutschen Versuch eine Trägerrakete zu entwickeln – übrigens als erster privat finanzierter Träger überhaupt. Dies war die berühmt-berüchtigte OTRAG-Rakete aus Hunderten von identischen Modulen.

Mehr über die europäischen Trägerraketen finden sie in meinen Büchern „Europäische Trägerraketen Band 1 und 2". Band 1 behandelt die Diamant A-BP4, die Black Arrow, die Europa und die Ariane 1 bis 4. Band 2 beleuchtet die aktuellen Modelle Ariane 5 und Vega.

# Diamant

Frankreich wollte, nachdem die USA und UdSSR ihre ersten Satelliten ins All gestartet hatten, ebenfalls Mitglied im exklusiven Club der Nationen werden, die einen eigenen Satelliten mit eigener Trägerrakete ins All brachten. Der dritte Platz nach den beiden Supermächten wäre für Frankreich angemessen gewesen, schließlich war Frankreich auch Atommacht. Gerade für seine Atomwaffen brauchte Frankreich aber auch eine Rakete. So konnte Frankreich beide Vorhaben bündeln und eine eigene Trägerrakete entwickeln. Die dabei gewonnenen Erfahrung sollten auch in die Entwicklung einer militärischen Rakete einfließen.

In Bewegung kam das Projekt, als Verhandlungen mit Boeing und Lockheed für eine gemeinsam entwickelte Trägerrakete scheiterten. Im März 1961 wurde beschlossen, die Diamant zu entwickeln. Der Jungfernflug war für März 1965 geplant.

Für die Erprobung wählte Frankreich einen sehr klassischen Weg. Vor dem Erstflug wurden die einzelnen Stufen und das Lenksystem einzeln getestet. Danach gab es Tests mit zwei aktiven Stufen. Daraus entstanden eine Reihe von Raketen, die auch für Forschungszwecke eingesetzt werden konnten. Da alle diese Systeme die Namen von Edelsteinen trugen, wurde diese Reihe auch die „Edelsteinserie" genannt. Es waren im Einzelnen:

- Topaze (Topaz): Test der zweiten Stufe alleine

- Rubis (Rubin): Flugerprobung der Nutzlastverkleidung und dritte Stufe, Stufentrennung und Spintisch

- Emeraude (Smaragd): Erprobung der ersten Stufe ohne Oberstufen

- Saphire (Saphir): Test der ersten und zweiten Stufe und des Lenksystems

Vor dem ersten Flug der Diamant war so die erste Stufe 20-mal, die Zweite 29-mal und die Dritte zehnmal getestet worden und Frankreich konnte recht optimistisch sein, dass die Diamant schon beim Jungfernflug erfolgreich sein würde.

# Diamant A

Die Diamant war eine dreistufige Rakete, wobei die beiden oberen Stufen feste Treibstoffe nutzten. Einige technische Lösungen waren unkonventionell und gingen auf den Schöpfer des Antriebs, dem Peenemünder Raketenwissenschaftler Karl-Heinz Bringer zurück.

So arbeitete das Vexin Triebwerk mit Druckförderung. Der Druck in den Tanks wurde aber nicht durch ein inertes Druckgas erzeugt, sondern durch einen Gasgenerator, der einen Teil des Treibstoffs verbrannte. Das Vexin Triebwerk verwendete eine radiale Einspritzung. Die Treibstoffe wurden nicht im Kopf der Brennkammer eingespritzt, sondern durch einen Ring mit 677 Löchern im oberen Drittel der Brennkammer. Vorher durchfloss der Verbrennungsträger Terpentinöl die Brennkammerwand. Durch 52 Öffnungen strömte ein Teil des Terpentins aus, verdampfte und kühlte so die Brennkammer.

Für eine druckgeförderte Stufe setzte die Emeraude einen sehr hohen Tankdruck von 28 bis 30 bar ein. Da sie allerdings eine herkömmliche Stufe mit getrennten zylindrischen Tanks war und nicht wie bei Druckgasförderung üblich, kugelförmigen Tanks, resultierte daraus eine sehr hohe Leermasse. Nach Angaben der CNES betrug die Leermasse einer konventionellen Stufe, ohne das die Tanks 30 bar aushalten müssen, nur 9% anstatt 15 % der Startmasse. Doch die Forderung nach einer möglichst schnelle Entwicklung führte zu dieser ungewöhnlichen Lösung.

Die Tanks bestanden aus hoch belastbarem Edelstahl anstatt dem leichteren Aluminium. Wie bei der Kosmos B-1 Trägerrakete wurde Terpentin, ein Kohlenwasserstoffgemisch vergleichbar Kerosin, mit Salpetersäure verbrannt.

Die zweite Stufe Topaze zeigte, dass die Diamant auch Entwicklungsvorarbeiten für eine militärische Rakete umfasste. Es war eine Feststoffoberstufe mit vier Düsen. Die Düsen waren hydraulisch schwenkbar. Sie waren mit Graphit als Ablationsschutz belegt. Eingesetzt wurde als Treibstoff eine Mischung aus Polyurethan, Aluminium und Ammoniumperchlorat. Die zweite Stufe beinhaltete auch den Bordcomputer, Telemetrie, Stromversorgung und einen Dralltisch für die dritte Stufe.

Die dritte Stufe nutzte ebenfalls einen Feststoffantrieb in einem leichten Gehäuse aus glasfaserverstärkten Kunststoffen. Er wurde am Gipfelpunkt der parabolischen Aufstiegsbahn gezündet und lieferte einen Großteil der Orbitalgeschwindigkeit. Sie war der leichteste und leistungsstärkste der drei Antriebe. Durch die zwei festen

Oberstufen konnte die Diamant A nur elliptische Umlaufbahnen erreichen. Gestartet wurde die Rakete von der Militärbasis Hammaguir in Algerien aus.

### Datenblatt Diamant A

| | | | |
|---|---|---|---|
| Einsatzzeitraum: | 1965 – 1967 | | |
| Starts: | 4, davon kein Fehlstart | | |
| Zuverlässigkeit: | 100 % erfolgreich | | |
| Abmessungen: | 18,90 m Höhe | | |
| | 2,70 m Durchmesser | | |
| Startgewicht: | 18.408 kg | | |
| Maximale Nutzlast: | 130 kg in einen 200 km hohen Orbit | | |
| | 100 kg in einen 700 km hohen Orbit | | |
| Nutzlasthülle: | 2,40 m Länge, 0,65 m Durchmesser, 45,3 kg Gewicht | | |
| | **Emeraude** | **Topaze** | **P0.64** |
| Länge: | 9,62 m | 4,70 m | 2,06 m |
| Durchmesser: | 1,41 m | 0,80 m | 0,66 m |
| Startgewicht: | 14.712 kg | 2.930 kg | 712 kg |
| Trockengewicht: | 1.950 kg | 670 kg | 68 kg |
| Schub Meereshöhe: | 274 kN | - | - |
| Schub Vakuum: | 310 kN | 150 kN | 52 kN |
| Triebwerke: | 1 × Vexin-B | 4 × fest | 1 × fest |
| Spezifischer Impuls (Meereshöhe): | 1991 m/s | - | - |
| Spezifischer Impuls (Vakuum): | 2274 m/s | 2539 m/s | 2677 m/s |
| Brenndauer: | 93 s | 44 s | 45 s |
| Treibstoff: | Salpetersäure/Terpentin | fest | fest |

*Abbildung 32: Start der ersten Diamant A mit dem Satelliten Asterix*

## Diamant B

Die Diamant B ersetzte in der ersten Stufe die Treibstoffe durch die modernere Kombination NTO und UDMH. Dabei wurde das Triebwerk in der Leistung gesteigert. Der Valois Antrieb verwandte dieselbe Technologie wie das Vexin, aber er profitierte von den operationellen Erfahrungen. So hatte der Einspritzring nur noch 410 Bohrungen und es reichten auch 41 Schlitze für die Filmkühlung. Auch die Tanks konnten dünner gemacht werden, sodass die Leermasse nur um 10 % anstieg, während die Startmasse um 40 % höher war. Geplant war ursprünglich eine erste Stufe mit 16 t festem Treibstoff aus einer militärischen Rakete. Doch die CNES hoffte auf Starts von Drittländern und wollte den Charakter einer zivil entwickelten Rakete erhalten. Die Startkosten und die Nutzlast einer Diamant B waren mit denen der amerikanischen Scout D vergleichbar. Es kam aber nur zu einem Flug mit einer nicht französischen Nutzlast – der Start des deutschen Satelliten Dial beim Jungfernflug.

Der eigentliche Grund für die Entwicklung der Diamant B war die dritte Stufe. Die dritte Stufe mit ihrem Antrieb „Dropt" war als vierte Stufe für die Europa II Rakete vorgesehen. Die Starts mit der Diamant boten der ELDO die Gelegenheit, die Stufe vorher auf der Diamant zu testen und damit teure Erprobungsstarts der Europa II einzusparen. Nach Einstellung dieses Projektes kam es jedoch zu keinem Flug der Diamant B für die ELDO.

Die P0.68 hatte mit der P0.64 vergleichbare technische Daten, war jedoch deutlich kürzer. Zusammen mit einer neuen Nutzlastverkleidung von 0,80 m Durchmesser aus glasfaserverstärktem Kunststoff gab es so mehr Platz für die Nutzlast. Diese stieg auch an durch ein neues Flugregime, bei dem die P0.68 schon vor dem Erreichen des Gipfelpunkts der Bahn gezündet wurde. Dadurch waren nun auch kreisförmige Umlaufbahnen möglich.

Von den fünf Flügen scheiterten zwei. Beim Zweiten zündete die Topaze nicht und beim Letzten gelang es nicht, die Nutzlastverkleidung abzutrennen. Ein ähnliches Problem hatten die USA bei einer neuen Nutzlastverkleidung aus demselben Material bei Mariner 3. Dies dürfte auch ein Grund für den Wechsel der Nutzlastverkleidung bei der Nachfolgeversion sein.

Die Diamant B startete anders als die Vorgängerversion nicht von Hammaguir in Algerien aus, sondern war die erste Rakete, die vom Centre Spatial Guyanais in Kourou, Französisch-Guyana, aus startete und so diesen neuen Weltraumbahnhof einweihte. Bedingt durch die größere erste Stufe und die geografisch günstige Lage stieg die Nutzlast auf rund 190 kg an. Frankreich musste nach dem verlorenen Algerienkrieg ihr Startgelände in der algerischen Wüste aufgegeben und entschied sich für den Französisch-Guyana als Nachfolge für Hammaguir.

| | Datenblatt Diamant B | | | |
|---|---|---|---|---|
| Einsatzzeitraum:<br>Starts:<br>Zuverlässigkeit:<br>Abmessungen:<br><br>Startgewicht:<br>Maximale Nutzlast:<br><br>Nutzlasthülle: | 1970 – 1973<br>5, davon 2 Fehlstarts<br>60,0 % erfolgreich<br>23,50 m Höhe<br>2,70 m Durchmesser<br>24.620 kg<br>190 kg in einen 200 km hohen äquatorialen Orbit<br>113 kg in einen 200 km hohen polaren Orbit<br>2,80 m Länge, 0,85 m Durchmesser. | | | |
| | Amèthyste | Topaze | P0.68 |
| Länge: | 13,20 m | 4,70 m | 1,67 m |
| Durchmesser: | 1,41 m | 0,80 m | 0,80 m |
| Startgewicht: | 20.300 kg | 2.930 kg | 687 kg |
| Trockengewicht: | 2.200 kg | 670 kg | 67 kg |
| Schub Meereshöhe: | 316 kN | - | - |
| Schub Vakuum: | 396 kN | 150 kN | 50 kN |
| Triebwerke: | 1 × Valois | 4 × fest | 1 × Dropt |
| Spezifischer Impuls (Meereshöhe): | 2026 m/s | - | - |
| Spezifischer Impuls (Vakuum): | 2491 m/s | 2539 m/s | 2696 m/s |
| Brenndauer: | 116 s | 44 s | 46 s |
| Treibstoff: | NTO / UDMH | fest | fest |

*Abbildung 33: Start der zweiten Diamant B*

# Diamant BP4

Die letzte Version der Diamant wurde von 1972 bis 1974 mit dem Ziel entwickelt, möglichst preiswert die Nutzlast für höhere Bahnen zu steigern. Schon 1974 wurde beschlossen, die Herstellung der Diamant einzustellen. So wurden nur die drei Diamant BP4, die für noch anstehende Nutzlasten gefertigt wurden, gestartet.

Die letzte Version der Diamant erhielt ihre Bezeichnung aufgrund der neuen Zweitstufe „P4". Sie wurde aus der französischen U-Boot-Lenkwaffe MSBS-1 (**Mer-S**ol **B**alistique **S**tratégique) entwickelt. Die P4 beinhaltete nahezu die doppelte Treibstoffmenge wie die Topaze und erhöhte die Nutzlast um rund 20% gegenüber der Diamant-B. Die Brennkammer bestand nun aus Graphitfasern in Epoxidharz. Dieses Material löste den schwereren Stahl der Topaze ab. Sie war kompakter und hatte den gleichen Durchmesser wie die erste Stufe. Die Stufe hatte ein einzelnes, nicht schwenkbares Triebwerk mit einem Düsenhals aus Graphit und einer Düse aus Kohlefaserverbundwerkstoffen. Die Düse war an der Außenseite belegt durch Verstärkungen aus Refrasil, einem feuerfesten, faserigen Silikatmaterial. Die Stabilisierung erfolgte durch vier Einspritzdüsen für Freon in den Düsenhals zur Schubvektorsteuerung und durch kleine Raketen für die Rollsteuerung. Das Ausrüstungsmodul mit der Elektronik und Navigation von 50 cm Länge wog 147 kg. Der Spin-Tisch für die dritte Stufe und das Heck der P4 wogen zusammen weitere 47 kg bei 1,51 m Länge. Beide Teile waren ringförmig und wurden aus einer leichten Aluminium-Magnesiumlegierung gefertigt.

Des weiteren wurde der Adapter zur ersten Stufe nach der Zündung abgesprengt, sodass die zweite Stufe auch dadurch etwas leichter wurde. Dieser Adapter wurde etwas verlängert, wodurch die Gesamtlänge von 14,01 m auf 14,68 m anstieg. Der 1,78 m lange, zylindrische Adapter wog 145 kg.

Die erste und dritte Stufe wurden unverändert von der Diamant-B übernommen. Der 50 cm lange Drittstufenadapter aus Aluminium und Magnesium wog 23 kg. Ein Spannband verband die zweite und dritte Stufe. Nach dessen Durchtrennung drückten acht Federn die beiden Stufen auseinander.

Die Diamant BP4 bekam auch eine neue Nutzlastverkleidung, welche die dritte Stufe mit umhüllte. Dabei übernahm die CNES die Hülle von der Black Arrow. Sie bot der Nutzlast mit 1,5 m³ Volumen erheblich mehr Raum als die vorherige Version mit nur 0,73 m³. Die Nutzlastverkleidung bestand aus Aluminium und Magnesium, hatte eine Länge von 3,46 m, einen Außendurchmesser von 1,38 m und einen nutzbaren Innendurchmesser von 1,23 m.

## Datenblatt Diamant BP4

| | | | |
|---|---|---|---|
| Einsatzzeitraum: | 1975 | | |
| Starts: | 3, davon kein Fehlstart | | |
| Zuverlässigkeit: | 100 % erfolgreich | | |
| Abmessungen: | 22,39 m Höhe | | |
| | 2,70 m Durchmesser | | |
| Startgewicht: | 27.500 kg | | |
| Maximale Nutzlast: | 220 kg in einen 200 km hohen äquatorialen Orbit. | | |
| | 195 kg in einen 500 km hohen äquatorialen Orbit. | | |
| | 100 kg in einen 500 km hohen polaren Orbit. | | |
| Nutzlasthülle: | 3,60 m Länge, 1,40 m Durchmesser, 68 kg Gewicht | | |

| | Amèthyste | P-4 | P0.68 |
|---|---|---|---|
| Länge: | 13,20 m | 2,28 m | 1,67 m |
| Durchmesser: | 1,41 m | 1,51 m | 0,80 m |
| Startgewicht: | 20.300 kg | 4.795 kg | 687 kg |
| Trockengewicht: | 2.200 kg | 745 kg | 67 kg |
| Schub Meereshöhe: | 316 kN | - | - |
| Schub Vakuum: | 396 kN | 180 kN | 50 kN |
| Triebwerke: | 1 × Valois | 1 × Rita 1 | 1 × Dropt |
| Spezifischer Impuls (Meereshöhe): | 2026 m/s | - | - |
| Spezifischer Impuls (Vakuum): | 2491 m/s | 2687 m/s | 2696 m/s |
| Brenndauer: | 116 s | 62 s | 46 s |
| Treibstoff: | NTO / UDMH | fest | fest |

*Abbildung 34: Jungfernflug der Diamant BP-4*

# Black Arrow

Auch England wollte eine eigene Trägerrakete besitzen. Doch sollte diese möglichst preiswert sein. Von 1961 bis 1966 wurden alle Vorschläge für eine Trägerrakete als zu teuer abgelehnt. Erst danach konnte sich die britische Regierung für eine Minimallösung erwärmen. Die Black Arrow entstand aus der Black Knight Höhenforschungsrakete. Diese verwandte ein Triebwerk mit vier Brennkammern. Für die erste Stufe der Black Arrow wurde die Zahl der Brennkammern auf acht verdoppelt und der Durchmesser vergrößert. Für die zweite Stufe wurde die Zahl der Brennkammern halbiert und die Düsen für den Betrieb im Vakuum verlängert. Zusätzlich wurde die Stufe gekürzt. Beide Stufen hatten getrennte Tanks für Kerosin und Wasserstoffperoxid. Sie verbrauchten den Treibstoff weitgehend vollständig. Dies geschah, indem Sensoren die Entleerung des Wasserstoffperoxidtanks überwachten und dann die Triebwerke abschalteten. Da achtmal mehr Wasserstoffperoxid als Kerosin an Bord war, gab es so nur noch geringe Restmengen an Kerosin. Alle Triebwerke verwandten einen geschlossenen Kreislauf und injizierten die Abgase der Turbine in die Brennkammer. Gespeist wurde die Turbopumpe mit katalytisch zersetzen Wasserstoffperoxid.

Die dritte Stufe nutzte einen Feststoffantrieb. Sie wurde von der zweiten Stufe in rasche Rotation versetzt und so stabilisiert. Mit ihrem leichtgewichtigen Gehäuse und ihrer langen Expansionsdüse besaß sie die höchste Ausströmgeschwindigkeit aller Stufen. Die anderen Stufen waren durch schwenkbare Triebwerke steuerbar. In der ersten Stufe waren jeweils zwei Triebwerke um eine Achse schwenkbar. In der zweiten Stufe waren die beiden Triebwerke in beiden Achsen beweglich.

Die Black Arrow verwandte eine ungewöhnliche Treibstoffkombination – Wasserstoffperoxid und Kerosin. Bedingt durch das im Wasserstoffperoxid enthaltene Wasser war der spezifische Impuls dieser Kombination recht niedrig. Bei der Black Arrow kompensierten die Entwickler dies durch geringe Trockengewichte. Die unteren beiden Stufen bestanden aus Aluminium mit dünnen Tankwänden. So wog die erste Stufe bei 14 t Startgewicht leer nur etwas über 1 t. Das ist bei einer so kleinen Stufe ein sehr guter Wert. Das Steuerungssystem befand sich in der zweiten Stufe, welche die dritte Stufe auf eine parabolische Bahn brachte. Diese zündete dann ihren Antrieb und erreichte Orbitalgeschwindigkeit. Geplant waren zwei Flüge, ein suborbitaler Testflug und ein orbitaler Einsatz. Doch der erste suborbitale Flug scheiterte und musste wiederholt werden. Das Gleiche galt für den orbitalen Test. Bevor der zweite Orbitaltest erfolgte, beschloss die britische Regierung die Einstellung des Programms, erlaubte aber noch den vierten Start.

Dieser glückte und beförderte den Satelliten Prospero in den Orbit. Gestartet wurde die Black Arrow von Woomera in Australien aus.

Danach zog sich England aus der Trägerraketenentwicklung zurück und ist auch heute nicht an der Ariane oder Vega beteiligt Inzwischen verfügen ehemalige englische Kolonien wie Indien über mehr Know-How in der Weltraumtechnik als das Vereinigte Königreich.

| Datenblatt Black Arrow | | | |
|---|---|---|---|
| Einsatzzeitraum: | 1968 – 1971 | | |
| Starts: | 2, davon ein Fehlstart (plus zwei suborbitale Tests) | | |
| Zuverlässigkeit: | 50,0 % erfolgreich | | |
| Abmessungen: | 12,90 m Höhe | | |
| | 2,01 m Durchmesser | | |
| Startgewicht: | 18.144 kg | | |
| Maximale Nutzlast: | 134 kg in einen 200 km hohen polaren Orbit. | | |
| | 102 kg in einen 500 km hohen polaren Orbit. | | |
| Nutzlasthülle: | 3,60 m Länge, 1,40 m Durchmesser, 68 kg Gewicht | | |
| | **Stufe 1** | **Stufe 2** | **Waxwing** |
| Länge: | 5,80 m | 2,90 m | 1,32 m |
| Durchmesser: | 2,00 m | 1,37 m | 0,72 m |
| Startgewicht: | 14.102 kg | 3.439 kg | 350 kg |
| Trockengewicht: | 1.068 kg | 481 kg | 35 kg |
| Schub Meereshöhe: | 222,4 kN | - | - |
| Schub Vakuum: | 257,3 kN | 68,2 kN | 29,3 kN |
| Triebwerke: | 1 × Gamma 8 | 1 × Gamma-2 | 1 × Waxwing |
| Spezifischer Impuls (Meereshöhe): | 2128 m/s | - | - |
| Spezifischer Impuls (Vakuum): | 2472 m/s | 2598 m/s | 2726 m/s |
| Brenndauer: | 142 s | 113 s | 28 s |
| Treibstoff: | Wasserperoxid/ Kerosin | Wasserperoxid/ Kerosin | fest |

*Abbildung 35: Erster orbitaler Testflug einer Black Arrow*

# OTRAG

Im Sommer 1971 vergab das BMFT (**B**undes**m**inisterium für **F**orschung und **T**echnologie) Studien, um eine kostengünstige Alternative für die Europa I zu finden. Unter den Firmen, die Vorschläge einreichten, befand sich auch die von Lutz Kayser gegründete Technologieforschung GmbH. Ihr Konzept war völlig anders als bei allen etablierten Firmen. Es sah die Verwendung von Salpetersäure und Heizöl als preiswerte Treibstoffe, sechs Tanks mit je 36 einfachen, kleinen, ablativ gekühlten Triebwerken pro Modul und sechs Module für die Erste und ein Modul für die zweite Stufe vor. Die Treibstoffförderung sollte durch Druckgas erfolgen. In den folgenden Jahren erhielt die Technologieforschung GmbH 4,5 Millionen DM an Fördergeldern, mit denen das Konzept verfeinert und Triebwerke auf DLR Testständen erprobt wurden. Danach hatte das Forschungsministerium wegen der Beteiligung an Ariane kein Interesse mehr an einer weiteren Untersuchung.

Lutz Kayser gründete daraufhin am 17.10.1974 die OTRAG (**O**rbital **T**ransport- und **R**aketen-**A**ktien**g**esellschaft). Bis 1978 hatte er rund 95 Millionen DM von rund 1.150 Gesellschaftern acquiriert. Dies fiel deswegen leicht, weil nach dem damals geltenden Steuerrecht Aktionäre Verluste bis zu 275 % ihrer Höhe steuerlich geltend machen konnten. Vorstandsvorsitzender und Galionsfigur, aber ohne Einfluss, war Kurt Debus, ehemaliger Chef des Kennedy Space Centers. Kayser verkaufte der OTRAG die Rechte an seinen „Erfindungen" für 150 Millionen DM und strich davon gleich 20 Millionen ein. Der Rest sollte bei erfolgreichen Flügen gezahlt werden, zusätzlich zu einer Gewinnbeteiligung von 3 bis 5 %.

Das ursprüngliche Konzept hatte sich nur in einem Punkt geändert. Anstatt der großen Module setzte Kayser nun auf kleine Tanks; einen pro Triebwerk. Der Grund war die Förderung der Treibstoffe durch Druck – dadurch würden die Böden der Tanks ausbeulen. Sie mussten aber, um die Triebwerke gleichmäßig zu versorgen, plan sein. So verwandte die OTRAG dünne Tanks von 3 m Länge und nur 27 cm Durchmesser. Die Wandstärke betrug zwischen 0,5 mm und 1 mm. Mehrere dieser Rohre wurden zu einem Modul verbunden. Den Abschluss bildeten Tanks mit Treibstoffleitungen. Verlängerungen hatten jeweils durchlöcherte Böden. Ein Tank für die Orbitalversion sollte 24 m hoch sein und aus 8 einzelnen Tanks bestehen. Die Unteren zwei nahmen das Kerosin auf, die Oberen sechs konzentrierte Salpetersäure. Die Treibstoffleitung führte dann am Kerosintank herunter. Die Tanks bestanden aus Edelstahl und waren nur zu etwa zwei Drittel gefüllt. Der Rest war Druckluft unter 40 bar Druck zur Förderung der Treibstoffe. Am Boden des Kerosintanks befand sich wässrige Furanollösung. Sie vermischte sich nicht mit Kerosin, war schwerer als dieses und entzündete sich mit Salpetersäure hypergol.

Das Triebwerk bestand aus einem Einspritzblock und einer Brennkammer. Am Ende des Einspritzblocks saßen Kugelventile aus der chemischen Industrie. Sie wurden von einem Scheibenwischermotor betätigt. Es gab drei Stellungen: zu, halb offen und offen. Der radiale Einspitzblock bestand aus drei Ringen mit jeweils 48 Löchern. Dieses Konzept wurde, wie auch die Druckgasförderung, von deutschen Raketenwissenschaftlern übernommen, die vorher an der Veronique und Diamant arbeiteten. Die eigentliche Brennkammer war eine zylindrische Höhle in einem Phenolharz/Astbestblock. Der Düsenhals aus Graphit hatte eine Öffnung von 100 mm. Bei den Testflügen gab es keine Entspannungsdüse, später wäre sie aus dem Block heraus gefräst worden. Der Durchmesser des Blocks begrenzte das Entspannungsverhältnis auf einen niedrigen Wert von etwa 5 bis 6. Das Triebwerk war insgesamt 1 m lang und wog rund 65 kg. Während des Betriebs wurde Wandmaterial durch Ablation abgetragen.

Ein einzelnes Modul wog betankt 1.515 kg und 165 kg leer. Der Schub nahm durch den abnehmenden Tankdruck von 35 kN auf 15 kN ab. Die Brenndauer war durch den Düsenhalsdurchmesser variierbar zwischen 20 und 150 Sekunden. Die Ausströmgeschwindigkeit war bei den Tests recht niedrig und lag wegen der fehlenden Düse bei nur 1800 m/s. Über den möglichen spezifischen Impuls, der entscheidend für die Höhe der Nutzlast ist, gab es unterschiedliche Angaben. Lutz Kayser hielt bis zu 2900 m/s durch einen Düseneffekt vieler Module für möglich. Interne Papiere und unabhängige Experten nahmen dagegen einen Wert von maximal 2400 m/s am Boden und 2600 m/s im Vakuum an.

Die Rakete selbst bestand aus Stufen, die wie Zwiebelschalen die inneren Stufen umgaben. Die kleinste Version der OTRAG-Rakete sollte in der ersten Stufe 48 Module, in der Zweiten 12 und in der Dritten vier Module einsetzen. Sie sollte rund 1 t in eine Umlaufbahn befördern. Größere Versionen sollten 64, 128, 256 oder 512 Module einsetzen. Doch mehr als Tests mit maximal vier Modulen, die nur teilweise mit Treibstoff befüllt waren und eine Gipfelhöhe von 10 bis 12 km erreichten, konnte in mehreren Jahren Entwicklung nicht vorgewiesen werden. Auch zahlreiche wichtige Fragen, wie die Lageregelung durch Herunterregeln einzelner Triebwerke oder die Stufentrennung der ineinander verschachtelten Stufen funktionieren sollten, blieben offen.

# Die OTRAG und die Politik

Die OTRAG geriet in internationale Schlagzeilen weniger durch ihre fachliche Kompetenz oder Erfolge bei Raketenstarts, als vielmehr durch Anbiederung an Diktatoren und Spekulationen über eine militärische Nutzung der Rakete. 1976 pachtete die OTRAG ein Gelände in Zaire. Sehr schnell war sich Kayser mit Diktator Mobutu einig geworden. Von dort aus fanden drei Starts von vier Modulen mit 6 und 12 m Tanklänge statt. Der letzte scheiterte, als die Rakete wegen eines verspäteten Besuchs Mobutos zu lange aufgetankt blieb. Dadurch korrodierten Lager und der Motor konnte eines der Triebwerke nicht in die „Offen" Stellung bringen und die Rakete driftete wegen der Schubasymmetrie vom Start weg nach links ab. Die Nachbarländer vermuteten eine militärische Nutzung der Rakete und protestierten gegen die OTRAG-Aktivitäten, Angola sogar beim Weltsicherheitsrat. Moskau betrieb Propaganda gegen die Aufrüstung Zaires durch „westdeutsche Raketen". Im Juni 1978 bekam Bundeskanzler Helmut Schmidt die Beschwerden persönlich bei einer Afrikareise vorgetragen. Als Folge entfiel der Sonderstatus der OTRAG. Verluste konnten nun nur noch mit ihrem tatsächlichen Wert steuerlich geltend gemacht werden. Das beendete den Zufluss neuen Kapitals. Mobutu kündigte 1979 den Pachtvertrag auf Druck verschiedener Staaten und zugesagter Entwicklungshilfe Deutschlands für den Stopp der OTRAG-Aktivitäten.

Doch anstatt daraus zu lernen, schloss Kayser nun einen Vertrag mit Gaddafi ab und startete von der Libyschen Wüste aus die Raketen. Kurt Debus verließ die Firma, weil er den Schwenk von einer zivilen Nutzung zu einer militärischen nicht mittragen wollte. Nur der erste Start, der nach 21 Sekunden scheiterte, wurde noch öffentlich bekannt gemacht. Die folgenden 10 Tests waren dann schon geheim. 1982 war die ORTAG fast bankrott. Kayser musste gehen und Frank Wukasch, als sein Vize, versuchte eine Einigung mit der Bundesregierung, indem er die OTRAG als Höhenforschungsrakete anbot. Es gab nur einen Start 1982 in Kiruna. In Wirklichkeit arbeiteten zahlreiche Mitarbeiter der ORTRAG direkt für das libysche Militär weiter, während die Firma selbst Konkurs anmeldete. Die CIA berichtete, dass die ehemaligen OTRAG-Mitarbeiter Libyen maßgeblich beim Bau der Mittelstreckenrakete Al-Fatah geholfen haben sollen. Kayser behauptet, enteignet worden zu sein. Dies hinderte in aber nicht daran, bis Ende 2002 in Libyen zu arbeiten, einen Wohnsitz in Tripolis zu haben und einen Posten als Direktor der libyschen Akademie der Wissenschaften einzunehmen.

Heute lebt Lutz Kayser in Amerika und hat die Einpersonengesellschaft „von Braun Debus Kayser Rocket Science LLC" gegründet. Er ist Berater der US-Firma Interorbital Systems, die mit dem OTRAG-Konzept Satelliten und bemannte Raumflüge zu Dumping Preisen durchführen möchte. In rund vier Jahren hat die OTRAG mit niemals mehr als 40 Mitarbeitern rund 150 Millionen DM ausgegeben und kann dafür etwa ein Dutzend Starts von einzelnen Modulen, nicht größer als kleinere Höhenforschungsraketen, vorweisen. Inflationsbereinigt ist dies heute weniger als die gesamten Entwicklungskosten für die Vega von 2002 – 2009. Das Datenblatt zeigt die Daten der projektierten Rakete mit rund 8 t Nutzlast.

| Datenblatt OTRAG 512 | | | |
|---|---|---|---|
| Einsatzzeitraum: | 1977 – 1982 (nur suborbital) | | |
| Starts: | 15, davon 2 Fehlschläge (nur suborbital, OTRAG Angaben) | | |
|  | 3 orbitale, 2 suborbitale Fehlstarts | | |
| Zuverlässigkeit: | 86,6 % | | |
| Abmessungen: | 36,00 m Höhe | | |
|  | 4,80 × 9,60 m Durchmesser | | |
| Startgewicht: | 757.000 kg | | |
| Maximale Nutzlast: | 8.000 kg in einen 200 km hohen Orbit | | |
|  | 3.200 kg in einen GTO-Orbit | | |
|  | 1.600 kg in einen GSO-Orbit | | |
| Nutzlasthülle: | 11,00 m Länge, 4,80 × 9,60 m Durchmesser | | |
|  | **Stufe 1** | **Stufe 2** | **Stufe 3** |
| Länge | 25,00 m | 18,00 m | 18,00 m |
| Durchmesser: | 9,60 m | 4,80 m | 2,40 m |
| Startgewicht: | 581.760 kg | 110.592 kg | 36.864 kg |
| Trockengewicht: | 64,512 kg | 13.440 kg | 4.480 kg |
| Schub Meereshöhe: | 384 × 25 kN | 96 × 25 kN | 32 × 25 kN |
| Schub Vakuum: | 384 × 30 kN | 96 × 30 kN | 32 × 30 kN |
| Triebwerke: | 384 × PAK | 96 × PAK | 32 × PAK |
| Spezifischer Impuls (Meereshöhe): | 2400 m/s | 2400 m/s | 2400 m/s |
| Spezifischer Impuls (Vakuum): | 2600 m/s | 2600 m/s | 2600 m/s |
| Brenndauer: | 120 s | 90 s | 90 s |
| Treibstoff: | Salpetersäure/ Kerosin | Salpetersäure/ Kerosin | Salpetersäure/ Kerosin |

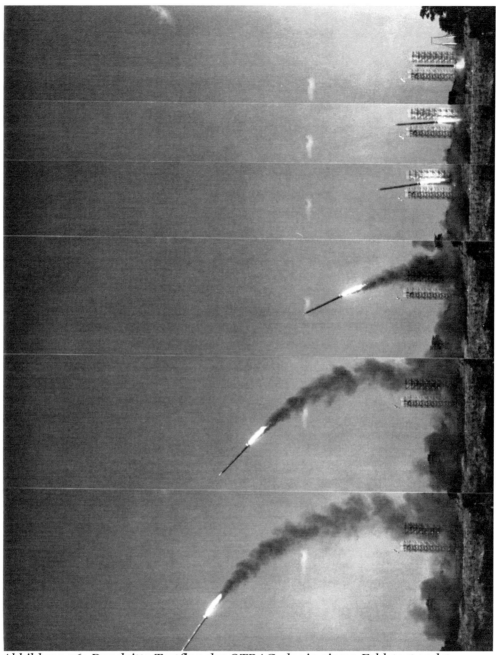

*Abbildung 36: Der dritte Testflug der OTRAG, der in einem Fehlstart endet.*

# Europa

Die Europa war der erste Versuch einer europäischen Trägerrakete, die von 1962 bis 1971 entwickelt wurde. Sie basierte auf der britischen Mittelstreckenwaffe Blue Streak, die militärisch obsolet geworden war und die in eine Trägerrakete umgewandelt werden sollte. Der geringe Schub der Blue Streak erlaubten jedoch nur sehr kleine Oberstufen und die Nutzlast der Europa I war so begrenzt. Sie wurde ab 1967 nur noch als Erprobungsmuster für die Europa II angesehen, die mit einer zusätzlichen vierten Stufe Satelliten in den geostationären Orbit bringen sollte.

Während die suborbitalen Testflüge durchwachsen verliefen, scheiterten alle orbitalen Testflüge. Grund dafür war, dass jeder Staat seine eigene Stufe entwickelte und es keine internationale Zusammenarbeit gab. Dadurch waren Fehler vorprogrammiert. So gab es keinerlei Integrationsprüfungen ob die Systeme der einzelnen Stufen untereinander verträglich waren, oder was passiert, wenn der Steuerungsrechner durch ein anderes Modell ersetzt wird.

Die ELDO (**E**uropean **L**auncher **D**evelopment **O**rganisation) hatte zudem keine Kontrolle über das Projekt, sondern die nationalen Ministerien. Beschlüsse wurden von einem halbjährlich tagenden Ministerrat getätigt.

Innerhalb der Entwicklungszeit verschoben sich die Interessen. Anfangs war England die treibende Kraft. Später wollte sich Großbritannien aus dem Projekt zurückziehen und tat dies schließlich auch 1969. Frankreich wollte die Entwicklung schon 1965 abbrechen und zu einer leistungsfähigeren Version übergehen, aus der später die Europa III entstehen sollte. In Deutschland wuchs vor allem am Ende der Entwicklungszeit die Kritik an dem Projekt, bedingt durch einen laufend angestiegenen deutschen Anteil an den Gesamtkosten und dem fehlenden Erfolg.

Mit dem Beschluss zur Entwicklung der späteren Ariane wurden 1972 alle Arbeiten an der Europa zuerst ausgesetzt, später eingestellt und die ELDO aufgelöst. Die ELDO war eine teure Lehre für Europa – 732 Millionen Dollar hatte die Agentur in knapp 10 Jahren ausgegeben, weitaus mehr als die Entwicklung der viermal leistungsfähigeren Ariane 1 kosten sollte. Europa zog aber auch Lehren daraus und Ariane entstand unter der Führung Frankreichs mit einem Hauptauftragnehmer, der dann die Aufträge wieder nach Beteiligung der Länder aber auch nach technischer Kompetenz der beteiligten Firmen vergab. Nachdem Europa mit der „Europa" gelernt hatte, wie es nicht ging, sollte mit Ariane eine Trägerrakete entstehen, die genau diese Fehler vermied.

# Europa I

Die Europa I war eine dreistufige Rakete, bestehend aus den Stufen Blue Streak (England), Coralie (Frankreich) und Astris (Deutschland). Beteiligt an dem Projekt waren auch Holland (Steuerung), Italien (Nutzlastverkleidung), Belgien (Bahnverfolgung) und Australien (Startbasis in Woomera).

Die Blue Streak existierte schon vor der Europa. Sie war als Mittelstreckenrakete auf Basis der Technologie der amerikanischen Jupiter und Atlas von England entwickelt worden. Die Triebwerke stammten von Rocketdyne und wurden weitgehend in Lizenz nachgebaut, enthielten aber auch britische Teile. Die Rakete hatte nicht selbsttragende Tanks wie die Atlas. Zur Druckbeaufschlagung diente Stickstoff in Druckgasflaschen. Während des Fluges lag der Tankdruck bei 1,8 – 2,1 bar. Der unten liegende Kerosintank war durch Spanten verstärkt, um die Schubkräfte besser aufnehmen zu können. Die Triebwerke RZ2 waren kardanisch schwenkbar. Dazu gab es eine Hydraulik im Heck der Rakete. Die Blue Streak hatte eine eigene Steuerung, Telemetrie und Stromversorgung.

Für die Europa wurde der Schub der RZ2 Triebwerke von 610 auf 667 kN pro Triebwerk angehoben. Das reichte aus, um die beiden oberen Stufen transportieren zu können. Größere Stufen hätten nicht nur leistungsfähigere Triebwerke, sondern auch strukturelle Verstärkungen erfordert. Die Triebwerke basierten auf dem Jupiter S-3 Triebwerk mit einem klassischen Nebenstromverfahren.

Die zweite Stufe Coralie musste recht schnell entwickelt werden, da die Blue Streak schon existierte und nach deren Erprobung in den Testflügen F1 bis F5 die nächsten beiden Testflüge mit einer zweiten Stufe erfolgen sollten. Um die aerodynamische Belastung zu verringern, sollte die Stufe recht kompakt sein. So entschloss sich die CNES für eine Version mit vier Triebwerken. Dies verkürzte die Stufenlänge auf nur 5,50 m. Alle vier Düsen waren hydraulisch schwenkbar, sodass keine Rollachsensteuerung notwendig war. Aus Zeitgründen wurde die Technik der Diamant übernommen. Im Heck der Stufe gab es einen Gasgenerator mit eigenem Treibstoffvorrat. Er verbrannte die gleiche Mischung wie die Stufe (NTO und UDMH) und erzeugte heißes Arbeitsgas, mit dem die Tanks auf 18,4 bar Flugdruck gesetzt wurden. Das Voll/Leermasseverhältnis war daher wie bei der Diamant recht schlecht, obwohl es einen durchgehenden Tank mit einem Zwischenboden gab. Als Material wurde Stahl verwendet, da es dem Druck am besten widerstand. Die Coralie wurde auch alleine getestet. Fünf Flüge waren geplant, aber nur drei wurden durchgeführt. So entfiel z.B. der geplante Coralie/Astris Test, bei dem die Stufentrennung und Zündung der Astris erprobt werden sollte. Keiner dieser Testflüge der Coralie verlief ohne Probleme. Nur ein Start konnte als Teilerfolg angesehen werden.

Die dritte Stufe Astris war der modernste Teil der Rakete. Sie verwandte ein druckgefördertes Triebwerk mit 22,5 kN Schub, das fest im Schubrahmen eingebaut war. Die Lageregelung übernahmen zwei schwenkbare Steuertriebwerke mit je 400 N Schub. Die Tanks aus Titan wurden durch Explosionsverformung und Vakuumelektronenschweißen hergestellt – damals noch eine unerprobte und neue Technologien. Um die Leermasse zu reduzieren, wurde das Vorderteil, an dem das Triebwerk saß, in zwei Teilen nach der Stufentrennung abgesprengt. Der untere Teil verblieb an der Coralie, der Obere wurde nach der Zündung abgetrennt. Das Unter- und Mittelteil als Stufenadapter wogen 200 kg. Mit ihnen wog die Stufe nur noch 3.570 kg. Die kugelförmigen Tanks waren ineinander gepackt und mit Sümpfen ausgestattet, um die Treibstoffe möglichst restlos zu verbrauchen. Außen umgab eine leichtgewichtige Zelle aus Aluminium mit acht Zugangstüren die Tanks. Sie übertrug auch die Lasten auf die Coralie und war mit zwei Verstärkungsringen oben und unten versehen. Die Europa I wurde noch mit Radiolenkung vom Boden aus gesteuert. Die Testsatelliten und die Nutzlastverkleidung stammten aus Italien. Der Start erfolgte von Woomera in Südaustralien aus.

Es gab von 1964 – 1966 die Testflüge F1 bis F5, in denen die Blue Streak erprobt wurde. Dabei näherte sich die ELDO der Europa-Konfiguration an. Die ersten Flüge fanden ohne Oberstufen statt, der Letzte mit Dummy-Oberstufen und den im Schub gesteigerten Triebwerken. Diese waren erfolgreich. Die Flüge F6.1 und F6.2 galten der Erprobung der Coralie. Die Astris flog als Massenmodell mit. Beide Flüge scheiterten im Jahr 1967. Bei F6.1 zündete die Coralie nicht und bei F6.2 fand die Stufentrennung nicht statt. In beiden Fällen gab es Fehler im Flight Sequenzer der Coralie. Die Flüge F7 bis F9 waren Tests aller drei Stufen. Sie erfolgten 1968 bis 1970. F7 und F8 scheiterten, weil bei der Stufentrennung das Selbstzerstörungssystem der Astris aktiviert wurde. Ursache waren leitfähige Gase und eine falsche Verkabelung. Bei F9 flog der Stecker für die Ablösung der Nutzlastverkleidung vorzeitig ab und die zu schwere Spitze erreichte keinen Orbit. Die Stufen selbst arbeiteten problemlos.

Da zu diesem Zeitpunkt schon beschlossen war, die operationalen Flüge mit der Europa II durchzuführen und Woomera zugunsten des geografisch günstiger gelegenen Kourou aufzugeben, wurde das Europa I Programm eingestellt, ohne einen Satelliten in den Orbit befördert zu haben. Zu diesem Zeitpunkt hatte England die ELDO schon verlassen und der erste operationelle Flug F10 war gestrichen worden.

| Datenblatt Europa I | |
|---|---|
| Einsatzzeitraum: | 1968 – 1970 (nur orbital), 1964 – 1970 (suborbital+orbital) |
| Starts: | 10, davon 3 orbital |
| | 3 orbitale, 2 suborbitale Fehlstarts |
| Zuverlässigkeit: | 0 % Orbital, 50 % Gesamt |
| Abmessungen: | 31,67 m Höhe |
| | 3,69 m Durchmesser |
| Startgewicht: | 104.530 kg |
| Maximale Nutzlast: | 1.200 kg in einen 200 km hohen polaren Orbit |
| | 850 kg in einen 550 km hohen polaren Orbit |
| Nutzlasthülle: | 4,00 m Länge, 2,01 m Durchmesser, 345 kg Gewicht |

| | Blue Streak | Coralie | Astris |
|---|---|---|---|
| Länge: | 18,39 m | 5,50 m | 3,82 m |
| Durchmesser: | 3,05 m | 2,01 m | 2,01 m |
| Startgewicht: | 89.400 kg | 11.894 kg | 3.370 kg |
| Trockengewicht: | 6.400 kg | 2.100 kg | 528 kg |
| Schub Meereshöhe: | 2 × 575 kN | - | - |
| Schub Vakuum: | 2 × 667 kN | 274,55 kN | 22,5 kN + 2 × 0,4 kN |
| Triebwerke: | 2 × RZ-2 | 1 × Vexin-A | 1 Triebwerk + 2 Steuerdüsen |
| Spezifischer Impuls (Meereshöhe): | 2438 m/s | - | - |
| Spezifischer Impuls (Vakuum): | 2795 m/s | 2717 m/s | 2864 m/s |
| Brenndauer: | 157 s | 96,5 s | 356 s |
| Treibstoff: | LOX / Kerosin | NTO / UDMH | NTO / Aerozin-50 |

*Abbildung 37: Startvorbereitungen für einen Start der Europa I in Woomera*

# Europa II

Die Europa II entsprach der Europa I, war jedoch um eine vierte Stufe erweitert. Ursprünglich war ein anspruchsvolles Konzept geplant, welches einen Satelliten direkt in den GSO-Orbit aussetzen konnte. Wegen der ausufernden Kosten wurde dieses PAS (**P**erigree-**A**pogee **S**ystem) gestrichen und die Europa um eine vierte Stufe erweitert. Diese P0.7 genannte Stufe wurde von der Europa in eine LEO-Bahn gebracht, zündete dort und brachte den Satelliten in eine GTO-Bahn. Geplant war ein Test auf vier Diamant-B Entwicklungsflügen. Aus Kostengründen unterblieb dies.

Die Europa II sollte die Kommunikationssatelliten Symphonie 1 und 2 und die Forschungssatelliten GEOS 1 und COS-B transportieren. Dafür wurde in Kourou eine neue Startrampe errichtet und die Infrastruktur des CSG bedeutend erweitert. Erstmals wurden in Kourou nun vor Ort flüssige Gase produziert. Die Europa II war nur eine graduell verbesserte Europa I. Die Coralie wurde unverändert übernommen, die Blue Streak erhielt leistungsfähigere Triebwerke, die Leermasse wurde leicht verringert und sie nahm 5 t mehr Treibstoff auf. Die Struktur der dritten Stufe musste wegen der schweren Oberstufe und ihrem ungünstig liegenden hohen Schwerpunkt verstärkt werden. Als Ausgleich wurden die Tanks etwas voller gefüllt.

Neu war der Bordcomputer mit einem Inertiallenksystem. Er steuerte nun die Rakete nach dem Start autonom, wobei Kreisel die Navigationsdaten lieferten. Beim einzigen Testflug F11 am 5.11.1971 fiel der Bordrechner nach 105 Sekunden aus und die Europa II flog ungesteuert weiter. Sie zerbrach nach 150 Sekunden unter dem wachsenden aerodynamischen Druck, als sie sich schon um 32 Grad zur Flugrichtung geneigt hatte.

Der erstmals veröffentlichte Untersuchungsbericht der ELDO zeigte gravierende Mängel bei der gesamten Organisation der Fertigung auf. So musste der Bordcomputer als Prototyp angesehen werden. Integrationsprüfungen unterblieben und ebenso EMV Tests. Ursache der Störung war die elektrostatische Aufladung einer Leitung, die zum Ausfall des Bordrechners führte. Auch die elektrische Verkabelung der dritten Stufe wurde kritisiert. Die Verbindung der Verkabelung des oberen Teils (ERNO) und des unteren Teils (MBB) war nicht zufriedenstellend. Dies führte schließlich mit zur Aufgabe des Europa Projekts. Nachdem inzwischen auch Italien aus der ELDO ausgetreten war, hatte auch Deutschland Zweifel an einem Erfolg der Europa II und die ELDO wurde im Einvernehmen mit Frankreich aufgelöst.

## Datenblatt Europa II

| Einsatzzeitraum: | 1971 |
|---|---|
| Starts: | 1, davon ein Fehlstart |
| Zuverlässigkeit: | 0 % erfolgreich |
| Abmessungen: | 31,70 m Höhe |
| | 3,69 m Durchmesser |
| Startgewicht: | 112.000 kg |
| Maximale Nutzlast: | 1.440 kg in einen 200 km hohen Orbit |
| | 420 kg in einen GTO-Orbit |
| | 230 kg in einen GSO-Orbit |
| Nutzlastverkleidung: | 4,00 m Länge, 2,01 m Durchmesser, 345 kg Gewicht |

| | Blue Streak | Coralie | Astris | P0.7 |
|---|---|---|---|---|
| Länge: | 18,39 m | 5,50 m | 3,82 m | 2,02 m |
| Durchmesser: | 3,05 m | 2,01 m | 2,01 m | 0,73 m |
| Startgewicht: | 94.940 kg | 12.019 kg | 3.993 kg | 807 kg |
| Trockengewicht: | 6.289 kg | 2.109 kg | 758 kg | 122 kg |
| Schub Meereshöhe: | 2 × 667 kN | - | - | - |
| Schub Vakuum: | 2 × 758 kN | 274,55 kN | 22,5 kN + 2 × 0,4 kN | 41,2 kN |
| Triebwerke: | 2 × RZ-2 | 1 × Vexin-A | 1 Triebwerk + 2 Steuerdüsen | 1 × Dropt |
| Spezifischer Impuls (Meereshöhe): | 2438 m/s | - | - | - |
| Spezifischer Impuls (Vakuum): | 2795 m/s | 2717 m/s | 2942 m/s | 2717 m/s |
| Brenndauer: | 160,3 s | 103 s | 275 s | 45 s |
| Treibstoff: | LOX / Kerosin | NTO / UDMH | NTO / Aerozin-50 | Polyurethan / Ammoniumperchlorat / Aluminium |

*Abbildung 38: Erster und einziger Start der Europa II am 5.11.1971*

# Europa III

Die Europa III wurde 1969 als Projekt beschlossen und befand sich bis zur Einstellung aller Arbeiten in einer frühen Entwicklungsphase. Pläne für eine leistungsfähigere Rakete gab es schon seit 1965. Die Europa III sollte die drei- bis vierfache Nutzlast der Europa II aufweisen. Der aus vier Vorschlägen favorisierte Träger bestand aus zwei Stufen. Einer französischen ersten Stufe, die vier, schon damals in der Entwicklung befindlichen, Viking I Triebwerke einsetzen sollte. Sie verwendete wie die Coralie die lagerfähigen Treibstoffe NTO und UDMH. Die getrennten Tanks waren in konventioneller Bauweise gefertigt und selbsttragend. Die Triebwerke arbeiteten mit einem niedrigen Verbrennungsdruck von 40 bar und wurden, wie die bisherigen Triebwerke von Karl Heinz Bringer (Konstrukteur der Antriebe der Diamant und Coralie), filmgekühlt und verwendeten radiale Einspritzung. Allerdings wurde erstmals bei einer französischen Stufe eine konventionelle Turbopumpenförderung verwendet. Nur der Gasgenerator erinnerte noch an die alte Technik. Er verbrannte NTO und UMH im stöchiometrischen Verhältnis und kühlte die Verbrennungsabgase durch Einspritzen von Wasser. Aus ihr sollte später die erste Stufe der Ariane 1 entstehen.

Die zweite Stufe war technisches Neuland für Europa. Sie sollte ein in Deutschland entwickeltes Triebwerk mit 200 kN Schub einsetzen, welches mit Wasserstoff und Sauerstoff angetrieben wurde. Dazu sollte das Hauptstromverfahren, mit dem MBB bereits Erfahrungen hatte, eingesetzt werden. Das 400 kg schwere Triebwerk hatte einen sehr hohen Brennkammerdruck von 130 bar. Die Expansionsdüse hatte ebenfalls ein hohes Entspannungsverhältnis von 160. Der Lohn war ein sehr hoher spezifischer Impuls, der höher lag als bei allen bisherigen Triebwerken. Die zweite Stufe galt als der technisch anspruchsvollste Teil der Rakete. Eine bis zu 11 m lange Nutzlastverkleidung sollte Platz auch für voluminöse Nutzlasten bieten.

Die Europa III sollte für 565 Millionen Dollar bis 1979 entwickelt werden und mit den Startpreisen amerikanischer Trägerraketen konkurrieren können. Erstmals erhoffte sich Europa auch kommerzielle Aufträge, welche die Weiterentwicklung und den Betrieb des Weltraumbahnhofs dann mitfinanzieren sollten.

Als 1972 alle Arbeiten an der Europa III eingestellt wurden, waren schon die Treibstofftanks beider Stufen, das Schubgerüst und die Triebwerke der ersten Stufe und Teile des Triebwerks der zweiten Stufe entwickelt worden.

## Datenblatt Europa III

| | |
|---|---|
| Einsatzzeitraum: | - |
| Starts: | - |
| Zuverlässigkeit: | - |
| Abmessungen: | 37,30 – 40,80 m Höhe |
| | 3,80 m Durchmesser |
| Startgewicht: | 191.150 kg |
| Maximale Nutzlast: | 5.500 kg in einen 185 km hohen LEO-Orbit |
| | 4.500 kg in einen 550 km hohen LEO-Orbit |
| | 1.550 kg in einen GTO-Orbit |
| Nutzlasthülle: | 8,50 – 11,00 m Höhe, 3,80 m Durchmesser, 580 kg Gewicht |

| | L160 | H20 |
|---|---|---|
| Länge: | 18,50 m | 10,50 m |
| Durchmesser: | 3,80 m | 3,80 m |
| Startgewicht: | 166.030 kg | 23.000 kg |
| Trockengewicht: | 13.580 kg | 2.300 kg |
| Schub Meereshöhe: | 4 × 617 kN | - |
| Schub Vakuum: | 4 × 672 kN | 195 kN |
| Triebwerke: | 4 × Viking II | 1 × HM20 |
| Spezifischer Impuls (Meereshöhe): | 2438 m/s | - |
| Spezifischer Impuls (Vakuum): | 2727 m/s | 4395 m/s |
| Brenndauer: | 153,34 s | 448 s |
| Treibstoff: | NTO / UDMH | LOX / LH2 |

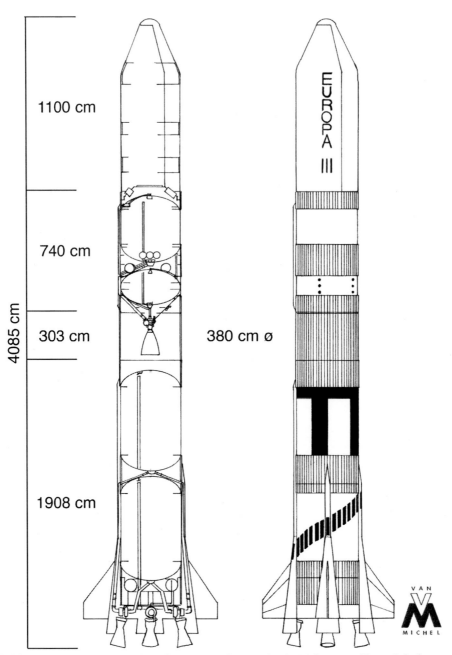

*Abbildung 39: Europa III (Geplante Konfiguration) © der Grafik: Michel Van*

# Ariane 1

Frankreich war das Konzept der Europa III zu teuer. Es präsentiert 1972 einen alternativen Vorschlag genannt „L3S". Die L3S (**L**anceur **3**ième **G**énération **S**ubstitution) übernahm die Teile der Europa-III, die keine hohen Entwicklungskosten erforderten und ersetzte die obere kryogene Stufe.

Die erste Stufe wurde weitgehend unverändert übernommen. An die Stelle der zweiten Stufe mit ihrem 200 kN Triebwerk sollten zwei Stufen treten. Eine rund 36 t schwere zweite Stufe mit einem einzelnen Viking Triebwerk, wie in der ersten Stufe und eine wesentlich kleinere kryogene Stufe mit einem Triebwerk mit nur 40 kN Schub und 6 t Treibstoff. Dieser Träger versprach für zwei Drittel der Entwicklungskosten der Europa III fast dieselbe Nutzlast. Frankreich würde 60 % der Entwicklungskosten tragen. Am 5.2.1973 beteiligte sich Deutschland mit 20 % und damit war Ariane, diesen Namen erhielt die L3S im Oktober 1973, beschlossen und die ELDO Aktivitäten wurden eingestellt.

Ariane verwendet in der ersten Stufe weitgehend das Konzept der Europa III. Nur wurde der Schub der Viking Triebwerke leicht gesteigert und konische statt Kegeldüsen eingesetzt. Der Treibstoff befand sich in zwei gleich großen Edelstahltanks. Finnen stabilisierten die Ariane beim Flug durch die untere Atmosphäre. Im 2,30 m hohen Schubgerüst befand sich ein toroidaler Wassertank. Mit seinen 2.700 l Wasser wurden die Gase des Gasgenerators gekühlt und mit dessen Abgasen der Tankdruck aufrecht erhalten. Die vier Triebwerke waren kardanisch aufgehängt und hatten eigene Versorgungsleitungen.

Der 475 kg schwere Stufenadapter verjüngte sich von 3,80 auf 2,60 m. Er beinhaltete auch die Stufentrennungsraketen, welche die erste Stufe von der Zweiten abtrennen sollten.

Die zweite Stufe setzte ein Triebwerk Viking 4 ein (eine Variation des Viking 5 der ersten Stufe). Es war ebenfalls kardanisch schwenkbar, besaß aber eine längere Düse für den Betrieb im Vakuum. Zur Gewichtsersparnis waren Tank und Strukturen aus Aluminium und es wurde ein gemeinsamer Tank mit einem Zwischenboden für UDMH und NTO verwendet. Ein weiterer ringförmiger Tank umgab das Triebwerk und beinhaltete das Wasser für den Gasgenerator. Dessen Abgase wurden zur Rollachsensteuerung genutzt, indem sie durch Düsen ins Freie entlassen wurden. Die Druckbeaufschlagung geschah dagegen mit Helium, da Aluminium wegen seines niedrigen Schmelzpunktes nicht das Einleiten des heißen Druckgases des Gasgenerators zuließ. Die zweite Stufe wurde vor dem Start durch

Feststofftriebwerke zum Sammeln des Treibstoffs beschleunigt. Danach wurde der Stufenadapter abgetrennt und die Sammeltriebwerke abgeworfen. Vor dem Start umgaben Isolationsplatten die Stufe. Die Spannbänder wurden beim Start durchschnitten und die Platten fliegen von der Rakete weg.

Die dritte Stufe hatte ebenfalls einen gemeinsamen Tank für Wasserstoff und Sauerstoff mit einem doppelten, zur Isolation evakuierten Zwischenboden aus Aluminium. Ein einzelnes, nicht wiederzündbares Triebwerk vom Typ HM-7 trieb sie an. Gegenüber den ersten Planungen erwies sich ein Triebwerk einer Brennkammer und 60 kN Schub als eine günstigere Lösung als ein Triebwerk mit vier Brennkammern und nur 40 kN Schub. Die Treibstoffzuladung konnte so auch von 7 auf 8 t erhöht werden und die Nutzlast stieg um 100 kg an.

Ein Feststofftreibsatz lieferte das Arbeitsgas für das Hochlaufen der Turbopumpe. Der Treibstoff wurde dann ebenfalls pyrotechnisch entzündet. Diese Zündsequenz erwies sich als unterdimensioniert und war die Ursache der Fehlstarts V15 und V18. Der Verzicht auf die Wiederzündung und das klassische Gasgeneratorprinzip, zusammen mit einer herkömmlichen Konstruktion mit nicht innendruckstabilisierten Tanks, machte die H-8 Oberstufe dreimal preiswerter als das amerikanische Gegenstück, die Centaur. Helium wurde zur Druckbeaufschlagung des Sauerstofftanks auf 5 bar verwendet. Bei dem Wasserstofftank wurde einen Teil des bei der Kühlung der Brennkammer entstehenden gasförmigen Wasserstoffs verwendet. Er hatte nur einen Innendruck von 3 bar. Der gasförmige Wasserstoff wurde auch für die Rollachsensteuerung benutzt. Nach Brennschluss diente dieses System zur räumlichen Ausrichtung der Nutzlast vor der Abtrennung oder dem Aufspinnen. Ariane 1 war die erste Rakete, die beide Verfahren bei einem Start durchführen konnte.

Gesteuert wurde die Ariane 1 durch ihren Bordcomputer in der VEB (**V**ehicle **E**quipment **B**ay). Die 319 kg schwere VEB beinhaltete auch Stromversorgung, Inertialplattformen, Telemetrie- und Bahnverfolgungssender und Empfänger für das Selbstzerstörungssystem.

Während der Entwicklung konnte die Nutzlast von 1.600 bis 1.700 kg auf 1.850 kg gesteigert werden. Erstmals war eine Trägerrakete für kommerzielle Transporte in den GTO-Orbit optimiert worden. Alle Systeme, die nicht für diesen Missionstyp nötig waren, wurden weggelassen. So nahm die Nutzlast der Ariane in höhere kreisförmige Bahnen rasch ab, weil die maximale Nutzlast einen Zweiimpuls Transfer erforderte, der mit der H-8 Oberstufe nicht möglich war. Auch war die Rakete nur auf eine Nutzlast von 2.500 kg ausgelegt. Für den Start der Raumsonde

Giotto wurde diese mitsamt einem Apogäumsmotor in eine GTO-Bahn gebracht und zündete dort nach Vermessung der Bahn diesen Antrieb.

Das neue Selbstbewusstsein Europa zeigte sich auch darin, dass schon 1979 Arianespace als Vermarktungsgesellschaft gegründet wurde. Alle am Bau der Ariane beteiligten Firmen halten Anteile an Arianespace. Die ESA bestellte neben den Trägern für vier Teststarts auch das erste Los von sechs Ariane 1. Arianespace war zusammen mit der ESA an der Durchführung der Flüge 4 bis 8 beteiligt und danach alleine für Start und Marketing zuständig. Diese Erfolgsgeschichte hat bis heute Bestand.

Um Doppelstarts durchführen zu können, wurde ein System namens Sylda eingeführt. Dies war ein Kokon aus Kohlefaserverbundwerkstoffen, der den Satelliten auf der H-8 umgab. Auf der Oberseite befand sich ein weiterer Adapter für einen zweiten Satelliten. Damit konnte Ariane 1 zwei Satelliten gleichzeitig transportieren. Die Sylda kam bei Ariane 1 nur zweimal zum Einsatz. Die meisten Starts beförderten schwere Einzelnutzlasten. Die beiden letzten Flüge transportierten Europas erste Raumsonde Giotto in einen heliozentrischen Orbit und SPOT-1, den damals leistungsfähigsten Erderkundungssatelliten, in einen sonnensynchronen Orbit.

Die Sylda sollte bei Ariane 3-4 sehr viel häufiger zum Einsatz kommen und war der Schlüssel für niedrige Startpreise. Bei Ariane 1 waren die Einschränkungen für die Nutzlast noch groß, da beide Satelliten zusammen mit der 140 kg schweren Sylda nicht mehr als 1.850 kg wiegen durften. Die meisten von Ariane 1 beförderten Einzelnutzlasten wogen aber schon 1.100 bis 1.800 kg. Obwohl inzwischen auch andere Trägerraketen Doppelstarteinrichtungen anbieten, ist Ariane der einzige Träger, welcher sie regelmäßig einsetzt.

Ariane 1 war bereits vor dem Ende der Testflüge ein Auslaufmodell, da schon 1980 die Entwicklung von Ariane 2 und 3 beschlossen wurde. Mehr als das anfänglich von der ESA bestellte Los wurde daher nicht gefertigt. Für den Start wurde die Startrampe der Europa in Kourou umgebaut, um Kosten zu sparen. Die Ariane 1 wurde am Startplatz ELA-1 zusammengebaut und dann der Montageturm um rund 100 m zurückgefahren. In der Folge erwies sich dies als nachteilig, da so die Startrampe für rund drei Monate belegt war. Mehr als vier Starts pro Jahr waren so nicht möglich. Das war ausreichend für die Europa II, die zu teuer für kommerzielle Aufträge war. Arianespace hatte aber schon nach Ende der Testflüge ein Backlog, also ein Auftragspolster von über 20 Satelliten. Bei vier Starts pro Jahr würde es rund vier Jahre dauern, alle diese Nutzlasten zu starten und es kamen laufend neue Aufträge hinzu. Schützenhilfe leisteten dabei die USA. Sie stellten die Produktion von „Einwegraketen" ein und setzten ganz auf den Space Shuttle. Doch dieser lag um Jahre hinter dem Zeitplan zurück und auch seine Startfrequenz war niedriger als geplant. So gab es zu wenige Flüge für zu viele Satelliten. Die Entwicklung kostete schließlich 921 Millionen Dollar im Wert von 1982. Das Budget wurde nur um 16 % überschritten.

## Datenblatt Ariane 1

| | |
|---|---|
| Einsatzzeitraum: | 1979 – 1986 |
| Starts: | 11, davon 2 Fehlstarts |
| Zuverlässigkeit: | 81,8 % erfolgreich |
| Abmessungen: | 47,40 m Höhe |
| | 3,80 m Durchmesser |
| Startgewicht: | 207.000 kg |
| Maximale Nutzlast: | 4.800 kg einen 200 km hohen äquatorialen Orbit |
| | 2.500 kg in einen 840 km hohen sonnensynchronen Orbit |
| | 1.850 kg in einen GTO-Orbit. |
| Doppelstartvorrichtung: | 2,90 m Durchmesser, 3,40 m Länge, 12 m³ Volumen und 140 kg Gewicht. |
| Nutzlasthülle: | 3,20 m Durchmesser, 8,65 m Höhe, 826 kg Gewicht. |

| | L140 | L33 | H8 |
|---|---|---|---|
| Länge: | 18,40 m | 11,60 m | 8,88 m |
| Durchmesser: | 3,80 m | 2,60 m | 2,60 m |
| Startgewicht: | 160.900 kg | 37.420 kg | 9.387 kg |
| Trockengewicht: | 13.270 kg | 3.580 kg | 1.224 kg |
| Schub Meereshöhe: | 4 × 610 kN | - | - |
| Schub Vakuum: | 4 × 710 kN | 713 kN | 61,7 kN |
| Triebwerke: | 4 × Viking 5 | 1 × Viking 4 | 1 × HM-7 |
| Spezifischer Impuls (Meereshöhe): | 2432 m/s | - | - |
| Spezifischer Impuls (Vakuum): | 2756 m/s | 2879 m/s | 4315 m/s |
| Brenndauer: | 145 s | 126 s | 563 s |
| Treibstoff: | NTO / UDMH | NTO / UDMH | LOX / LH2 |

*Abbildung 40: Start der Ariane 1 zum dritten Testflug*

## Ariane 2 und 3

Die Ariane 2 / 3 war eine preiswerte Weiterentwicklung der Ariane. Bei der Ariane 2 wurde im wesentlichen die Leistung gesteigert, indem die ESA, basierend auf den vorliegenden Erfahrungen, die Leistung von Triebwerken und bei der dritten Stufe die Treibstoffmenge moderat steigerte. Die Ariane 3 erhielt zusätzlich zwei kleine Feststoffraketen zur Startunterstützung, war aber sonst baugleich mit der Ariane 2. Die Entwicklung war recht preiswert und kostete nur rund 83 Millionen Euro, etwas mehr als 10 % der Ariane 1 Entwicklungsosten.

Der Brennkammerdruck in allen Triebwerken wurde erhöht – bei den Viking von 53,5 auf 58,5 bar und beim HM-7 von 30 auf 35 bar. Dadurch stiegen Schub und Ausströmgeschwindigkeit. Bei der dritten Stufe wurde auch die Düse um 20 cm verlängert, woraus ein höheres Entspannungsverhältnis von 83,1 anstatt 62,5 resultierte. Die neuen Triebwerke erhielten den Buchstaben „B" angehängt.

Nachdem der zweite Start einer Ariane 1 wegen einer Verbrennungsinstabilität scheiterte, beschloss die CNES nicht nur den Injektor zu verändern, sondern auch UDMH durch eine Mischung aus 25 % Hydrazin und 75 % UDMH, genannt „UH25", zu ersetzen. Die Mischung hatte eine etwas höhere Dichte und ein anderes Mischungsverhältnis, auf das die Triebwerke umgestellt wurden.

In den ersten Stufen wurde Gewicht eingespart oder Metall durch Verbundwerkstoffe ersetzt. So wog der Stufenadapter zwischen erster und zweiter Stufe nur noch 380 kg anstatt 475 kg. Die Gewichtseinsparungen alleine brachten 60 kg mehr Nutzlast.

Den meisten Effekt brachte aber eine Verlängerung des Drittstufentanks um 1,29 m. Der Zwischenboden wurde mit verschoben, sodass nun 2,5 t mehr Treibstoff mitgeführt werden konnten.

Die Sylda wurde ebenfalls um 1 m verlängert und konnte nun größere Satelliten aufnehmen. Damit der Platz für den oberen Satelliten unter der Nutzlasthaube nicht zu knapp war, wurde der zylindrische Teil um 66 cm verlängert. Der Übergang wurde bikonisch gestaltet.

Die Ariane 2 erreichte so eine Nutzlast von 2.210 kg – also rund 360 kg mehr als die Ariane 1 bei einem nur rund 5 % höheren Startgewicht. Sie wurde für den Einzelstart schwerer Nutzlasten eingesetzt. Die Ariane 3 hatte eine Nutzlast von

2.580 kg. Das reichte für den Doppelstart von Satelliten der Delta 3000 Klasse. So transportierten alle Ariane 3, bis auf die Letzte, jeweils zwei Satelliten.

Die Feststoffbooster der Ariane 3 wurden am Schubgerüst montiert. Ihre wesentliche Funktion war es, die Rakete schnell durch die untere Atmosphäre zu beschleunigen und so Luftwiderstand und Gravitationsverluste zu verringern. Sie wurden 7 Sekunden nach dem Start in 11 m Höhe gezündet, um eine Beschädigung der Startplattform zu vermeiden. Die Hülsen aus 5 mm dickem Stahl waren nicht segmentiert und die Düsen nicht schwenkbar. Sie waren um 14 Grad nach Außen ausgerichtet. Zwei Sekunden nach dem Ausbrennen drückten zwei überdimensionale Federn die Booster von der Rakete weg. Die Abtrennung erfolgte in rund 4,8 km Höhe.

Die Startfrequenz stieg nun laufend an. Vor allem, weil mit ELA-2 nun auch eine zweite Startrampe zur Verfügung stand. ELA-2 wurde für die Ariane 4 errichtet, aber von einer Ariane 3 eingeweiht. Bei ELA-2 waren die Integration der Rakete, der Nutzlast und die Startvorbereitung räumlich getrennt. Erstere fand in einem eigenen Gebäude statt, Letztere an der Startrampe in einem mobilen Montagegebäude. Das erlaubte es, eine Rakete an der Startrampe vorzubereiten und eine Zweite konnte parallel zusammengebaut werden. Die Ariane 2 und 3 starteten von einem 5 m hohen Tisch, da der Startturm und das Montagegebäude für die längere Ariane 4 Erststufe ausgelegt waren.

Zwei Fehlstarts hatte die Ariane 2 und 3 kurz hintereinander – bei V15 und V18. Ursache war ein Ausbleiben der Zündung des HM-7B. Die Zündung wurde daraufhin überarbeitet. Ariane 2 und 3 hatten nur eine kurze Einsatzzeit. Schon vor dem ersten Flug war die Entwicklung der Ariane 4 beschlossen worden. Sie sollte noch niedrigere Startkosten und eine größere Flexibilität bieten. Insgesamt starteten nur sieben Ariane 2 und elf Ariane 3. Diese Ariane Modelle profitierten auch von dem Startverbot aller Space Shuttles nach der Explosion der Challenger. Zwar dauerte das Neudesign des Zündungsmechanismus nach V18 und die notwendigen Tests rund 15 Monate, doch das Space Shuttle durfte von nun an keine kommerziellen Satelliten mehr starten. Die Hersteller der Atlas, Delta und Titan mussten fortan die Starts selbst durchführen und um Kunden werben. Bis die Produktion der Träger wieder aufgenommen war, vergingen einige Jahre, in denen Arianespace als einziger Anbieter Starts anbot. Das Auftragspolster stieg bis auf 44 Satellitenstarts an. Damit wurde das Fundament für die dominierende Stellung der Ariane auf dem Weltmarkt gelegt.

## Datenblatt Ariane 2+3

| | |
|---|---|
| Einsatzzeitraum: | 1984 – 1989 |
| Starts: | 17, davon 2 Fehlstarts |
| Zuverlässigkeit: | 88,2 % erfolgreich |
| Abmessungen: | 48,90 m Höhe |
| | 3,80 m Durchmesser |
| Startgewicht: | 219.000 kg (Ariane 2), 240.000 kg (Ariane 3) |
| Maximale Nutzlast: | 3.000 / 3.450 kg in einen 840 km hohen sonnensynchronen Orbit |
| | 2.210 / 2.580 kg in einen GTO-Orbit. |
| | 1.100 / 1.300 kg auf einen Fluchtkurs |
| Doppelstartvorrichtung: | 2,90 m Durchmesser, 4,40 m Länge, 14 m³ Volumen und 190 kg Gewicht. |
| Nutzlasthülle: | 3,20 m Durchmesser, 8,65 m Höhe, 826 kg Gewicht. |

| | PAP (Ariane 3) | L140 | L33 | H10 |
|---|---|---|---|---|
| Länge: | 7,70 m | 18,40 m | 11,60 m | 9,90 m |
| Durchmesser: | 1,06 m | 3,80 m | 2,60 m | 2,60 m |
| Startgewicht: | 9.663 kg | 160.900 kg | 37.230 kg | 12.036 kg |
| Trockengewicht: | 2.313 kg | 14.070 kg | 3.100 kg | 1.336 kg |
| Schub Meereshöhe: | 690 kN | 4 × 660 kN | - | - |
| Schub Vakuum: | - | 4 × 710 kN | 786 kN | 64,8 kN |
| Triebwerke: | 1 × SPB 7.35 | 4 × Viking 5B | 1 × Viking 4B | 1 × HM-7B |
| Spezifischer Impuls (Meereshöhe): | 2363 m/s | 2432 m/s | - | - |
| Spezifischer Impuls (Vakuum): | 2579 m/s | 2756 m/s | 2936 m/s | 4356 m/s |
| Brenndauer: | 29 s | 135 s | 126 s | 720 s |
| Treibstoff: | CTPB/ Ammoniumperchlorat/ Aluminium | NTO / UDMH | NTO / UDMH | LOX / LH2 |

*Abbildung 41: Jungfernflug der Ariane 3 bei V10 am 4.8.1984*

# Ariane 4

Im Jahr 1982 wurde die Entwicklung der Ariane 4 beschlossen, um die Rakete den weiter steigenden Nutzlasten anzupassen. Das Konzept von Ariane 4 war dabei so einfach wie genial. Die Ariane wurde durch zwei Arten von Boostern unterstützt – den schon von Ariane 3 bekannten PAP (**P**ropulseur d' **A**ppoint à **P**oudre, deutsch: Antriebsunterstützung fest) und die neu entwickelten PAL (**P**ropulseur d' **A**ppoint à **Li**quide, deutsch: Antriebsunterstützung flüssig), welche die Erststufentriebwerke einsetzten. Durch Kombination dieser beiden Booster und Variation der Anzahl ergab es sieben Versionen:

| Typ | Booster | Oberstufe H10 | Oberstufe H10 Plus | Oberstufe H10-III | Startgewicht | Startschub |
|---|---|---|---|---|---|---|
| Ariane 40 | keine | 1.900 kg | 2.150 kg | 2.290 kg | 240 t | 2.720 kN |
| Ariane 42P | 2 PAP | 2.800 kg | 2.900 kg | 2.986 kg | 320 t | 4.160 kN |
| Ariane 42L | 2 PAL | 3.200 kg | 3.450 kg | 3.590 kg | 362 t | 4.060 kN |
| Ariane 44P | 4 PAP | 3.000 kg | 3.250 kg | 3.530 kg | 355 t | 5.600 kN |
| Ariane 44LP | 2 PAL und 2 PAP | 3.700 kg | 3.960 kg | 4.310 kg | 420 t | 5.500 kN |
| Ariane 44L | 4 PAL | 4.330 kg | 4.580 kg | 4.950 kg | 470 t | 5.400 kN |

Die zweite und dritte Stufe wurden anfangs unverändert von der Ariane 3 übernommen. Später wurde zuerst der Tank der H10 Stufe um 32 cm verlängert. Dadurch konnte rund 500 kg mehr Treibstoff mitgeführt werden (Oberstufe H10 Plus). Danach wurde der Zwischenboden Richtung Wasserstofftank verschoben und die Tanks voller gefüllt. Dadurch änderte sich das Mischungsverhältnis leicht und es konnte wegen der größeren Dichte von Sauerstoff nochmals die Treibstoffmenge um 800 kg erhöht werden. Dies steigerte die Nutzlast um weitere 400 kg (Oberstufe H10-III).

Die erste Stufe wurde um 5 m verlängert. Dadurch konnten nun 220 t Treibstoff mitgeführt werden. Dies war möglich, weil die Booster einen Teil des Startschubs erbrachten. Die Verlängerung musste sich danach richten, dass die Ariane 4 nach Ausbrennen der Booster noch genügend Schub aufwies, um einen Orbit zu erreichen. Die Booster wurden in der Zwischentanksektion und am Schubgerüst befestigt. Beide Teile waren strukturell verstärkt. Durch die Befestigung an der Zwischentanksektion war Länge der PAL vorgegeben. Um die Produktionskosten gering zu halten, wurde das Wasser für die Gasgeneratoren der PAL von der ersten Stufe geliefert.

Die erste Stufe wurde bei den Versionen Ariane 40, 42P und 42L wegen des geringeren Schubs mit keinem oder nur zwei Boostern nicht vollständig betankt, da der Schub sonst zum Abheben nicht ausgereicht hätte. Die Treibstoffzuladung variierte zwischen 172 t und 226 t und die Brennzeit zwischen 150 und 209 Sekunden.

Die PAP waren verlängerte Versionen der Ariane 3 Feststoffbooster. Der Schub stieg kaum an, die Brenndauer stieg aber auf 42 Sekunden. Da die Booster vor Erreichen der maximalen aerodynamischen Belastung abgeworfen werden mussten, war die Brennzeit begrenzt. So konnte die Brennkammer nicht auf die volle Länge von 3,50 m verlängert werden, sondern nur um 2,00 m. Der Rest war eine Metallhülse mit einem Boden zum Abschluss der Brennkammer.

Die PAL waren eine verkleinerte Version der ersten Stufe. Sie hatten wie diese zwei getrennte Tanks aus Edelstahl, getrennt durch eine Zwischentanksektion. Der Booster endete in einem aerodynamischen Nasenkegel, da er anders als die PAP erst nach Passieren der Atmosphäre abgeworfen wurde. Ein einzelnes Triebwerk vom Typ Viking 6 trieb sie an. Das Viking 6 Triebwerk war eine Variation des Viking 5 der ersten Stufe. Die einzige Änderung war, dass es nicht kardanisch geschwenkt werden konnte, sondern fest in einem Winkel von 10 Grad zur Längsachse eingebaut wurde.

Die Ariane 4 war ausgelegt, ein möglichst großes Spektrum an Nutzlasten zu transportieren. Dafür erhielt sie eine größere Nutzlastverkleidung von 4,00 m Durchmesser und 8,60 bzw. 9,60 m Länge. Dies machte eine Anpassung der VEB nötig. Sie bildete den Übergang zwischen den 2,60 m Durchmesser der dritten Stufe und den 4,00 m der Nutzlastverkleidung. Bei dieser Gelegenheit wurde die gesamte elektronische Ausrüstung modernisiert. Mechanisch-elektrische Systeme wie Gyroskope wurden durch Laserringkreisel ersetzt und der Bordcomputer durch ein modernes Exemplar auf Basis des SPOT-1 Computers. Die VEB wurde dadurch schwerer und wog anfangs 520 kg. Im Laufe der Produktion wurde das Gewicht durch den Einsatz von Verbundwerkstoffen auf 400 kg gesenkt. Zusammen mit der Reduktion der Leermasse bei anderen Systemen konnte so während der 15 Einsatzjahre die Nutzlast um rund 230 kg gesteigert werden. Das strukturelle Limit wurde bei der Ariane 4 auf 7.000 kg angehoben. Neben der von der Ariane 3 bekannten Sylda gab es auch ein neues System für Doppelstarts namens Spelda. Die Sylda wurde von der Nutzlasthülle umgeben. Die Spelda dagegen war eine Verlängerung der Nutzlasthülle mit dem gleichen Durchmesser von 4,00 m. Dadurch stand dem oberen Satelliten die volle Länge der Verkleidung zur Verfügung. Auch war die Spelda geräumiger als die Sylda. Es gab sie in zwei Höhen von 2,80 und

3,80 m. Später wurde für kleine Satelliten noch zwei „Mini" Versionen von 1,80 und 2,10 m Länge eingeführt. Sie wog zwischen 300 und 410 kg und bot ein Volumen von 23 bis 42 m³. Die Sylda der Ariane 3 war auch verfügbar und kam bei einigen kleineren Satelliten zum Einsatz. Sie bot weniger Platz für den oberen Satelliten, war aber 100 kg leichter als die kleinste Spelda.

Für Sekundärnutzlasten gab es einen Ring, der den verfügbaren Platz zwischen dem Übergang von der dritten Stufe auf die Nutzlastverkleidung ausnutzte und an der VEB angebracht wurde. Diese ASAP-4 genannte Struktur (**A**riane **S**tructure for **A**uxiliary **P**ayloads = Struktur für Nebennutzlasten auf der Ariane) erlaubte die Mitnahme von bis zu sechs Satelliten mit einem Gesamtgewicht von 240 kg. Sie wurde siebenmal, vor allem bei Flügen in den sonnensynchronen Orbit, eingesetzt.

Die Fähigkeit zur Durchführung von Doppelstarts war der Schlüssel für den Markterfolg der Ariane 4. Die Startrate stieg rasch an und überschritt schon Anfang der neunziger Jahre die geplanten acht Starts pro Jahr. Mehrfach wurden Raketen nachgeordert, auch nachdem sich erst die Einführung der Ariane 5 verzögerte und dann nach dem fehlgeschlagenen Jungfernflug weitere zeitintensive Nachbesserungen nötig waren. Erst zum Ende des Einsatzes, der sich über 15 Jahre erstreckte, war die Ariane 4 nicht mehr leistungsfähig genug, um zwei Satelliten auf einmal zu transportieren, da die Satelliten im Laufe der Jahre immer schwerer wurden.

Mit Ariane 4 erreichte Arianespace einen Marktanteil von 50 % bei den Transporten in den GTO-Orbit, den sie auch halten konnte, als in der zweiten Hälfte der neunziger Jahre verstärkt chinesische und russische Trägerraketen mit konkurrenzlos niedrigen Preisen angeboten wurden. Dazu trug auch die Flexibilität und das kurzfristige Annehmen von Aufträgen bei. Der Jungfernflug der Ariane 4 fand am 15.6.1088 gleich mit drei Nutzlasten statt. Bedingt durch die neue Startrampe ELA-2, waren nun viel mehr Starts möglich. Ein Start mit der größten Version Ariane 44L kostete 1989 rund 84,1 Millionen Dollar und stieg bis 2003 auf 115 Millionen Dollar an. Nach Einführung der Ariane 5 wurde die Produktion herunter gefahren. Die Ariane 5 sollte ökonomischer sein und auch Doppelstarts schwerer Satelliten durchführen können. Weiterhin verursachte der Betrieb von zwei Startkomplexen für zwei Trägerraketen zusätzliche Fixkosten im CSG. So hob am 15.2.2003 die letzte Ariane 4 von ELA 2 ab. Die Entwicklung der Ariane 4 kostete nur 207 Millionen Euro, etwa 30 % der Entwicklungskosten der Ariane 1.

## Datenblatt Ariane 4 Serie

| | |
|---|---|
| Einsatzzeitraum: | 1989-2003 |
| Starts: | 116, davon 3 Fehlstarts |
| Zuverlässigkeit: | 97,4 % erfolgreich |
| Abmessungen: | 54,90-58,70 m Höhe |
| | 3,80 m Durchmesser |
| Startgewicht: | 245.000-484.000 kg |
| Maximale Nutzlast: | 2.600 – 7.000 kg in einen 840 km hohen sonnensynchronen Orbit |
| | 2.130 – 4.950 kg in einen GTO-Orbit. |
| Doppelstartvorrichtung Spelda: | 3,98 m Durchmesser, 2,10 – 3,80 m Länge, 23 – 42 m³ Volumen und 300 – 410 kg Gewicht. |
| Doppelstartvorrichtung Sylda: | 2,90 m Durchmesser, 4,40 m Länge, 14 m³ Volumen und 190 kg Gewicht. |
| Nutzlastverkleidung: | 4,00 m Durchmesser, 8,50 und 9,60 m Höhe, 60 und 70 m³ Volumen, 750 und 810 kg Gewicht. |

| | PAL | PAP | L140 | L33 | H-10 III |
|---|---|---|---|---|---|
| Länge: | 19,00 m | 12,20 m | 23,40 m | 11,60 m | 11,14 m |
| Durchmesser: | 2,22 m | 1,10 m | 3,80 m | 2,60 m | 2,60 m |
| Startgewicht: | 43.550 kg | 12.511 kg | 251.200 kg | 39.391 kg | 13.140 kg |
| Trockengewicht: | 4.300 kg | 3.011 kg | 17.510 kg | 3.400 kg | 1.240 kg |
| Schub Meereshöhe: | 670 kN | 650 kN | 4 × 680 kN | - | - |
| Schub (maximal): | 750 kN | 700 kN | 4 × 758 kN | 795 kN | 64,8 kN |
| Triebwerke: | 1 × Viking 6 | 1 × MPS 9.60 | 4 × Viking 5C | 1 × Viking 4B | 1 × HM-7B |
| Spezifischer Impuls (Meereshöhe): | 2484 m/s | 2304 m/s | 2432 m/s | - | - |
| Spezifischer Impuls (Vakuum): | 2727 m/s | 2579 m/s | 2747 m/s | 2904 m/s | 4365 m/s |
| Brenndauer: | 142 s | 42 s | 209 s | 125 s | 780 s |
| Treibstoff: | NTO / UH25 | CTPB/ Ammoniumperchlorat/ Aluminium | NTO / UH25 | NTO / UH25 | LOX / LH2 |

*Abbildung 42: Start zum Jungfernflug in der Ariane 44LP Version am 15.6.1988*

# Ariane 5

Für den kostengünstigen Transport von schweren Satelliten ab Mitte der neunziger Jahren, aber auch für den Start des europäischen Raumgleiters Hermes, wurde die Ariane 5 entworfen. Während der Definitionsphase von 1985 bis 1988 wurden wesentliche Parameter mehrfach geändert, weil Hermes laufend schwerer wurde. Eine ursprünglich vorgesehene kryogene Oberstufe wurde gestrichen und später Bestandteil des Ausbauprogramms der Ariane 5.

Die Ariane 5 ist auf eine hohe Zuverlässigkeit ausgelegt, um bemannte Raumflüge durchführen zu können. So sollte bei einer Hermes Mission keine Oberstufe eingesetzt werden. Somit konnten alle Triebwerke vor dem Start geprüft werden.

Die Ariane 5 besteht aus zwei Feststoffboostern, den EAP (**E**tages d' **A**ccélération à **P**oudre = Beschleunigungsstufe aus Pulver), als erste Stufe. Sie sind die größten in Europa entwickelten Booster. Sie bestehen aus drei Segmenten mit sieben Teilen von jeweils 3,35 m Höhe. Die einzelnen Teile sind aus 8 mm dicken Stahlhülsen hergestellt. Die Düsen sind hydraulisch schwenkbar und haben ein Entspannungsverhältnis von 11. Der Brennkammerdruck beträgt 64 bar. Im Nasenkonus ist Platz für ein Fallschirmsystem. Es wird bei 1 bis 2 Flügen pro Jahr für die Inspektion der Booster eingesetzt. Die Bergung und Neubefüllung selbst ist unwirtschaftlich, da die Produktionskosten geringer als der Inspektions- und Reparaturaufwand sind.

Die Booster bringen 90 % ihres Schubs. Das oberste kurze Segment hat sternförmigen Querschnitt und ist nach kurzer Zeit, vor Durchlaufen der Zone mit maximaler aerodynamischer Belastung, abgebrannt. Dadurch wird die Belastung der Ariane 5 minimiert. Danach steigt der Schub durch die sich vergrößernde Oberfläche wieder an. Die Abtrennung der ausgebrannten Booster erfolgt, wenn Beschleunigungssensoren einen Rückgang der Beschleunigung unter 0,75 g messen.

Vor den beiden Boostern wird die Zentralstufe EPC (**E**tage **P**rincipal **C**ryotechnique: Kryogene Hauptstufe) gezündet. Das erlaubt eine Prüfung des Vulcain Triebwerks auf Funktionsfähigkeit, bevor die beiden Booster gezündet werden. Bei Abweichungen von den Normwerten wird es wieder abgeschaltet. Das Vulcain Triebwerk arbeitet mit flüssigem Wasserstoff und Sauerstoff im Verhältnis 1 zu 5,2. Dabei arbeitet es mit einem sehr hohen Brennkammerdruck von über 100 bar, allerdings noch im klassischen Nebenstromverfahren. Die gesamte Stufe ist sehr leichtgewichtig aus Aluminiumlegierungen gebaut. Die Dicke der Tankwände beträgt nur 1,3 mm beim Wasserstofftank und 4,7 mm beim Sauerstofftank. Es ist ein einzelner Tank mit einem gemeinsamen Zwischenboden zur Reduktion der Leermasse. Das Triebwerk Vulcain brennt fast 600 Sekunden lang – Weltrekord für eine mit LH2 angetriebene Erststufe. Sie erreicht damit fast einen Orbit und verglüht beim Wiedereintritt vor der Westküste Südamerikas. Ursprünglich war geplant, dass die EPC auch einen Orbit erreicht, doch zur Vermeidung von Weltraummüll wurde die Aufstiegsbahn geändert, auch wenn dies Nutzlast kostete.

Außergewöhnlich ist die Konstruktion der Oberstufe. Auf der EPC sitzt die VEB, die bei der Ariane 5 recht schwer ist und 1.400 kg wiegt. Sie hat drei Funktionen. Zum einen ist sie Bestandteil der Struktur und überträgt die Kräfte der Nutzlast und Nutzlastverkleidung auf die EPC. Zum Zweiten beinhaltet sie Hydrazin als monergolen Treibstoff und sechs Verniertriebwerke mit jeweils 200 N Schub. Der Treibstoffvorrat wird benötigt, um nach der Abtrennung der Feststoffbooster die Korrekturen in der Pitch- und Rollachse durchzuführen. Nach Brennschluss wird damit die Nutzlast vor der Abtrennung ausgerichtet oder in Rotation versetzt. Als letztes beinhaltet die VEB natürlich die gesamte Elektronik und das Intertialsystem der Rakete.

Die Oberstufe EPS (**E**tage à **P**ropergols **S**tockables: Stufe mit lagerfähigen Treibstoffen) sitzt innerhalb der VEB. Sie ist daher sehr kompakt gebaut. Vier Kugeltanks mit den Treibstoffen MMH und NTO umgeben das zentrale, druckgeförderte Triebwerk. Es gibt zwei Flaschen mit Helium, welche die Tanks auf einen Druck von 18 bar setzen. Das Aestus Triebwerk hat einen, gemessen am niedrigen Brennkammerdruck von 11 bar, hohen spezifischen Impuls. Er wird durch eine lange Expansionsdüse mit einem Flächenverhältnis von 84,1 erreicht. Die Leermasse ist für eine Stufe mit relativ schweren Drucktanks aus Edelstahl mit 1.200 kg recht gering. Die VEB nimmt das Gewicht der EPS und der Nutzlast auf, dadurch konnte die Leermasse der EPS um 380 kg gesenkt werden. Diese Konstruktion wurde gewählt, um die EPS für Hermes Missionen weglassen zu können. Es war so nur eine Version der VEB nötig – nicht eine „EPS-VEB" und eine „Hermes-VEB".

Ariane 5 hat einen durchgehenden Durchmesser von 5,40 m und setzt eine große Nutzlastverkleidung ein. Es gibt drei Versionen von 12,20 bis 17,10 m Länge. Sie wiegen zwischen 2.021 und 2.900 kg. Weiterhin existiert auch eine moderne Form der Spelda der Ariane 4, bei der Ariane 5 Speltra genannt (**S**truck **P**orteuse **E**xterne **d**e **L**ancements **T**riples **A**riane = Dreifach Start-Struktur für Ariane). Davon gibt es zwei Versionen. Beide haben einen Durchmesser von 5,40 m. Die Höhe liegt bei 5,40 bzw. 7,00 m. Sie wiegen zwischen 700 und 820 kg. Wie der Name schon sagt, war die Speltra darauf ausgelegt, drei Satelliten mit zwei Speltra's transportieren zu können. Das wäre aber nur bei leichten Satelliten in Frage gekommen, da zwei Strukturen die Nutzlast auf 5,3 t reduzieren, sodass jeder Satellit maximal 1,8 t wiegen dürfte. Wie bei der Spelda sitzt die Speltra direkt auf der VEB und die Nutzlastverkleidung auf der Spelda.

Ariane 5 hat eine neue Startrampe mit einem noch flexibleren Konzept. Die Rakete wird in einem Gebäude integriert und fährt dann in ein Zweites, wo die Nutzlast hinzu kommt und die Oberstufe betankt wird. Anschließend fährt die Rakete auf dem Starttisch zum Startplatz, der rund 900 m entfernt ist. Dort gibt es nur einen Nabelschnurmast und vier Blitzableiter. Bei einer Explosion auf der Startrampe könnte diese Anlage in sechs Monaten neu gebaut werden.

Ariane 5 wurde auch entwickelt, um die Transportkosten in den geostationären Orbit um rund 40 % zu verringern. Sie sollte in der Fertigung rund 10 % preiswerter als eine Ariane 4 sein. Dies sollte möglich sein, weil Ariane 5 weniger Triebwerke einsetzt (vier anstatt bis zu zehn bei der Ariane 4) und die Booster preiswert zu fertigen sind. Gerade bei diesen gab es jedoch Probleme mit der Aushärtung der ersten Füllung, sodass der Jungfernflug um ein Jahr verschoben werden musste.

Der Jungfernflug scheiterte, weil Software ungeprüft von der Ariane 4 auf die Ariane 5 übertragen wurde. Es kam wegen der schnelleren Beschleunigung zu einem Überlauf bei der Konvertierung eines Wertes und dadurch zur Kursabweichung und Sprengung der Rakete. Die gesamte Software musste überprüft und das Computersystem gegen Softwarefehler abgesichert werden. Flug zwei war nur teilweise erfolgreich. Die EPC schaltete durch vorzeitiges Abreißen des Treibstoffflusses zu früh ab, obwohl es noch für einige Sekunden Treibstoff gab. Das System zur Rollachsenkontrolle erwies sich als unterdimensioniert und wurde verstärkt.

Beim zehnten Flug schaltete die EPS-Oberstufe wegen einer Verbrennungsinstabilität eine Minute zu früh ab und entließ die beiden Satelliten auf zu niedrigeren Bahnen. Als die Weiterentwicklung der Ariane 5 noch vor deren Jungfernflug beschlossen wurde, benannte die ESA die bis dahin entwickelte Ariane 5 in „Ariane 5G" um. Das „G" steht für Generic, also „allgemein, gewöhnlich". Mit der Einführung der leistungsgesteigerten Ariane 5 E Varianten lief die Produktion der Ariane 5G aus. Die Entwicklung der Ariane 5 kostete die ESA 5500 Millionen Euro. (Geplant: 4144 Millionen). Ein Start kostet den Kunden rund 130 Millionen Euro.

## Datenblatt Ariane 5 G/G+

| | |
|---|---|
| Einsatzzeitraum: | 1996 – 2004 |
| Starts: | 16, davon ein Fehlstart, zwei zu niedrige Orbits<br>16 × Ariane 5 G (1996-2003)<br>3 × Ariane 5 G+ (2004) |
| Zuverlässigkeit: | 84,2 % erfolgreich |
| Abmessungen: | 51,00 m Höhe<br>5,40 m Durchmesser |
| Startgewicht: | 746.000 kg |
| Maximale Nutzlast: | 17.910 kg (Ariane 5G) zur ISS<br>9.216 kg (Ariane 5G) in einen 800 km hohen SSO Orbit<br>6.820 kg (Ariane 5G) / 7.170 kg (Ariane 5G+) in einen GTO-Orbit<br>3.500 kg (Ariane 5G) zum Mond<br>3.190 kg (Ariane 5G+) zum Mars |
| Nutzlasthülle: | 12,70 oder 17,10 m Länge<br>5,40 m Durchmesser, 1900 und 2900 kg Gewicht |
| Speltra: | 5,60 und 7,00 m Länge, 5,40 m Durchmesser, 710 und 820 kg Gewicht |
| VEB: | 1,40 m Höhe, 5,40 m Durchmesser, 1.400 kg Gewicht |

| | EAP238 | EPC155 | EPS9.7 |
|---|---|---|---|
| Länge: | 2 × 30,00 m | 30,50 m | 3,40 m |
| Durchmesser: | 2 × 3,00 m | 5,40 m | 3,96 m |
| Startgewicht: | 2 × 278.400 kg | 170.100 kg | 10,900 kg |
| Trockengewicht: | 2 × 40.400 kg | 12.200 kg | 1,200 kg |
| Schub Meereshöhe: | 2 × 5.577 kN | 815 kN | - |
| Schub Vakuum: | 2 × 6.367 kN | 1145 kN | 28,4 kN |
| Triebwerke: | 2 × MPS | 1 × Vulcain | 1 × Aestus |
| Spezifischer Impuls (Meereshöhe): | . | - | - |
| Spezifischer Impuls (Vakuum): | 2701 m/s | 4228 m/s | 3187 m/s |
| Brenndauer: | 130 s | 590 s | 1.100 s |
| Treibstoff: | HTPB / Aluminium / Ammoniumperchlorat | LOX / LH2 | NTO / MMH |

## Datenblatt Ariane 5 GS

| | |
|---|---|
| Einsatzzeitraum: | 2005 – 2009 |
| Starts: | 6, davon kein Fehlstart |
| Zuverlässigkeit: | 100,0 % erfolgreich |
| Abmessungen: | 51,00 m Höhe |
| | 5,40 m Durchmesser |
| Startgewicht: | 762.000 kg |
| Maximale Nutzlast: | 20.100 kg zur ISS |
| | 12.800 kg in einen 800 km hohen SSO Orbit |
| | 6.950 kg in einen GTO-Orbit |
| Nutzlasthülle: | 12,70 oder 17,10 m Länge |
| | 5,40 m Durchmesser, 1900 und 2675 kg Gewicht |
| Speltra: | 4,90 – 6,40 m Länge, 4,50 m Durchmesser, 400 – 550 kg Gewicht |
| VEB: | 1,40 m Höhe, 5,40 m Durchmesser, 1.250 kg Gewicht |

| | **EAP241** | **EPC155** | **EPS9.7** |
|---|---|---|---|
| Länge: | 2 × 30,00 m | 30,50 m | 3,40 m |
| Durchmesser: | 2 × 3,00 m | 5,40 m | 3,96 m |
| Startgewicht: | 2 × 280.830 kg | 170.300 kg | 10,900 kg |
| Trockengewicht: | 2 × 40.400 kg | 12.600 kg | 1,200 kg |
| Schub Meereshöhe: | 2 × 5.070 kN | 815 kN | - |
| Schub Vakuum: | 2 × 6.840 kN | 1145 kN | 28,4 kN |
| Triebwerke: | 2 × MPS | 1 × Vulcain | 1 × Aestus |
| Spezifischer Impuls (Meereshöhe): | . | - | - |
| Spezifischer Impuls (Vakuum): | 2701 m/s | 4228 m/s | 3187 m/s |
| Brenndauer: | 132 s | 590 s | 1.100 s |
| Treibstoff: | HTPB / Aluminium / Ammoniumperchlorat | LOX / LH2 | NTO / MMH |

*Abbildung 43: Erster kommerzieller Flug der Ariane 5 mit dem Röntgenteleskop XMM und einer kurzen Nutzlastverkleidung.*

## Ariane 5 E

Schon 1995 verabschiedete die ESA ein Programm zur Steigerung der Nutzlast der Ariane 5 um 1.500 kg. Am meisten (1.000 kg) sollte eine Steigerung des Schubs des Vulcain Triebwerks und die dadurch ermöglichte Verlängerung des Tanks der EPC Stufe bringen. 1999 wurde dann noch der Bau einer kryogenen Oberstufe beschlossen. Als Zwischenlösung diente zuerst eine Adaption der H10 Oberstufe der Ariane 4 an die Ariane 5, die ESC-A. Diese sollte abgelöst werden durch die dauerhafte Lösung ESC-B mit einem neuen Triebwerk. Nach dem gescheiterten Jungfernflug der ersten Ariane 5 E im November 2002 wurden alle Entwicklungsarbeiten an der ESC-B Oberstufe gestoppt, um Gelder für Nachbesserungen bei dem Vulcain 2 Triebwerk freizusetzen. Im Jahre 2011 soll über die Wiederaufnahme der ESC-B Entwicklung entschieden werden. Die Entwicklung kostet von 1995-2007 den europäischen Steuerzahler 2574 Millionen Euro. Von 2005 bis 2009 subventionierte die ESA auch die Produktion mit 960 Millionen Euro. Durch den Anstieg der Startpreise um 30 % kann nun diese Subvention entfallen.

Die Booster wurden kaum verändert. Lediglich das obere Segment erhielt 2,43 t mehr Treibstoff, wodurch der Startschub anstieg. Später wurde das Verfahren zur Verbindung der Segmente verändert, wodurch die Dicke der Verbindungen von 36 auf 12 mm sank. Diese Maßnahme und eine neue Düse reduzierten die Leermasse eines jeden Boosters um 2.440 kg und brachten zusammen 300 kg mehr Nutzlast.

Die EPC Stufe behielt ihre Dimensionen, aber der Zwischenboden wurde um 64 cm in Richtung Wasserstofftank verschoben. Dadurch konnten 16 t mehr Sauerstoff getankt werden, während der Wasserstofftank 1 t weniger fasste. Die gesamte Mischung wurde so sauerstoffreicher. Auf diesen Treibstoff wurde nun das Triebwerk angepasst. Ursprünglich war ein einfaches „Engine Upgrade" geplant, also eine einfache Anpassung des Vulcain Triebwerks. Das erwies sich jedoch als nicht möglich. Die Sauerstoffpumpe musste neu entwickelt, die Kühlung des Triebwerks angepasst und alle Systeme auf den höheren Brennkammerdruck von 118 bar ausgelegt werden. Folgerichtig erhielt das Triebwerk die neue Bezeichnung Vulcain 2. Die EPC wiegt nun 18 t mehr und zusammen mit dem leistungsfähigeren Triebwerk brachte dies weitere 1.150 kg Nutzlast.

Die Pläne sahen zuerst eine Erweiterung der EPS auf 14 t Treibstoffzuladung vor. Als der Beschluss zur Entwicklung von kryogenen Oberstufen fiel, gab die ESA diese Erweiterung auf. Die EPS wurde nur noch für mehrere Zündungen und einer Betriebszeit von sechs Stunden neu qualifiziert. Dies war für ATV Missionen notwendig. Die Treibstoffzuladung wurde nur leicht um 300 kg angehoben.

Die Speltra erwies sich für die verfügbaren Satelliten als überdimensioniert. So wurde eine angepasste Version der Sylda der Ariane 3 und 4, genannt Sylda-5, eingeführt. Diese hat nur einen Durchmesser von 4,50 m und eine in 30 cm Intervallen einstellbare Höhe von 4,90 bis 6,50 m. Sie sitzt innerhalb der Verkleidung. Da sie erheblich kleiner als die Speltra ist, wiegt eine Sylda-5 nur zwischen 400 und 550 kg, also rund 350 kg weniger als die Speltra. Da sie einen Orbit erreicht, kommen diese eingesparten 350 kg der Nutzlast zugute. Die Speltra wird nicht mehr eingesetzt.

Die Nutzlastverkleidung wurde modernisiert und leichter. Es gibt nun drei verschiedene Größen und sie kann flexibel um 0,33 m bis 2,00 m verlängert werden. Alle Maßnahmen zusammen führen zu einer Steigerung der Nutzlast für Doppelstarts von 5.970 kg auf 7.775 kg.

Erheblich mehr Nutzlast als diese Maßnahmen sollten zwei neue Oberstufen erbringen. Die Erste, ESC-A (**E**tage **S**uperieur **C**ryogenique), wurde in nur drei Jahren aus der H10 Oberstufe entwickelt. Sauerstofftank und Schubgerüst mit dem HM-7B Triebwerk wurden von der H10 übernommen. Der Wasserstofftank wurde neu konstruiert und weist einen durchgängigen Durchmesser von 5,40 m auf. Das ergab eine kompakte Stufe, allerdings mit einem relativ hohen Trockengewicht von 3.300 kg. Die ESC-A erhöht die Nutzlast für Doppelstarts auf 9.100 kg.

Ursprünglich sollte sie schon ab 2006 von der ESC-B abgelöst werden. Diese Oberstufe soll ein neues Triebwerk mit der Bezeichnung Vinci einsetzen. Es setzt das Prinzip des Expander Cycle ein und nutzt den gasförmigen Wasserstoff, der bei der Brennkammerkühlung entsteht, zum Antrieb der Turbine. Zusammen mit einer ausfahrbaren Düse wird es die höchste Ausströmgeschwindigkeit aller bisher entwickelten Triebwerke aufweisen. Derzeit befindet es sich in der Entwicklung, die jedoch aufgrund der geringen Finanzmittel sehr langsam verläuft. Die ESC-B wird 28.2 t Treibstoff aufnehmen, da der Schub des Vinci fast dreimal höher als der des HM-7B ist. Die ESC-B wird die Nutzlast für GTO-Doppelstarts auf rund 11.100 kg erhöhen. Nachdem 2003 die Entwicklung gestoppt wurde, ist nicht vor 2016 mit einem Einsatz der ESC-B zu rechnen.

Die VEB konnte durch stärkeren Einsatz von Kohlefaserverbundwerkstoffen um 150 kg leichter werden. Bei der ESC-A Variante muss sie zudem nicht das Gewicht der EPS tragen. Die ESC-A führt auch die Rollachsensteuerung und Manöver zur korrekten Nutzlastausrichtung nach dem Brennschluss mit dem restlichem Wasserstoff durch. Beim Einsatz des ESC-A wiegt die VEB nur noch 950 kg, da die Hydrazinvorräte wegfallen und die Struktur leichtgewichtiger gehalten werden kann. Bei Starts des 20,6 t schweren ATV wird dagegen mehr Hydrazin benötigt, sodass bei diesen Missionen die VEB bis zu 1.900 kg wiegt.

Der erste Start einer Ariane 5 EC-A (**E**volution Variante mit **c**ryogener Oberstufe **A**) scheiterte, als das Vulcain 2 nach rund 120 Sekunden an Schub verlor und die Rakete gesprengt werden musste. Es zeigte sich, dass die Kühlung des oberen Düsenhalses nicht ausreichend war und dieser sich im Vakuum ausbeulte. Als Folge brannte die Düse durch und das Vulcain verlor an Schub. Es gab zwei technische Verbesserungen für die folgenden Flüge. Zum einen wurde mit einem Teil des Wasserstoffs das obere Drittel der Düse zusätzlich filmgekühlt. Zum anderen bekam dieser Teil eine strukturelle Verstärkung. Mit dieser Modifikation mussten nun weitere Tests erfolgen, wodurch die Evolution Variante der Ariane 5 nun für zwei Jahre nicht starten konnte. Für diese Zwischenzeit wurden zwei Varianten der Ariane 5G eingeführt. Dazu kommen zwei Varianten der neuen „Evolution" Serie:

- Die Ariane 5 G+ übernahm die Booster mit höherer Treibstoffzuladung und deren verlängerte Düse von der Evolution Variante. Die EPS fasst 300 kg mehr Treibstoff. Die EPC ist allerdings unverändert und entspricht der bei der Ariane 5G eingesetzten. Sie transportierte 6.300 kg im Doppelstart in die GTO-Bahn. Sie startete dreimal im Jahre 2004.

- Die Ariane 5 GS setzt zusätzlich eine strukturell verstärkte EPC ein, wie sie für die Evolution Varianten entwickelt wurde, aber noch mit dem Vulcain 1 Triebwerk. Deren Leergewicht ist 400 kg höher, doch war die Produktion schon auf die Evolution Variante umgestellt worden. Die Ariane 5 GS hat daher mit 6.100 kg Doppelstartnutzlast eine geringere als die Ariane 5 G+ und in etwa die Gleiche wie die Ariane 5G. Sechs Starts fanden von 2005-2009 statt.

- Die Ariane 5 ES verwendet die Evolution Variante der EPC mit dem Vulcain 2 Triebwerk (**E**volution **S**torbale), aber die alte EPS Oberstufe. Sie wird nur wenige Male für ATV Starts zum Einsatz kommen. Sie kann bis zu 20,75 t zur ISS oder 7,5 t in den GTO-Orbit befördern. Der erste Start erfolgte 2008. Ein Zweiter ist für 2010 geplant.

- Die Ariane 5 EC-A setzt die ESC-A Oberstufe mit der Evolution Variante der EPC ein. Sie führt seit 2007 fast alle Flüge durch und wird mindestens bis 2016 im Einsatz sein. Sie transportiert 9.100 kg in die GTO-Bahn. Bis Ende 2010 soll die Einzelstartnutzlast durch Optimierungen 10 t erreichen.

- Danach könnte die Ariane 5 EC-B sie ablösen. Ihr neues Vinci Triebwerk und die fast verdoppelte Treibstoffzuladung versprechen eine Steigerung der Nutzlast auf 11.100 kg Doppelstartkapazität in den GTO-Orbit.

| Datenblatt Ariane 5 E | | | | | |
|---|---|---|---|---|---|
| Einsatzzeitraum: | 2002 – heute | | | | |
| Starts: | 24, davon ein Fehlstart | | | | |
| Zuverlässigkeit: | 95,8 % erfolgreich | | | | |
| Abmessungen: | 51,00 m Höhe, 5,40 m Durchmesser | | | | |
| Startgewicht: | 766.000 – 790.000 kg | | | | |
| Maximale Nutzlast: | 20.750 kg (zur ISS) (Ariane 5 ES)<br>12.800 kg (in einen 800 km hohen SSO Orbit) (Ariane 5 ES)<br>9.600 kg (in einen GTO-Orbit) (Ariane 5 EC-A)<br>5.200 kg (zum Mars) (Ariane 5 EC-A) | | | | |
| Nutzlastverkleidung: | 12,70, 13,80 oder 17,10 m Länge<br>5,40 m Durchmesser, 1.900, 2.060 und 2.675 kg Gewicht | | | | |
| Sylda: | 4,90 – 6,40 m Länge, 4,50 m Durchmesser, 400 – 550 kg Gewicht | | | | |
| VEB: | 1,16 und 1,40 m Höhe, 5,40 m Durchmesser, 950 – 1.900 kg Gewicht | | | | |
| | **EAP241** | **EPC173** | **EPS10** | **ESC-A** | **ESC-B** |
| Länge: | 2 × 30,00 m | 30,50 m | 3,40 m | 4,57 m | 5,60 m |
| Durchmesser: | 2 × 3,00 m | 5,40 m | 3,96 m | 5,40 m | 5,40 m |
| Startgewicht: | 2 × 281.500 kg | 188.300 kg | 11.200 kg | 17.987 kg | 34.200 kg |
| Trockengewicht: | 2 × 38.400 kg | 14.100 kg | 1.200 kg | 3.450 kg | 6.000 kg |
| Schub Meereshöhe: | 2 × 5.940 kN | 960 kN | - | - | - |
| Schub (maximal): | 2 × 6.840 kN | 1360 kN | 28,4 kN | 64,8 kN | 180 kN |
| Triebwerke: | 2 × MPS | 1 × Vulcain 2 | 1 × Aestus | 1 × HM-7B | 1 × Vinci |
| Spezifischer Impuls (Meereshöhe): | - | - | - | - | - |
| Spezifischer Impuls (Vakuum): | 2701 m/s | 4256 m/s | 3187 m/s | 4365 m/s | 4560 m/s |
| Brenndauer: | 132 s | 540 s | 1100 s | 970 s | 710 s |
| Treibstoff: | HTPB/Aluminium/Ammoniumperchlorat | LOX / LH2 | NTO / MMH | LOX / LH2 | LOX / LH2 |

*Abbildung 44: Start von Herschel und Planck mit einer Ariane 5 EC-A am 14.5.2009*

# Vega

Die Vega ist die neueste europäische Trägerrakete. Sie begann als nationales Projekt der italienischen Weltraumorganisation ASI (**A**genzia **S**paziale **I**taliana). Die ASI hatte schon die Booster für die Ariane 3 und 4 und einen Antrieb namens Zefiro 16 mit 16 t Treibstoff entwickelt, der sich als zweite Stufe einer dreistufigen Trägerrakete eignen würde. Aus ihm könnte eine kleinere Version mit 7 t Treibstoff als dritte Stufe entwickelt werden. Ein auf ein Drittel der Länge verkürzter Ariane 5 Booster hätte die erste Stufe stellen können. Die anderen ESA Länder konnten sich 1998 für dieses Konzept nicht erwärmen. So wurde es substanziell verändert. Die erste Stufe sollte neu entwickelt werden und die zweite und dritte Stufe deutlich größer werden. Eine kleine, mit flüssigen Treibstoffen angetriebene vierte Stufe sollte die Bahngenauigkeit und die Nutzlast für höhere Orbits erhöhen. Obwohl dieses Konzept die Entwicklungskosten um ein Drittel auf 335 Millionen Euro erhöhte, fanden sich nun Partner. Dies lag daran, dass die neue erste Stufe P85 aus einem einzigen Gehäuse bestehen würde, gefertigt aus Kohlefaserverbundwerkstoffen (CFK). Diese Technologie war in dieser Größenordnung (10,79 m Länge) für Europa Neuland. Eine Übertragung der Technologie auf die Fertigung der Ariane 5 Booster versprach, deren Gewicht um ein Drittel zu reduzieren und damit die Nutzlast der Ariane 5 um mindestens 1.000 kg zu steigern. Die P80 FW Stufe der Vega ermöglichte es, diese Technologie im Kleinen zu testen. Die Fertigungsanlagen von Fiat Avio sind schon heute auf die Ariane 5 Booster ausgelegt.

Die P85FW Stufe verwendet wie die beiden anderen Feststoffantriebe die optimierte Mischung HTPB1912. Mit ihrem höheren Aluminiumanteil von 19 % weist sie einen höheren spezifischen Impuls auf. Das CFK-Gehäuse wiegt nur 3.350 kg und arbeitet mit einem Betriebsdruck von 100 bar. Im Inneren ist es zur thermischen Isolation mit einem Elastomer überzogen. Es ist der weltweit größte Antrieb mit einem CFK-Gehäuse ohne Segmentierung. Die Düsen mit einem Entspannungsverhältnis von 16 sind elektromechanisch um 7,5 Grad schwenkbar. Auch dieses System ist einfacher und preiswerter als das hydraulische System der EAP-Booster. Die Verwendung der Technologie für die Fertigung der Ariane Booster soll diese um 25 – 30 % preiswerter machen.

Die beiden Oberstufen Zefiro 23 und 9 entstanden aus dem Zefiro 16 (Zephyr) Antrieb durch Verlängerung beziehungsweise Verkürzung. Auch sie verwenden elektromechanisch geschwenkte Düsen, ein CFK-Gehäuse und die HTPB 1912 Mischung. Die Düsen haben ein höheres Entspannungsverhältnis von 27 beziehungsweise 72,5. Dadurch steigt die Ausströmgeschwindigkeit der Gase und damit die Nutzlast an.

Bei der Erprobung des Zefiro 9 Antriebs brannte die Düse durch und der Designfehler musste korrigiert werden. Dadurch erhielt der Antrieb 833 kg mehr Treibstoff und bekam eine längere Düse. Dies steigert die Nutzlast um 60 kg. Alle drei Stufen besitzen ein für Feststoffantriebe sehr hohes Voll-/Leermasseverhältnis. Es liegt bei 12,8 bei der ersten Stufe und bei 13,9 beziehungsweise 14,2 bei den beiden oberen Stufen. Zusammen mit den hohen spezifischen Impulsen resultiert so eine sehr hohe Nutzlast für eine Rakete dieser Größe.

Die **V**ehicle **E**quipment **B**ay (VEB) ist in eine kleine vierte Stufe mit der Bezeichnung AVUM (**A**ltitude and **V**ernier **U**pper **M**odule) integriert. Diese arbeitet mit dem ukrainischen Triebwerk RD-869. Es ist druckgasgefördert und arbeitet mit den Treibstoffen Stickstofftetroxid und UDMH. Die Druckbeaufschlagung erfolgt mit Helium. Sein Schub beträgt 2,45 kN. Dazu kommen noch sechs Düsen mit jeweils 200 N Schub für die Lageregelung und Rollachsensteuerung. Das AVUM ist auch für die Rollachsensteuerung während des Betriebs der zweiten und dritten Stufe zuständig. Ein Drittel der Trockenmasse entfällt auf das 171 kg schwere Avionikmodul. Es nutzt eine weltraumtaugliche Version des SPARC V7 32-Bit-Prozessors, der etwa der zehnmal leistungsfähiger als der Ariane 5 Bordcomputer ist und diesen auf der Ariane ab 2010 ersetzen soll.

Die Vega kann 2.500 kg in eine äquatoriale Umlaufbahn in 200 km Höhe oder 1.500 kg in eine sonnensynchrone Umlaufbahn in 700 km Höhe transportieren. Die Entwicklung verzögerte sich unter anderem durch die Probleme beim Zefiro 9 Antrieb und der Jungfernflug verschob sich von 2007 auf 2009. Die Vega Entwicklung wurde so deutlich teurer und das anvisierte Ziel von Startkosten von 20 Millionen Dollar wird wahrscheinlich nicht zu halten sein. Inzwischen ist auch der Markt von kleinen bis mittelgroße Nutzlasten in polare oder mittelhohe Umlaufbahnen eingebrochen. Die Vega wird daher wahrscheinlich nur selten, etwa ein bis zweimal jährlich eingesetzt werden.

Für die Vega wurde ELA-1, der Startkomplex der Ariane 1, umgerüstet. Unter der Bezeichnung ELV (**E**nsemble des **L**ancements **V**ega) entstand dort an der Rampe ein mobiler Montageturm und ein Nabelschnurmast. Wie bei Ariane 1 ist ELV für maximal vier Starts pro Jahr ausgelegt. Zwei Testflüge sind geplant. Der Erste im Zeitraum November 2009 bis Februar 2010. Für mindestens fünf operationelle Flüge sind folgende ESA Nutzlasten vorgesehen: ADM-Aeolus, Swarm, LISA-Pathfinder, Proba-3 und ESA IXV. Diese Nutzlasten decken einen Großteil der Möglichkeiten der Vega ab, wie den Transport von schweren Nutzlasten, Satellitenflotten, hohe und polare Orbits und elliptische Bahnen. Mindestens sechs weitere ESA/ASI Satelliten sollen danach mit der Vega gestartet werden.

## Datenblatt Vega

| | |
|---|---|
| Einsatzzeitraum: | ab 2010 |
| Starts: | - |
| Zuverlässigkeit: | - |
| Abmessungen: | 30,00 m Höhe |
| | 3,00 m Durchmesser |
| Startgewicht: | 137.000 kg |
| Maximale Nutzlast: | 2.500 kg in einen 200 km hohen äquatorialen LEO-Orbit |
| | 1.500 kg in einen 700 km hohen SSO-Orbit |
| Nutzlasthülle: | 7,88 m Länge, 2,60 m Durchmesser, 490 kg Gewicht |

| | P80 FW | Zefiro 23 | Zefiro 9A | AVUM |
|---|---|---|---|---|
| Länge: | 12,18 m | 8,38 m | 4,12 m | 2,04 m |
| Durchmesser: | 3,00 m | 1,90 m | 1,90 m | 2,18 m |
| Startgewicht: | 95.796 | 25.791 kg | 11.485 kg | 1.044 kg |
| Trockengewicht: | 7.431 kg | 1.845 kg | 808 kg | 494 kg |
| Schub (Durchschnitt): | 2.261 kN | 900 kN | 225 kN | - |
| Schub (Maximal): | 2.970 kN | 1.196 kN | 280 kN | 2,45 kN |
| Triebwerke: | 1 × P80 FW | 1 × Zefiro 23 | 1 × Zefiro 9A | 1 × RD-869 |
| Spezifischer Impuls (Meereshöhe): | - | - | - | - |
| Spezifischer Impuls (Vakuum): | 2746 m/s | 2839 m/s | 2839 m/s | 3095 m/s |
| Brenndauer: | 106,7 s | 71,7 s | 109,6 s | 667 s |
| Treibstoff: | HTPB/ Aluminium/ Ammoniumperchlorat | HTPB/ Aluminium/ Ammoniumperchlorat | HTPB/ Aluminium/ Ammoniumperchlorat | NTO / UDMH |

*Abbildung 45: Künstlerische Darstellung eines Vega Starts © des Bildes: ESA*

# Chinesische Trägerraketen

Bis 1960 erhielt China Raketen, Techniker und Konstruktionspläne von der UdSSR und hatte keine Ambitionen eigene Raketen zu entwickeln. Danach kam es zum Bruch mit der UdSSR und China entwickelte eigene Interkontinentalraketen. Von 1969 an wurden drei verschiedene Typen von militärischen Raketen mit Reichweiten von 1.100, 2.500 und 6.500 km stationiert. Die Letztere diente dann auch zum Start des ersten chinesischen Satelliten. Alle chinesischen Trägerraketen haben den gemeinsamen Namen „Chang Zheng" (chinesisch für „Langer Marsch"), unabhängig von technischen Gemeinsamkeiten. Analog werden alle militärische Raketen „Dong Feng" (Ostwind) genannt, ebenfalls unabhängig vom Einsatzzweck der Rakete.

China hat bisher drei „Weltraumbahnhöfe". Das älteste ist das China **J**iuquan **S**atellite **L**aunch **C**entre (JSLC), ursprünglich gebaut für den Test von militärischen Raketen im Jahre 1958. Es liegt bei 100 Grad Ost und 41,21 Grad Nord am Rande der Wüste Gobi in 1.000 m Höhe. Von Jiuquan erfolgten die ersten Starts von Chinas Satelliten. Später übernahmen andere Zentren diese Rolle. Heute erfolgen von diesem Zentrum wieder mehr Starts, nachdem es in den letzten Jahren nur die CZ-2D von Jiuquan aus startete. Alle Starts der CZ-2F mit dem Raumschiff Shenzhou erfolgen von Jiuquan aus. Aufgrund seiner Lage eignet sich das Startgelände für erdnahe Orbits mit Bahnneigungen von 40 – 56 Grad Neigung.

Das **X**ichang **S**atellite **L**aunch **C**entre (XSLC) Startzentrum ist heute das wichtigste Startzentrum für geostationäre Nutzlasten. Es liegt bei 102,0 Grad Ost und 28,2 Grad Nord. Der erste Start von Xichang fand 1984 statt. Es liegt anders als Jiuquan in einer ländlichen, dicht bevölkerten Gegend in einem Tal in 1826 m Höhe. Der mögliche Startwinkel ist mit 28 – 36 Grad sehr gering. Von hier aus erfolgen alle Starts in den GTO-Orbit.

Das China **T**aiyuan **S**atellite **L**aunch **C**entre (TSLC) wurde 1988 als Testgelände für Interkontinentalraketen eröffnet. Heute startet China von diesem Startzentrum ausschließlich Nutzlasten mit dem Typ CZ-4A und CZ-4B in polare oder sonnensynchrone Orbits. Taiyuan liegt bei 37,80 Grad Nord und 111,50 Grad Ost in 1.500 m Höhe. Es erlaubt nur Starts mit 99 Grad Inklination.

Anfang 2007 gab China bekannt, dass auf der Insel Hainan, südlich von Hongkong, ein weiteres Startzentrum aufgebaut wird. Seit 2002 gibt es dort Forschungseinrichtungen und nun soll der Hafen ausgebaut und ein 20 km² großer Komplex entstehen. Das neue Startzentrum wird Wenchang heißen. Es befindet sich bei 110° Ost und 19° Nord. Die größere Nähe zum Äquator soll bis zu 7,4 % mehr Nutzlast (maximal 300 kg) ergeben. Weiterhin können die Startkosten um bis zu 6 Millionen Dollar sinken. Ab 2010 soll von dort aus die Langer Marsch 5 starten. Weitere Startrampen für die CZ-3A/B und CZ 2E-H werden seit 2007 errichtet. Über 6.000 Chinesen wurden umgesiedelt, um den neuen Weltraumbahnhof zu errichten.

Für Außenstehende scheint das chinesische Trägerraketenprogramm recht viele Typen mit unterschiedlichen Leistungsdaten aufzuweisen. In Wirklichkeit basieren alle Typen ab der Langer Marsch 2 beziehungsweise Feng Bao 1 auf nur wenigen Triebwerken. Es sind die Triebwerk YF-21 in den ersten Stufen und YF-24 in den zweiten Stufen. Aus diesen beiden Triebwerkstypen wurde die Interkontinentalrakete Dong Feng 5 entwickelt. Sie treiben die ersten beiden Stufen aller Raketen der FB-1, CZ-2, 3 und 4 an. Die Stufen unterscheiden sich nur in der Länge der Treibstofftanks. Der Durchmesser ist identisch und liegt bei 3,35 m. Später gab es modernisierte Versionen dieser Triebwerke, die YF-21B und YF-24B Versionen mit etwas höheren Schub.

Aus dem YF-21 wurden dann noch Booster entwickelt die bei den Versionen CZ-2E und 2F und CZ-3B und 3C eingesetzt werden. Zuletzt wurden noch zwei Oberstufen für die CZ-3 und CZ-4 Serie entwickelt. Die eine mit einem kryogenen YF-75 Triebwerk, das später im Schub verdoppelt wurde, indem zwei Brennkammern anstatt einer eingesetzt wurden und eine zweite Drittstufe mit dem mit NTO / UDMH arbeitenden YF-40, welches in der CZ-4 eingesetzt wird.

Aus diesen vier Triebwerken mit unterschiedlich großen Stufen bestehen alle Subtypen, mit Ausnahme der CZ-1 Serie. Komplizierter wird die Situation dadurch, dass auch kleine Veränderungen, wie dem Einsatz von zwei anstatt vier Booster, eine neue Subversion ergeben. Umgekehrt ergeben größere Veränderungen innerhalb einer Serie nicht zwangsläufig eine neue Subversion. So hatten die ersten Versionen der CZ-2C ein Startgewicht von 192,7 t. Die heute Eingesetzten dagegen eines von 237 t. Entsprechend nahm die Nutzlast von 1,80 auf 3,00 t zu, ohne dass dies eine neue Version ergeben hätte.

# Feng Bao FB-1

Die unter der Bezeichnung Feng Bao FB-1 (Großer Sturm) entwickelte Rakete war eine Parallelentwicklung zur Langer Marsch 2, gefördert von Mao Zedong. Grund waren die Beziehungen seiner Frau und der „Viererbande" zu dem Kombinat in Schanghai, in dem die Rakete entwickelt wurde. Die eigentliche Ursache lag in den Wirren der Kulturrevolution. Die Feng Bao 1 basierte auf der Interkontinentalrakete Dong-Feng DF-5. Es gibt nur wenige Daten über die Feng Bao 1, aber Durchmesser, Höhe, Startschub und Startgewicht sind fast identisch zur CZ-2.

Nach Maos Tod im September 1976 wurde die Weiterentwicklung der Rakete eingestellt. Zwischen 1972 und 1981 fanden 11 Starts statt, darunter drei suborbitale Tests. Erst 1975 gelang der erste orbitale Start. Von den acht Orbitaleinsätzen waren nur vier erfolgreich. Über die Nutzlast liegen verschiedene Angaben vor. Es wurden zwischen 1.200 und 2.500 kg genannt. Die erfolgreich gestarteten Satelliten wogen 1.108 kg. Der Konzern, der die FB-1 entwickelte, ist heute an der CZ-4A und CZ-4B beteiligt.

## Datenblatt Feng Bao (FB-1)

| | |
|---|---|
| Einsatzzeitraum: | 1972 – 1981 |
| Starts: | 11, davon 3 suborbitale Starts, 4 Fehlstarts |
| Zuverlässigkeit: | 63,6 % erfolgreich |
| Abmessungen: | 32,57 m Höhe |
| | 3,35 m Durchmesser |
| Startgewicht: | 192.000 kg |
| Maximale Nutzlast: | 2.000 kg in einen 170 × 500 km hohen LEO-Orbit mit 70° Neigung. |
| Nutzlasthülle: | 5,10 m Höhe, 3,35 m Durchmesser |

| | Stufe 1 | Stufe 2 |
|---|---:|---:|
| Länge: | 20,10 m | 7,40 m |
| Durchmesser: | 3,35 m | 3,35 m |
| Startgewicht: | 150.400 kg | 38.300 kg |
| Trockengewicht: | 10.000 kg | 3.500 kg |
| Schub Meereshöhe: | 2.746 kN | - |
| Schub Vakuum: | 2.947 kN | 762 kN |
| Triebwerke: | 4 × YF-20A | 1 × YF-22 |
| Spezifischer Impuls (Meereshöhe): | 2540 m/s | - |
| Spezifischer Impuls (Vakuum): | 2834 m/s | 2814 m/s |
| Brenndauer: | 128 s | 126 s |
| Treibstoff: | NTO / UDMH | NTO / UDMH |

# Langer Marsch 1

Die Langer Marsch 1 war Chinas erste Trägerrakete. Sie wurde seit 1965 aus der Interkontinentalrakete Dong-Feng 3 entwickelt, die um eine dritte Stufe erweitert wurde. Die erste Stufe hat vier nicht schwenkbare Triebwerke mit Strahlrudern. Sie setzte die Kombination Salpetersäure und UDMH ein, die zweite Stufe NTO und UDMH. Sie besaß eine Brennkammer, ebenfalls gesteuert über Strahlruder. Über die dritte Stufe gibt es fast keine Angaben. Sie soll feste Treibstoffe einsetzen. Sie war mit einer Rotation von 180 U/min spinstabilisiert. Die Nutzlast der CZ-1 (Chang Zheng 1) war mit rund 300 kg sehr klein. Sie wurde nur einmal zum Start von Chinas ersten Satelliten eingesetzt und wurde dann von leistungsfähigeren Modellen abgelöst. Eventuell wird die erste Stufe oder ihre Triebwerke auch in der Taepodong 2 / Unha 2 (S.386) verwendet.

## Datenblatt Langer Marsch 1 (CZ-1)

| | |
|---|---|
| Einsatzzeitraum: | 1970 |
| Starts: | 1, davon kein Fehlstart |
| Zuverlässigkeit: | 100 % erfolgreich |
| Abmessungen: | 29,86 m Höhe |
| | 2,25 m Durchmesser |
| Startgewicht: | 81.600 kg |
| Maximale Nutzlast: | 300 kg in einen LEO-Orbit |
| | 4,67 m Länge, 1,50 m Durchmesser, 100 kg Gewicht |

| | Stufe 1 | Stufe 2 | Stufe 3 |
|---|---|---|---|
| Länge: | 17,84 m | 7,35 m | 3,95 m |
| Durchmesser: | 2,25 m | 2,25 m | 1,50 m |
| Startgewicht: | 65.250 kg | 13.550 kg | 2.200 kg |
| Trockengewicht: | 4.180 kg | 2.340 kg | 400 kg |
| Schub Meereshöhe: | 1.020 kN | - | - |
| Schub Vakuum: | ? | 294,3 kN | 118 kN |
| Triebwerke: | 1 × YF-2 | 1 × YF-40 | 1 × FG-02 |
| Spezifischer Impuls (Meereshöhe): | 2378 m/s | - | - |
| Spezifischer Impuls (Vakuum): | 2903 m/s | 2801 m/s | 2491 m/s |
| Brenndauer: | 141 s | 116 s | 38 s |
| Treibstoff: | Salpetersäure / UDMH | NTO / UDMH | fest |

# Langer Marsch 1D

1985 war eine Langer Marsch 1C mit der Kombination NTO und UDMH in der ersten Stufe geplant. Gebaut wurde sie nicht. Sie sollte maximal 600 kg in einen Orbit befördern. Eine weitere Version mit der italienischen IRS-Oberstufe wurde 1987 angekündigt. Sie sollte bis zu 900 kg Nutzlast aufweisen.

Mehr als 25 Jahre nach dem letzten Flug der Langer Marsch 1 erfolgte 1997 die Ankündigung einer neuen Version, der Langer Marsch 1D. Sie verfügte über eine neue dritte Stufe, immer noch mit festen Treibstoffen. Neu war ein Kaltgassystem mit 147 kg Treibstoff zur Schubvektorsteuerung und Kompensation von Unregelmäßigkeiten beim Bahneinschuss. Sie war nun dreiachsenstabilisiert und ermöglichte es damit, Satelliten drall- und dreiachsenstabilisiert auszusetzen.

Auch die erste und zweite Stufe wurden verbessert. So betrug der Startschub nun 1.100 kN. Die zweite Stufe hatte ein schwenkbares Triebwerk erhalten. Diese Version wurde seitdem nur zum Start von Wiedereintrittsköpfen eingesetzt. Von drei Flügen scheiterte einer. Der erste orbitale Einsatz steht noch aus.

## Datenblatt Langer Marsch 1D (CZ-1D)

| | |
|---|---|
| Einsatzzeitraum: | 1997 |
| Starts: | 3, davon 1 Fehlstart (nur suborbital) |
| Zuverlässigkeit: | 66,6 % |
| Abmessungen: | 28,22 m Höhe |
| | 2,25 m Durchmesser |
| Startgewicht: | 81.075 kg |
| Maximale Nutzlast: | 750 kg in einen LEO-Orbit |
| | 4,00 m Länge, 2,05 m Durchmesser, 250 kg Gewicht |

| | Stufe 1 | Stufe 2 | Stufe 3 |
|---|---|---|---|
| Länge: | 19,74 m | 6,04 m | 2,05 m |
| Durchmesser: | 2,25 m | 2,25 m | 1,67 m |
| Startgewicht: | 65.040 kg | 13.490 kg | 1.315 kg |
| Trockengewicht: | 4.080 kg | 1.100 kg | 523 kg |
| Schub Meereshöhe: | 1.106 kN | - | - |
| Schub Vakuum: | ? | 320,2 kN | 60,5 kN |
| Triebwerke: | 1 × YF-2A | 1 × YF-40 | 1 × FG-36 |
| Spezifischer Impuls (Meereshöhe): | 2378 m/s | - | - |
| Spezifischer Impuls (Vakuum): | 2903 m/s | 2810 m/s | 2834 m/s |
| Brenndauer: | 132 s | 107 s | 38 s |
| Treibstoff: | Salpetersäure / UDMH | NTO / UDMH | fest |

# Langer Marsch 2

Unter der Sammelbezeichnung „Langer Marsch 2" tummeln sich eine ganze Reihe von Trägerraketen, die alle von der Interkontinentalrakete DF-5 (**D**ong **F**eng: östlicher Wind) abstammen. Die Serie Langer Marsch 2 dient zum Start von Satelliten in erdnahe Bahnen – zuerst für chinesische Aufklärungssatelliten mit Rückkehrkapseln, dann für das bemannte Raumschiff Shenzhou. Später wurden mit der CZ-2E auch geostationäre Satelliten gestartet. Dies scheint jedoch eine Episode zu sein, als China diese Aufträge bekommen wollte, aber die eigentlich dafür vorgesehene CZ-3 Familie nicht leistungsfähig genug war. Mit der Einführung der CZ-3B ab 1996 fanden keine Starts in den geostationären Orbit mit der CZ-2E mehr statt. Ursprünglich sollte die Bezeichnung „2" wohl ein Hinweis für eine Rakete aus zwei Stufen sein. Doch dann erhielten die Träger zusätzliche Oberstufen oder Booster, sodass die Bezeichnung nichts mehr damit zu tun hatte.

Lange Zeit starteten alle CZ-2 nur von Jiuquan aus. Inzwischen startet die Serie von allen drei chinesischen Weltraumbahnhöfen.

Die Serie „Langer Marsch 2" begann am 5.11.1974 mit dem Start einer Rakete namens „Langer Marsch 2A". Diese wurde nur einmal eingesetzt. Beim zweiten Start wurde die Rakete umbenannt und erhielt die Bezeichnung „Langer Marsch 2C". Es gab keine Langer Marsch 2B.

Es gibt trotz Öffnung zum Westen recht wenige Daten über diese Träger. So gibt die CGWIC (**C**hina **G**reat **W**all **I**ndustry **C**orporation) zum Beispiel nur die Treibstoffmenge der Stufen, aber nicht das Startgewicht an. Ich habe mich bemüht, die Daten aus verschiedenen Quellen zusammenzutragen und zu prüfen. Sehr oft konnten aber Leermassen nur abgeschätzt werden. Das gilt für alle Träger der CZ 2-4 Gruppe. Erschwert wird dies durch Leistungssteigerungen der Typen durch Stufenverlängerungen, ohne das Nummerierungsschema zu verändern.

# Langer Marsch 2C

Das Modell 2C entwickelte sich zum meist genutzten innerhalb der Langer Marsch Serie. Von 1974 bis 1993 wurden mit dieser Rakete chinesische Aufklärungssatelliten des Typs FHW-1 und FHW-2 gestartet. Später folgen Satelliten des Iridiumsystems und heute wird die CZ-2C auch zum Start von wissenschaftlichen Satelliten genutzt. Alle Starts bis 1999 fanden mit einer Ausnahme – dem Teststart für Iridium – vom Weltraumzentrum Jiuquan aus statt. Dann gab es eine Pause von vier Jahren. Seitdem startet sie von allen drei Startzentren aus. Die erste Version genannt „Langer Marsch 2C" hatte eine Nutzlast von 2.800 kg. Die Version 2C/SD wurde für Iridium-Starts benutzt. Ihre Nutzlast betrug mit Smart Dispenser 3.366 kg. Seit 2008 gibt es eine leistungsfähige Version, genannt 2C/SM. Die erste Stufe fasst bei ihr 20 t mehr Treibstoff und ist um 5 m länger. Sie transportiert 3.850 kg mit einer dritten Stufe in den Orbit. Ein Start war im Jahre 2000 für 22 Millionen $ zu buchen.

Die erste Stufe setzt ein Triebwerk mit vier Brennkammern ein, die schwenkbar aufgehängt sind. Der Brennkammerdruck beträgt 71 bar und das Entspannungsverhältnis 10. Die zweite Stufe verwendet ein fest eingebautes Haupttriebwerk und vier Verniertriebwerke, um die Lage in der Nick- und Gierachse zu ändern. Die Verniertriebwerke arbeiten bis 250 Sekunden nach Brennschluss des Haupttriebwerks weiter. Verbunden sind beide Stufen durch Gitterrohradapter. Die Stufentrennung erfolgt heiß.

Die CZ-2C transportierte am 6.10.1992 auch den ersten westlichen Satelliten, den schwedischen Satelliten Freya als Sekundärnutzlast. Von 1997 bis 1998 absolvierte sie sechs Starts mit je zwei Satelliten für den Aufbau des Iridium-Netzes, wobei die Rakete angepasst wurde. Diese Version für Iridium hatte verlängerte Stufen, stärkere Triebwerke, eine größere Nutzlasthülle und einen angepassten Nutzlastadapter mit Smart-Dispenser zum Aussetzen mehrerer Satelliten. Möglich wurde dies durch Lockerung der COCOM-Bestimmungen, die vorher keinen Export von Hochtechnologie aus den USA nach China zuließen. Die hohen Bahnen von Iridium machte eine weitere dritte Stufe mit festen Treibstoffen notwendig. Diese Stufe kann die Bahn zirkularisieren, nachdem die CZ-2C die Nutzlast in eine elliptische Bahn mit einem Apogäum in der Zielbahnhöhe befördert hat. Bei Bahnen über 500 km Höhe ist dieser Smart Dispenser erforderlich. Die zweistufige Konstruktion erreicht sonst nur niedrige kreisförmige Orbits, da die Brennzeit zu kurz ist. Es gibt mehrere Nutzlastverkleidungen.

## Datenblatt Langer Marsch 2C

| | |
|---|---|
| Einsatzzeitraum: | 1975 – heute |
| Starts: | 30, davon kein Fehlstart |
| Zuverlässigkeit: | 100 % erfolgreich |
| Abmessungen: | 38,83-40,40 m Höhe |
| | 3,35 m Durchmesser |
| Startgewicht: | 216.750 kg (CZ-2C) / 233.000 kg (CZ-2C/SM) |
| Maximale Nutzlast: | 4.000 kg in einen LEO-Orbit (CSZ-2C/SM) |
| | 3.370 kg in einen LEO-Orbit (CSZ-2C/SD) |
| | 2.800 kg in einen LEO-Orbit (CSZ-2C) |
| Nutzlasthülle: | 8,37 m Länge, 3,35 m Durchmesser, 800 kg Gewicht |
| | 7,13 m Länge, 3,35 m Durchmesser |
| | 8,70 m Länge, 2,20 m Durchmesser |

| | Stufe 1 (2C SM/2C) | Stufe 2 | SM/CTS |
|---|---|---|---|
| Länge: | 20,50 / 25,72 m | 7,78 m | 1,50 m |
| Durchmesser: | 3,35 m | 3,35 m | 2,70 m |
| Startgewicht: | 173.000 / 152.700 kg | 59.700 kg | 2.911 kg |
| Trockengewicht: | 10.298 / 9.410 kg | 5.010 kg | 291 kg |
| Schub Meereshöhe: | 4 × 696,4 kN | - | - |
| Schub Vakuum: | 4 × 740,6 kN | 798,1 kN + 4 × 11,8 kN | 104,2 kN |
| Triebwerke: | 4 × YF-21B | 1 × YF-24B + 4 × YF-23C | SpaB-140 |
| Spezifischer Impuls (Meereshöhe): | 2556 m/s | | |
| Spezifischer Impuls (Vakuum): | | 2922 m/s 2834 m/s (Vernier) | 2804 m/s |
| Brenndauer: | 122,2 s | 184 s | 74 s |
| Treibstoff: | NTO / UDMH | NTO / UDMH | HTPB / Ammoniumperchlorat / Aluminium |

*Abbildung 46: Start des Yaogan VI mit der Langer Marsch 2C am 22.4.2009.*

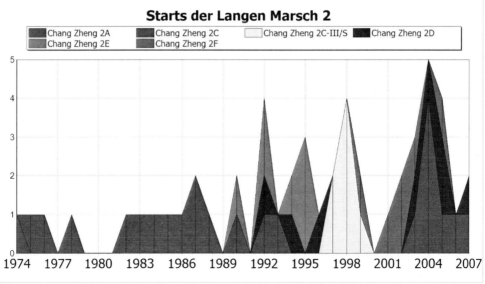
*Abbildung 47: Gesamtübersicht der Starts Langer Marsch 2 bis 2007*

# Langer Marsch 2D

Anders als die Langer Marsch 2C stammt diese zweistufige Rakete nicht direkt von der Interkontinentalrakete DF-5 ab, sondern von der Trägerrakete CZ-4. Es ist also im Prinzip eine zweistufige Version der CZ-4A. Die Stufen sind jedoch etwas schwerer. Die Chang Zheng 2D ist ausgelegt für den Start von 3.700 kg schweren chinesischen Aufklärungssatelliten mit Rückkehrkapseln vom Typ „FSW". Ihre Entwicklung begann 1990 für Starts von schweren Satelliten in SSO und LEO Bahnen.

Beide Stufen verwenden lagerfähige Treibstoffe und haben getrennte Treibstofftanks. Die erste Stufe hat vier schwenkbare Triebwerke. Die Zweite, wie die CZ-2C, ein zentrales, nicht schwenkbares Triebwerk und vier Verniertriebwerke von jeweils 46 kN Schub. Diese arbeiten nach Brennschluss des Haupttriebwerks noch 30 Sekunden weiter, um das Perigäum anzuheben. Die Nutzlast nimmt mit steigender Höhe rasch ab. Etwa 3.400 kg werden in einen 200 km hohen 50 Grad geneigten Orbit transportiert. In einen 800 km hohen sonnensynchronen Orbit sind es nur noch 850 kg.

Bisher erfolgte kein kommerzieller Start der CZ-2D. Die meisten Forschungssatelliten in erdnahe Bahnen bevorzugen den sonnensynchronen Orbit, in dem dieser Typ nur eine geringe Nutzlast befördert. Sie tauchte auch lange nicht bei den von der „**C**hina **G**reat **W**all **I**ndustry **C**orporation" angebotenen Typen auf. Die CGWIC vermarktet die Langer Marsch im Westen. Dies hat sich ab 2007 geändert. Nach drei Starts von 1992 – 1996 gab es eine Pause von sieben Jahren und seit 2003 wird die CZ-2D wieder eingesetzt. Bisher erfolgten alle Starts von Jiuquan aus.

Verfügbar sind für die CZ-2D zwei Nutzlastverkleidungen von 2,90 m und 3,35 m Durchmesser. Neuere Startfotos zeigen auch die von der CZ-4 bekannten Fins, sodass wahrscheinlich die Stufe der CZ-4 unverändert übernommen wurde. Diese Fins fehlten bei den ersten Versionen. Die Nutzlastverkleidung hat großen Einfluss auf die Nutzlast – so sinkt sie von 3.700 kg auf 3.400 kg, wenn die größere der beiden Verkleidungen benutzt wird.

## Datenblatt Langer Marsch 2D

| | |
|---|---|
| Einsatzzeitraum: | 1992 – heute |
| Starts: | 10, davon kein Fehlstart |
| Zuverlässigkeit: | 100 % erfolgreich |
| Abmessungen: | 41,06 m Höhe |
| | 3,35 m Durchmesser |
| Startgewicht: | 250.000 kg |
| Maximale Nutzlast: | 3.400 kg in einen 200-km-LEO-Orbit |
| | 2.000 kg in einen 500 km hohen SSO-Orbit |
| | 850 kg in einen 800 km hohen SSO-Orbit |
| Nutzlasthülle: | 2,90 m Durchmesser, 6,34 m Länge, 500 kg Gewicht |
| | 3,35 m Durchmesser, 7,00 m Länge |

| | Stufe 1 | Stufe 2 |
|---|---|---|
| Länge: | 27,91 m | 10,90 m |
| Durchmesser: | 3,35 m | 3,35 m |
| Startgewicht: | 194.255 kg | 57.700 kg |
| Trockengewicht: | 12.418 kg | 5.000 kg |
| Schub Meereshöhe: | 4 × 637,4 kN | - |
| Schub Vakuum: | 4 × 740 kN | 742 kN + 4 × 47,1 kN |
| Triebwerke: | 4 × YF-21C | 1 × YF-22B + 4 × YF-23F |
| Spezifischer Impuls (Meereshöhe): | 2550 m/s | 2672 m/s |
| Spezifischer Impuls (Vakuum): | 2961 m/s | 2942 m/s / 2834 m/s (Vernier) |
| Brenndauer: | 158,1 s | 115 / 145 s |
| Treibstoff: | NTO / UDMH | NTO / UDMH |

*Abbildung 48: Start von FSW-18 im November 2003*

# Langer Marsch 2E

Im Jahre 1986 begann die Entwicklung einer neuen Version der Langer Marsch 2. China verfolgte das gleiche Konzept wie in Europa bei der Ariane 4 und erweiterte die Rakete um vier Startbooster mit lagerfähigen Treibstoffen. Die YF-20B Triebwerke der Booster leiten sich von denen der zweiten Stufe ab. Die Triebwerke sind fest eingebaut und nicht schwenkbar. Die wesentlichen Kenndaten der Booster wie Abmessungen, Schub und Gewicht zeigen eine große Ähnlichkeit zu den Ariane 4 Boostern. Gedacht war diese Rakete für den Start von westlichen Kommunikationssatelliten. Dazu ist eine wurde eine Stufe „EPKM" mit festen Treibstoffen entwickelt.

Gegenüber der CZ 2C/SD wurde der Tank der ersten Stufe um 3 m verlängert. Die Booster ermöglichten auch die Verlängerung der zweiten Stufe, die nun doppelt so viel Treibstoff fasst. Sie erhielt ein verbessertes YF-22B Triebwerk. Die EPKM-Stufe wurde nicht für kommerzielle Transporte eingesetzt. Sie wurde zusammen mit einem Massemodell des Optus B1 Satelliten beim ersten Erprobungsstart getestet. Dort scheiterte aber die Zündung dieser Stufe. Alle kommerziellen Einsätze verwandten den Star 63F Motor, also die PAM D2 Oberstufe, als zusätzliche Stufe. Alle Starts der CZ-2E fanden von Xichang aus statt.

Die CZ-2E musste zahlreiche Fehlschläge hinnehmen. Der erste Erprobungsstart gelang, doch der Test der EPKM-Stufe schlug fehl. Der zweite Start mit Optus B1 glückte. Doch beim dritten Start explodierte der Optus B2 Satellit nach 47,7 s, als die Nutzlasthülle kollabierte. Trümmer der Nutzlasthülle und vom Satelliten regneten auf den Boden. Die CZ-2E setzte dann die PAM-D2 mit den Resten des Satelliten in einen Parkorbit aus. Der dritte Start glückte und beförderte Optus B3 in den Orbit. Doch schon der nächste Flug schlug wieder fehl. Die Langer Marsch 2E mit dem Satelliten Apstar explodierte nach 50 Sekunden, als sie den aerodynamischen Belastungen nicht standhielt. Dabei wurden sechs Personen getötet und 27 durch Trümmer verletzt.

Die folgenden beiden Flüge waren erfolgreich, doch betrug inzwischen die Versicherungsprämie schon 27 % des Versicherungswertes – vergleichen mit 17 bis 20 % für andere Träger zu dieser Zeit. Beim vorletzten Start war der in den Orbit gebrachte AsiaSat beschädigt und die Versicherung musste 58 Millionen Dollar zahlen, weil die Belastungen durch den CZ-2E Start zu hoch waren. Die Marktakzeptanz der CZ-2E war nach diesen Verlusten stark gesunken. Seit 1996 die CZ-3B mit der gleichen Nutzlast zur Verfügung steht, fanden keine Starts der CZ-2E mehr statt. Im Jahre 2000 kostet ein Start rund 50 Millionen Dollar.

## Datenblatt Langer Marsch 2E

| | |
|---|---|
| Einsatzzeitraum: | 1990 – 1995 |
| Starts: | 7, davon 3 Fehlstarts |
| Zuverlässigkeit: | 57,1 % erfolgreich |
| Abmessungen: | 49,70 m Höhe |
| | 3,35 m Durchmesser |
| Startgewicht: | 460.000 kg |
| Maximale Nutzlast: | 9.200 kg in einen LEO-Orbit |
| | 3.400 kg in einen GTO-Orbit (mit EKPM) |
| | 4,20 m Durchmesser, 10,50 oder 12,00 m Länge, 1.800 / 2.000 kg Gewicht |

| | Booster | Stufe 1 | Stufe 2 | EKPM |
|---|---|---|---|---|
| Länge: | 15,33 m | 28,47 m | 15,19 m | 2,94 m |
| Durchmesser: | 2,25 m | 3,35 m | 3,35 m | 1,70 m |
| Startgewicht: | 4 × 40.350 kg | 198.306 kg | 92.777 kg | 6001 kg |
| Trockengewicht: | 4 × 2.604 kg | 12.000 kg | 8.000 kg | 529 kg |
| Schub Meereshöhe: | 4 × 730 kN | 4 × 741 kN | - | - |
| Schub Vakuum: | - | - | 741,4 kN + 4 × 11,8 kN | 14 kN |
| Triebwerke: | 4 × YF-5A | 4 × YF6B | 1 × YF-20B + 4 × YF-21A | 1 × x-248 |
| Spezifischer Impuls (Meereshöhe): | 2556 m/s | 2556 m/s | - | - |
| Spezifischer Impuls (Vakuum): | 2648 m/s | | 2922 m/s / 2834 (Vernier) | 2855 m/s |
| Brenndauer: | 139,1 s | 158,4 s | 284,6 s / 374 s | 87 s |
| Treibstoff: | NTO / UDMH | NTO / UDMH | NTO / UDMH | fest |

*Abbildung 49: Die CZ-2E auf der Startrampe*

# Langer Marsch 2F

China kündigte 1987 ein bemanntes Weltraumprogramm an. Anfang 2000 flog mit der Langer Marsch 2F erstmals ein Raumschiff in den Orbit, damals noch unbemannt. Bei der Raumkapsel Shenzhou handelt es sich um eine Adaption der Sojus-TM Kapsel. Die wesentliche Konstruktion der Sojus-TM Kapsel wurde beibehalten, doch in vielen Details gab es Änderungen. Die 7,8 t schwere Nutzlast machte eine Anpassung der Langer Marsch 2E notwendig. Die technischen Daten gleichen der 2E, jedoch erfolgten Verbesserungen, um die Zuverlässigkeit zu steigern. So sind nun mehr redundante Systeme vorhanden. Die CZ-2F ist eine „man rated" Version der CZ-2E. Der zusätzliche Fluchtturm kostete etwas Nutzlast, sodass die CZ-2F nur 8,4 t (CZ-2E: 9,2 t) in den Orbit transportieren konnte.

Weiterhin waren Modifikationen an der dritten Stufe notwendig – für die schwere Nutzlast und den Fluchtturm. Anders als die CZ-2E startete diese Rakete ausschließlich vom Startzentrum Jiuquan aus.

Die CZ-2F war die erste chinesische Rakete, die vertikal montiert wurde. Eine Besonderheit war, dass der Fluchtturm recht früh abgetrennt wurde. Dies geschah schon nach 120 Sekunden in 39 km Höhe, bevor die Booster ausgebrannten. Kurz nach Zündung der zweiten Stufe wurde 200,87 Sekunden nach dem Start die Nutzlastverkleidung abgetrennt.

Die Verniertriebwerke der zweiten Stufe, die 110 Sekunden länger arbeiteten als das Zentraltriebwerk, erlaubten es der Rakete, einen höheren Orbit zu erreichen ohne eine zweite Brennsequenz oder dritte Stufe einzusetzen. Da die CZ-2F nur erdnahe Bahnen erreichen soll, wurde keine EKPM-Oberstufe eingesetzt.

Die CZ-2F wird heute nicht mehr einsetzt, da künftige Shenzhou Kapseln zu schwer für die CZ-2F sind. Eine leistungsgesteigerte Version für unbemannte Flüge soll die Chang Zheng 2G mit einer Nutzlast von 11.200 kg sein. Sie hat ein neues Steuerungssystem und eine neue Bordelektronik für höhere Bahngenauigkeit. Das Rettungssystem entfällt, aber die Nutzlastverkleidung wird vergrößert. Ihr Erstflug ist für Oktober 2010 angekündigt. Sie soll das TianGong 1 „Zielraumfahrzeug" starten, wahrscheinlich ein Orbitalmodul, an das später eine Shenzhou Raumkapsel andocken soll.

Die CZ-2F/H ist eine Variante der Langer Marsch 5 und wird bei dieser auf S.293 besprochen.

## Datenblatt Langer Marsch 2F

| | |
|---|---|
| Einsatzzeitraum: | 1999 – 2008 |
| Starts: | 7, davon kein Fehlstart |
| Zuverlässigkeit: | 100 % erfolgreich |
| Abmessungen: | 62,00 m Höhe |
| | 3,35 m Durchmesser |
| Startgewicht: | 464,000 kg |
| Maximale Nutzlast: | 8.400 kg in einen LEO-Orbit |
| Nutzlasthülle: | 19,11 m Länge (mit Fluchtturm), 3,60 m Durchmesser |

| | Booster | Stufe 1 | Stufe 2 |
|---|---|---|---|
| Länge: | 15,33 m | 28,47 m | 15,19 m |
| Durchmesser: | 2,25 m | 3,35 m | 3,35 m |
| Startgewicht: | 4 × 40.350 kg | 198.306 kg | 93.150 kg |
| Trockengewicht: | 4 × 2.604 kg | 12.000 kg | 8.000 kg |
| Schub Meereshöhe: | 4 × 730 kN | 4 × 741 kN | - |
| Schub Vakuum: | - | - | 741,4 kN + 4 × 11,8 kN |
| Triebwerke: | 4 × YF-5A | 4 × YF6B | 1 × YF-20B + 4 × YF-21A |
| Spezifischer Impuls (Meereshöhe): | 2556 m/s | 2556 m/s | - |
| Spezifischer Impuls (Vakuum): | 2648 m/s | | 2922 m/s / 2834 (Vernier) |
| Brenndauer: | 139,1 s | 158,4 s | 284,6 s / 374 s |
| Treibstoff: | NTO / UDMH | NTO / UDMH | NTO / UDMH |

*Abbildung 50: Start von Shenzhou 5 am 15.10.2003*

# Langer Marsch 3 Familie

Die CZ-3 Familie von Trägerraketen hat drei Stufen. Sie sind ausgelegt für den Transport in geostationäre Orbits. Die Leistung wurde sukzessive gesteigert. Die CZ-3 setzt erstmals eine Oberstufe mit den Treibstoffen flüssiger Sauerstoff und Wasserstoff ein. Wie auch andere Nationen musste China hier Lehrgeld beim Einsatz dieser Spitzentechnologie zahlen – von vier Fehlstarts gingen drei auf Fehler der dritten Stufe zurück. Die CZ-3B und 3C sind die um vier beziehungsweise zwei Booster erweiterten Versionen der CZ-3A.

Die Entwicklung begann 1980, um einen Träger für eigene, nationale Kommunikationssatelliten zu haben. Bei einer zweistufigen Rakete nimmt die Nutzlast in den dazu nötigen geostationären Orbit stark ab. Die bis dahin verfügbare CZ-2 konnte keine Satelliten in den geostationären Orbit transportieren. Mit der Langer Marsch 3 wurde auch das zweite Startzentrum Xichang eingeweiht. Seitdem finden alle Starts der Langer Marsch 3 von Xichang aus statt. Ein neues Startzentrum, das derzeit auf der Insel Wenchang gebaut wird, wird Xichang ablösen. Das neue Startzentrum liegt südlicher, wodurch die Nutzlast höher ist. Gleichzeitig führt die Aufstiegsbahn über den Ozean. Dadurch sind Verluste unter der Zivilbevölkerung, wie sie bei Xichang vorkamen, ausgeschlossen.

Bisher gab es mindestens zwei Fehlstarts, die Opfer unter der Zivilbevölkerung forderten. Dies liegt zum einen in einem anderen Sicherheitsverständnis. So bleiben die chinesischen Mitarbeiter bis zum Start in der Nähe der Trägerrakete. Sie wunderten sich über westliche Techniker, die für die Satellitenvorbereitung angereist waren und die vor dem Start das Startgelände verließen. Zum anderen ist das Gebiet um Xichang dicht besiedelt und wird landwirtschaftlich genutzt.

Wichtiger als der Schutz der Bevölkerung dürfte allerdings sein, dass derzeit aufgrund der dadurch nicht kalkulierbaren Risiken, keine ausländische Rückversicherung bereit ist, den Start auf einer Langer Marsch zu versichern. Die chinesische CGWIC bietet als Kompensation eine eigene Rückversicherung an. Gravierender ist, dass Xichang aufgrund der bisherigen Opfer mit negativer Publicity belegt ist. Das ist sicherlich die Haupttriebfeder für das neue Startzentrum in Wenchang.

# Langer Marsch 3

Das erste Modell CZ-3 ist eine um eine dritte Stufe erweiterte CZ-2C (in der ersten Version, nicht der heute im Einsatz befindlichen Version mit verlängerten Stufen). Die ersten beiden Stufen setzen daher die gleichen Triebwerke wie die CZ-2C ein. Die dritte Stufe ist eine kryogene Stufe. China war damit nach den USA und Europa die dritte Nation im exklusiven Club der Nationen, die Wasserstoff als Raketentreibstoff nutzten. Dies war eine beträchtliche technische Leistung, da die Chinesen noch vor den Russen und Japanern über diesen Antrieb verfügten. Sie wurde ab 1978 zum Start der ersten chinesischen Kommunikationssatelliten DongFangHong (DFH-2, „Der Osten ist rot") Satelliten entwickelt.

Die dritte Stufe ist in der Masse vergleichbar mit der Oberstufe H8 der Ariane 1-3. Jedoch erreicht sie nicht den gleichen hohen spezifischen Impuls und hat eine höhere Leermasse. Sie ist dafür wiederzündbar und hat zwei Zündsequenzen von 500 und 300 Sekunden. Sie platzierte bei CZ-3 Nutzlasten direkt in den GSO-Orbit mit der zweiten Zündsequenz im Apogäum.

Die Nutzlast beträgt rund 1.400 kg für die geostationäre Übergangsellipse. Der erste Start scheiterte, weil es nicht gelang, die GTO-Bahn aufzuweiten. Die zweite Zündung der dritten Stufe blieb aus. Nach Veränderungen in der dritten Stufe gab es dann keine Probleme mehr, bis 1991 erneut die dritte Stufe vorzeitig ihren Betrieb einstellte und die Nutzlast in einem nutzlosen Orbit mit einem erdfernsten Punkt in 2.450 km Höhe entließ.

Es gelang auch, einen Start einer westlichen Nutzlast zu akquirieren – AsiaSat 1. Es war im April 1990 Chinas erster kommerzieller Start. AsiaSat 1 stammte von Hongkong, das wenige Jahre später an China zurückgegeben wurde. Daher war dieser Start möglich, während zu diesem Zeitpunkt noch die COCOM-Bestimmungen den Start anderer Nutzlasten verhinderten.

Auch danach wurde die Langer Marsch 3 im Westen angeboten. Sie war jedoch schon zu klein für viele Satelliten. Der letzte Start fand im Jahre 2000 statt.

## Datenblatt Langer Marsch 3

| | |
|---|---|
| Einsatzzeitraum: | 1984 – 2000 |
| Starts: | 13, davon 3 Fehlstarts |
| Zuverlässigkeit: | 76,9 % erfolgreich |
| Abmessungen: | 44,60 m Höhe |
| | 3,35 m Durchmesser |
| Startgewicht: | 204.000 kg |
| Maximale Nutzlast: | 1.400 kg in eine GTO-Bahn |
| | 5.000 kg in eine LEO-Bahn |
| Nutzlasthülle: | 5,94 m Länge, 2,60 m Durchmesser |

| | Stufe 1 | Stufe 2 | Stufe 3 |
|---|---|---|---|
| Länge: | 20,22 m | 7,51 m | 10,28 m |
| Durchmesser: | 3,35 m | 3,35 m | 2,25 m |
| Startgewicht: | 149.500 kg | 39.000 kg | 10.350 kg |
| Trockengewicht: | 9.410 kg | 4.000 kg | 1.600 kg |
| Schub Meereshöhe: | 4 × 696,4 kN | - | - |
| Schub Vakuum: | 4 × 740,6 kN | 719,8 kN + 4 × 11,8 kN | 44,16 kN |
| Triebwerke: | 4 × YF-21 | 1 × YF-24 + 4 × YF-23 | 1 × YF-73 |
| Spezifischer Impuls (Meereshöhe): | 2539 m/s | - | - |
| Spezifischer Impuls (Vakuum): | | 2834 m/s | 4119 m/s |
| Brenndauer: | 127,6 s | 129 s | 810 s |
| Treibstoff: | NTO / UDMH | NTO / UDMH | LOX / LH2 |

*Abbildung 51: Langer Marsch 3 vor dem Start*

# Langer Marsch 3A

Die Vergrößerung des Durchmessers der dritten Stufe von 2,25 m auf 3,00 m erlaubte es, die Treibstoffzuladung fast zu verdoppeln. Damit konnte auch die Nutzlast beträchtlich gesteigert werden. Die CZ-3A wurde von 1986 bis 1994 entwickelt und erhielt ein neues Steuerungssystem. Es bot mehr Optionen für die räumliche Ausrichtung der dritten Stufe oder das Aufspinnen vor dem Absetzen der Nutzlast.

Das neue YF-75 Triebwerk weist mit 78,5 kN Schub ebenfalls fast den doppelten Schub des alten YF-73 auf. Es ist um 4 Grad schwenkbar aufgehängt. Die Schubverdoppelung wird durch zwei Brennkammern erreicht. Zwei Verniertriebwerke mit jeweils 2 kN Schub sorgen für die Lageregelung und Ausrichtung der Stufe nach Brennschluss. Anders als in allen bisherigen Stufen verwendet die dritte Stufe nun einen durchgehenden Tank für Wasserstoff und Sauerstoff. Er ist durch einen gemeinsamen Zwischenboden getrennt. Der untere Sauerstofftank ist durch ein zylindrisches Zwischenstück gedehnte Kugel und der obere Wasserstofftank endet ebenfalls in einer Halbkugel. Beide Tanks werden mit Helium druckbeaufschlagt.

Die zweite Stufe wurde unverändert übernommen, jedoch nicht so stark mit Treibstoff gefüllt. Die erste Stufe erhielt, wie die modernen Versionen der CZ-2C, leistungsfähigere Triebwerke und wurde gestreckt, sodass sie nun rund 30 t mehr Treibstoff aufnahm.

Die Nutzlast der CZ-3A beträgt mit 2.600 kg in die GTO-Bahn fast das doppelte der CZ-3. Der Jungfernflug testete auch erfolgreich das Aussetzen eines Satelliten in den LEO-Orbit und eines Zweiten in den GTO-Orbit. Bei einem der Starts zündete der eigene Apogäumsantrieb des Satelliten nicht, doch die CZ-3 setzte ihn in der korrekten Übergangsellipse aus. Alle Starts der CZ-3A verliefen bisher erfolgreich. Sie wird wie die CZ-3 nur von Xichang aus gestartet.

Die Aufstiegsbahnen haben sich auch geändert: China ist übergegangen, wie bei westlichen Satelliten, einen Apogäumsantrieb in den Satelliten zu integrieren. Zuerst wird ein kreisförmigen Übergangsorbit erreicht. Nach einer Freiflugphase von 600 Sekunden wird in Äquatornähe die dritte Stufe erneut gezündet und ein geostationärer Übergangsorbit erreicht. Das Telemetriesystem überträgt 560 Messwerte der Rakete zum Boden. Die CZ-3A war auch die Trägerrakete, welche die Mondsonde Chang'E-1 transportierte. Westliche Nutzlasten wurden bisher noch nicht mit der CZ-3A gestartet.

## Datenblatt Langer Marsch 3A

| | | | |
|---|---|---|---|
| Einsatzzeitraum: | 1994 – heute | | |
| Starts: | 16, davon kein Fehlstart | | |
| Zuverlässigkeit: | 100 % erfolgreich | | |
| Abmessungen: | 52,50 m Höhe | | |
| | 3,35 m Durchmesser | | |
| Startgewicht: | 241.000 kg | | |
| Maximale Nutzlast: | 2.600 kg in eine GTO-Bahn | | |
| | 6.000 kg in eine LEO-Bahn | | |
| Nutzlasthülle: | 8,88 m Länge, 3,35 m Durchmesser oder | | |
| | 7,27 m Länge und 3,00 m Durchmesser | | |

| | Stufe 1 | Stufe 2 | Stufe 3 |
|---|---|---|---|
| Länge: | 23,72 m | 7,51 m | 12,38 m |
| Durchmesser: | 3,35 m | 3,35 m | 3,00 m |
| Startgewicht: | 181.275 kg | 34.000 kg | 20.193 kg |
| Trockengewicht: | 9.500 kg | 3.248 kg | 2.000 kg |
| Schub Meereshöhe: | 4 × 696,4 kN | - | - |
| Schub Vakuum: | 4 × 740,6 kN | 789 kN + 4 × 11,8 kN | 78,5 kN + 2 × 2,0 kN |
| Triebwerke: | 4 × YF-21 | 1 × YF-24 + 4 × YF-23 | 1 × YF-75 |
| Spezifischer Impuls (Meereshöhe): | 2556 m/s | | |
| Spezifischer Impuls (Vakuum): | | 2922 m/s | 4312 m/s |
| Brenndauer: | 146,4 s | 110 s | 999 s |
| Treibstoff: | NTO / UDMH | NTO / UDMH | LOX / LH2 |

*Abbildung 52: Start des geostationären Wettersatelliten Fengyun 2E am 23.12.2008*

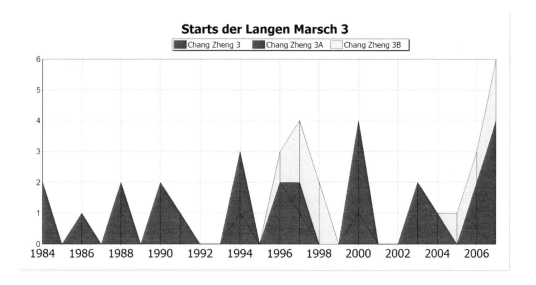

## Langer Marsch 3B

Die Langer Marsch 3B verwendet die Booster, die von der CZ-2E bekannt sind. Die zweite Stufe mit einer Füllung von 49,6 t Treibstoff wurde ebenfalls aus dem aktuellen Programm der CZ-2E übernommen. Dazu wurde sie um 2,40 m verlängert. Neu ist eine für westliche Nutzlasten adaptierte, sehr geräumige Nutzlastverkleidung von 4,00 m Durchmesser und 9,56 m Länge. Sie ist genauso groß wie die Verkleidung der Ariane 4. Auch mit der Nutzlast von rund 4.800 kg in den GTO-Orbit und der Startmasse von 460 t ähnelt sie der Ariane 44L. Mit einem kleinen Unterschied – sie ist erheblich billiger. Ende der neunziger Jahre, als ein Ariane 44L Start 112,5 Millionen Dollar kostete, war eine CZ-3B für nur 60 Millionen Dollar zu haben.

Die CZ-3B wurde entworfen, um im kommerziellen Satellitentransport mitspielen zu können. Der erste Start 1996 mit dem Satelliten Intelsat 708 endete jedoch schon nach wenigen Sekunden in einem Berghang. Nach offiziellen Verlautbarungen von China gab es nur 6 getötete und 20 verletzte Techniker und keinerlei Tote unter der Zivilbevölkerung. Ein Loral-Techniker drehte bei der Heimfahrt jedoch ein Video von einem weitgehend zerstörten Dorf. Es dürfte ein Wunder sein, wenn es dort keine Toten und Verletzten gab. Inoffizielle Schätzungen gehen von 100 bis 240 Toten unter der Zivilbevölkerung aus. Die Opfer wären vermeidbar gewesen, wenn das Startgelände und umliegende Dörfer vor einem Start geräumt würden, wie bei anderen Startzentren üblich.

Die Ursache war eine Korrosion eines Gold-Aluminiumkontaktes, welches die Kreisel der Inertialplattform zum Blockieren brachte. Das lässt auch Rückschlüsse über den technologischen Stand von China zu, denn Kreisel waren im Westen zu diesem Zeitpunkt schon lange durch Laserinterferometer ersetzt worden. Die Firma Loral, welche den Intelsat 708 baute, bekam später noch Ärger, als sie bei der Aufklärung des Fehlstarts China Hilfe bei der Auswertung der Daten und Verbesserung der Steuerung leistete. Weiterhin soll ein Großteil des Satelliten geborgen worden und so China in Besitz von Hochtechnologie gekommen sein. Die schlechte PR aufgrund der Opfer unter der Zivilbevölkerung tat ein Übriges. Kurz darauf votierte der US-Kongress wieder für eine Verschärfung der Ausfuhrbestimmungen für US-Technologie nach China und setzte die China Great Wall Industry Corporation (CGWIC) auf die Liste der Firmen, die keine Satelliten mit US-Technologie starten dürfen. Das sind fast alle Satelliten, da sich diese Bestimmung nicht nur auf komplette Systeme, sondern auch auf deren Bauteile erstreckt.

Vor Beginn der Olympischen Spiele 2008 in Peking wurde die CGWIC wieder von dieser Liste gestrichen. Seitdem kann die CGWIC neue Startaufträge akquirieren. Eine weitere CZ-3B beendete die Serie von 100 erfolgreichen Starts chinesischer Träger mit einem Fehlstart im August 2009. Dabei strandete ein indonesischer Satellit in einer zu niedrigen Umlaufbahn. Es war einer der ersten kommerziellen Flüge nach über einem Jahrzehnt mit nur chinesischen Nutzlasten.

| | Datenblatt Langer Marsch 3B | | | |
|---|---|---|---|---|
| Einsatzzeitraum: | 1996 – heute | | | |
| Starts: | 10 davon 2 Fehlstarts | | | |
| Zuverlässigkeit: | 80 % erfolgreich | | | |
| Abmessungen: | 54,84 m Höhe | | | |
| | 3,35 m Durchmesser | | | |
| Startgewicht: | 460.000 kg | | | |
| Maximale Nutzlast: | 4.850 kg in einen GTO-Orbit | | | |
| | 6.000 kg in einen 800 km hohen SSO | | | |
| | 3.300 kg auf einen Fluchtkurs | | | |
| | 4,00 und 4,20 m Durchmesser, 9,60 m Länge | | | |
| | **Booster** | **Stufe 1** | **Stufe 2** | **Stufe 3** |
| Länge: | 15,33 m | 23,72 m | 9,94 m | 12,38 m |
| Durchmesser: | 2,25 m | 3,35 m | 3,35 m | 3,00 m |
| Startgewicht: | 4 × 40.350 kg | 181.275 kg | 53.605 kg | 20.193 kg |
| Trockengewicht: | 4 × 2.604 kg | 9.500 kg | 4.000 kg | 2.000 kg |
| Schub Meereshöhe: | 4 × 740,4 kN | 4 × 696,4 kN | - | - |
| Schub Vakuum: | - | 4 × 740,6 kN | 789 kN + 4 × 11,8 kN | 78,5 kN + 2 × 2,0 kN |
| Triebwerke: | 4 × YF-5A | 4 × YF-21 | 1 × YF-24 + 4 × YF-23 | 1 × YF-75 |
| Spezifischer Impuls (Meereshöhe): | 2556 m/s | 2556 m/s | - | - |
| Spezifischer Impuls (Vakuum): | 2648 m/s | | 2922 m/s | 4312 m/s |
| Brenndauer: | 127,2 s | 146,4 s | 179 s | 999 s |
| Treibstoff: | NTO / UDMH | NTO / UDMH | NTO / UDMH | LOX / LH2 |

*Abbildung 53: Start der CZ-3B*

# Langer Marsch 3C

Die Langer Marsch 3C ist eine Langer Marsch 3B mit zwei anstatt vier Boostern. Ihre Nutzlast liegt daher mit 3.700 kg genau in der Mitte zwischen der Langer Marsch 3A mit 2.600 kg und der Langer Marsch 3B mit 4.850 kg. Erstmals angekündigt Mitte der neunziger Jahre, dauerte es wegen der Exportbeschränkungen bis 2008, bis der erste Start erfolgte. Seitdem erfolgten zwei Starts mit chinesischen Nutzlasten.

| Datenblatt Langer Marsch 3C | | | | |
|---|---|---|---|---|
| Einsatzzeitraum: | 2008 – heute | | | |
| Starts: | 2 davon kein Fehlstart | | | |
| Zuverlässigkeit: | 100 % erfolgreich | | | |
| Abmessungen: | 54,84 m Höhe | | | |
| | 3,35 m Durchmesser | | | |
| Startgewicht: | 379.000 kg | | | |
| Maximale Nutzlast: | 3.700 kg in einen GTO-Orbit | | | |
| Nutzlasthülle: | 4,00 und 4,20 m Durchmesser, 9,60 m Länge | | | |
| | **Booster** | **Stufe 1** | **Stufe 2** | **Stufe 3** |
| Länge: | 15,33 m | 23,72 m | 9,94 m | 12,38 m |
| Durchmesser: | 2,25 m | 3,35 m | 3,35 m | 3,00 m |
| Startgewicht: | 2 × 40.350 kg | 181.275 kg | 53.605 kg | 20.193 kg |
| Trockengewicht: | 2 × 2.604 kg | 9.500 kg | 4.000 kg | 2.000 kg |
| Schub Meereshöhe: | 2 × 740,4 kN | 4 × 696,4 kN | - | - |
| Schub Vakuum: | - | 4 × 740,6 kN | 789 kN + 4 × 11,8 kN | 78,5 kN + 2 × 2,0 kN |
| Triebwerke: | 2 × YF-5A | 4 × YF-21 | 1 × YF-24 + 4 × YF-23 | 1 × YF-75 |
| Spezifischer Impuls (Meereshöhe): | 2556 m/s | 2556 m/s | - | - |
| Spezifischer Impuls (Vakuum): | 2648 m/s | | 2922 m/s | 4312 m/s |
| Brenndauer: | 127,2 s | 146,4 s | 179 s | 999 s |
| Treibstoff: | NTO / UDMH | NTO / UDMH | NTO / UDMH | LOX / LH2 |

*Abbildung 54: Die CZ-3B vor dem ersten Start auf der Startrampe*

# Langer Marsch 4A

Die Entwicklung der Langer Marsch 4 begann 1982 als ein Absicherung zu der Langer Marsch 3. Sollte die Entwicklung der kryogenen Stufe der CZ-3 Probleme bereiten, so wären mit der CZ-4 die geostationären Nachrichtensatelliten Chinas gestartet worden. In diesen Orbit hätte sie eine Nutzlast von 1.250 kg transportieren können.

Nachdem die Langer Marsch 3 erfolgreich flog, bekam die Langer Marsch 4 die Aufgabe, Satelliten in sonnensynchrone höhere Orbits zu befördern. Bei der CZ-2 Serie nimmt die Nutzlast bei höheren Bahnen rasch ab. Aus der dreistufigen Version CZ-4 wurde die zweistufige CZ-2D abgeleitet. Die Chang Zheng 4 basiert auf der ersten Interkontinentalrakete DF-5, die auch der Feng Bao 1 zugrunde liegt. Um den Wechsel des Einsatzzweckes klar zu machen, wurde die Rakete umbenannt in CZ-4A. Da die CZ-4 niemals flog, gibt es über sie praktisch keine Angaben. Nur die Startmasse ist bekannt. Sie liegt mit 248.926 kg etwa 7 t höher als bei der CZ-4A mit 241.092 kg.

Mit der Chang Zheng 4 wurde das dritte Startzentrum Taiyuan eingeweiht. Von diesem werden seitdem Satelliten in einen sonnensynchronen Orbit von 900 km Höhe gestartet.

Neu ist an dem Träger nur die Oberstufe mit lagerfähigen Treibstoffen. In den ersten beiden Stufen wird NTO und UDMH eingesetzt. Die erste Stufe verfügt über Finnen zur Stabilisierung. Sie ist etwa 2 m länger als die CZ-3, hat aber denselben Durchmesser und verwendet dieselben Triebwerke. Die Spannweite der Finnen beträgt 6,15 m.

Die CZ-4A flog nur zweimal 1988 und 1990. Nutzlast waren die Wettersatelliten Feng Yun Yi 1 und 2. Beide Starts glückten. Danach gab es eine Pause bis nach neun Jahren das Nachfolgemodell CZ-4B ihren Jungfernflug hatte. So spricht viel dafür, dass zuerst nur diese beiden Träger gefertigt wurden als Backup zur CZ-3. Erst als vermehrt Nutzlasten für den sonnensynchronen Orbit entwickelt wurden, gab es auch einen neuen Einsatzzweck für die Rakete. Diese Flüge erfolgten dann jedoch schon mit dem Nachfolgemodell.

## Datenblatt Langer Marsch 4A

| | |
|---|---|
| Einsatzzeitraum: | 1988 – 1990 |
| Starts: | 2, davon kein Fehlstart |
| Zuverlässigkeit: | 100 % erfolgreich |
| Abmessungen: | 41,90 m Höhe |
| | 3,35 m Durchmesser |
| Startgewicht: | 241.026 kg |
| Maximale Nutzlast: | 1.500 kg in eine SSO-Bahn |
| | 1.250 kg in eine GTO-Bahn |
| Nutzlasthülle: | 4,91 m Länge, 2,90 m Durchmesser, 400 kg Gewicht |

| | Stufe 1 | Stufe 2 | Stufe 3 |
|---|---|---|---|
| Länge: | 24,66 m | 7,51 m | 4,82 m |
| Durchmesser: | 3,35 m | 3,35 m | 2,90 m |
| Startgewicht: | 183.020 kg | 39.500 kg | 15.300 kg |
| Trockengewicht: | 10.030 kg | 3.040 kg | 1.000 kg |
| Schub Meereshöhe: | 4 × 640,4 kN | - | - |
| Schub Vakuum: | 4 × 740,6 kN | 719 kN<br>+ 4 × 11,8 kN | 98,1 kN |
| Triebwerke: | 4 × YF-21 | 1 × YF-24<br>+ 4 × YF-23 | 1 × YF-40 |
| Spezifischer Impuls (Meereshöhe): | 2556 m/s | - | - |
| Spezifischer Impuls (Vakuum): | | 2934 m/s | 2971 m/s |
| Brenndauer: | 158,1 s | 133 s | 433 s |
| Treibstoff: | NTO / UDMH | NTO / UDMH | NTO / UDMH |

*Abbildung 55: Start der ersten Langer Marsch 4A*

# Langer March 4B

Seit 1999 gibt es eine verbesserte Version der Langer Marsch 4. Die ersten beiden Stufen erhielten nun die „B" Versionen der YF-21 und YF-24 Triebwerke mit höherem Schub.

Die CZ-4B hat eine größere Nutzlastverkleidung. Dadurch ist die Rakete auch 4 m länger. Sie verwendet eine reine elektronische Steuerung anstelle der veralteten elektromechanischen Steuerung. Die Telemetriesender haben eine höhere Sendeleistung und die Steuerung und Selbstzerstörungssysteme sind leichter und leistungsfähiger.

Die zweite Stufe hat eine längere Düse, welche den Treibstoff effizienter nutzt. Auch wird weniger Resttreibstoff in den Tanks zurückgelassen. Die dritte Stufe hat erstmals bei einer chinesischen Rakete die Möglichkeit, den Treibstoff nach Missionsende ins All zu entlassen. Explosionen von ausgedienten Stufen im Orbit kommen leider bei den anderen chinesischen Trägern immer wieder vor.

Eine zweite Serie „Batch 2" hat ein stark verbessertes Kontrollsystem, es integriert vorher separate Steuerungsfunktionen, braucht weniger Platz und hat einen leistungsfähigeren Bordcomputer. Weiterhin wurde der horizontale Zusammenbau durch den vertikalen ersetzt. Dies reduziert die Startvorbereitungszeit um ein Drittel. Die dritte Stufe wurde verlängert, wodurch die gesamte Rakete auch etwas länger wurde.

Die neue Nutzlastverkleidung hat eine Länge von 6,15 m bei einem durchgehenden Durchmesser von 3,35 m. Mit der Einführung der CZ-4A nahm deren Einsatz rapide zu. Die Vorgängerversion war nur zweimal gestartet und danach gab es eine neun Jahre lange Pause. Zusammen mit dem Nachfolgemodell hat die CZ-4B in den letzten 10 Jahren 15 Starts absolviert. Die Nutzlasten waren bisher chinesische Wettersatelliten oder Aufklärungssatelliten in sonnensynchronen Bahnen. Die Nutzlast für diesen Orbit konnte auf 2.200 kg gesteigert werden.

## Datenblatt Langer Marsch 4B

| | |
|---|---|
| Einsatzzeitraum: | 1999 – heute |
| Starts: | 12, davon kein Fehlstart |
| Zuverlässigkeit: | 100 % erfolgreich |
| Abmessungen: | 45,57 m Höhe |
| | 3,35 m Durchmesser |
| Startgewicht: | 248.470 kg |
| Maximale Nutzlast: | 2.200 kg in eine SSO-Bahn |
| Nutzlasthülle: | 7,12 oder 8,48 m Länge, |
| | 2,90 m oder 3,35 m Durchmesser, 800 kg Gewicht |

| | **Stufe 1** | **Stufe 2** | **Stufe 3** |
|---|---|---|---|
| Länge: | 24,66 m | 7,51 m | 5,15 m |
| Durchmesser: | 3,35 m | 3,35 m | 2,90 m |
| Startgewicht: | 193.100 kg | 39.500 kg | 18.000 kg |
| Trockengewicht: | 10.030 kg | 3.090 kg | 1.200 kg |
| Schub Meereshöhe: | 4 × 696,4 kN | - | - |
| Schub Vakuum: | 4 × 742,8 kN | 789 kN + 4 × 11,8 kN | 98,1 kN |
| Triebwerke: | 4 × YF-21B | 1 × YF-24B + 4 × YF-23 | 1 × YF-40A |
| Spezifischer Impuls (Meereshöhe): | 2556 m/s | - | - |
| Spezifischer Impuls (Vakuum): | | 2922 m/s | 3002 m/s |
| Brenndauer: | 158,1 s | 133 s | 500 s |
| Treibstoff: | NTO / UDMH | NTO / UDMH | NTO / UDMH |

*Abbildung 56: Start der CZ-4B mit einem Wettersatelliten*

## Langer Marsch 4C

Die neueste chinesische Trägerrakete ist die Langer Marsch 4C. Sie startete erstmals 2006. Die CZ-4C verwendet die ersten beiden Stufen der CZ-4B unverändert. Die dritte Stufe ist nun wiederzündbar und der Stufenadapter wurde leichter. Weiterhin steht nun eine größere Nutzlastverkleidung von 3,80 m Durchmesser und 10,00 m Länge für deutlich größere Satelliten zur Verfügung.

Die wiederzündbare Oberstufe hebt die Nutzlast für sonnensynchrone Bahnen deutlich an, ohne das die Stufe selbst vergrößert werden muss, da nun Zweiimpulsübergänge möglich sind. Sie beträgt nun 2.700 kg.

Erstaunlicherweise taucht diese Version nicht auf den Seiten der China Great Wall Industry Corporation auf. Auch die Starts dieser Rakete sind dort nicht aufgeführt. Insgesamt gibt es über die CZ-4 auf den Webseiten der CGWIC sehr viel weniger Informationen als über die CZ-2 und CZ-3 Serie. Dies, verbunden mit der Tatsache, dass diese CZ-4 Serie bisher nur nationale Satelliten Chinas beförderte, lasst den Schluss zu, dass sie international nicht aktiv vermarktet werden soll.

*Abbildung 57: Start des Satelliten Feng Yun-3A*

## Datenblatt Langer Marsch 4C

| Einsatzzeitraum: | 2006 – heute |
|---|---|
| Starts: | 3, davon kein Fehlstart |
| Zuverlässigkeit: | 100 % erfolgreich |
| Abmessungen: | 45,57 m Höhe |
| | 3,35 m Durchmesser |
| Startgewicht: | 248.470 kg |
| Maximale Nutzlast: | 2.700 kg in eine SSO-Bahn |
| Nutzlasthülle: | 7,12 oder 8,48 m Länge, |
| | 2,90 m oder 3,35 m Durchmesser, 800 kg Gewicht |

| | Stufe 1 | Stufe 2 | Stufe 3 |
|---|---:|---:|---:|
| Länge: | 24,66 m | 7,51 m | 5,15 m |
| Durchmesser: | 3,35 m | 3,35 m | 2,90 m |
| Startgewicht: | 193.100 kg | 39.500 kg | 18.000 kg |
| Trockengewicht: | 10.030 kg | 3.090 kg | 1.200 kg |
| Schub Meereshöhe: | 4 × 696,4 kN | - | - |
| Schub Vakuum: | 4 × 742,8 kN | 789 kN + 4 × 11,8 kN | 98,1 kN |
| Triebwerke: | 4 × YF-21B | 1 × YF-24B + 4 × YF-23 | 1 × YF-40A |
| Spezifischer Impuls (Meereshöhe): | 2556 m/s | - | - |
| Spezifischer Impuls (Vakuum): | | 2922 m/s | 3002 m/s |
| Brenndauer: | 158,1 s | 133 s | 500 s |
| Treibstoff: | NTO / UDMH | NTO / UDMH | NTO / UDMH |

# Kaituozhe 1

Die KT-1 (Kaituozhe: Forscher) ist Chinas erste Rakete ausschließlich mit festen Treibstoffen. Die ersten beiden Stufen stammen von der DF-21 Mittelstreckenrakete. Diese wurden um zwei Oberstufen, ebenfalls mit festem Treibstoff, ergänzt. Beschlossen wurde die Entwicklung im Mai 2000. Schon am 25.2.2001 wurde die dritte Stufe bei einem Testlauf erstmals erprobt.

Die erste Stufe hat vier Düsen. Die KT-1 wird aus einem mobilen Container gestartet. Die Rakete ist nach dem Start völlig autonom und wird durch interne Navigation und Bordcomputer gesteuert. Offiziell soll dies die Verfügbarkeit zum Start von Mikrosatelliten auch im Kriegsfall gewährleisten. Nach Einschätzung von Experten soll es sich um eine Anti-Satellitenwaffe handeln, gedacht zur Zerstörung anderer Satelliten. Ein Test als ASAT-Waffe fand am 17.1.2007 unweit des Xichang Startzentrums statt. Dabei wurde ein ausgedienter Meteorologie-Satellit (FengYun-1C) zerstört. Dieser Test wurde wegen der dabei entstehenden Trümmerwolke, welche das Risiko einer Beschädigung durch Weltraummüll in dieser Bahnhöhe erheblich vergrößerte, stark kritisiert.

Die beiden ersten Starts von Satelliten verliefen bisher nicht erfolgreich. Am 15.9.2002 scheiterte der erste Start eines Mikro-Satelliten PS-1 in einen 300 km hohen polaren Orbit, als die zweite Stufe versagte. Der 35,8 kg schwere Satellit ging verloren. Auch der zweite Versuch nahezu ein Jahr später am 16.9.2003 war nicht vollständig erfolgreich. Der 40 kg schwere Satellit PS-2 sollte einen 300 km hohen Orbit erreichen. Nach offiziellen Angaben arbeiteten Nutzlastverkleidung, interne Navigation und Satellitenabtrennung wie vorgesehen, aber es wurden nicht alle Ziele erreicht. Keine Überwachungsstation konnte jedoch ein neues Objekt im Orbit nachweisen. Wahrscheinlich erreichte eine der Stufen nicht die volle Leistung, sodass der Satellit nicht die nötige Geschwindigkeit für einen Orbit bekam.

Genaue Daten über die Rakete sind aufgrund der Verwendung von Stufen von Indienst befindlichen Mittelstreckenraketen nicht bekannt. Sie soll in dreistufiger und vierstufiger Ausführung eingesetzt werden (dreistufig wahrscheinlich nur als Anti-Satellitenwaffe). Geplant ist eine Version der KT-1, die wie die Pegasus von einem Flugzeug aus abgeworfen werden kann. Sie wird nicht von der CGWIC auf ihren Webseiten geführt und wird daher nicht für kommerzielle Kunden verfügbar sein.

## Datenblatt Kaituozhe 1

Einsatzzeitraum: 2002 – heute
Starts: 2, davon 2 Fehlstarts
Zuverlässigkeit: 0 % erfolgreich
Abmessungen: 13,60 m Höhe
1,41 m Durchmesser
Startgewicht: 20.000 kg
Maximale Nutzlast: 100 kg in einen LEO-Orbit
50 kg in einen 600 km hohen SSO-Orbit

|  | Stufe 1 | Stufe 2 | Stufe 3 | Stufe 4 |
|---|---|---|---|---|
| Länge: | 6,00 m | 4,00 m | 2,80 m | 0,80 m |
| Durchmesser: | 1,41 m | 1,41 m | 0,95 m | 0,95 m |
| Startgewicht: | 11.000 kg? | 3.700 kg? | 4.100 kg? | 1.100 kg? |
| Trockengewicht: | 1.200 kg? | 400 kg? | 500 kg? | 150 kg? |
| Schub Meereshöhe: | - | - | - | - |
| Schub Vakuum: | - | - | 1 × 161,5 kN | 1 × 79,3 kN |
| Triebwerke: | - | - | 1 × SpaB-140 | 1 × SpaB-140 |
| Spezifischer Impuls (Meereshöhe): | - | - | - | - |
| Spezifischer Impuls (Vakuum): | - | - | 2854 m/s | 2746 m/s |
| Brenndauer: | - | - | 63 s | 34 s |
| Treibstoff: | fest | fest | fest | fest |

*Abbildung 58: Die Kaituozhe 1 vor dem Start*

## Kaituozhe 2

Die zweite neue Trägerrakete ist die Kaituozhe 2. Sie ist eine dreistufige Trägerrakete mit festem Treibstoff in allen Stufen. Sie verwendet die erste Stufe der Interkontinentalrakete DF-31 und die beiden ersten Stufen der DF-21 beziehungsweise der KT-1. Die maximale Nutzlast beträgt 300 kg bei einem Startgewicht von 40 t.

Eine zweite Variante, die KT-2A, verwendet zusätzlich zwei Booster aus der Erststufe der KT-1. Zweite und dritte Stufe sind im Durchmesser vergrößert wurden und eine neue Nutzlastverkleidung stellt erheblich mehr Raum zur Verfügung. Die Rakete soll 400 kg in einen polaren Orbit transportieren und kann bis zu drei Satelliten gleichzeitig transportieren.

Bisher hat diese neue Rakete noch keinen Start absolviert. Auch über sie gibt es wegen der Verwendung von Indienst befindlichen Raketen keine technischen Angaben.

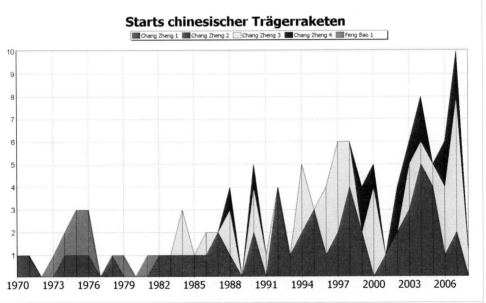

*Abbildung 59: Start chinesischer Trägerraketen, sortiert nach Familie*

# Langer Marsch 5

Die Langer Marsch 5 (CZ-5) ist Chinas erste Neuentwicklung seit einigen Jahrzehnten. Der Anspruch ist recht groß – eine Rakete soll möglichst alle anderen Typen ersetzen. Sie soll modular sein, umweltfreundliche Treibstoffe (LOX und Kerosin) und in größerem Maße Wasserstoff/Sauerstoff einsetzen. Es gibt zwar für die LM-3 eine Oberstufe mit dieser Treibstoffkombination, doch die anderen neueren Typen, wie die CZ-2E und CZ-2F, nutzen diese Kombination nicht.

Sechs Typen sind geplant. Sie decken einen Bereich bis zu 20 bis 25 t LEO Nutzlast und 6 bis 14 t GTO Nutzlast ab. Entwickelt werden zwei Triebwerke: Eines mit 1.200 kN Schub mit den Treibstoffen LOX und RP-1 (YF-77). Das zweite hat 500 kN Schub und arbeitet mit der Treibstoffkombination LH2 und LOX (YF-100). Das Letztere muss entsprechend den Abbildungen mit dem Nebenstromverfahren arbeiten. Es ist ein „Auspuff" für die Abgase des Gasgenerators zu sehen. Das Erste könnte, basierend auf den veröffentlichten hohen spezifischen Impuls, mit den Hauptstromverfahren arbeiten. Auf dieser Grundlage entstehen folgende Stufen:

- 5,00 m Kernstufe: 2 Triebwerke YF-100 mit 2 × 500 kN Schub

- 3,35 m Booster / Stufe: 2 Triebwerke YF-77 mit 2 × 1.200 kN Schub.

- 2,25 m Booster / Stufe: 1 Triebwerk YF-77 mit 1.200 kN Schub.

- Oberstufe: 1 Triebwerk YF-75D mit 157 kN Schub aus der Oberstufe der LM-3A.

Betont wird, dass die 2,25 m und 3,35 m Stufen auch als eigenständige erste Stufen genutzt werden können. Entsprechende Versionen gibt es jedoch noch nicht. Dies ist als zweiter Schritt geplant, um dann damit auch die kleineren CZ-2 und CZ-3 Versionen abzulösen. Die 2,25 m Stufe wäre dann die erste Stufe einer zweistufigen kleinen Rakete. Genauso könnte die 3,35 m Stufe die erste Stufe einer zweistufigen mittelgroßen Rakete stellen. Die kleine Rakete würde 1,20 t in LEO transportieren und die mittelgroße Rakete 1,40 t in GTO. Sie könnten die CZ-2C/CZ-4B ersetzen.

Von den größeren Typen sind sechs Versionen geplant, die jeweils die 5 m Kernstufe mit unterschiedlichen Boostern einsetzen. Drei Versionen für LEO Transporte ohne Oberstufe und drei für GTO Transporte mit Oberstufe. Die Nutzlastverkleidung hat 5,20 m Durchmesser. Die Länge mit Oberstufe beträgt bei der größten Version 60,50 m, bei einer Startmasse von bis zu 675 t. Der Startschub soll 8.330 kN und der Vakuumschub 10.600 kN betragen.

| Typ | Nutzlast LEO | Nutzlast GTO | Zentralstufe | Booster | Oberstufe |
|---|---|---|---|---|---|
| CZ-2F/H | 13.000 kg | - | 3,35 m | 4 × 2,25 m | Nein |
| Typ A | 10.000 kg | - | 5,00 m | 4 × 2,25 m | Nein |
| Typ B | 18.000 kg | - | 5,00 m | 2 × 2,25 m + 2 × 3,35 m | Nein |
| Typ C | 25.000 kg | - | 5,00 m | 4 × 3,35 m | Nein |
| Typ D | - | 6.000 kg | 5,00 m | 4 × 2,25 m | Ja |
| Typ E | - | 10.000 kg | 5,00 m | 2 × 2,25 m + 2 × 3,35 m | Ja |
| Typ F | - | 14.000 kg | 5,00 m | 4 × 3,35 m | Ja |

Als Erstes soll die Langer Marsch 2F/H ihren Erstflug absolvieren. Dies ist die 3,35 m Zentralstufe mit vier kleinen (2,25 m) Boostern. Sie wiegt 579 t bei unbemannten und 582 t bei bemannten Missionen. Die Nutzlast beträgt 12,5 t bei bemannten und 13,00 t bei reinen Satellitenmissionen. Das Rettungssystem kostet etwas Nutzlast.

Die größere Typen sollen vor allem GTO Nutzlasten transportieren. Da die neue Zentralstufe mit 5,00 m Durchmesser nicht mehr per Bahn transportiert werden kann, entsteht eine Fabrik zur Produktion nahe des Startzentrums in Wenchang. Ein Start von den drei älteren Weltraumbahnhöfen aus ist derzeit nicht geplant.

Obwohl die Rakete seit 2001 entwickelt wird, ist der erste Start erst für 2014 vorgesehen. Dies lässt darauf schließen, dass die Entwicklung einer völlig neuen Technologie aus eigener Kraft, ohne Schützenhilfe aus Russland oder dem Westen, für China einen größeren Kraftakt darstellt. Im November 2005 war der Erststart noch für 2012 vorgesehen, doch zu diesem Zeitpunkt wird gerade erst die Fabrik für die Zentralstufe fertiggestellt sein. Die Kosten für diese Fabrik betragen 4,5 Milliarden Yuan (657 Millionen US-Dollar). Auch die hohen Investitionskosten könnten ein Hindernis sein. Bisher waren nur Investitionen in die beiden Oberstufen der Langer Marsch 3 und 4 nötig. Alle anderen Stufen basierten auf den schon entwickelten Stufen für Interkontinentalraketen und deren Triebwerken. Dagegen handelt es sich bei der Langer Marsch 5 um eine komplett neu entwickelte Trägerraketenfamilie. Alleine die Investitionen in einen Raumfahrt-Themenpark nahe des Startgeländes beziffert China mit 875 Millionen Dollar.

Das Datenblatt ist das der komplexesten Version „E" mit Oberstufe und zwei verschiedenen Boostertypen.

## Datenblatt Langer Marsch 5 E

| | |
|---|---|
| Einsatzzeitraum: | ab 2014 ? |
| Starts: | . |
| Zuverlässigkeit: | - |
| Abmessungen: | 60,50 m Höhe |
| | 5,00 m Durchmesser |
| Startgewicht: | 634.000 kg |
| Maximale Nutzlast: | 10.000 kg in GTO |
| Nutzlastverkleidung: | 5,20 m Durchmesser, 19,00 m Länge |

| | **Booster** | **Booster** | **Zentralstufe** | **Oberstufe H0** |
|---|---|---|---|---|
| Länge: | 26,30 m | 26,30 m | 31,00 m | 10,00 m |
| Durchmesser: | 2,25 m | 3,35 m | 5,00 m | 5,00 m |
| Startgewicht: | 2 × 69.000 kg | 2 × 147.000 kg | 175.000 kg | 26.400 kg |
| Trockengewicht: | 2 × 6.000 kg | 2 × 12.000 kg | 17.000 kg | 3.540 kg |
| Schub Meereshöhe: | 2 × 1200 kN | 4 × 1200 kN | - | - |
| Schub Vakuum: | 2 × 1340 kN | 4 × 1340 kN | 2 × 500 kN | 1 × 157 kN |
| Triebwerke: | 2 × YF-100 | 4 × YF-100 | 2 × YF-77 | 1 × YF-75D |
| Spezifischer Impuls (Meereshöhe): | 2952 m/s | 2952 m/s | 3265 m/s | - |
| Spezifischer Impuls (Vakuum): | 3295 m/s | 3295 m/s | 4295 m/s | 4312 m/s |
| Brenndauer: | 155 s | 165 s | 500 s | 615 s |
| Treibstoff: | LOX / Kerosin | LOX / Kerosin | LOX / LH2 | LOX / LH2 |

# Japanische Trägerraketen

Japan verfügte lange Zeit über zwei unterschiedliche Familien von Trägern. Die kleinen, mit Feststoff angetriebenen Raketen der Lambda und My Serie und die größeren Trägerraketen der N und H Serie. Diese Unterteilung hat nicht nur technologische Gründe, sondern das japanische Weltraumprogramm wurde lange Zeit auch von zwei Institutionen durchgeführt. Das Institut ISAS der Tokioter Universität betrieb die Feststoffraketen der My Serie und die nationale Raumfahrtagentur NASDA die größeren N und H Raketen. Ebenso unterscheiden sich die Nutzlasten. ISAS startet wissenschaftliche Nutzlasten und die NASDA technologische und Anwendungssatelliten. Die erste gemeinsame Entwicklung „J-1" scheiterte. Am 1. Oktober 2003 schlossen sich drei japanische Raumfahrtorganisationen zur neuen **J**apan **A**erospace E**x**ploration **A**gency (JAXA) zusammen. Neben der NASDA waren dies die ISAS und das **N**ational **A**erospace **L**aboratory of Japan (NAL), welches vornehmlich Grundlagenstudien für Antriebe von Raketen und Flugzeugen betrieb.

Es gibt zwei Startplätze in Japan. Kagoshima für die L und M Feststoffraketen, Tanegashima für die flüssig angetriebenen N und H Träger. Beide liegen im Süden Japans. Eine Beeinträchtigung beider Startplätze sind die vorhandenen Fischereirechte. In der Startzone werden mit großen langen Treibnetzen die Meere befischt. Die Fischindustrie hat in Japan Priorität, das bedeutet in der Praxis, dass es bis vor kurzem nur zwei kurze Startfenster im Jahr gab, in denen Raketenstarts möglich waren. Diese reichten von Mitte Januar bis Ende März und von Ende Juli bis Ende September. Teilweise mussten Planetensonden monatelang im Erdorbit geparkt werden, da ein Start während des idealen Startfensters unmöglich war. Dies soll nun aufgehoben sein, bisher erfolgte aber kein Start außerhalb des vereinbarten Zeitraums.

Alle japanischen Trägerraketen haben, mit einer Ausnahme, bis jetzt nur japanische Nutzlasten transportiert. Die Startfrequenz ist niedrig, dies macht die Trägerraketen auch unverhältnismäßig teuer. Auch sonst zeigte sich in der japanischen Trägerraketenentwicklung etwas völlig untypisches für Japan. Es gelang nicht wie auf anderen Märkten, erfolgreich in den Weltmarkt einzubrechen oder diesen gar zu dominieren. Japanische Trägerraketen sind die teuersten der Welt, zwei bis dreimal teurer als westliche Gegenstücke. Nur zwei ausländische Nutzlasten konnten in 30 Jahren gewonnen werden – Express für den letzten Start der My-3SII und Artemis für den Erstflug der H-2A. Dieser wurde aber auf die Ariane 5 umgebucht.

# Lambda

Der Einstieg Japans in die Raumfahrt begann mit Höhenforschungsraketen, die ihre Namen nach dem griechischen Alphabet bekamen. Aus der Kappa Serie (Buchstabe K) entstand ab 1963 die schwere Höhenforschungsrakete der L-Serie (Lambda), die 100 kg Nutzlast auf 1.800 km Höhe bringen konnte. Mit einer zusätzlichen vierten Stufe und zwei Boostern an der Unterstufe entstand von 1963 bis 1966 die erste japanische Trägerrakete Lambda 4S. Die Booster brannten nur wenige Sekunden, besaßen aber einen enormen Schub von über 250 kN. Stabilisiert wurde die erste und zweite Stufe durch aerodynamische Finnen. Der Satellit fest war mit der kugelförmigen vierten Stufe verbunden und die Nutzlastspitze umhüllte beide. Wie die spätere My Serie startete diese Rakete von einer Art Kran, unter welchem sie in einem spitzen Winkel aufgehängt war. Dieser Startturm war transportabel.

Die Nutzlastkapazität der 9.400 kg schweren Rakete betrug nur 23 bis 25 kg. Dies lag vor allem an den hohen Leermassen der Stufen. Wie bei den ersten Weltraumraketen anderen Nationen, scheiterten die ersten Starts. Erst der Letzte von fünf Starts gelang. Die Lambda war primär zum Sammeln von Erfahrungen gedacht – für anspruchsvolle Satelliten war die Nutzlast aber zu gering. Die gewonnenen Erfahrungen flossen aber ein in den Bau der My Serie, die erheblich erfolgreicher als die kleinen Lambdas war.

Wie alle Feststoffraketen wurde die Lambda vom ISAS entwickelt und von Kagoshima aus gestartet. Alle vier Fehlstarts lagen an der neu entwickelten vierten Stufe. Der erste japanische Satellit Ohsumi wurde beim letzten Start erfolgreich in einen stark elliptischen Orbit abgesetzt. Er enthielt nur einige Beschleunigungsmesser und Thermometer, doch er war der erste Satellit, den Japan selbst in einen Orbit gebracht hatte. Damit war der Sinn der Lambda schon erfüllt, denn sie sollte nur diesen einen Satelliten als „Proof of Concept" starten. Die Lambda selbst wurde als Höhenforschungsrakete noch bis 1977 eingesetzt. Von den 35 Starts 1963 bis 1977 misslangen sechs, darunter allerdings vier orbitale Einsätze. Die Lambda selbst war eine recht zuverlässige Höhenforschungsrakete. Doch wie die Probleme mit der letzten Stufe zeigten, war es ein großer technologischer Sprung von einer Höhenforschungsrakete zu einem Satellitenträger.

Bei den vorangehenden Versuchen einen Satelliten zu starten, bekam die Nutzlast keinen Namen. Dies hat sich in Japan so eingebürgert. Eine Nutzlast bekommt nur eine technische Bezeichnung wie z.B. ETS-VIII (**E**ngineering **T**est **S**atellite 8). Erst wenn der Start geglückt ist, bekommt der Satellit einen (meist poetischen) Namen.

## Datenblatt Lambda 4S

| | |
|---|---|
| Einsatzzeitraum: | 1966 – 1970 |
| Starts: | 5 davon 4 Fehlstarts |
| Zuverlässigkeit: | 20 % erfolgreich |
| Abmessungen: | Länge 16,52 m<br>Maximaler Durchmesser: 2,89 m |
| Startgewicht: | 9.400 kg |
| Maximale Nutzlast: | 26 kg in einen 350 × 5.140 km Orbit<br>40 kg in einen LEO-Orbit |
| Nutzlasthülle: | 2,00 m Länge, 0,48 m Durchmesser, 50 kg Gewicht |

| | Booster | Stufe 1 | Stufe 2 | Stufe 3 | L 40 |
|---|---|---|---|---|---|
| Länge: | 5,773 m | 8,38 m | 4,07 m | 2,96 m | 1,10 m |
| Durchmesser: | 0,31 m | 0,77 m | 0,77 m | 0,55 m | 0,48 m |
| Startgewicht: | 2 × 502,5 kg | 4976,4 kg | 2474,5 kg | 832,1 kg | 102,58 kg |
| Trockengewicht: | 2 × 190,5 kg | 1089,4 kg | 619,4 kg | 283,4 kg | 14,55 kg |
| Schub Meereshöhe: | - | - | - | - | - |
| Schub (maximal): | 2 × 127,5 kN | 363 kN | 115,3 kN | 64,55 kN | 7,945 kN |
| Triebwerke: | - | - | - | - | - |
| Spezifischer Impuls (Meereshöhe): | - | - | - | - | - |
| Spezifischer Impuls (Vakuum): | 2109 m/s | 2158 m/s | 2382 m/s | 2445 m/s | 2491 m/s |
| Brenndauer: | 7,4 s | 28,8 s | 64,5 s | 27 s | 31,3 s |
| Treibstoff: | fest | fest | fest | fest | fest |

*Abbildung 60: Eine Lambda 4S vor dem Start*

# My Serie / My 4S

Die My Serie umfasste immer größere Feststoffraketen, mit denen zahlreiche wissenschaftliche Nutzlasten transportiert wurden. Die Nutzlast stieg von 180 kg bei der Ersten My 4S auf 1.950 kg bei der letzten Version My-V. Die My Serie waren lange Zeit die größten reinen Feststoffraketen, die im Einsatz waren. Insgesamt war die My Serie erheblich erfolgreicher als die Lambda Serie, auch wenn es hier zu Fehlstarts kam. Das Festhalten an der My Serie ist insofern bemerkenswert, da die Raketen weder besonders preiswert, noch besonders leistungsfähig waren. In den USA wurde z.B. die Scout durch die preiswertere Pegasus ersetzt. Ähnliche Pläne für eine vom Flugzeug abgeworfene Version gab es auch in Japan, sie wurden jedoch nicht umgesetzt.

Die Namensgleichheit zur L4S (Lambda) ist nicht zufällig. Wie diese, wurde die M4S aus der zweistufigen schweren Höhenforschungsrakete M3D entwickelt. Diese stellt die Stufen 1 und 2. Die Stufen 3/4 sind verbesserte Versionen der Stufen 2/3 der Lambda 4S. Die Rakete wurde durch Finnen an der ersten Stufe und Spinstabilisierung bei den oberen Stufen stabilisiert. Es gab kein System zur Veränderung der räumlichen Lage, wodurch die Abweichungen der erreichten Bahnen von den Zielbahnen sehr groß waren. Bedingt durch die kurzen Brennzeiten der Stufen nahm die Nutzlast für höhere Orbits rasch ab.

Die Booster der Lambda 4S wurden ebenfalls übernommen und acht dieser Motoren gleichzeitig gezündet. Diese Startbooster hat Japan auch später im My Programm beibehalten. Erst die beiden letzten Modelle My-SII und My-V benutzen andere beziehungsweise keine Booster. Stufe 1 und Booster hatten ein sehr geringes Expansionsverhältnis bei den Düsen von 3,57 (Booster) und 5,94 (erste Stufe). Die Ausströmgeschwindigkeit war daher sehr gering. Dies glich die ISAS durch ein hohes Expansionsverhältnis der oberen drei Stufen (Stufe 2: 20, Stufe 3: 17,36 und Stufe 4: 19,9) aus.

Die My 4S wurde bald von den stärkeren Modellen abgelöst und stand lediglich zwei Jahre von 1970 bis 1972 im Dienst. Es gab zwei feste Starttürme im Kagoshima Space Center und bei Takesaki (Kyushu vorgelagerte Insel). Wie bei der Lambda waren die Stufenleermassen sehr hoch. Die My-4S hatte bezogen auf ihr Startgewicht von über 40 t eine recht bescheidene Nutzlast, aber dadurch auch Optimierungsmöglichkeiten für die folgenden Versionen. Befördert wurde beim ersten Start ein Testsatellit, es folgte der wissenschaftliche Satellit Shinsei. Er bestimmte die Parameter der Ionosphäre und maß Kurzwellenstörungen. Als Letztes startete Denpa zur Vermessung der Plasmaumgebung der Erde.

## Datenblatt My-4S

| Einsatzzeitraum: | 1970 – 1972 |
|---|---|
| Starts: | 4, davon 1 Fehlstart |
| Zuverlässigkeit: | 75 % erfolgreich |
| Abmessungen: | Länge 23,56 m |
| | Maximaler Durchmesser: 3,20 m |
| Startgewicht: | 43.600 kg |
| Maximale Nutzlast: | 180 kg in einen 180 km hohen LEO-Orbit |
| | 120 kg in einen 500 km hohen LEO-Orbit |
| Nutzlasthülle: | 3,00 m Länge, 0,86 m Durchmesser, 100 kg Gewicht |

| | Booster | Stufe 1 | Stufe 2 | Stufe 3 | M 40 |
|---|---|---|---|---|---|
| Länge: | 5,773 m | 12,96 m | 4,74 m | 4,02 m | 1,83 m |
| Durchmesser: | 0,31 m | 1,41 m | 1,41 m | 0,86 m | 0,84 m |
| Startgewicht: | 8 × 502,5 kg | 26.333 kg | 9.938 kg | 2763,6 kg | 440,5 kg |
| Trockengewicht: | 8 × 185,5 kg | 5.907 kg | 2.779 kg | 772,6 kg | 71,8 kg |
| Schub Meereshöhe: | 8 × 97 kN | - | - | - | - |
| Schub (maximal): | 8 × 127,5 kN | 729 kN | 280 kN | 67 kN | 18 kN |
| Triebwerke: | 8 × SRB310 | 1 × M10 | 1 × M20 TVC | 1 × M3 | - |
| Spezifischer Impuls (Meereshöhe): | - | - | - | - | - |
| Spezifischer Impuls (Vakuum): | 2148 m/s | 2148 m/s | 2560 m/s | 2599 m/s | 2648 m/s |
| Brenndauer: | 7,5 s | 60 s | 62 s | 63 s | 32 s |
| Treibstoff: | fest | fest | fest | fest | fest |

*Abbildung 61: Vor dem Start von Tansei*

## My 3C

Die dreistufige Variante der My wurde in verschiedenen Versionen häufiger als die vierstufige 4S eingesetzt. Die verringerte Stufenzahl drückt sich in dem „3" im Namen aus. Die erste Version M3C wurde von 1972 bis 1973 entwickelt. Eine grundlegende Änderung zur 4S war der auf 1,41 m durchgängig erweiterte Durchmesser.

Die zweite und dritte Stufe wurden neu entwickelt. Sie erhielten neue, kugelförmige Feststofftriebwerke. Die zweite Stufe verfügte über eine verbesserte Schubvektorsteuerung. Dies erlaubte es, Umlaufbahnen mit einer höheren Präzision zu erreichen und senkte die Reserven, die benötigt wurden, um Ungleichmäßigkeiten des Einschusses abzufangen. Dazu führte die zweite Stufe 173 kg Freon und 55 kg Wasserstoffperoxid mit, welches in den Düsenhals gespritzt wurde. Das Wasserstoffperoxid führte zu einer besseren Verbrennung an der Einspritzstelle und damit zu einem lokalen Schubanstieg. Das Freon wirkte dagegen wie ein Löschmittel, es senkte den Schub lokal ab. Damit hatte erstmals eine Stufe in einer japanischen Rakete ein aktives System zur Veränderung der räumlichen Lage und damit auch der Aufstiegsbahn.

Gegenüber der 4S sank die Startmasse von 43,50 t auf 41,60 t, während die Nutzlast leicht von 180 auf 195 kg anstieg. Dies lag vor allem an der Drittstufe, welche einen deutlich höheren Impuls durch ein Düse mit einem Entspannungsverhältnis von 43,11 erzielte.

Die My-3c war von 1974 bis 1979 wesentlich länger als die My-4S im Einsatz. Sie absolvierte vier Starts und wurde bald durch die My-3H ergänzt und dann ersetzt. Der erste erfolgreiche Start transportierte einen unbemannten Testsatelliten. Ihm folgte Taiyo, zur Vermessung der oberen Atmosphäre und ihrer Wechselwirkung mit der Sonnenaktivität. Die letzte erfolgreich gestartete Nutzlast war Japans erster astronomischer Satellit Hakucho. Er machte Beobachtungen im Bereich der Röntgenstrahlen.

## Datenblatt My-3C

| | |
|---|---|
| Einsatzzeitraum: | 1975 – 1979 |
| Starts: | 4 davon 1 Fehlstarts |
| Zuverlässigkeit: | 75 % erfolgreich |
| Abmessungen: | 20,24 m Höhe |
| | 3,20 m Durchmesser |
| Startgewicht: | 41.600 kg |
| Maximale Nutzlast: | 195 kg in einen 500 km hohen LEO-Orbit (Altair 2) |
| Nutzlasthülle: | 3,50 m Länge, 1,41 m Durchmesser, 250 kg Gewicht |

| | Booster | Stufe 1 | Stufe 2 | Stufe 3 |
|---|---|---|---|---|
| Länge: | 5,79 m | 11,87 m | 6,09 m | 2,23 m |
| Durchmesser: | 0,31 m | 1,41 m | 1,41 m | 1,14 m |
| Startgewicht: | 8 × 508 kg | 26.301 kg | 9.938 kg | 1.240,6 kg |
| Trockengewicht: | 8 × 169 kg | 5.835 kg | 2.607 kg | 165,2 kg |
| Schub Meereshöhe: | 8 × 97 kN | - | - | - |
| Schub Vakuum: | 8 × 127,5 kN | 720 kN | 280 kN | 57 kN |
| Triebwerke: | 8 × SRB310 | 1 × M10 | 1 × M20 TVC | 1 × M3A |
| Spezifischer Impuls (Meereshöhe): | - | - | - | - |
| Spezifischer Impuls (Vakuum): | 2148 m/s | 2185 m/s | 2677 m/s | 2599 m/s |
| Brenndauer: | 7,5 s | 60 s | 67 s | 53 s |
| Treibstoff: | fest | fest | fest | fest |

*Abbildung 62: Die vierte My-3C vor dem Start*

# My 3H

Eine Verbesserung der My 3C war die H-Version. Mit ihr gelang es, die Nutzlast deutlich von 195 auf 270 kg anzuheben. Die Erststufe wurde verlängert, sodass auch die Verhältnisse der Stufenmassen etwas ausgeglichener waren. Am meisten profitierte die My 3H aber durch die Wiedereinführung einer vierten Stufe. Bei der My-3C gelangte neben dem 195 kg schweren Satellit auch die 163 kg schwere ausgebrannte dritte Stufe mit in eine LEO-Bahn.

Durch eine zusätzliche vierte Stufe konnte die Stufenleermasse, die mit in den Orbit gelangte, entscheidend gesenkt und die Nutzlast für höhere Bahnen gesteigert werden. Die vierte Stufe war nötig für die Nutzlasten der My-3H, die in hohe oder exzentrische Erdbahnen gestartet werden mussten. Die My 3C hätte diese Umlaufbahnen nicht erreichen können.

Weiterhin konnte das ISAS die zur Schubvektorsteuerung in der zweiten Stufe benötigte Freonmenge verringern, da Sie nun auf den Erfahrungen mit der My-3C aufbauen konnte. So führte die My-3H nur noch 84,9 kg Freon und 55 kg Wasserstoffperoxid mit. Die neue vierte Stufe verfügte wie die dritte Stufe über eine sehr lange Düse mit einem Expansionsverhältnis von 43,07 zu 1. Sie erreichte damit einen sehr hohen spezifischen Impuls. Obgleich die Rakete nun vierstufig war, wurde die Bezeichnung My-3 beibehalten.

Die M3H kam nur zu drei Einsätzen. Der erste Start galt wie bei den Vorgängermodellen einem Testsatelliten. Er wurde auf der gleichen Bahn wie die darauf folgende Erdaurora-Mission Kyokko ausgesetzt. Der dritte und letzte Start brachte den Satelliten Jikiken auf eine Bahn in bis zu 70.000 km Entfernung von der Erde. Er vermaß die Magnetosphäre der Erde.

Bemerkenswert innerhalb des japanischen Weltraumprogramms war, dass der letzte M3C Start nach der letzten M3H stattfand. Bei allen anderen Raumprogrammen der ISAS oder NASDA lief das erste Modell zuerst aus, bevor das Nachfolgemodell seinen Erststart hatte. Es gab in Japan keine fließenden Übergange zwischen den Versionen, wie sie in anderen Ländern üblich sind.

## Datenblatt My-3H

| | |
|---|---|
| Einsatzzeitraum: | 1977 – 1978 |
| Starts: | 3, davon kein Fehlstart |
| Zuverlässigkeit: | 100 % erfolgreich |
| Abmessungen: | Länge 23,80 m |
| | Maximaler Durchmesser: 3,20 m |
| Startgewicht: | 48.700 kg |
| Maximale Nutzlast: | 270 kg in einen LEO-Orbit |
| Nutzlasthülle: | 4,00 m Länge, 1,41 m Durchmesser, 300 kg Gewicht |

| | Booster | Stufe 1 | Stufe 2 | Stufe 3 | M 40 |
|---|---|---|---|---|---|
| Länge: | 5,773 m | 12,96 m | 5,83 m | 1,65 m | 1,41 m |
| Durchmesser: | 0,31 m | 1,41 m | 1,41 m | 1,14 m | 0,91 m |
| Startgewicht: | 8 × 515 kg | 29.287 kg | 9.870 kg | 1.250 kg | 58,9 kg |
| Trockengewicht: | 8 × 171 kg | 6.290 kg | 2.523 kg | 164 kg | 12,8 kg |
| Schub Meereshöhe: | 8 × 97 kN | - | - | - | - |
| Schub (maximal): | 8 × 127,5 kN | 955 kN | 280 kN | 57 kN | 18 kN |
| Triebwerke: | 8 × SRB310 | 1 × M13 | 1 × M22 TVC | 1 × M3A-10 | - |
| Spezifischer Impuls (Meereshöhe): | - | - | - | - | - |
| Spezifischer Impuls (Vakuum): | 2158 m/s | 2343 m/s | 2716 m/s | 2785 m/s | 2648 m/s |
| Brenndauer: | 7,5 s | 60 s | 64 s | 53 s | 32 s |
| Treibstoff: | fest | fest | fest | fest | fest |

*Abbildung 63: My-3H vor dem Start*

# My 3S

Eine leicht veränderte Version der M3H war die M3S. Die Leistungsdaten waren nahezu identisch zur 3H, jedoch wurde das Steuersystem in allen Stufen etwas verbessert. Zum ersten Mal war nun auch die Erststufe aktiv lenkbar. Dazu nutzte das ISAS das bisher schon bei der zweiten Stufe angewandte System mit der Einspritzung von Freon und Wasserstoffperoxid. Die erste Stufe führte 303,3 kg Freon und 153,15 kg Wasserstoffperoxid mit. Dadurch konnte der Vorrat in der zweiten Stufe auf nur noch 42 kg Freon und 28 kg Hydrazin (anstatt Wasserstoffperoxid) reduziert werden. Die My-S konnte damit erstmals kreisförmige Bahnen erreichen.

Die My 3S hatte dieselbe Startmasse und Höhe wie die My 3H und konnte wie diese einen 300 kg schweren Satelliten in den Orbit bringen. Ziel war nicht eine Steigerung der Nutzlast, sondern eine Modernisierung der My-Trägerrakete. Zusammen mit der My 3H zählt die My 3S zur dritten Generation der My Trägerraketen.

Die erste Stufe wurde um 4 t schwerer und die vierte Stufe entfiel. Diese fehlende Leistung wurde vor allem durch die schwerere Erststufe und den höheren spezifische Impuls der Erststufe aufgefangen. Das Expansionsverhältnis der Düse erhöhte sich für die Erststufe von 5,39 auf 7.79.

Auch die M3S wurde lediglich viermal eingesetzt. Es war auch das letzte Mal, dass die acht kleinen Startbooster einsetzt wurden, mit denen schon die Lambda 4S startete. Der erste Start galt wiederum einem Testsatelliten. Es folgte der Satellit Hinotori. Er beobachtete die Sonne im Röntgenstrahlenbereich und vermaß solare Flares. Das zweite japanische astronomische Observatorium war Tenna. Wie sein Vorgänger führte er Untersuchungen im Röntgenstrahlenbereich durch und detektierte Gammastrahlenausbrüche. Die letzte Mission Ohzora diente zur Untersuchung der mittleren Atmosphäre und Magnetosphäre. Nach Einführung des Nachfolgemodells My 3S-II wurde die My 3S auch als My 3S-I bezeichnet.

## Datenblatt My-3S

| | |
|---|---|
| Einsatzzeitraum: | 1980 – 1984 |
| Starts: | 4, davon kein Fehlstart |
| Zuverlässigkeit: | 100 % erfolgreich |
| Abmessungen: | 23,80 m Höhe |
| | 3,20 m Durchmesser |
| Startgewicht: | 49.500 kg |
| Maximale Nutzlast: | 300 kg in einen LEO-Orbit |
| Nutzlasthülle: | 4,00 m Länge, 1,41 m Durchmesser, 300 kg Gewicht |

| | Booster | Stufe 1 | Stufe 2 | Stufe 3 |
|---|---|---|---|---|
| Länge: | 5,79 m | 14,94 m | 6,40 m | 2,50 m |
| Durchmesser: | 0,31 m | 1,41 m | 1,41 m | 1,14 m |
| Startgewicht: | 8 × 515 kg | 34.302 kg | 9.661 kg | 1.231 kg |
| Trockengewicht: | 8 × 171 kg | 7.006 kg | 2.447 kg | 145 kg |
| Schub Meereshöhe: | 8 × 97 kN | - | - | - |
| Schub Vakuum: | 8 × 127,5 kN | 1080 kN | 280 kN | 61 kN |
| Triebwerke: | 8 × SRB310 | 1 × M13 | 1 × M20 TVC | 1 × M3A |
| Spezifischer Impuls (Meereshöhe): | - | - | - | - |
| Spezifischer Impuls (Vakuum): | 2148 m/s | 2619 m/s | 2716 m/s | 2785 m/s |
| Brenndauer: | 7,5 s | 56 s | 64 s | 53 s |
| Treibstoff: | fest | fest | fest | fest |

*Abbildung 64: Vor dem Jungfernflug der My-3S*

# My 3S-II

Die bisher häufigste Variante der My 3 und 4 Serie ist die My 3S. Sie wurde von 1985 bis 1995 eingesetzt. Sie ist die vierte Generation der My Entwicklung und eine bedeutende Steigerung gegenüber der My-3S, obgleich dies nicht an der Bezeichnung, die an eine verbesserte My-3S erinnert, sichtbar ist. Von der My-3S wurde nur die erste Stufe übernommen, die anderen Stufen wurden durch leistungsfähigere Nachfolgemodelle ersetzt. Die My 3S-II wurde entwickelt, um die Raumsonden Sakigake und Susei auf eine interplanetare Bahn zum Kometen Halley zu starten. Japan war zusammen mit der ESA und der sowjetischen Akademie der Wissenschaften an der internationalen Halley Watch beteiligt. Bei diesem internationalen Programm wurde der Komet Halley durch Raumsonden bei seinem Periheldurchgang beobachtet. Damit die My überhaupt eine Raumsonde zu Halley senden konnte, musste ihre Nutzlastkapazität um rund 150% gesteigert werden.

Gegenüber der My 3S konnte die Nutzlast durch die Einführung einer dreimal größeren Drittstufe und zwei großen Startboostern gesteigert werden. Alle Oberstufen hatten nun ein erheblich besseres Voll/Leermasseverhältnis als ihre Vorgänger. Dadurch stieg die Nutzlast wesentlich stärker an, als das Startgewicht, das nur um rund 20 % zunahm.

Die erste Stufe verwendete 271,46 kg Freon zur Schubvektorsteuerung, die Zweite 135,73 kg. Die dritte Stufe nutzt ein Zweikomponentensystem aus 87,6 kg Freon und 40 kg Hydrazin. Damit waren nun alle drei Stufen der My 3SII lenkbar.

Der Startpreis betrug 30 Millionen Dollar. Die My 3SII transportierte mit Express auch die einzige ausländische (deutsche) Nutzlast. Der Start schlug allerdings fehl und die Kapsel erreichte einen zu geringen Orbit. Das Lenkungssystem soll versagt haben, aber vielleicht war Express auch einfach zu schwer und überschritt die Nutzlastgrenze der My. Express wog mit 770 kg rund 350 kg mehr als der vorher schwerste Satellit, den eine My 3SII beförderte. Zumindest die Rückkehrkapsel konnte aber einige Monate später in Ghana gefunden und geborgen werden.

Für exzentrische Bahnen oder Nutzlasten in den interplanetaren Raum (Sakigake und Susei zu Halley, Hiten zum Mond) wurden drei verschiedene Kickstufen eingesetzt. Für Erdorbitmissionen war die My-3SII dreistufig. Erstmals startete die ISAS schon mit dem Jungfernflug eine Nutzlast, die Raumsonde Sakigake, und verzichtete auf einen Testsatelliten für den Erststart. Weitere Nutzlasten waren die Röntgenastronomiesatelliten Ginga und Asca, das Aurora-Observatorium Akebono und der Satellit Yohkohg zur Sonnenbeobachtung. Verglichen mit den Vorgängermodellen war die My 3S-II länger im Einsatz und absolvierte mehr Starts.

| **Datenblatt My 3 S-II** | |
|---|---|
| Einsatzzeitraum: | 1985 – 1995 |
| Starts: | 8, davon ein Fehlstart |
| Zuverlässigkeit: | 87,5 % erfolgreich |
| Abmessungen: | Länge 27,78 m |
| | Maximaler Durchmesser: 3,20 m |
| Startgewicht: | 61.700 kg |
| Maximale Nutzlast: | 770 kg in einen LEO-Orbit |
| | 197 kg auf einen Fluchtkurs |
| Nutzlasthülle: | 4,00 m Länge, 1,41 m Durchmesser, 300 kg Gewicht |

| | **Booster** | **Stufe 1** | **Stufe 2** | **Stufe 3** | **Stufe 4** |
|---|---|---|---|---|---|
| Länge: | 9,14 m | 14,65 m | 8,47 m | 2,65 m | 1,41 m |
| Durchmesser: | 0,74 m | 1,65 m | 1,65 m | 1,50 m | 2,01 m |
| Startgewicht: | 2 × 5.124 kg | 34.695 kg | 13.058 kg | 3.603 kg | 467 kg |
| Trockengewicht: | 2 × 1.122 kg | 7.452 kg | 2.742 kg | 305 kg | 47 kg |
| Schub Meereshöhe: | - | - | - | - | - |
| Schub (maximal): | 2 × 284 kN | 1.121 kN | 490 kN | 108 kN | |
| Triebwerke: | 2 × SRB735 | 1 × M13 | 1 × M23 | 1 × M3B | - |
| Spezifischer Impuls (Meereshöhe): | 2334 m/s | 2334 m/s | - | - | - |
| Spezifischer Impuls (Vakuum): | 2609 m/s | 2609 m/s | 2765 m/s | 2785 m/s | 2791 m/s |
| Brenndauer: | 31 s | 56 s | 52 s | 82 s | |
| Treibstoff: | fest | fest | fest | fest | fest |

*Abbildung 65: letzter Start der My S-II mit Express*

# My-V

Die My-V war der modernste und größte My Träger. Mit den Raketen der My 3 Klasse hat sie allerdings nur den Namen gemein. Wie der Name My-V (V für Fünf) sagt, ist es die fünfte Generation der My Trägerrakete.

Die Kosten der Entwicklung der My-V wurden mit 167 Millionen Dollar angegeben, darin enthalten waren auch die Umrüstung der Bodenanlagen in Höhe von 39 Millionen Dollar. Ein Flug kostete vor dem ersten Start 38 Millionen Dollar. Doch er stieg bald auf 64 Mill. Dollar, was diese Trägerrakete unwirtschaftlich machte. Die My-V hatte einen durchgehenden Durchmesser von 2,50 m. Sie war dreistufig und auf Startbooster wurde verzichtet. Eine vierte Kickstufe war für Hochenergiemissionen verfügbar. Die Massen der Dritten und der Kickstufe ähnelten denen der ersten und zweiten Stufe der My 3, es handelte sich jedoch um neu entwickelte Stufen mit neuen Technologien wie HTPB-Treibstoff, Kohlefaserverbundwerkstoffen, ausfahrbaren verlängerten Düsen und schwenkbaren Düsen. Die erste Stufe verwendete eine hoch belastbare Stahllegierung für das Gehäuse.

Die erste und zweite Stufe wurden erstmals durch einen Gitterrohradapter verbunden, um Gewicht zu sparen. Eingesetzt wurde eine zweiteilige Nutzlastverkleidung, die nach 197 Sekunden abgesprengt wurde und optische Laserkreisel zur Steuerung. Damit war die My-V auf technischen Höhe ihrer Zeit. Die Nutzlastverkleidung umgab auch die dritte und vierte Stufe. Die My-V hatte die zweieinhalbfache Nutzlast der My-3SII und bot mit 2,50 m Durchmesser und 6,00 m Länge erheblich mehr Raum für die Nutzlast als die bisherigen My Modelle.

Die erste Stufe hatte eine bewegliche Düse. Die Rollachsenstabilisierung wurde durch zwei kleine Feststoffmotoren erledigt, die nach dem Start zündeten und die ganze Rakete in Rotation um die Längsachse versetzten. Dasselbe System fand auch bei der zweiten Stufe Anwendung. Die dritte Stufe nutzte eine bewegliche Düse, aber auch Kaltgasdüsen für die Rollregelung.

Bedingt durch die kurzen Brennzeiten der Feststofftriebwerke gibt es Freiflugphasen beim Start der My-V. Die zweite Stufe wird nach 75 Sekunden gezündet (Ausbrennen der ersten Stufe nach 51 Sekunden). Die Dritte wird nach 218 Sekunden gezündet (Ausbrennen der zweiten Stufe nach 137 Sekunden). Die Kickstufe zündet nach 344 Sekunden (Ausbrennen der dritten Stufe nach 312 Sekunden). Der hohe Schub der Triebwerke führt zu einer maximalen Beschleunigung mit 8 g.

Nachteilig an der My-V ist, dass durch die kurze Brenndauer die Nutzlast für höhere Orbits rasch abnimmt. In 500 km hohe kreisförmige Bahnen transportiert die My-V nur noch 1.170 kg, in 700 km Höhe sind es noch 650 kg.

Die My-V startete die Raumsonden Nozomi zum Mars und Hayabusa zum Planetoiden Itokawa. Von den drei zuerst bestellten My-V sind alle drei gestartet, davon schlug der Start mit dem Satelliten Astro-E fehl. Ursache war ein Durchbrennen einer Düse, worauf das Material in allen Stufen ersetzt wurde. Vier weitere Starts waren geplant. Die Produktion wurde dann jedoch 2006 eingestellt. Der Start der Mondsonde Lunar-A wurde gestrichen. Es erfolgten noch die Starts des Sonnenbeobachtungssatelliten Hinode, des Radioastronomiesatelliten Halca, des Infrarotsatelliten Akari und des Röntgenastronomiesatelliten Suzaku. Er war mit 1.700 kg die schwerste jemals mit einer My transportierte Nutzlast.

Derzeit gibt es keine Nachfolge der My-V. Ihr Produktionsstop war auch einer der Gründe, die japanische Mondmission Lunar-A einzustellen. Allerdings lag Lunar-A auch nicht im Zeitplan.

Eine geflügelte Variante der My, die My V ALB (**A**ir **L**aunch **B**ooster), bestehend aus der zweiten und dritten Stufe der My V und der dritten der My-3SII, wurde wegen zu hoher Kosten aufgegeben. Die 51,85 t schwere und 17 m lange Rakete wäre von einer Boeing 747 in 11.400 m Höhe bei Mach 0,82 abgeworfen worden. Stabilisiert werden sollte sie durch Flügel mit einer Fläche von 6,6 m². Sie hätte 1.270 kg in einen Erborbit transportiert. Die Startkosten wurden auf 29 Millionen Dollar für die Rakete, zuzüglich 2 Millionen für die Startvorbereitung und 1 Million für die Nutzung der Boeing 747 geschätzt.

Die NASDA führte eine Reihe von Studien durch, die My durch modernere Raketen mit günstigeren Produktionskosten zu ersetzen. Die erste war die J-1 (S.319), die zweite die ASR (**A**dvanced **S**olid **R**ocket), bei der als erste Stufe ein SRB-A Booster der H-2 eingesetzt werden sollte. Als zweite und dritte Stufen waren die zweite und dritte Stufe der My-V vorgesehen. Auch diese Rakete hätte einen durchgängigen Durchmesser von 2,50 m aufgewiesen. Aufgrund der Synergie mit der H-2 Produktion (höhere Stückzahlen der SRB-A Booster) wäre ein Start preiswerter als der einer My-V gewesen. Trotzdem kam die NASDA bei einer Untersuchung zu dem Schluss, dass die Rakete immer noch unverhältnismäßig teuer wäre, und stellte das Projekt ein.

## Datenblatt My-V

| | |
|---|---|
| Einsatzzeitraum: | 1995 – 2006 |
| Starts: | 7, davon ein Fehlstart |
| Zuverlässigkeit: | 85,7 % erfolgreich |
| Abmessungen: | 30,70 m Höhe |
| | 2,50 m Durchmesser |
| Startgewicht: | 140.400 kg |
| Maximale Nutzlast: | 1.900 kg in einen LEO-Orbit |
| | 1.170 kg in einen 500 km SSO-Orbit |
| | 6.50 kg in einen 700 km SSO-Orbit |
| | 400 kg auf einen Fluchtkurs (mit Kickstufe) |
| Nutzlasthülle: | 9,19 m Länge, 2,50 m Durchmesser, 700 kg Gewicht |

| | **M-14** | **M-24** | **M-34** | **KM-V1** |
|---|---|---|---|---|
| Länge: | 13,73 m | 6,61 m | 3,50 m | 1,50 m |
| Durchmesser: | 2,50 m | 2,50 m | 2,20 m | 1,20 m |
| Startgewicht: | 83.570 kg | 37.000 kg | 12.000 kg | 1.430 kg |
| Trockengewicht: | 11.570 kg | 4.000 kg | 1.000 kg | 142 kg |
| Schub Meereshöhe: | - | - | - | - |
| Schub (maximal): | 3.760 kN | 1520 kN | 337 kN | 52 kN |
| Triebwerke: | BP-204J | BP-208J | BP-205J | - |
| Spezifischer Impuls (Meereshöhe): | 2413 m/s | 2011 m/s | - | - |
| Spezifischer Impuls (Vakuum): | 2687 m/s | 2864 m/s | 2952 m/s | 2952 m/s |
| Brenndauer: | 51 s | 62 s | 94 s | 134 s |
| Treibstoff: | fest | fest | fest | fest |

*Abbildung 66: Die My V startet die Raumsonde Hayabusa am 9.5.2003*

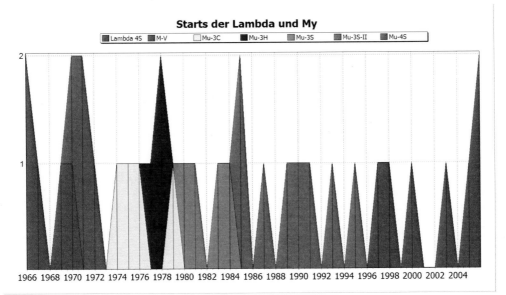

*Abbildung 67: Starts der Lambda und My von 1966-2006*

# J-1

Die J-1 war die erste Rakete, die von ISAS und NASDA gemeinsam entwickelt wurde. Die Entwicklung begann 1991, als die My 3S-II noch aktuell war und sich die H-2 in der Entwicklung befand. Daher wurden Stufen der H-2 und M-3SII für den neuen Träger verwendet. Die erste Stufe der J-1 ist ein SRB Feststoffbooster der H-2, zweite und dritte Stufe stammten von der M-3SII. Von ihr stammte auch die Nutzlastverkleidung. Später sollte eine größere, neu zu entwickelnde Nutzlastverkleidung mit einem Durchmesser von 2,00 m folgen.

Da der SRB keine schwenkbaren Düsen hat, wurden an ihm zwei externe Druckgastanks angebracht, um den Schubvektor durch Sekundärinjektion zu beeinflussen.

Der Start sollte von den N und H-1 Startplätzen von Tanegashima aus erfolgen. Zwei Testflüge mit zwei beziehungsweise drei Stufen und mindestens ein operationeller Start waren geplant. Die J-1 sollte die My V ergänzen. Sie hätte eine Nutzlast von rund 1.000 kg gehabt – mehr als eine My 3S-II, aber weniger als eine My V. Es erfolgte nur der erste Testflug mit zwei aktiven Stufen am 11.2.1996 mit der ballistischen Hyflex Mission, bei der ein Apogäum von 110 km erreicht wurde.

Mittlerweile hatte die NASDA ihre Unterstützung aus dem Projekt zurückgezogen, da die Entwicklung erheblich kostspieliger wurde als geplant. Der geplante Startpreis von 52 Millionen Dollar steht in keinem Verhältnis zu der Nutzlast von 1.000 kg. Amerikanische Träger in dieser Nutzlastkategorie kosteten damals rund 12 bis 16 Millionen Dollar pro Start. Auch die Hoffnung, die Rakete schnell zu entwickeln, zerschlug sich. Der Testflug fand schon nach dem Erststart der My-V statt. Daraufhin wurde die Entwicklung eingestellt.

## Datenblatt J-1

| | | | |
|---|---|---|---|
| Einsatzzeitraum: | 1996 | | |
| Starts: | 1, davon kein Fehlstart (nur suborbital) | | |
| Zuverlässigkeit: | 100 % erfolgreich | | |
| Abmessungen: | 33,10 m Höhe | | |
| | 2,50 m Durchmesser | | |
| Startgewicht: | 93.630 kg | | |
| Maximale Nutzlast: | 1.000 kg in einen LEO-Orbit | | |
| Nutzlasthülle: | 6,85 m Länge, 1,62 m Durchmesser, 520 kg Gewicht | | |

| | SRB | M23 | M38 |
|---|---|---|---|
| Länge: | 13,30 m | 6,70 m | 2,70 m |
| Durchmesser: | 2,50 m | 2,50 m | 1,50 m |
| Startgewicht: | 74.200 kg | 13.100 kg | 3,600 kg |
| Trockengewicht: | 9.400 kg | 2.800 kg | 300 kg |
| Schub Meereshöhe: | - | - | - |
| Schub Vakuum: | 2.255 kN | 525 kN | 132 kN |
| Triebwerke: | - | - | - |
| Spezifischer Impuls (Meereshöhe): | - | - | - |
| Spezifischer Impuls (Vakuum): | 2746 m/s | 2766 m/s | 2884 m/s |
| Brenndauer: | 99 s | 73 s | 87 s |
| Treibstoff: | fest | fest | fest |

*Abbildung 68: Start zum ersten und einzigen Flug der J-1*

# N Serie

Japans erste Trägerrakete mit flüssigem Treibstoffen, die „N", war eine in Lizenz gefertigte Long Tank Delta. Schon 1969 schloss die NASDA mit McDonnell Douglas einen Vertrag über die Lizenzvereinbarung zum Nachbau der amerikanischen Delta Rakete ab. Ähnliche Überlegungen gab es früher auch in Deutschland, jedoch entschied die deutsche Regierung für die Beteiligung am Europa- und später Ariane Programm.

Die erste Stufe und die Castor IV Booster wurden von Nissan Heavy Industries in Lizenz gebaut. Die zweite Stufe war eine japanische Eigenentwicklung mit dem Triebwerk LE-3. Sie wurde von Mitsubishi Heavy Industries von 1969 – 1975 entwickelt. Die N-I war mit der Delta M/N vergleichbar, auch die SSPS Zweitsufe von Mitsubishi entsprach in den technischen Daten der Delta Oberstufe. Als Treibstoffe verwendet wurden NTO und Aerozin 50. Die ersten fünf Triebwerke der ersten Stufe und die Elektronik der ersten sechs Träger wurden noch in Amerika gefertigt. Die N-1 verwandte ein Radiolenksystem. Bei einem (andere Quellen zwei) Satelliten versagte der Apogäumsantrieb.

Bei der N-II verzichtete die NASDA wieder auf eine japanische zweite Stufe und fertigte die Delta 2900 in Lizenz. Die N-II wurde von 1981 bis 1987 eingesetzt. Der Durchmesser betrug durchgehend 2,44 m. Sie nutzte ein neues japanisches Lenksystem mit einer Inertialplattform. Die Technologie der Delta M und Delta 2900 ist in Band 1, S114-129 ausführlich beschreiben.

Die N hatte für die japanische Industrie vor allem einen Sinn: Sie konnte sich durch den Nachbau der amerikanischen Rakete das Know-how erwerben, selbst eine mit flüssigen Treibstoffen angetriebene Rakete zu entwickeln. Da die Rakete nur japanische Satelliten startete und die Transportkapazität beschränkt war, gab es auch keine Probleme mit dem Transport von kommerziell nutzbaren Satelliten. Diese führten in Europa zur Entwicklung der Europa III und Ariane. Die Erststarts fanden immer erst dann statt, wenn in Amerika die Entwicklung der Delta Serie weiter fortgeschritten war. So konkurrierte die N nicht mit der Delta.

Der erste Start erfolgte am 9.9.1975 vom neu gebauten Startzentrum T.S.C. (**T**anegashima **S**pace **C**enter) der NASDA auf einer Kyushu vorgelagerten kleinen Insel. Der Komplex ist unterteilt in zwei Areale. Die Takesaki Range befindet sich an der südöstlichen Spitze der Insel und umfasst eine Startanlage für kleine Raketen. Der Osaki Startkomplex befindet sich an der Ostküste und wird zum Start der großen N und H Träger genutzt.

## Datenblatt N-I

| | |
|---|---|
| Einsatzzeitraum: | 1975 – 1982 |
| Starts: | 7, davon 1 Fehlstart |
| Zuverlässigkeit: | 85,7 % erfolgreich |
| Abmessungen: | 33,20 m Höhe |
| | 2,44 m Durchmesser |
| Startgewicht: | 91.900 kg |
| Maximale Nutzlast: | 1.200 kg in einen LEO-Orbit |
| | 360 kg in einen GTO-Orbit |
| Nutzlastverkleidung: | 5,69 m Länge, 1,65 m Durchmesser, 245 kg Gewicht |

| | Castor IV | Long Tank Thor | SSPS-N1 | Burner 2 |
|---|---|---|---|---|
| Länge | 7,25 m | 21,44 m | 5,44 m | 1,48 m |
| Durchmesser: | 0,79 m | 2,44 m | 1,46 m | 1,65 m |
| Startgewicht: | 3 × 4.424 kg | 70.900 kg | 4.350 kg | 774 kg |
| Trockengewicht: | 3 × 695 kg | 4.200 kg | 500 kg | 116 kg |
| Schub Meereshöhe: | 3 × 229 kN | 765 kN | - | - |
| Schub Vakuum: | - | 890 kN | 35 kN | 38,7 kN |
| Triebwerke: | 3 × TX-354-5 | 1 × MB3-3 | 1 × LE-3 | 1 × TE-364-14 |
| Spezifischer Impuls (Meereshöhe): | 2275 m/s | 2511 m/s | - | - |
| Spezifischer Impuls (Vakuum): | 2561 m/s | 2845 m/s | 2909 m/s | 2795 m/s |
| Brenndauer: | 37 s | 220 s | 320 s | 40 s |
| Treibstoff: | fest | LOX / Kerosin | NTO / Aerozin-50 | fest |

*Abbildung 69: Die N-I wird zur letzten Mission mit Kiku-4 vorbereitet*

## Datenblatt N-II

| Einsatzzeitraum: | 1981 – 1986 |
|---|---|
| Starts: | 8, davon kein Fehlstart |
| Zuverlässigkeit: | 100 % erfolgreich |
| Abmessungen: | 35,15 m Höhe |
| | 2,44 m Durchmesser |
| Startgewicht: | 134.900 kg |
| Maximale Nutzlast: | 2.000 kg in einen LEO-Orbit |
| | 730 kg in einen GTO-Orbit |
| Nutzlastverkleidung: | 7,92 m Länge, 2,44 m Durchmesser, 580 kg Gewicht |

| | **Castor IV** | **ELAT Thor** | **SSPS-N2** | **Star 37E** |
|---|---|---|---|---|
| Länge: | 7,25 m | 22,44 m | 5,94 m | 1,74 m |
| Durchmesser: | 0,79 m | 2,44 m | 2,44 m | 2,44 m |
| Startgewicht: | 9 × 4.424 kg | 85.800 kg | 6.300 kg | 1.183 kg |
| Trockengewicht: | 9 × 695 kg | 4.400 kg | 560 kg | 83 kg |
| Schub Meereshöhe: | 9 × 229 kN | 756 kN | - | - |
| Schub Vakuum: | - | 890 kN | 43,8 kN | 66,7 kN |
| Triebwerke: | 9 × TX-354-5 | 1 × MB3-3 | 1 × AJ-118F | 1 ×TE-365 |
| Spezifischer Impuls (Meereshöhe): | 2275 m/s | 2481 m/s | - | - |
| Spezifischer Impuls (Vakuum): | 2561 m/s | 2944 m/s | 2746 m/s | 2798 m/s |
| Brenndauer: | 37 s | 270 s | 420 s | 44 s |
| Treibstoff: | fest | LOX / Kerosin | NTO / Aerozin-50 | fest |

*Abbildung 70: Start der achten N-II mit dem Satelliten Momo im Jahre 1987*

# H-1

Der erste Schritt Japans auf dem Weg zu einer eigenen Trägerrakete war die H-1. Bei der H-1 wurde die Thor-Unterstufe und die Castor II Booster der N-2 unverändert übernommen. Anstatt der Delta Zweitstufe wurde eine wesentlich größere Oberstufe mit Wasserstoff als Treibstoff verwendet. Das Triebwerk LE-5 wurde vollständig in Japan entwickelt. Durch den hochenergetischen Antrieb und die größere zweite Stufe stieg die Nutzlast von 730 kg in eine GTO-Bahn auf 1.100 kg an. Die 139 t schwere Rakete beförderte so genauso große Satelliten wie die 190 t schwere Delta 3920. Von Japan stammten nun auch die Feststoffoberstufe und das Steuerungssystem.

Das LE-5 wies sehr gute Leistungsdaten auf. Auch dies ist ein Novum für das erste Triebwerk in einer neuen Technologie, bei der im Normalfall die Auslegung konservativ ist, um Entwicklungsrisiken zu minimieren. Der Schub betrug 103 kN – mehr als beim YF-73, Chinas erstes Triebwerk mit dieser Treibstoffkombination oder dem europäischen HM-7. Auch die Ausströmgeschwindigkeit von 4384 m/s war ein sehr guter Wert zu dieser Zeit. Dies wurde mit einem recht geringen Brennkammerdruck von nur 36 bar erreicht. Dafür war eine Düse mit einem sehr hohen Flächenverhältnis von 140 nötig. Als einziger Nachteil wurde dadurch das Triebwerk relativ schwer. Es wog 240 kg bei einer Länge von 2,67 m und einem maximalen Durchmesser von 2,49 m. Die hohe Leermasse galt auch für die von Mitsubishi gebaute SSPS Stufe, die etwa 500 kg mehr als die gleich große H-10 Stufe der Ariane wog.

Der von Nissan gebaute Feststoffantrieb für die dritte Stufe hatte in etwa das Startgewicht der PAM-D Oberstufe, wies aber ebenfalls eine rund 130 kg höhere Leermasse auf.

Die Starts der H-1 waren alle erfolgreich. Gestartet wurden zuerst zwei Testsatelliten, dann folgten nationale Kommunikations- und Wettersatelliten. Allerdings konnte die Rakete keine kommerzielle Nutzlasten befördern, dazu war sie einfach zu teuer. Der Startpreis betrug 90 Millionen Dollar, also in etwa soviel wie damals bei Atlas I oder Ariane 4, jedoch mit weniger als der halben Nutzlast. Auch eine Delta 3925 (mit vergleichbarer Nutzlast) war mit rund 50 Millionen Dollar pro Start erheblich preiswerter als die H-1.

Es bestand die Möglichkeit, wie bei der Delta mit Drittstufe (für GTO Missionen) oder ohne (für erdnahe Orbits) zu starten. Neben neun Castor II Boostern wurden bei manchen Starts auch nur sechs eingesetzt.

## Datenblatt H-I

| | | |
|---|---|---|
| Einsatzzeitraum: | 1986 – 1992 | |
| Starts: | 9, davon kein Fehlstart | |
| Zuverlässigkeit: | 100 % erfolgreich | |
| Abmessungen: | 40,00 m Höhe | |
| | 2,44 m Durchmesser | |
| Startgewicht: | 139.300 kg | |
| Maximale Nutzlast: | 3.200 kg in einen LEO-Orbit | |
| | 1.100 kg in einen GTO-Orbit | |
| Nutzlastverkleidung: | 7,92 m Länge, 2,44 m Durchmesser, 600 kg Gewicht | |

| | Castor II | ELAT Thor | SSPS-N2 | UM-129A |
|---|---|---|---|---|
| Länge: | 7,25 m | 22,44 m | 10,32 m | 2,34 m |
| Durchmesser: | 0,79 m | 2,44 m | 2,49 m | 2,44 m |
| Startgewicht: | 9 × 4.424 kg | 85.800 kg | 10.660 kg | 2.200 kg |
| Trockengewicht: | 9 × 695 kg | 4.400 kg | 1.800 kg | 360 kg |
| Schub Meereshöhe: | 9 × 229 kN | 756 kN | - | - |
| Schub Vakuum: | - | 890 kN | 103 kN | 77,45 kN |
| Triebwerke: | 9 × TX-354-5 | 1 × MB3-3 | 1 × LE-5 | 1 × UM-129A |
| Spezifischer Impuls (Meereshöhe): | 2275 m/s | 2481 m/s | - | - |
| Spezifischer Impuls (Vakuum): | 2561 m/s | 2944 m/s | 4384 m/s | 2854 m/s |
| Brenndauer: | 37 s | 270 s | 370 s | 68 s |
| Treibstoff: | fest | LOX / Kerosin | LOX / LH2 | fest |

*Abbildung 71: Letzter Start der H-I im Jahre 1992*

# H-2

Anders als die Bezeichnung suggeriert, war die H-2 eine völlig neu entwickelte Trägerrakete. Die Rakete verfolgte technologisch dasselbe Konzept wie der Space Shuttle oder Ariane 5 – zwei Feststoffbooster sorgen für den Startschub, die Hauptstufe bringt den Hauptteil der Geschwindigkeit auf. Sie arbeitet mit den Treibstoffen flüssiger Wasserstoff und Sauerstoff. Beim Start werden Booster und Hauptstufe simultan betrieben. Auch die Oberstufe arbeitet mit LOX und LH2 als Treibstoff. Sie wurde von der Zweitstufe der H-1 abgeleitet.

Die H-2 wurde entwickelt als Träger für schwere nationale Kommunikationssatelliten und für den Raumgleiter Hope, den Japan damals entwickelte. Wie sein europäisches Gegenstück Hermes wurde das Projekt wegen zu hoher Kosten später eingestellt. Die H-2 wurde von 1984 an entwickelt. Im Mai 1987 wurde nach dem Design Review die endgültige Konfiguration festgelegt. 1988 und 1989 starteten 1:25 Modelle der H-2 unter der Bezeichnung TR-1. Dabei wurde das aerodynamische Verhalten beobachtet und die Abtrennung der Booster erprobt.

Technisch machte die NASDA einen Sprung vom Nachbauen veralteter US-Trägern hin zum Einsatz der modernsten Technologien. Die Nutzlast von 4 t in einen GTO Orbit entspricht dem einer Ariane 44LP. Diese wiegt aber 430 t, während die H-2 nur 258 t auf die Waage bringt. Das Triebwerk der ersten Stufe LE-7 entwickelte sich zum Dreh- und Angelpunkt des Projektes. Seine Entwicklung verlief erheblich langsamer und war schwieriger als geplant. Es gab zwei Explosionen von Triebwerken bei statischen Bodentests. Ursache waren Risse in Schweißnähten, die dann auch in allen anderen Textexemplaren festgestellt wurden und die eine langwierige Fehlersuche und Beseitigung notwendig machten.

Sowohl der geplante Brennkammerdruck von 150 bar, wie auch das Leergewicht von 1.560 kg, das Expansionsverhältnis von 52 und der spezifischer Impuls von 4413 m/s konnten nicht erreicht werden. Bedingt durch die Probleme bei der Entwicklung verschob sich der Erststart von 1992 auf 1994. Auch die Entwicklungskosten stiegen von 1.600 Millionen auf 2.300 Millionen Dollar. Davon entfielen alleine 800 Millionen auf die Entwicklung des LE-7 Triebwerks. Die erste Stufe verwendete getrennte Tanks für Wasserstoff und Sauerstoff und bestand aus Aluminium mit einer Isolierung aus Polyurethanschaum. Der Sauerstofftank war der obere Tank, um den Schwerpunkt an den Punkt heranzubringen, an dem die maximalen aerodynamischen Kräfte erwartet wurden. Die Tanks wurden mit gasförmigem Helium bzw. Wasserstoff unter Druck gesetzt, das von den Haupttriebwerken erwärmt wurde. Zwei Triebwerke mit 2.000 N Schub am Heck sind für die

Rollachsensteuerung zuständig, nachdem die Booster abgetrennt wurden. Sie arbeiteten mit gasförmigen Wasserstoff. Das LE-7 Triebwerk verbrennt zuerst den gesamten Wasserstoff mit dem Sauerstoff, abzüglich kleinerer Mengen für die Rollachsensteuerung und der Druckbeaufschlagung und treibt damit die Turbinen an. Danach wird es in die Brennkammer eingespritzt. Dieses Prinzip des „Staged Combustion Cycle" setzt auch das Space Shuttle Haupttriebwerk SSME ein. Dieses Verfahren nutzt den Treibstoff sehr effizient, hat aber den Nachteil sehr hoher Brennkammerdrücke. Er betrug beim LE-7 127 bar. Mit einem Flächenverhältnis von 60 wurde eine Ausströmgeschwindigkeit von 4364 m/s im Vakuum erreicht. Das Triebwerk wog 1.714 kg.

Das Triebwerk LE-5A ist eine Weiterentwicklung des in der H-1 erprobten Triebwerks LE-5. Es ist elektromechanisch schwenkbar. Die Rollachsenregelung erfolgt durch mit Hydrazin angetriebene RCS-Triebwerke. Die RCS-Triebwerke stabilisieren die Stufe auch während einer Freiflugphase. Das Triebwerk ist wiederzündbar und ermöglicht so das Aussetzen von Satelliten auf unterschiedliche Umlaufbahnen. Bei geostationären Orbits gibt es in der Regel zwei Zündungen des Triebwerks. Die zweite Stufe wurde von der H-1 abgeleitet. So hat der untere Sauerstofftank noch denselben Durchmesser wie die SSPS auf der H-1 und wurde nur verlängert. Der obere Wasserstofftank wurde an den größeren Durchmesser der Rakete von 4,00 m angepasst. Ursprünglich war eine Stufe 15,7 t Startgewicht und dem alten LE-5 Triebwerk geplant. Sie wurde um 1 t schwerer um die, verglichen mit dem Entwicklungsziel, schlechteren Leistungen des LE-7 zu kompensieren. Der letzte Start setzte eine neue Oberstufe mit dem LE-5B Triebwerk ein. Diese Stufe nahm 3 t mehr Treibstoff auf und das LE-5B hatte einen 12 % höheren Schub als das LE-5A. Dies steigerte die Nutzlast um 200 kg.

Bei den Boostern konnte Japan auf seine Erfahrungen mit den My Trägern aufbauen. Die von Nissan gefertigten SRB-A (SRB: **S**olid **R**ocket Booster) bestanden aus vier Segmenten, verbunden mit massiven Verbindungsringen und verschraubt mit jeweils 100 Bolzen pro Verbindung. Dieses Design war relativ schwer, doch nach der Explosion der Challenger durch eine undichte Verbindung in einem der Shuttle SRB, war Sicherheit ein wichtiges Entwurfsziel für die Booster. Die Booster hatten um 5 Grad schwenkbare Düsen und übernahmen in der ersten Flugphase auch die Rollsteuerung. Sie verbrannten eine Mischung aus 14% HTPB, 18% Aluminium und 68% Ammoniumperchlorat, die mit 5,9 mm/s abbrannte. Der Brennkammerdruck betrug 57 bar.

Die Elektronik- und Navigationsausrüstung wurde von der H-I übernommen und modernisiert. Die Nutzlast wurde von einer geräumigen 12,10 m langen Nutzlastverkleidung von wahlweise 4,10 oder 5,00 m Durchmesser umgeben. Diese wog bis zu 1,8 t. Die Verkleidung bestand aus Aluminium in Honigwabenbauweise. Ein 200 kg schwerer Stufenadapter leitete die Kräfte der Verkleidung auf die Oberstufe weiter.

Für die H-2 wurde eine neue Startanlage im Tanegashima Space Center errichtet. Es gelang aus den gleichen Gründen wie bei der H-1 jedoch nicht, kommerziell erfolgreich zu sein. Neben den Problemen hinsichtlich der Startfenster war es der hohe Startpreis, der Kunden abschreckte. Der Start einer H-2 war mit 190 – 227 Millionen Dollar pro Flug wesentlich teurer als der einer amerikanischen oder europäischen Rakete. Das lag an den hohen Produktionskosten, obgleich diese während des Einsatzes von 19,5 auf 14 Milliarden Yen pro Rakete gesenkt werden konnten. Geplant waren einmal 80 Millionen Dollar pro Start. Dabei waren die Hoffnungen hoch. Zahlreiche Fachjournalisten sahen in der Rakete eine ernsthafte Konkurrenz zur Ariane 4. Sie war moderner, ausbaufähig und sie hatte eine viel geringeres Startgewicht. Doch wie bei anderen Trägerraketen zeigte sich, dass moderne Technologie eine Trägerrakete preiswert machen kann, oder sie aber auch extrem verteuern, wenn ihre Herstellung dadurch unverhältnismäßig aufwändiger wird. Die Rakete erreichte nur während des ersten Einsatzjahres eine Startfrequenz von zwei Flügen pro Jahr, maximal drei Flüge pro Jahr sind möglich.

Interessant ist in diesem Zusammenhang, das noch nach der Indienststellung der H-2 kommerzielle, nicht staatliche japanische Kommunikationssatelliten nicht mit der H-2, sondern der Atlas und Ariane in den Orbit befördert wurden. Offensichtlich war die Rakete selbst für die sonst so national eingestellten Japaner zu teuer.

Von den Starts der H-2 misslangen die beiden letzten. Ursache waren beim Vorletzten eine durchgebrannte Brennkammer bei der zweiten Zündsequenz der Oberstufe, die den Satelliten COMETS in einem unbrauchbaren Orbit hinterließ. Beim letzten Start führte eine Fehlfunktion des LE-7 Antriebs zur Explosion nach dem Start. Schon 1994 war ein dritter Start gescheitert, dies lag jedoch an der eingesetzten Kickstufe. Der letzte geplante Start der H-2 wurde danach gestrichen. Dabei sollte dieser letzte Flug Komponenten der H-2A erproben und billiger in der Herstellung sein. Jetzt konzentrierten sich alle Arbeiten auf den Nachfolger H-2A.

## Datenblatt H-II

| | |
|---|---|
| Einsatzzeitraum: | 1994 – 1999 |
| Starts: | 7, davon 3 Fehlstarts |
| Zuverlässigkeit: | 57,1 % erfolgreich |
| Abmessungen: | 49,00 m Höhe |
| | 4,00 m Durchmesser |
| Startgewicht: | 260.460 kg |
| Maximale Nutzlast: | 4.000 kg in einen GTO-Orbit |
| | 10.000 kg in einen LEO-Orbit |
| Nutzlasthülle: | 4,10 m Durchmesser, 12,00 m Höhe, 1400 kg Gewicht |
| | 5,00 m Durchmesser, 15,00 m Höhe, 1800 kg Gewicht |

| | SRB-A | Stufe 1 | Stufe 2 |
|---|---|---|---|
| Länge: | 23,36 m | 28,00 m | 10,70 m |
| Durchmesser: | 1,81 m | 4,00 m | 4,00 m |
| Startgewicht: | 2 × 70.250 kg | 97.900 kg | 16.700 kg |
| Trockengewicht: | 2 × 11.100 kg | 11.600 kg | 2.400 kg |
| Schub Meereshöhe: | 2 × 1.540 kN | - | - |
| Schub Vakuum: | 2 × 1.569 kN | 1080 kN | 121,6 kN |
| Triebwerke: | 2 × SRB-EM | 1 × LE-7 | 1 × LE-5A |
| Spezifischer Impuls (Meereshöhe): | 2324 m/s | 3412 m/s | - |
| Spezifischer Impuls (Vakuum): | 2678 m/s | 4365 m/s | 4385 m/s |
| Brenndauer: | 93 s | 345 s | 510 s |
| Treibstoff: | HTPB/ Aluminium/ Ammoniumperchlorat | LOX / LH2 | LOX / LH2 |

*Abbildung 72: Vorbereitung auf den zweiten Start der H-II*

## H-IIA

Die NASDA versuchte seit 1995 mit der H-2A die H-2 im Preis zu senken und kommerziell attraktiver zu machen. Die H2A verfolgt dazu drei Richtungen:

- Zum einen soll das gesamte Design einfacher und trotzdem die Leistung erhöht werden. So werden die neuen Feststoffbooster aus nur einem Segment bestehen, anstatt aus vier, sie sind um 11 t schwerer, liefern mehr Schub und brennen länger. Der Sauerstofftank wird durch Sauerstoff unter Druck gesetzt, der eingesparte Platz für die Helium-Druckbehälter erlaubt es 10 t mehr Treibstoff mitzuführen. Das Triebwerk der zweiten Stufe soll ebenfalls einfacher werden.

- Zum anderen will die JAXA verstärkt auf ausländische Technologie zurückgreifen, so stammt das Design der neuen Booster (SSB = **s**olid **s**trap-on **b**oosters) aus Amerika. Dies soll die Produktionskosten senken. Zwei verschiedene Zusatzbooster sollen einen größeren Nutzlastbereich abdecken.

- Als Drittes soll die Startrate auf 6 bis 8 (anstatt drei) Flüge pro Jahr zu erhöht werden und so der Preis zu sinken. Dafür wurde eine zweite Startrampe errichtet. Nach wie vor gibt es noch die Einschränkungen der Startfenster. Die Startfenster sind jedoch nun mit 190 Tagen im Jahr größer geworden und es ist auch bei Bedarf ein Start zwischen April und August möglich.

Ein Vertrag mit Hughes über 10 Starts für zusammen 85 Mrd. Yen (1.000 Millionen Dollar) wurde abgeschlossen. Ein Start der H-2A sollte so nur die Hälfte der einer H-2 (18 – 19 Mrd. Yen) kosten. Schon im Mai 2000 wurde dieser Kontrakt aber wieder gelöst, wahrscheinlich durch die Verzögerung des Erststarts der H2A. Abgesprungen ist auch die ESA, die den Satelliten Artemis im Februar 2000 mit der ersten H-2A starten wollte. Nach Verzögerungen von mehr als 18 Monaten wurde dieser Satellit am 12.7.2001 mit einer Ariane-5 gestartet.

Die vergrößerte zweite Stufe wurde schon beim letzten Flug der H-2 getestet. Sie fasst 3 t mehr Treibstoff und setzt ein vereinfachtes LE-5B Triebwerk ein. Dessen Schub ist von 122 auf 137,4 kN gesteigert worden. Vor allem aber wird nun der gasförmige Wasserstoff, der die Düse gekühlt hat, zum Antrieb der Turbinen genutzt und der Gasgenerator entfällt. Das LE-5B ist auch drosselbar auf 5 % Schub im „Idle" Modus.

Die erste Stufe wurde verlängert und hat nun eine Startmasse von 113,6 anstatt 98,1 t. Die Länge beträgt 37,20 anstatt 28,80 m. Der Sauerstofftank ist 8 m lang, der Wasserstofftank 18 m. Das LE-7A Triebwerk hat nun die Turbopumpe über dem Triebwerk, anstatt an der Seite und ist dadurch länger geworden.

Die SRB-A haben zwar noch die gleiche Startmasse wie die SRB der H-2, sind jedoch eine Neukonstruktion. Sie sind kompakter geworden und verwenden ein Composite Filament Gehäuse von Thiokol (heute ATK). Sie haben nun 2,50 anstatt 1,81 m Durchmesser und eine Länge von 15,20 anstatt 23,36 m. Die Düsen sind schwenkbar. Der Schub ist um 10 % höher als bei den SRB-A der H-2. Gemeinsam für alle Versionen ist, dass jede mindestens zwei SRB-A als Startbooster verwendet.

Zusätzlich gibt es noch deutlich kleinere Booster, die SSB. Diese SSB können mit den SRB-A kombiniert werden. Damit ist die H-2A ein flexibles System zur Beförderung von verschieden großen Nutzlasten. Zwei SSB erbringen 400 kg mehr Nutzlast, vier SSB 900 kg. Mit vier SRB-A wäre eine Nutzlast von 5.800 kg in den GTO-Orbit möglich. Diese Kombination wurde untersucht, aber nicht verwirklicht. Das Gleiche gilt für eine erste Stufe (LRB) als Booster. Die SSB werden nach den SRB-A paarweise gezündet. Die SSB basieren auf dem Castor 4AXL, einer verbesserte Version des Castor 4 Boosters der Delta 2. Der Castor 4AXL entspricht dem Castor 4A, der um 2,44 m verlängert wurde. Es gab allerdings Änderungen. So ist der Schub etwas höher als beim Standard Castor 4AXL und der Booster ist nochmals 1,10 m länger.

Für die Nutzlast stehen die gleichen Verkleidungen wie bei der H-2 mit 4,07 und 5,10 m Durchmesser und 12 bis 16 m Länge zur Verfügung. Neu ist die Möglichkeit Doppelstarts durchzuführen und die Verwendung von CFK-Werkstoffen zur Gewichtsreduzierung. Die Verkleidung wird erst nach 260 Sekunden in 201 km Höhe abgeworfen. Bedingt durch die größere und schwerere Nutzlastverkleidung ist die Nutzlast der H-2A in der kleinsten Version, die mit der H-2 vergleichbar ist, leicht auf 3,7 t gesunken. Folgende Nutzlastverkleidungen / Doppelstartvorrichtungen stehen zur Verfügung:

| Bezeichnung | Länge | Durchmesser | Gewicht | Material |
|---|---|---|---|---|
| Model 4s | 12,00 m | 4,07 m | 1.397 kg | Aluminium |
| Model 5S | 12,00 m | 5,10 m | 1.716 kg | Aluminium |
| Model 4/4D | 16,00 m | 4,07 | 1.090 + 762 kg | Aluminium + CFK |
| Model 4/4D-LC | 16,00 m | 4,07 m | 1.226 + 1.101 kg | Aluminium + CFK |
| Model 5/4D | 14,00 m | 5,10 m + 4,07 m | 1.470 + 817 kg | Aluminium + CFK |

Es gibt ein System der Benennung zur Unterscheidung der Versionen:

| Be-zeichnung | SRB | SSB | LRB | Startmasse | Nutzlast GTO | Nutzlast LEO | Startkosten | Starts |
|---|---|---|---|---|---|---|---|---|
| H2A202 | 2 | 0 | 0 | 285 t | 3,700 kg | 9.940 kg | 88 Millionen $ | 4 |
| H2A2022 | 2 | 2 | 0 | 316 t | 4.500 kg | 10.470 kg | 105 Millionen $ | 3 |
| H2A2024 | 2 | 4 | 0 | 347 t | 5.000 kg | 11.730 kg | 110 Millionen $ | 7 |
| H2A2040 | 4 | 0 | 0 | 438 t | 5.800 kg | | | 1 |
| H2A212* | 2 | 0 | 1 | 403 t | 7.500 kg | 17.000 kg | 120 Millionen $ | 0 |
| H2A222* | 2 | 0 | 2 | 520 t | 9.500 kg | 16.500 kg | 140 Millionen $ | 0 |

Die Versionen H2A212 und H2A222 wurden später gestrichen. Für den Erststart wurde ein Preis von 75 Millionen Dollar (8,5 Milliarden Yen) genannt, dies sind jedoch die reinen Herstellungskosten, dazu kommen noch die Startkosten. Japan hat insgesamt 1,5 Milliarden Dollar in die H-2A Entwicklung investiert. Seit dem Jahre 2005 vermarktet Mitsubishi Industries die H-2A alleine und die JAXA hat sich aus dem Geschäft zurückgezogen. Der letzte von der JAXA alleine durchgeführte Start war der Flug F9.

Mitsubishi hat zusammen mit Sea Launch und Arianespace ein Abkommen geschlossen. Dieses ermöglicht es, den beteiligten Unternehmen einen Satellitenstart auf einen der beiden anderen Träger zu verschieben. Dies kam bisher vor, als Arianespace und Sea Launch nach Fehlstarts Starts verschieben mussten. Die H-2A hat davon allerdings nicht profitiert.

Durch den Fehlstart der letzten H-2 verschob sich der Erststart der H2A vom Frühjahr 2000 auf den 29. August 2001. Danach verliefen die Flüge erfolgreich und die Startfrequenz stieg an. Doch dann gab es nach fünf erfolgreichen Flügen am 29.11.2003 einen Rückschlag. Ein Booster löste sich nicht von der Rakete, sodass diese nicht genug Höhe und Geschwindigkeit für einen Orbit erreichte. 10 Minuten nach dem Start musste die Rakete mit zwei japanischen Spionagesatelliten gesprengt werden. Die Starts wurden dann für mehr als ein Jahr eingestellt. Erst am 26.2.2005 fand der nächste Start statt. Ein Start kostete 2006 schon 10 Milliarden Yen, etwa 88 Millionen Dollar. Erst am 12.1.2009 konnte der erste ausländische Auftrag akquiriert werden. Eine H-2A wird den 3,5 t schweren koreanischen Kompsat-3 bis zum 31.3.2012 starten.

## Datenblatt H-IIA

| | |
|---|---|
| Einsatzzeitraum: | 2001 – heute |
| Starts: | 15, davon ein Fehlstart |
| Zuverlässigkeit: | 93,3 % erfolgreich |
| Abmessungen: | 53,00 m Höhe |
| | 4,00 m Durchmesser |
| Startgewicht:: | 289.000 – 445.000 kg |
| Maximale Nutzlast: | 3.700 – 5.800 kg in einen GTO-Orbit |
| | 10.000 – 11.730 kg in einen LEO-Orbit |
| Nutzlastverkleidung: | 4,10 m Durchmesser, 12,00 m Höhe, 1.400 kg Gewicht |
| | 5,10 m Durchmesser, 16,00 m Höhe, 2.200 kg Gewicht |

| | SSB | SRB-A | Stufe 1 | Stufe 2 |
|---|---|---|---|---|
| Länge: | 14,90 m | 15,10 m | 37,20 m | 9,20 m |
| Durchmesser: | 1,00 m | 2,50 m | 4,00 m | 4,00 m |
| Startgewicht: | 2 × 15.500 kg | 2 × 76.400 kg | 114.700 kg | 19.900 kg |
| Trockengewicht: | 2 × 2.400 kg | 2 × 10.400 kg | 13.600 kg | 3.000 kg |
| Schub Meereshöhe: | 2 × 599 kN | 2 × 1.520 kN | 840,3 kN | - |
| Schub Vakuum: | 2 × 745 kN | 2 × 2.245 kN | 1098 kN | 137,6 kN |
| Triebwerke: | 2 × Castor 4AXL | 2 × SRB-EM | 1 × LE-7A | 1 × LE-5B |
| Spezifischer Impuls (Meereshöhe): | 2432 m/s | 2158 m/s | 3412 m/s | - |
| Spezifischer Impuls (Vakuum): | 2640 m/s | 2765 m/s | 4332 m/s | 4385 m/s |
| Brenndauer: | 60 s | 120 s | 390 s | 534 s |
| Treibstoff: | HTPB/ Aluminium/ Ammoniumperchlorat | HTPB/ Aluminium/ Ammoniumperchlorat | LOX / LH2 | LOX / LH2 |

*Abbildung 73: Start der elften H-IIA mit dem Satelliten Kiku*

# H-IIB

Im Jahre 2006 wurden die H2A212 und H2A222 Versionen in H-IIB umgetauft. Dies waren die größten H-2A Typen mit einer weiteren Erststufe als Booster. Dann entschloss sich die JAXA zu einer Designänderung. Die H-2B wird keine Bündelung von H-2A Erststufen aufweisen, sondern eine neue erste Stufe erhalten. Sie hat einen Durchmesser von 5,20 m anstatt 4,00 m und setzt nun zwei L-7A Triebwerke ein. Weiterhin wird sie um 1 m verlängert. Die erste Stufe nimmt 70 % mehr Treibstoff auf. Zusammen mit einer verlängerten Nutzlastverkleidung ist der Träger 56 (H-2A: 53 m) hoch. Die zweite Stufe bleibt unverändert, auch im Durchmesser von 4,00 m. Es sind nun immer vier SRB-A nötig, damit die viel schwerere Rakete (531 t anstatt 289 – 445 t bei der H-2A) abheben kann. Andere Boosterkombinationen sind nicht vorgesehen.

Die beiden Feststoffbooster zünden gleichzeitig. Die Abtrennung erfolgt in zwei Paaren nach 110 und 125 Sekunden. Nach dem Ausbrennen der ersten Stufe wird acht Sekunden gewartet, bevor die zweite Stufe abgetrennt wird, um den Restschub abklingen zu lassen und eine Stufenkollision zu verhindern.

Für die HTV Flüge gibt es eine neue, größere Nutzlastverkleidung. Sie wird nach 217 Sekunden abgeworfen. Die GTO-Nutzlast von 8.000 kg würde es erlauben, sogar zwei Satelliten gleichzeitig zu starten. Die entsprechenden Nutzlastverkleidungen mit zwei Abteilungen stand schon für die H-2A zur Verfügung. Da diese aber mittlerweile zu klein für Doppelstarts von Kommunikationssatelliten ist, kam die Doppelstartvorrichtung bisher nur bei LEO-Missionen zum Einsatz.

Die 2004 begonnene nur 150 Millionen Dollar teure Entwicklung wird auch von der Industrie mitfinanziert. Am 14.6.2006 gab Mitsubishi Industries bekannt, dass sie 44 Millionen Dollar eigenes Kapital in die Erweiterung einer Fabrik für die H-IIA investieren wird, um diese und die H-2B preiswerter zu fabrizieren. Erwartet werden für die H-2B Startkosten von lediglich 114 Millionen Dollar. Damit will Mitsubishi Industries vermehrt Transportverträge für Satelliten gewinnen.

Die Fabrik wurde im Februar 2007 fertiggestellt und der erste Start einer H-IIB war für 2008 geplant. Er verschob sich jedoch. Der Jungfernflug fand am 11.9.2009 statt. Die JAXA war so zuversichtlich, dass er klappen würde, dass er mit dem ersten HTV erfolgte. Diese japanische Raumtransporter wird auch die primäre Nutzlast der H-2B sein. Nur sie kann das 16,5 t schwere Raumschiff mit 5,5 t Fracht zur ISS befördern. Die H-2A ist dazu zu leistungsschwach.

## Datenblatt H-IIB

| | |
|---|---|
| Einsatzzeitraum: | 2009 |
| Starts: | 1, davon kein Fehlstart. |
| Zuverlässigkeit: | 100 % |
| Abmessungen: | 57,00 m Höhe |
| | 5,00 m Durchmesser |
| Startgewicht: | 531.000 kg |
| Maximale Nutzlast: | 8.000 kg in einen GTO-Orbit |
| | 16.500 kg in einen LEO-Orbit |
| Nutzlasthülle: | 5,00 m Durchmesser, 16,00 m Höhe, 2.500 kg Gewicht |

| | Booster | Stufe 1 | Stufe 2 |
|---|---|---|---|
| Länge: | 15,10 m | 38,20 m | 9,20 m |
| Durchmesser: | 2,50 m | 5,20 m | 4,00 m |
| Startgewicht: | 4 × 76.400 kg | 193.000 kg | 19.900 kg |
| Trockengewicht: | 4 × 10.400 kg | 23.150 kg | 3.000 kg |
| Schub Meereshöhe: | 4 × 1.520 kN | 2 × 840,3 kN | - |
| Schub Vakuum: | 4 × 2.245 kN | 2 × 1098 kN | 137,6 kN |
| Triebwerke: | 4 × SRB-EM | 1 × LE-7A | 1 × LE-5B |
| Spezifischer Impuls (Meereshöhe): | 2158 m/s | 3312 m/s | - |
| Spezifischer Impuls (Vakuum): | 2765 m/s | 4332 m/s | 4385 m/s |
| Brenndauer: | 120 s | 335 s | 534 s |
| Treibstoff: | HTPB/ Aluminium/ Ammoniumperchlorat | LOX / LH2 | LOX / LH2 |

*Abbildung 74: Die H-2B vor dem Jungfernflug*

# J-1A / GX

Obgleich es eine Namensähnlichkeit zur J-1 Trägerrakete gibt, handelt es sich bei der J-1A, später umbenannt in GX, um eine neue Rakete. Die JAXA verfolgt mit der J-1A das Ziel, welches eigentlich für die J-1 gedacht war – durch Verwendung von existierender Hardware in kurzer Zeit einen preisgünstigen Träger zu entwickeln.

Beim ersten Entwurf setzte die erste Stufe ein Triebwerk des Typs NK-33 von der russischen Mondrakete N-1F ein. (Siehe S. 108). Die Tanks sollten von der Atlas übernommen werden. Die zweite Stufe wird von einem Triebwerk mit der Treibstoffkombination Sauerstoff mit flüssigem Methan angetrieben. Verglichen mit Kerosin hat Methan einen etwas höheren spezifischen Impuls. Entwicklungsarbeiten für ein derartiges Triebwerk gibt es seit einigen Jahren bei der JAXA. Das Triebwerk ist schwenkbar aufgehängt. Die Rollachsensteuerung erfolgt durch Kaltgastriebwerke. Der Treibstoff wird durch Druck gefördert.

Der Startpreis sollte 45 Millionen Dollar betragen, weniger als bei der My V, bei einer deutlich höheren Nutzlast von 3.200 bis 3.500 kg. Im Jahre 2001 wurde als Datum des Erstflugs 2004 angegeben. Die JAXA schloss ein Abkommen mit sechs Firmen, darunter Lockheed Martin, die ein Drittel der Entwicklungskosten von 370 Millionen Dollar tragen sollten. Sie bilden zusammen mit der JAXA das Joint-Venture „Galaxy Express". Es wurde als privat-staatliche Firma am 27.3.2001 gegründet.

Später wurde auf die Benutzung der NK-33 Triebwerke verzichtet. Die nun GX bezeichnete Rakete sollte die Atlas III Erststufe ohne Änderung mit den RD-180 Triebwerken einsetzen. Die schubstärkeren Triebwerke hoben die Nutzlast auf 4.400 kg an. Der Erststart verschob sich jedoch. Da die Produktion der Atlas III nach dem Jungfernflug der Atlas V eingestellt wurde, wechselte danach Galaxy Express auf die Atlas V Erststufe. Der Jungfernflug sollte nun erst 2012 stattfinden. Im Oktober 2007 gab es den ersten Test des Zweitstufentriebwerks. Schon im Dezember des gleichen Jahres meldete eine japanische Zeitung, dass das Projekt um 5,6 Milliarden Yen über seinem Budget liege und nun 15 Milliarden Yen (130 Millionen Euro) an zusätzlichen staatlichen Geldern erfordere. Eine Kommission empfahl der JAXA daher, das Projekt einzustellen. Die Tests des Zweitstufentriebwerks gehen jedoch weiter. Der letzte Probelauf erfolgte am 22.6.2009. Derzeit ist die Zukunft der GX-Rakete noch offen.

Nach zwei Testflügen soll die Rakete für Nutzlasten in sonnensynchrone Bahnen zur Verfügung stehen. Favorisierter Startplatz ist die Vandenberg Air Force Base.

| Datenblatt GX | |  |
|---|---|---|
| Einsatzzeitraum: | 2012 ? | |
| Starts: | - | |
| Zuverlässigkeit: | - | |
| Abmessungen: | 50,50 m Höhe<br>3,81 m Durchmesser | |
| Startgewicht: | 327.000 kg | |
| Maximale Nutzlast: | 4.400 kg in einen 185 km hohen LEO-Orbit*<br>2.300 kg in einen 500 km hohen SSO-Orbit* | |
| Nutzlasthülle: | 10,00 m Länge, 3,30 m Durchmesser | |
| | **CCB** | **Stufe 2** |
| Länge: | 32,46 m | 7,30 m |
| Durchmesser: | 3,81 m | 3,30 m |
| Startgewicht: | 305.566 kg | 19.600 kg |
| Trockengewicht: | 21.277 kg | 2.600 kg |
| Schub Meereshöhe: | 3.827 kN | - |
| Schub Vakuum: | 4.152 kN | 118 kN |
| Triebwerke: | 1 × RD-180 | ? |
| Spezifischer Impuls (Meereshöhe): | 3031 m/s | - |
| Spezifischer Impuls (Vakuum): | 3312 m/s | 3137 m/s |
| Brenndauer: | 241 s | 448 s |
| Treibstoff: | LOX / Kerosin | LOX / LNG |

* Nutzlastangaben noch mit der 196,5 t schweren Atlas III Erststufe

# Indische Trägerraketen

Indien hat, weitgehend unbemerkt von der Öffentlichkeit, in den letzten Jahren ein eigenes Weltraumprogramm entwickelt. Inzwischen verfügt Indien über hochauflösende Erdbeobachtungssatelliten, selbst entwickelte Kommunikationssatelliten und mit Chandrayaan 1 auch über die erste indische Raumsonde. Sie umkreiste von 2008 bis 2009 den Mond.

In gleicher Weise wurden mehrere Generationen zunehmend leistungsfähigerer Trägerraketen entwickelt. Der einfachen SLV folgte die im Schub gesteigerte ASLV. Beide waren noch zu klein für anspruchsvolle wissenschaftliche Satelliten. Mit der PSLV steht dagegen genügend Leistung zur Verfügung, um mittelgroße Satelliten in den erdnahen oder sonnensynchronen Orbit zu befördern. Dabei wird dieser Träger entsprechend den technologischen Fortschritten laufend in der Leistung gesteigert.

Mit der GSLV setzte Indien erstmals in größerem Maßstab flüssige Treibstoffe ein und griff auch erstmals auf flüssigen Wasserstoff als hochenergetischen Treibstoff zurück. Derzeit werden noch in Lizenz gebaute Viking Triebwerke und von Russland gelieferte dritte Stufen eingesetzt. Doch es gibt schon Bestrebungen, diese durch leistungsfähigere und selbst entwickelte Triebwerke zu ersetzen, nachdem die ISRO durch den Nachbau Erfahrung mit dieser Technologie erworben hat.

So soll 2012 eine neue Generation der GSLV folgen, die nochmals die Nutzlast in den GTO-Orbit verdoppelt. Angekündigt ist auch bemanntes Raumfahrtprogramm bis 2014. Es soll 2 Milliarden Dollar kosten. Bisher konnte Indien keinen kommerziellen Start verbuchen, wird aber wegen der sehr günstigen Startpreise als vitaler Konkurrent eingestuft. Aufgrund des niedrigen Lohnniveaus kommt das gesamte indische Mondprogramm mit einem kleinen Haushalt aus. Dieser Unterschied zeigt sich dann auch in den verlangten Startpreisen. So beschäftigt die ISRO (**I**ndian **S**pace **R**esearch **O**rganisation, indische Weltraumorganisation) bei einem Budget von 1.010 Millionen Euro über 17.000 Personen – das deutsche DLR dagegen mit rund 2.000 Millionen Euro nur etwa 5.700 Mitarbeiter.

Alle Starts finden von der indischen Startbasis Sriharikota an der indischen Ostküste statt. Diese liegt bei 13,8 nördlicher Breite. Im Jahre 2002 wurde Sriharikota in das „Satish Dhawan Space Centre" umbenannt. Satish Dhawan war der ehemalige Vorsitzende der ISRO von 1972 bis 1995, der 2002 starb.

# SLV 3

Die ersten Startversuche Indiens fanden 1979 mit der SLV 3 statt. Die indische Weltraumorganisation ISRO (**I**ndian **S**pace **R**esearch **O**rganisation) wurde 1969 gegründet. 1972 wurde beschlossen, ein eigenes Trägersystem zu starten.

Die SLV (**S**tandard **L**aunch **V**ehicle 3) war eine nur mit festen Treibstoffen angetriebene Rakete. Die maximal mögliche Nutzlast von 40 kg Gewicht war im Verhältnis zur Startmasse von 17,8 t sehr gering. Das lag vor allem an der relativ hohen Leermasse der Stufen von über 20 %. Bemerkenswert ist weiterhin die extrem schlanke Form des Trägers – 24 m Höhe bei nur 1 m Durchmesser. Wie bei den ersten Startversuchen anderer Nationen für eine eigene Trägerrakete waren die Starts der SLV zuerst nicht sehr erfolgreich.

Ähnlich wie bei anderen Trägerraketen mit kurzen Brennzeiten waren auch bei der SLV 3 Freiflugphasen nötig. Eine Erste erfolgte nach Brennschluss der zweiten Stufe, bis die Rakete eine Höhe von 88 km erreicht hatte. Es folgt eine Zweite nach Brennschluss der dritten Stufe, bis zum Erreichen des Perigäums. Die ersten beiden Stufen nutzten Stahl als Gehäuse, die Dritte glasfaserverstärkten Kunststoff und die vierte Stufe Faserverbundwerkstoffe. Das Gehäuse der ersten Stufe bestand aus drei Segmenten, die separat befüllt wurden.

|                      | Stufe 1 | Stufe 2 | Stufe 3 | Stufe 4 |
|----------------------|---------|---------|---------|---------|
| Expansionsverhältnis | 6,7     | 14,2    | 25,6    | 30,2    |
| Brennkammerdruck [bar] | 44,2  | 38,2    | 44,2    | 29,5    |

1989 wurde aus der ersten Stufe der SLV 3 eine militärische Mittelstreckenrakete entwickelt. Es ist dies der einzige Fall in der Geschichte der Raumfahrt, das aus einer zivilen Rakete eine militärische wurde. Normal ist der umgekehrte Fall – die meisten Trägerraketen der USA und UdSSR waren ursprünglich im militärischen Einsatz. Die vierte Stufe entstand zuerst in Zusammenarbeit mit Frankreich, um diese in der Diamant Trägerrakete einzusetzen. Dieser Antrieb hätte rund 600 kg gewogen und einen Durchmesser von 0,60 m aufgewiesen. Nach der Einstellung des Diamant BP4 Programmes fand dann eine Umkonstruktion statt, da diese Stufe für die SLV 3 zu groß war. Die SLV 3 wurde vollständig von ihrem eigenen Inertialsystem gesteuert und war nach dem Abheben autonom. Es gab seit 1976 zuerst suborbitale Testflüge für den Test des Trägers. Von den vier Starts in einen Orbit schlug der Erste fehl und der Dritte erreichte nur einen unplanmäßigen 296 × 834 km Orbit. Ein Start kostete rund 4-5 Millionen Dollar.

## Datenblatt SLV 3

| | |
|---|---|
| Einsatzzeitraum: | 1979 – 1983 |
| Starts: | 4, davon 2 Fehlstarts |
| Zuverlässigkeit: | 50 % erfolgreich |
| Abmessungen: | 24,00 m Höhe |
| | 1,00 m Durchmesser |
| Startgewicht: | 17.610 kg |
| Maximale Nutzlast: | 42 kg in einen 46 Grad geneigten 400 km hohen LEO-Orbit |
| Nutzlastverkleidung: | 2,36 m Länge, 0,80 m Durchmesser, 80 kg Gewicht |

| | Stufe 1 | Stufe 2 | Stufe 3 | Stufe 4 |
|---|---|---|---|---|
| Länge: | 10,00 m | 6,40 m | 2,30 m | 1,50 m |
| Durchmesser: | 1,00 m | 0,80 m | 0,82 m | 0,66 m |
| Startgewicht: | 10.800 kg | 4.900 kg | 1.500 kg | 360 kg |
| Trockengewicht: | 2.140 kg | 1.750 kg | 440 kg | 98 kg |
| Schub Meereshöhe: | 420 kN | 200 kN | - | - |
| Schub Vakuum: | 554 kN | 267 kN | 90,7 kN | 26,6 kN |
| Triebwerke: | - | - | - | - |
| Spezifischer Impuls (Meereshöhe): | 2246 m/s | 2118 m/s | 1863 m/s | - |
| Spezifischer Impuls (Vakuum): | 2481 m/s | 2618 m/s | 2716 m/s | 2783 m/s |
| Brenndauer: | 49 s | 40 s | 45 s | 33 s |
| Treibstoff: | PBAA/ Aluminium/ Ammoniumperchlorat | PBAA/ Aluminium/ Ammoniumperchlorat | PBAA/ Aluminium/ Ammoniumperchlorat | PBAA/Aluminium/ Ammoniumperchlorat |

*Abbildung 75: SLV3 und ASLV*

# ASLV

Der nächste Schritt der ISRO war, die Nutzlast der SLV zu erhöhen. So entstand die ASLV (**A**dvanced **S**atellite **L**aunch **V**ehicle). Die Vorgehensweise war ähnlich wie bei anderen Nationen – die ISRO erweiterte die erste Stufe um zwei Booster. In diesem Falle waren die Booster aus der ersten Stufe abgeleitet und die erste Stufe wurde zur zweiten, da sie 0,3 Sekunden nach Ausbrennen der Booster gezündet wurde. Dies machte einige Modifikationen notwendig. So wurde die Düse an den Betrieb in größerer Höhe angepasst. Auch die oberen Stufen änderten sich im Gewicht, vor allem die hohe Leermasse wurde in einigen Stufen gesenkt. Die dritte Stufe hatte eine höhere Zuladung an Aluminium in der Mischung (18 % anstatt 12 %) und erreichte daher höhere Verbrennungstemperaturen und einen höheren spezifischen Impuls. Dafür musste die Düse mit einer zusätzlichem Phenolharzschicht als Ablativschutz verstärkt werden. Die vierte Stufe wurde unverändert übernommen. Die fünfte erhielt eine um 45 kg höhere Treibstoffzuladung und ein neues Gehäuse aus höher belastbaren Kevlarfasergewebe.

Die Nutzlast stieg durch diese Maßnahmen um das Vierfache auf 150 kg an. Eine Version mit vier Boostern wäre ebenfalls möglich gewesen, wurde aber nicht eingesetzt. Die ASLV diente vor allem als Vorläuferversion der PSLV, um die Technologie von Feststoffboostern zu erproben.

Eine neue Nutzlastverkleidung hatte einen vergrößerten Durchmesser von 1 m und war 3,27 m lang. Dadurch stand nicht nur mehr Raum für die Nutzlast zur Verfügung, sondern die Rakete lief nun auch in einer dickeren Spitze aus.

Von den vier Starts der ASLV missglückten drei, lediglich der letzte Start war erfolgreich. Die Rakete wurde nur selten eingesetzt, im Mittel einmal alle zwei Jahre. Ein Start kostete 1985 rund 9 Millionen Dollar.

## Datenblatt ASLV

| | |
|---|---|
| Einsatzzeitraum: | 1987 – 1994 |
| Starts: | 4, davon 3 Fehlstarts |
| Zuverlässigkeit: | 25 % erfolgreich |
| Abmessungen: | Länge 23,50 m<br>Maximaler Durchmesser: 4,30 m |
| Startgewicht: | 41.000 kg |
| Maximale Nutzlast: | 150 kg in einen 46 Grad 400 km-Orbit. |
| Nutzlastverkleidung: | 3,27 m Länge, 1,00 m Durchmesser, 150 kg Gewicht |

| | Booster | Stufe 1 | Stufe 2 | Stufe 3 | Stufe 4 |
|---|---|---|---|---|---|
| Länge: | 11,00 m | 10,00 m | 6,40 m | 2,44 m | 1,40 m |
| Durchmesser: | 1,00 m | 1,00 m | 0,80 m | 0,82 m | 0,66 m |
| Startgewicht: | 10.600 kg | 10.800 kg | 4.400 kg | 1.710 kg | 512 kg |
| Trockengewicht: | 2.983 kg | 2.140 kg | 800 kg | 650 kg | 195 kg |
| Schub Meereshöhe: | 455 kN | 455 kN | | - | - |
| Schub (maximal): | 554 kN | 554 kN | 267 kN | 90,7 kN | 26,6 kN |
| Triebwerke: | - | - | - | - | - |
| Spezifischer Impuls (Meereshöhe): | 2246 m/s | 2275 m/s | 2246 m/s | 1863 m/s | - |
| Spezifischer Impuls (Vakuum): | 2481 m/s | 2540 m/s | 2707 m/s | 2716 m/s | 2765 m/s |
| Brenndauer: | 49 s | 45 s | 40 s | 45 s | 33 s |
| Treibstoff: | PBAA / Aluminium / Ammoniumperchlorat | PBAA / Aluminium / Ammoniumperchlorat | PBAA / Aluminium / Ammoniumperchlorat | PBAA / Aluminium / Ammoniumperchlorat | PBAA / Aluminium / Ammoniumperchlorat |

# PSLV

Bei der PSLV wurde zum ersten Mal auf ausländische Technologie zurückgegriffen. Sie ist der heutige Standardträger und startet einmal alle 12-18 Monate. Der große Schritt von der ASLV zeigt sich auch in dem Zeitraum von sechs Jahren zwischen den Erststarts der beiden Trägerraketen ASLV und PSLV. Der Name **P**olar **S**atellite **L**aunch **V**ehicle bezeichnet auch die vorrangigen Nutzlasten dieser Rakete – die zirka 1.000 kg schweren Erderkundungssatelliten vom Typ IRS (**I**ndian **R**emote **S**ensing). Die vierte Stufe ist eine indische Eigenentwicklung und das erste Triebwerk mit flüssigen Treibstoffen im indischen Weltraumprogramm.

Die PSLV benutzt als erste Stufe eine sehr große Feststoffrakete, unterstützt von sechs Boostern – die schon bei der ASLV zum Einsatz kamen. Diese werden nacheinander gezündet. Jeder Booster brennt nur 45 Sekunden. Die ersten Missionen zündeten zwei Booster beim Start und vier im Flug. Später wurde zur Erhöhung der Nutzlast die Reihenfolge umgedreht, da dann die Gravitationsverluste geringer sind. Die Kontrolle um die Rollachse geschieht durch Einspritzen einer wässrigen Strontiumperchloratlösung in den Düsenhals. Die erste Stufe ist zuständig für die Lageregelung um die Nick- und Gierachse. Es stehen inzwischen auch Booster mit 12 t (anstatt 9 t) Treibstoff zur Verfügung, die bei der PSLV-XL eingesetzt werden.

Die erste Stufe besteht aus fünf einzelnen Segmenten von jeweils 3,40 m Länge und 2,80 m Durchmesser. Das Gehäuse besteht aus Stahl, die Düse aus Kohlefaserverbundwerkstoffen. Diese Stufe produziert einen Startschub von 4.430 kN. Zusammen mit den Boostern ergibt dies einen enorm hohen Startschub von 6.512 kN. Bei einer Startmasse von 283.000 kg entspricht dies einer Beschleunigung um 2,3 g. Die Treibstoffzuladung betrug bei den ersten drei Missionen 129 t, danach wurde sie auf 138 t gesteigert. Der Maximalschub stieg so von 4.628 auf 4.904 kN. Die Steuerung des Schubvektors erfolgt durch Sekundäreinspritzung einer wässrigen Strontiumperchloratlösung. Diese befindet sich in zwei Tanks neben der Stufe, die sich von den dort ebenfalls angebrachten Starthilfsraketen dadurch unterscheiden, dass sie kürzer und dünner sind. Die Förderung aus den beiden Tanks erfolgt durch Druckgas, dafür wird gasförmiger Stickstoff eingesetzt.

Die zweite Stufe entspricht technologisch der zweiten Stufe der Ariane 1 bis 4. Die zweite Stufe verwendet ein in Lizenz gebautes Viking 4 Triebwerk, wie es auch bei der Ariane 1 eingesetzt wurde. Dieses verwendet die flüssigen Treibstoffe NTO und UDMH und trägt den Namen „Vikas". Sein Schub wurde von 725 kN bei den ersten vier Starts auf rund 800 kN beim fünften Start gesteigert. Das erlaubte es, die Treibstoffzuladung von 40 t auf 41,5 t zu erhöhen. Es ist kardanisch aufgehängt und um 4,4 Grad in beiden Achsen schwenkbar. Die Kontrolle der Rollbewegung erfolgt durch zwei Heißgasdüsen, die mit den Abgasen des Gasgenerators betrieben werden. Geplant ist eine verbesserte Version des Vikas, vergleichbar dem Viking IVB, dass bei der Ariane 2 bis 4 eingesetzt wurde. Es setzt UH25 anstatt Hydrazin ein, wodurch der spezifische Impuls um 70 m/s steigt. Eine neue Düse mit einem zusätzlichen Silikat/Phenolharz-Ablativschutz soll eine längere Brennzeit erlauben. Beide Maßnahmen sollen die Nutzlast in den SSO-Orbit um 70 kg und in den GTO-Orbit um 41 kg steigern. Das Leergewicht ist relativ hoch, verglichen mit der Ariane Zweitstufe mit demselben Triebwerk. Dies liegt daran, dass Stahl anstatt Aluminium für die Tanks und Strukturen eingesetzt wird.

Die dritte Stufe verwendet feste Treibstoffe und ein leichtgewichtiges Kevlar-Polyamidgehäuse. Sie hat als Einzige der mit festen Treibstoffen angetriebenen Stufen eine schwenkbare Düse. Diese ist zur Kontrolle der Nick- und Gierbewegung um 2 Grad schwenkbar. Die Rollachsensteuerung erfolgt durch die vierte Stufe. Die Treibstoffzuladung wurde ab dem fünften Flug von 7,6 auf 7,2 t reduziert. Bei diesem Flug wurde auch ein Adapter zur dritten Stufe aus Verbundwerkstoffen eingeführt. Vorher war er aus Stahl gefertigt.

Die vierte Stufe erlaubt Freiflugphasen zur Erreichung höherer Orbits und genauere Bahnen als die bisher verwendeten Feststoffoberstufen. Während der Freiflugphasen wird sie von kleinen Verniertriebwerken stabilisiert. Sie setzt Monomethylhydrazin und Stickstofftetroxid ein. Zwei druckgeförderte Triebwerke mit jeweils 7,4 kN Schub treiben sie an. Jedes ist um 3 Grad schwenkbar. Beide Triebwerke zusammen können die Kontrolle in allen drei Achsen durchführen. Seit dem fünften Flug hat die Stufe 2,5 t Treibstoff, vorher waren es 2,0 t. Der spezifische Impuls von 3020 m/s ist der höchste Wert in der gesamten Rakete. Seit dem fünften Flug wurde auch das Aluminium teilweise durch CFK Werkstoffe ersetzt, wodurch die Leermasse trotz 25 % höherer Treibstoffzuladung sank.

|  | PS0 | PS1 | PS2 | HPS3 | PS4 |
|---|---|---|---|---|---|
| Brennkammerdruck [bar] | 44,2 | 58,8 | 52,5 | 60,4 | 8,5 |
| Expansionsverhältnis | 6,6 | 8 | 31 | 53 | 60 |

Die 3,20 m durchmessende und 8,30 m lange Nutzlastverkleidung besteht aus einer Aluminiumlegierung in Isogrid-Bauweise. Sie ist daher relativ schwer und wiegt 1.100 kg. Sie wird in 110 km Höhe abgetrennt.

Zur Verfolgung der Aufstiegsbahn dienen S-Band und C-Band Sender. Die Rakete selbst verfügt über ein Inertiallenkungssystem und ist nach dem Start autonom. Die Aufstiegsbahn hat zwei ballistische Flugphasen. Eine Erste, kurze, von wenigen Sekunden Dauer nach Ausbrennen der zweiten Stufe. Es folgt nach dem Ausbrennen der dritten Stufe eine längere Phase, bis die vierte Stufe mit der Nutzlast das Apogäum erreicht. Diese Dauer ist abhängig von der späteren Orbithöhe.

Die Fertigung der ersten sechs PSLV kostete 6,6 Milliarden Rupien, etwa 135 Millionen Dollar. Dies schloss die Entwicklungskosten mit ein. Ein Start einer PSLV soll etwa 17.5 bis 19 Millionen Dollar kosten (800 Millionen Rupien beim Start von Chandrayaan). Die PSLV beförderte auch einige ausländische Satelliten als Sekundärnutzlasten. Bisher ist die PSLV die meist eingesetzte indische Rakete, die alle bis auf den Jungfernflug glückten. Eine PSLV transportierte auch Indiens erste Raumsonde, den Mondorbiter Chandrayaan-1 am 22.10.2008 in einen GTO-Orbit, von dem aus er selbst die Bahn mit eigenem Antrieb anhob.

Die ersten drei Starts galten als Erprobungsflüge, die folgenden Einsätze als operationelle. Der Jungfernflug scheiterte, weil ein Softwarefehler die Trennung von zweiter und dritter Stufe verhinderte. Der erste operationelle Flug erreichte durch eine zu geringe Leistung der vierten Stufe einen Orbit mit 301 × 822 km Höhe anstatt einer kreisförmigen Bahn in 817 km Höhe. Mit dem eigenen Treibstoff konnte der Satellit den Orbit anheben, doch seine Lebensdauer war danach verkürzt.

Praktisch keiner der bisherigen Starts fand in der gleichen Konfiguration wie der vorhergehende statt. Wie an den Ausführungen zu den einzelnen Stufen deutlich wird, wurde die Leistung der PSLV laufend verbessert. So weist die aktuelle Version eine Nutzlast von 1.700 kg in einen SSO-Orbit auf. Beim Jungfernflug lag Sie noch bei 850 kg. Die beiden folgenden Tabellen geben die Daten der ersten und letzten Version der PSLV wieder. Die erkennbare Leistungssteigerung beruht im wesentlichen auf besseren Triebwerke und einer Reduzierung der Leermasse. Dies zeigt auch sehr deutlich, wie Indien den technologischen Rückstand zu westlichen Modellen schrittweise aufholt.

## Datenblatt PSLV

| | |
|---|---|
| Einsatzzeitraum: | 1993 – heute |
| Starts: | 15, davon 2 Fehlstarts |
| Zuverlässigkeit: | 86,6 % erfolgreich |
| Abmessungen: | Länge 46,00 m |
| | Maximaler Durchmesser: 4,30 m |
| Startgewicht: | 280.670 kg |
| Maximale Nutzlast: | 850 kg in SSO-Orbit |
| | 450 kg in einen GTO-Orbit |
| Nutzlastverkleidung: | 8,30 m Länge, 3,20 m Durchmesser, 1.100 kg Gewicht |

| | **PS0** | **PS1** | **PS2** | **PS3** | **PS4** |
|---|---|---|---|---|---|
| Länge: | 10,00 m | 20,30 m | 12,50 m | 3,60 m | 2,60 m |
| Durchmesser: | 1,00 m | 2,80 m | 2,80 m | 2,00 m | 2,80 m |
| Startgewicht: | 6 × 10.930 kg | 155.300 kg | 44.900 kg | 8.700 kg | 2.890 kg |
| Trockengewicht: | 6 × 2.010 kg | 30.200 kg | 5.400 kg | 1.100 kg | 890 kg |
| Schub Meereshöhe: | 6 × 455 kN | 3500 kN | 490 kN | - | - |
| Schub (maximal): | 6 × 645 kN | 4628 kN | 724 kN | 260 kN | 2 × 7,4 kN |
| Triebwerke: | 6 × S9 | 1 × S125 | 1 × Vikas | 1 × S7 | 1 × L2 |
| Spezifischer Impuls (Meereshöhe): | 2246 m/s | 2324 m/s | 1961 m/s | - | - |
| Spezifischer Impuls (Vakuum): | 2481 m/s | 2638 m/s | 2874 m/s | 2884 m/s | 3021 m/s |
| Brenndauer: | 49 s | 107 s | 162 s | 109 s | 415 s |
| Treibstoff: | HTPB / Aluminium / Ammoniumperchlorat | HTPB / Aluminium / Ammoniumperchlorat | NTO / UDMH | HTPB / Aluminium / Ammoniumperchlorat | NTO / MMH |

## Datenblatt PSLV XL

| | |
|---|---|
| Einsatzzeitraum: | 2008 – heute |
| Starts: | 1, davon kein Fehlstart |
| Zuverlässigkeit: | 100 % erfolgreich |
| Abmessungen: | Länge 44,60 m |
| | Maximaler Durchmesser: 4,30 m |
| Startgewicht: | 316.000 kg |
| Maximale Nutzlast: | 1.700 kg in SSO-Orbit |
| | 1.200 kg in einen GTO-Orbit |
| Nutzlastverkleidung: | 8,30 m Länge, 3,20 m Durchmesser, 1.100 kg Gewicht |

| | PS0 XL | PS1 | PS2 | PS3 | PS4 |
|---|---|---|---|---|---|
| Länge: | 12,40 m | 20,20 m | 11,90 m | 3,60 m | 2,90 m |
| Durchmesser: | 1,00 m | 2,80 m | 2,80 m | 2,00 m | 2,80 m |
| Startgewicht: | 6 × 14.600 kg | 168.300 kg | 46.800 kg | 8.300 kg | 3.320 kg |
| Trockengewicht: | 6 × 2.600 kg | 30.200 kg | 5.300 kg | 1.100 kg | 820 kg |
| Schub Meereshöhe: | 6 × 667 kN | 3.500 kN | - | - | - |
| Schub (maximal): | 6 × 720 kN | 4.910 kN | 800 kN | 246 kN | 2 × 7,4 kN |
| Triebwerke: | 6 × S12 | 1 × S138 | 1 × Vikas | 1 × S7 | 1 × L2 |
| Spezifischer Impuls (Meereshöhe): | 2246 m/s | 2324 m/s | 1961 m/s | - | - |
| Spezifischer Impuls (Vakuum): | 2481 m/s | 2638 m/s | 2902 m/s | 2884 m/s | 3021 m/s |
| Brenndauer: | 49 s | 98 s | 158 s | 107,6 s | 525 s |
| Treibstoff: | HTPB / Aluminium / Ammoniumperchlorat | HTPB / Aluminium / Ammoniumperchlorat | NTO / UH25 | HTPB / Aluminium / Ammoniumperchlorat | NTO / MMH |

*Abbildung 76: Die PSLV vor dem sechsten operationellen Start*

# GSLV

Die GSLV ist der bisher letzte Schritt in der indischen Trägerraketenentwicklung. Das Konzept der GSLV erinnert an Ariane 4 und ist eine inkrementelle Verbesserung der PSLV:

- Die erste und zweite Stufe sind identisch zur PSLV.

- Die Booster der PSLV werden durch Booster mit den Vikas Triebwerken der zweiten Stufe ersetzt (in Analogie zu den Ariane-4 PAL Boostern).

- Die dritte Stufe setzt zur Erhöhung der Nutzlast hochenergetischen flüssigen Wasserstoff als Treibstoff ein.

Jeder Booster hat einen Durchmesser von 2,10 m und eine Treibstoffzuladung von 42 t. Jedes Vikas Triebwerk hat einen Bodenschub von 680 kN. Die Triebwerke können in einer Ebene geschwenkt werden. Sie basieren auf den Viking 5 Triebwerken und verbrennen UDMH und NTO. Seit Dezember 2001 wird an einer verbesserten Version gearbeitet, die zu dem Viking 5B Triebwerk der Ariane-4 aufschließen soll. Es setzt die Mischung UH25 anstatt UDMH ein. Der Brennkammerdruck wurde von 52,5 auf 58,5 bar gesteigert und eine neue, mit Phenolharz als Ablativschutz überzogene Düse hat bei gleichem Schub eine längere Brennzeit. Durch diese Maßnahmen steigt der spezifische Impuls um 70 m/s und die GTO-Nutzlast um 150 kg. Die GSLV ist die einzige Trägerrakete die Booster mit flüssigen Treibstoffen einsetzt, um eine erste Stufe mit festen Treibstoffen zu unterstützen.

Die erste Stufe mit festen Treibstoffen hat eine viel kürzere Brennzeit als die vier Booster. Sie ist identisch zur ersten Stufe der PSLV. Die Düse ist starr eingebaut und nicht schwenkbar. Der erste Start verwandte als Backupsystem zwei Zusatztanks mit Strontiumperchlorat zur Schubvektorsteuerung. Die eigentliche Steuerung in den drei Raumachsen geschieht durch die vier Booster mit ihren schwenkbaren Triebwerken. Die erste Stufe wird 4,6 Sekunden nach dem Zünden der Booster gestartet, wenn sicher ist, dass diese innerhalb der vorgegebenen Parameter arbeiten. Nach dem Ausbrennen müssen die Booster die leere Stufe noch weiter anschieben, da sie an ihr angebracht sind. Dies ist ungünstig, da so 30 t „tote Masse" für 40 Sekunden zusätzlich beschleunigt werden. Seit dem zweiten Flug wurde eine größere Version S138 eingesetzt, welche 138 t anstatt 129 t Treibstoff einsetzt, analog zur Einführung der größeren Stufe bei der PSLV. Erst nach dem Ausbrennen der Booster wird die erste Stufe abgetrennt.

Die zweite Stufe entspricht in ihrem wesentlichen Aufbau der PSLV-Zweitstufe. Ein einzelnes Vikas Triebwerk treibt sie an. Die Treibstoffzuladung betrug beim ersten Start 37,9 t. Sie wird anders als bei der Ariane 4 „heiß" gezündet. Das bedeutet, sie wird 1,6 Sekunden vor dem Ausbrennen der Booster gestartet. Diese Vorgehensweise verschenkt etwas Treibstoff, erspart aber eine Zündung in der Schwerelosigkeit. Nach 100 Sekunden Brennzeit der zweiten Stufe, d.h. relativ spät während des Fluges, wird die Nutzlastverkleidung in 110 bis 115 km Höhe abgetrennt. Das Vikas Triebwerk der zweiten Stufe basiert auf dem Viking 4 der Ariane 1. Auch hier arbeitet die ISRO an einem Upgrade. Dies würde den Schub von 720 auf 804 kN steigern und die Brennzeit würde von 150 auf 136 Sekunden sinken. Wie das Viking 4B arbeitet dieses Vikas bei einem höheren Brennkammerdruck und verbrennt UH25 anstatt UDMH. Die Treibstoffzuladung steigt so leicht von 37,5 t auf 39 t. Wie bei den Boostern wurde vom schweren Stahl (noch eingesetzt bei der PSLV) auf eine leichtere Aluminiumlegierung übergegangen.

Die dritte Stufe 12KRB verwendet das russische Triebwerk RD-56. Es arbeitet mit der hochenergetischen Kombination LOX und LH2 als Treibstoff. Dieses Triebwerk wurde in den frühen siebziger Jahren entwickelt, um die letzte Stufe der N-1 Rakete anzutreiben, jedoch niemals eingesetzt. Ursprünglich wollte Indien das Triebwerk wie das Viking in Lizenz fertigen. Amerika erhob jedoch Einspruch gegen den Export der Technologie durch Russland, sodass es nicht zu einer Lizenzfertigung des Triebwerkes kam. So werden die ersten sieben Stufen in Russland von GKNPZ Chrunitschew gefertigt. Indien versucht seit Anfang der neunziger Jahre die Technologie für eine eigene dritte Stufe selbst zu entwickeln. Die Stufe nutzt 12,5 t Treibstoff aus zwei Aluminium-Tanks, getrennt durch eine Zwischentanksektion. Die Wasserstoffpumpe erreicht eine Umdrehungszahl von 42.000 U/min. Das RD-56 arbeitet während 60 % der Zeit im 109 % Schublevel, bis die Bahngeschwindigkeit eines Parkorbits erreicht ist. Danach wird der Schub auf 100 % zurückgefahren, bis die nötige Geschwindigkeit für den GTO-Orbit erreicht ist. Während des Betriebs steigt die Stufe mit der Nutzlast von 127 auf 195 km Höhe, dem niedrigsten Punkt der Bahn. Zwei Verniertriebwerke dienen zur Lageregelung und ein System von Kaltgasdüsen stabilisiert sie während der Freiflugphase. Sie ist für zwei Zündsequenzen ausgelegt.

Eine optionale vierte Stufe kann als Apogäumsantrieb eingesetzt werden. Im Normalfall setzen die Satelliten aber ein eigenes Triebwerk ein um dieses anzuheben. Eine in Indien gefertigte Nutzlastverkleidung von 7,80 m Länge und 3,40 m Durchmesser umhüllt die Nutzlast. Sie wird durch zwei Bänder fixiert, die in 110 km Höhe pyrotechnisch durchtrennt werden.

Die Trägerrakete hat eine eigene, in Indien produzierte Steuerung, nach dem Prinzip des geschlossenen Regelkreislaufes, welche ihre Daten aus einer Inertialplattform gewinnt. Sie ist damit nach dem Start autonom. Zum Boden wird Telemetrie übertragen und die Rakete durch einen C-Band Transponder und Radar verfolgt. Beim vierten Flug sollte eine Startplattform auf Schienen erprobt werden, die es erlaubt, den Startkomplex auch für die PSLV zu nutzen. Der Montageturm der GSLV hat eine Höhe von 75 m und wird, wie bei der Ariane 4, vor dem Start weggefahren.

Die Entwicklung der GSLV kostete 11 Milliarden Rupien (etwa 230 Millionen Dollar) und machte 30-40 Prozent des gesamten indischen Raumfahrtbudgets aus. Ein Start soll lediglich 35 bis 45 Millionen Dollar kosten. Die ersten beiden Flüge galten als Entwicklungsflüge. Beim Ersten schaltete sich die 12KRB um 4,6 Sekunden verfrüht ab. Es wurde nur ein Orbit von 32.000 km maximaler Erdentfernung erreicht. Der Flug wurde trotzdem als erfolgreich eingestuft. Der zweite Flug setzte die Nutzlast im Zielorbit aus. Anhand des verbliebenen Resttreibstoffes von rund 300 kg konnte nun die Performance mit 2.125 kg GTO-Nutzlast bestimmt werden. Dies war auch der erste Flug einer GSLV mit den verbesserten Vikas Triebwerken und UH25 als Treibstoff. Der dritte Flug, der erste Operationelle, gelang ebenfalls. Hier wurde eine erste Stufe mit 138 t anstatt 129 t Treibstoff eingesetzt. Der vierte Start scheiterte am 10.7.2006, als nach wenigen Sekunden der Schub eines der vier Booster auf Null fiel und dadurch eine Schubasymmetrie verursachte. Dies führte zur Kursabweichung und zum Auseinanderbrechen der Rakete durch den Luftwiderstand. Trümmer des Trägers fielen in den Golf von Bengalen. Nach eingehenden Untersuchungen stellte sich heraus, dass die Regulierung der Treibstoffförderung in einem der vier Booster versagte. Als Folge stiegen in dem betroffenen Triebwerk Druck und Temperatur über den Toleranzbereich an und es fiel aus.

Nach einem Jahr Pause, in dem die ISRO den Verlust der Rakete untersuchte, fand am 2.9.2007 der nächste Start statt. Insat 4CR (R für Replacement) als Ersatz für den 2006 verlorenen Insat 4C wurde in einen geostationären Übergangsorbit gebracht. Allerdings gab es eine Unterperformance der GSLV. Die Bahnneigung war mit 21,9 Grad um 1,2 Grad höher als die anvisierten 20,7 Grad und das Apogäum fiel 1.264 km tiefer aus als geplant. Dabei lag das Gewicht von Insat 4CR mit 2.117 kg unter der Maximalnutzlast der GSLV. Bei der Untersuchung zeigte sich, dass die effektive Nutzlast deutlich unter den projektierten Werten liegt. Sie soll nun nur noch 1.900 kg anstatt 2.200 kg betragen. Die Flüge von weiteren Insat-Satelliten, die ab 2008 geplant waren, wurden in der Folge verschoben.

## Datenblatt GSLV Mark I

| | |
|---|---|
| Einsatzzeitraum: | 2001 – heute |
| Starts: | 5, davon ein Fehlstart, zwei zu niedrige Orbits |
| Zuverlässigkeit: | 40 % erfolgreich |
| Abmessungen: | Länge 49,00 m |
| | Maximaler Durchmesser: 7,50 m |
| Startgewicht: | 401.000 kg |
| Maximale Nutzlast: | 6.200 kg in LEO-Orbit |
| | 1.900 kg in einen GTO-Orbit |
| Nutzlasthülle: | 7,80 m Länge, 3,40 m Durchmesser, 1.350 kg Gewicht |

| | L40 | GS1 | GS2 | GS3 |
|---|---|---|---|---|
| Länge: | 19,70 m | 20,30 m | 11,60 m | 8,70 m |
| Durchmesser: | 2,10 m | 2,80 m | 2,80 m | 2,80 m |
| Startgewicht: | 4 × 45.600 kg | 156.000 kg | 42.300 kg | 15.100 kg |
| Trockengewicht: | 4 × 5.600 kg | 27.000 kg | 4.800 kg | 2.600 kg |
| Schub Meereshöhe: | 4 × 680 kN | 3500 kN | 490 kN | - |
| Schub Vakuum: | - | 4700 kN | 720 kN | 73,4 kN |
| Triebwerke: | 4 × Vikas | 1 × S125 | 1 × Vikas | 1 × RD-56 |
| Spezifischer Impuls (Meereshöhe): | 2750 m/s | 2324 m/s | 1961 m/s | - |
| Spezifischer Impuls (Vakuum): | - | 2610 m/s | 2870 m/s | 4452 m/s |
| Brenndauer: | 148 s | 100 s | 150 s | 720 s |
| Treibstoff: | NTO / UDMH | HTPB / Aluminium / Ammoniumperchlorat | NTO / UDMH | LOX / LH2 |

*Abbildung 77: Jungfernflug der GSLV*

## GSLV Mark II

Die Mark II verwendet eine indische dritte Stufe. Der Erststart war für 2008 für den vierten Flug der GSLV geplant, steht aber noch aus. Sie erreicht die volle Nutzlast von 2.250 kg in GTO. Das Triebwerk wird seit 1994 unter dem Programm CUS (**C**roygenic **U**pper **S**tage) entwickelt. Das Triebwerk soll bis zu 96 kN Schub liefern, wodurch eine größere Treibstoffzuladung möglich sein soll. Es wird nach 300 Sekunden im Schub heruntergefahren. Verlässliche Daten über die Stufenmasse fehlen, doch am wahrscheinlichsten gilt eine Treibstoffzuladung von 15 t, da auch die beiden letzten von Russland gelieferten Stufen diese Treibstoffkapazität aufweisen und um 1,30 m länger als die ersten Exemplare sind.

Die erste Version hatte noch den gleichen Schub wie das RD-56 mit 73,4 kN. Der Schub wurde dann in Laufe der Entwicklung langsam gesteigert. So umfasste der zweite Bodentest schon einen Test mit 13 % mehr Schub (82,5 kN). Zur Steuerung gibt es zwei kleinere Verniertriebwerke mit jeweils 2 kN Schub. Der spezifische Impuls beträgt 4454 m/s. Ungewöhnlich für ein so kleines Triebwerk ist die Ausführung im Staged Combustion Cycle, bei dem zuerst der gesamte Wasserstoff mit einem Teil des Sauerstoffs verbrannt wird um die Turbopumpen anzutreiben. Anschließend wird der Brennkammer dieses Gemisch mit dem restlichen Sauerstoff zugeführt. Diese Technologie wird bei zahlreichen russischen Triebwerken wie in der Zenit oder im Space Shuttle eingesetzt. Sie eignet sich aber vor allem für große Triebwerke. Kleine Triebwerke arbeiten meist nach dem Expander Cycle Prinzip, wie das Vinci Triebwerk und die RL-10 Triebwerke der Centaur oder verwenden das Nebenstromverfahren mit einem Gasgenerator wie das HM-7. Die Turbopumpe erreicht eine Rotationsgeschwindigkeit von 42.000 U/min. Weiterhin verfügt das Triebwerk über eine automatische Kontrolle von Schub und Mischungsverhältnis zur Optimierung des Treibstoffverbrauchs. Das lässt darauf schließen, dass der höhere Schub durch eine Veränderung des Mischungsverhältnisses von Wasserstoff zu Sauerstoff erreicht wird. Bisher arbeitete nur das J-1 Triebwerk der Saturn IB und V nach diesem Prinzip.

Bedingt durch die beim fünften Flug festgestellte zu niedrige Leistung der GSLV Mark I musste die maximale Nutzlast der Mark II Version von 2.500 kg auf 2.250 kg gesenkt werden. Die Insat 4 Generation, die auf diese Nutzlastkapazität ausgelegt wurde, muss daher zumindest teilweise mit anderen Trägern gestartet werden. Insgesamt macht die Entwicklung der GSLV Mark II nur langsame Fortschritte. Der Erstflug wird wahrscheinlich erst 2012 erfolgen, anstatt wie geplant 2008.

## Datenblatt GSLV Mark II

| | |
|---|---|
| Einsatzzeitraum: | ab 2012 ? |
| Starts: | - |
| Zuverlässigkeit: | - |
| Abmessungen: | Länge 51,50 m |
| | Maximaler Durchmesser: 7,50 m |
| Startgewicht: | 416.000 kg |
| Maximale Nutzlast: | 6.200 kg in LEO-Orbit |
| | 2.200 kg in einen GTO-Orbit |
| Nutzlasthülle: | 7,80 m Länge, 3,40 m Durchmesser, 1.350 kg Gewicht |

| | L40H | GS1 | GS2 | GS3 |
|---|---|---|---|---|
| Länge: | 19,70 m | 20,13 m | 11,56 m | 10,00 m |
| Durchmesser: | 2,10 m | 2,80 m | 2,80 m | 2,80 m |
| Startgewicht: | 4 × 47.600 kg | 165.000 kg | 44.300 kg | 18.000 kg |
| Trockengewicht: | 4 × 5.600 kg | 27.000 kg | 4.800 kg | 3.000 kg |
| Schub Meereshöhe: | 4 × 765 kN | 3500 kN | - | - |
| Schub Vakuum: | - | 4768 kN | 799 kN | 96 kN |
| Triebwerke: | 4 × Vikas | 1 × S138 | 1 × Vikas | 1 × CUS |
| Spezifischer Impuls (Meereshöhe): | 2750 m/s | 2324 m/s | 1961 m/s | - |
| Spezifischer Impuls (Vakuum): | - | 2538 m/s | 2870 m/s | 4510 m/s |
| Brenndauer: | 149 s | 107 s | 139 s | 700 s |
| Treibstoff: | NTO / UH25 | HTPB / Aluminium / Ammoniumperchlorat | NTO / UH25 | LOX / LH2 |

# GSLV Mark III

Im Jahre 2002 wurde beschlossen, mit einem Budget von anfangs 4,2 Milliarden Rupien (etwa 520 Millionen Dollar) eine Fortentwicklung der GSLV zu einer GSLV Mark III zu beginnen. Schon 2008 sollte ihr Erstflug erfolgen, inzwischen wurde dieser auf 2012 verschoben. Sie verwendet anstatt vier Booster mit flüssigem Treibstoff zwei große mit einer Startmasse von je etwa 240 t und rund 200 t festem Treibstoff. Bei den Modellen sind Treibstofftanks für das Schubvektorkontrollsystem (Sekundärinjektion wie bei der PSLV) sichtbar. Die Düsen der Booster dürften daher nicht schwenkbar sein. Die zentrale Stufe wiegt 110 t und setzt zwei Vikas Triebwerke ein. Die Oberstufe mit kryogenen Treibstoffen nimmt 25 t Treibstoff auf. Sie wird 10 t in einen LEO-Orbit und 4 t in den GTO-Orbit transportieren. Ein neues Triebwerk mit 197 kN Schub im Staged Combustion Cycle soll sie antreiben.

Die GSLV Mark III bricht mit dem bisherigen Konzept – anstatt Booster mit flüssigen Treibstoffen werden nun Feststoffbooster verwendet und die Zentralstufe setzt flüssige Treibstoffe ein. Anstatt zweier Oberstufen wird nur eine Stufe mit einem eigenen Triebwerk aus Indien eingesetzt, das Wasserstoff und Sauerstoff verbrennt. Neue Vikas-Triebwerke mit Regenerativkühlung (anstatt Filmkühlung) sollen die Leistung weiter steigern. Verbunden sind erste und zweite Stufe durch einen Gitterrohradapter, was für eine „heiße" Stufentrennung spricht. Dies vereinfacht den Entwurf des Zweitstufentriebwerks, da es nicht in der Schwerelosigkeit gezündet werden muss. Eine geräumige Nutzlastverkleidung mit einem Volumen von 100 m³ und 5,00 m Durchmesser steht zur Verfügung.

Weitere zukünftige Verbesserungen der GSLV sind eine größere Zentralstufe mit rund 160 bis 200 t Startmasse mit vier anstatt zwei Vikas-Triebwerke und vier statt zwei Feststoffbooster. Diese Version GSLV Mark IV soll rund 6.000 kg in den GTO-Orbit befördern und bis zu 20.000 kg in den LEO-Orbit. Sie dürfte etwa 1.030 t beim Start wiegen. Auch angekündigt wurde am 19.12.2008 der Start der Entwicklung von Antrieben mit Kerosin und Sauerstoff. Sie könnten langfristig die Feststoffantriebe, welche derzeit noch in Indien die Raketen dominieren, ersetzen.

Bedingt durch die Verzögerungen bei der Entwicklung des Triebwerks der GSLV Mark II und den Verschiebungen im Startplan der GSLV ist es wahrscheinlich, dass die Mark III Version eventuell noch nicht 2012 verfügbar ist. Eine Möglichkeit den Zeitplan einzuhalten wäre, das 200 kN Triebwerk der Oberstufe durch zwei kleinere Motoren der 100 kN Klasse, wie sie in der Mark II eingesetzt werden, zu ersetzen.

## Datenblatt GSLV Mark III

| Einsatzzeitraum: | ab 2012 ? | | |
|---|---|---|---|
| Starts: | - | | |
| Zuverlässigkeit: | - | | |
| Abmessungen: | 43,43 m Höhe | | |
| | 10,80 m maximaler Durchmesser | | |
| Startgewicht: | 644.750 kg | | |
| Maximale Nutzlast: | 10.000 kg in einen LEO-Orbit | | |
| | 4.400 kg in einen GTO-Orbit | | |
| Nutzlasthülle: | 10,30 m Länge, 5,00 m Durchmesser | | |
| | **S200** | **L110** | **Star 37 XFP** |
| Länge: | 25,00 m | 25,50 m | 8,30 m |
| Durchmesser: | 3,40 m | 4,00 m | 4,00 m |
| Startgewicht: | 2 × 240.000 kg | 124.000 kg | 30.000 kg |
| Trockengewicht: | 2 × 40.000 kg | 14.000 kg | 5.000 kg |
| Schub Meereshöhe: | 2 × 3.072 kN | 2 × 677,5 kN | - |
| Schub Vakuum: | 2 × 3.850 kN | 2 × 735 kN | 200 kN |
| Triebwerke: | 2 × S200 | 2 × Vikas 2+ | 1 × CE 20 |
| Spezifischer Impuls (Meereshöhe): | 2383 m/s | 2663 m/s | - |
| Spezifischer Impuls (Vakuum): | 2637 m/s | 2890 m/s | 4452 m/s |
| Brenndauer: | 155 s | 216 s | 720 s |
| Treibstoff: | HTPB / Aluminium / Ammoniumperchlorat | NTO / UH25 | LOX / LH2 |

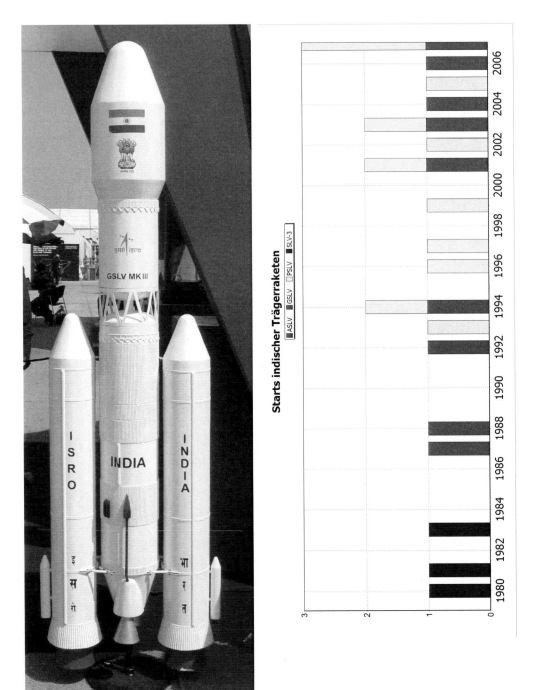

*Abbildung 78: Model der GSLV Mark III bei einer Luft- & Raumfahrtaustellung*

# Der Rest der Welt

Der folgende Abschnitt enthält die bisher gestarteten oder geplanten Trägerraketen von den Nationen, die nicht zu den großen Weltraumnationen gerechnet werden können.

Von zahlreichen dieser Typen gibt es nur wenige verlässliche technische Daten. Zum einen, weil bei vielen Nationen der Ursprung der Träger militärischer Natur ist und die Daten Rückschlüsse auf die Möglichkeiten ihrer militärischen Mittel- oder Langstreckenraketen zulassen. Zum anderen geht es einigen Nationen vor allem um öffentlich wirksame Erfolge, weniger um die Veröffentlichung von wissenschaftlichen Ergebnissen oder Details der Starts.

Ich habe mich bemüht die Daten aus verschiedenen Quellen zusammenzutragen oder aus vorliegenden Angaben zu berechnen. Diese berechneten Angaben sind mit einem Fragezeichen markiert.

Den Abschluss dieser Serie bildet eine kleine Zusammenfassung aller Trägerraketen, von denen es nicht genug Daten für ein einigermaßen komplettes Datenblatt gibt oder die sich erst im frühen Projektstadium befinden.

# Sparta Redstone

Von 1966 bis 1967 startete die US-Army vom australischen Startzentrum Woomera eine Redstone mit den Oberstufen Altair und Antares für Wiedereintrittsversuche. Nach neun Flügen konnte das Programm vorzeitig erfolgreich abgeschlossen werden. Die zehnte noch verbliebene Rakete wurde Australiens **W**eapon **R**esearch **E**stablishment (WRE) für eigene Flüge zur Verfügung gestellt.

Das WRE nutzte diese Rakete, um den ersten australischen Satelliten Wresat am 29.11.1967 zu starten. Die Redstone entsprach technisch der Rakete, mit der auch die suborbitalen Mercury Flüge und die ersten US-Starts der „Juno" durchgeführt wurden, mit der z.B. Explorer 1 als erster US-Satellit in den Orbit gelangte.

Die Redstone war eine von Wernher von braun entwickelte Mittelstreckenrakete, die noch weitgehend auf der Technologie der A-4 basierte. So wurde die Treibstoffkombination LOX mit 75 % Ethanol eingesetzt. 8.600 kg Ethanol und 11.340 kg flüssiger Sauerstoff befanden sich den beiden Tanks. Auch die Schubvektorkontrolle durch vier Blätter in der Düse entsprach der Vorgehensweise bei der A-4. Unterstützt wurden diese durch vier fest angebrachte Finnen und vier kleine Düsen, die mit dem Abgas des Gasgenerators gespeist wurden. Sie dienten der Stabilisierung in der unteren Atmosphäre, bis die Ruder im Abgasstrahl wirksam wurden (dazu musste eine Mindestgeschwindigkeit erreicht werden). Bewegt wurden sie pneumatisch durch Druckluft. Der Gasgenerator wurde wie bei der A-4 durch katalytisch zersetztes Wasserstoffperoxid angetrieben. Die Redstone hatte davon 358 kg an Bord. Spätere Typen wie die Jupiter und Thor nutzten dazu die mitgeführten Treibstoffe.

Die Zelle bestand aus Edelstrahl. Nur der vordere Teil mit dem Sprengkopf war für einen Wiedereintritt ausgelegt. Er wurde 20 bis 25 Sekunden nach Brennschluss durch sechs Sprengladungen von den Tanks und dem Triebwerk abgetrennt. Die Druckbeaufschlagung der Tanks erfolgte mit Druckluft.

Als Oberstufen wurden eine Antares 2, bekannt von der Scout A (siehe Band 1, S.254), und eine von Australien entwickelte BE-3 Oberstufe eingesetzt. Sie ersetzte die standardmäßig vorhandene Altair. Beide arbeiteten mit festen Treibstoffen und wurden kurz hintereinander auf dem Gipfelpunkt der ballistischen Bahn gezündet. Bedingt durch die kurzen Brennzeiten resultierten daraus sehr hohe Beschleunigungsspitzen. Da nur eine Redstone-Sparta zur Verfügung stand, folgten diesem einen Satellitenstart keine weiteren Einsätze.

## Datenblatt Redstone-Sparta

| | |
|---|---|
| Einsatzzeitraum: | 1967 |
| Starts: | 1, davon kein Fehlstart |
| Zuverlässigkeit: | 100 % erfolgreich |
| Abmessungen: | 21,80 m Höhe |
| | 1,78 m Durchmesser |
| Startgewicht: | 30.230 kg |
| Maximale Nutzlast: | 45 kg in einen LEO-Orbit |
| Nutzlasthülle: | 2,17 m Länge, 0,76 m Durchmesser |

| | Redstone | Antares II | Sparta |
|---|---|---|---|
| Länge: | 17,58 m | 1,70 m | 0,81 m |
| Durchmesser: | 1,78 m | 0,70 m | 0,48 m |
| Startgewicht: | 28.460 kg | 1.525 kg | 100 kg |
| Trockengewicht: | 3.980 kg | 357 kg | 12 kg |
| Schub Meereshöhe: | 345 kN | - | - |
| Schub Vakuum: | 436 kN | 93 kN | 27,5 kN |
| Triebwerke: | 1 × A-7 | 1 × X-259 | 1 × BE-3 |
| Spezifischer Impuls (Meereshöhe): | 2304 m/s | - | - |
| Spezifischer Impuls (Vakuum): | 2628 m/s | 2579 m/s | 2677 m/s |
| Brenndauer: | 155 s | 36 s | 8,4 s |
| Treibstoff: | LOX / Ethanol | fest | fest |

*Abbildung 79: Wresat vor dem Start*

# Shavit / Leolink

Das Bestreben, eine eigene militärisch genutzte Mittelstreckenrakete oder Kurzstreckenrakete zu besitzen, führte zu einigen seltsamen Kooperationen. So lieferte das kommunistische Nordkorea Raketen an den Gottesstaat Iran und den Verbündeten der USA, Pakistan. Es führte auch zur Zusammenarbeit von Südafrika und Israel. Südafrika entwickelte in den siebziger und achtziger Jahren die Mittelstreckenrakete RSA-3. Diese war 15,40 m lang, 23,5 t schwer und hatte einen Durchmesser von 1,35 m. Jedoch wurde die Entwicklung zusammen mit dem größeren Modell RSA-4, das Basis für eine Trägerrakete sein sollte, wieder eingestellt. Einige Exemplare wurden an Israel geliefert. Auf dieser Grundlage entwickelte Israel die Mittelstreckenrakete Jericho 2 und aus dieser wiederum entstand die Shavit.

Erste und zweite Stufe der Shavit waren identisch. Es handelte sich eine um mit Feststoff angetriebene Stufe, stabilisiert durch Finnen und Strahlruder in einem CFK-Gehäuse. Die zweite Stufe unterschied sich von der Ersten durch eine längere Düse und eine Schubvektorkontrolleinheit. Die dritte Stufe hatte ein Titangehäuse. Der Start erfolgte vom israelischen Militärstandort Palmachim. Als einzige Trägerrakete im Einsatz startete die Shavit westwärts über das Mittelmeer. Zum einen wegen der politischen Spannungen mit den Nachbarländern und den daraus bei einem Start entstehenden Problemen. Zum anderen, weil sonst die ausgebrannten Stufen geborgen werden könnten. Der Start nach Westen verlangte eine um 800 m/s höhere Startgeschwindigkeit und entsprechend verringert sich die Nutzlast. Starts in sonnensynchrone Bahnen (nach Norden oder Süden) waren so nicht möglich. Als zukünftiges Startgelände war Wallops Island vorgesehen.

Die Shavit-1 unterschied sich von der Shavit durch eine 2,27 m längere erste Stufe mit höherem Startschub. Sie wurde fünfmal von 1995-2007 eingesetzt. Auch sie transportierte als einzige Nutzlast israelische Aufklärungssatelliten des Typs Ofeq.

Die Shavit-2 oder Leolink LK-1 war als Nachfolgemodell gedacht und sollte kommerziell angeboten werden. Dazu sollten die vorhandenen Stufen durch in den USA gefertigte Stufen wie den Castor 120 Antrieb oder den Star 48 Antrieb ersetzt werden. Eine mit Hydrazin betriebene Oberstufe stand optional als vierte Stufe zur Verfügung. Die Shavit 2 hätte eine Nutzlast von 350 – 800 kg in einen SSO-Orbit aufgewiesen.

Nach dem Verlust von Ofeq-6 beim letzten Start einer Shavit 1 und damit dem zweiten Fehlstart bei sieben Starts und zusätzlichen Kosten von 100 Millionen

Dollar kündigte Israel an, künftige Satelliten der Ofeq Reihe mit der indischen PSLV zu starten. Inzwischen startet selbst Frankreich seine Plejades Spionagesatelliten mit der Sojus und die Bundeswehr ihre SARLupe Satelliten auf Kosmos 3M Trägern. Eine eigene Trägerrakete nur für nationale Aufklärungssatelliten weiter zu unterhalten machte daher keinen Sinn mehr.

| Datenblatt Shavit | | | |
|---|---|---|---|
| Einsatzzeitraum: | 1988 – 1990 | | |
| Starts: | 2, davon kein Fehlstart | | |
| Zuverlässigkeit: | 100 % erfolgreich | | |
| Abmessungen: | 15,43 m Höhe<br>2,30 m Durchmesser | | |
| Startgewicht: | 23.390 kg | | |
| Maximale Nutzlast: | 160 kg in einen LEO-Orbit | | |
| Nutzlasthülle: | 3,36 m Länge, 1,56 m Durchmesser, 57 kg Gewicht | | |
| | **Stufe 1** | **Stufe 2** | **Stufe 3** |
| Länge: | 6,30 m | 6,50 m | 2,08 m |
| Durchmesser: | 1,35 m | 1,35 m | 1,30 m |
| Startgewicht: | 10.215 kg | 10.338 kg | 2.048 kg |
| Trockengewicht: | 1.115 kg | 1.238 kg | 170 kg |
| Schub Meereshöhe: | 413 kN | - | - |
| Schub Vakuum: | 456 kN | 477 kN | 58,8 kN |
| Triebwerke: | 1 × ATSM-9 | 1 × ATSM-9 | 1 × AUS-51 |
| Spezifischer Impuls (Meereshöhe): | 2351 m/s | - | - |
| Spezifischer Impuls (Vakuum): | 2598 m/s | 2598 m/s | 2864 m/s |
| Brenndauer: | 52 s | 52 s | 92 s |
| Treibstoff: | HTPB / Aluminium / Ammoniumperchlorat | HTPB / Aluminium / Ammoniumperchlorat | HTPB / Aluminium / Ammoniumperchlorat |

## Datenblatt Shavit 1

| | | | |
|---|---|---|---|
| Einsatzzeitraum: | 1995 – 2007 | | |
| Starts: | 5, davon 2 Fehlstarts | | |
| Zuverlässigkeit: | 60 % erfolgreich | | |
| Abmessungen: | 17,21 m Höhe | | |
| | 2,30 m Durchmesser | | |
| Startgewicht: | 27.250 kg | | |
| Maximale Nutzlast: | 225 kg in einen LEO-Orbit | | |
| Nutzlasthülle: | 3,36 m Länge, 1,56 m Durchmesser, 57 kg Gewicht | | |

| | Stufe 1 | Stufe 2 | Stufe 3 |
|---|---|---|---|
| Länge: | 8,00 m | 6,50 m | 2,08 m |
| Durchmesser: | 1,35 m | 1,35 m | 1,30 m |
| Startgewicht: | 13.990 kg | 10.338 kg | 2.048 kg |
| Trockengewicht: | 1.240 kg | 1.238 kg | 170 kg |
| Schub Meereshöhe: | 564 kN | - | - |
| Schub Vakuum: | 774 kN | 477 kN | 60,4 kN |
| Triebwerke: | 1 × ATSM-13 | 1 × ATSM-9 | 1 × AUS-51 |
| Spezifischer Impuls (Meereshöhe): | 2452 m/s | - | - |
| Spezifischer Impuls (Vakuum): | 2598 m/s | 2598 m/s | 2897 m/s |
| Brenndauer: | 55,4 s | 52 s | 90,5 s |
| Treibstoff: | HTPB / Aluminium / Ammoniumperchlorat | HTPB / Aluminium / Ammoniumperchlorat | HTPB / Aluminium / Ammoniumperchlorat |

*Abbildung 80: Start von Ofeq-6 mit der letzten Shavit-1*

## Datenblatt Shavit 2 / LeoLink LK-1

| | |
|---|---|
| Einsatzzeitraum: | - |
| Starts: | - |
| Zuverlässigkeit: | - |
| Abmessungen: | 19,51 m Höhe |
| | 2,30 m Durchmesser |
| Startgewicht: | 31.500 kg |
| Maximale Nutzlast: | 300 kg in einen LEO-Orbit |
| Nutzlastverkleidung: | 3,86 m Höhe, 1,35 m Durchmesser, 65 kg Gewicht |

| | Stufe 1 | Stufe 2 | Stufe 3 | Stufe 4 |
|---|---|---|---|---|
| Länge: | 8,00 m | 6,50 m | 2,08 m | 1,30 m |
| Durchmesser: | 1,35 m | 1,35 m | 1,30 m | 1,56 m |
| Startgewicht: | 13.990 kg | 14.126 kg | 2.048 kg | 237 kg |
| Trockengewicht: | 1.240 kg | 1.376 kg | 170 kg | 71 kg |
| Schub Meereshöhe: | 564 kN | - | - | - |
| Schub Vakuum: | 774 kN | 628,3 kN | 60,4 kN | 0,4 kN |
| Triebwerke: | 1 × ATSM-13 | 1 × ATSM-13 | 1 × AUS-51 | ? |
| Spezifischer Impuls (Meereshöhe): | 2452 m/s | - | - | - |
| Spezifischer Impuls (Vakuum): | 2598 m/s | 2736 m/s | 2897 m/s | 1961 m/s |
| Brenndauer: | 55,4 s | 52 s | 90,5 s | 800 s |
| Treibstoff: | HTPB / Aluminium / Ammoniumperchlorat | HTPB / Aluminium / Ammoniumperchlorat | HTPB / Aluminium / Ammoniumperchlorat | Hydrazin |

*Abbildung 81: Jungfernflug der Shavit 2 mit Ofeq-7*

## Datenblatt LeoLink LK-2

| | |
|---|---|
| Einsatzzeitraum: | - |
| Starts: | - |
| Zuverlässigkeit: | - |
| Abmessungen: | 26,41 m Höhe |
| | 2,36 m Durchmesser |
| Startgewicht: | 72.530 kg |
| Maximale Nutzlast: | 800 kg in einen LEO-Orbit |
| | 5,40 m Höhe, 1,56 m Durchmesser, 108 kg Gewicht |

| | Stufe 1 | Stufe 2 | Stufe 3 | Stufe 4 |
|---|---|---|---|---|
| Länge: | 11,56 m | 6,50 m | 2,08 m | 1,30 m |
| Durchmesser: | 2,36 m | 1,35 m | 1,30 m | 1,56 m |
| Startgewicht: | 53.900 kg | 14.126 kg | 2.048 kg | 237 kg |
| Trockengewicht: | 4.876 kg | 1.376 kg | 170 kg | 71 kg |
| Schub Meereshöhe: | 1483 kN | - | - | - |
| Schub Vakuum: | 1652 kN | 628,3 kN | 60,4 kN | 0,4 kN |
| Triebwerke: | 1 × Castor 120 | 1 × ATSM-13 | 1 × AUS-51 | ? |
| Spezifischer Impuls (Meereshöhe): | 2481 m/s | - | - | - |
| Spezifischer Impuls (Vakuum): | 2745 m/s | 2736 m/s | 2897 m/s | 1961 m/s |
| Brenndauer: | 82 s | 52 s | 90,5 s | 800 s |
| Treibstoff: | HTPB / Aluminium / Ammoniumperchlorat | HTPB / Aluminium / Ammoniumperchlorat | HTPB / Aluminium / Ammoniumperchlorat | Hydrazin |

# VLS

Die VLS (Veículo Lançador de Satélites) ist Brasiliens erste Trägerrakete. Sie ist aus einer Höhenforschungsrakete abgeleitet worden. Die **INPE** (**I**nstituto **N**acional de **P**esquisas **E**spaciais: Nationales Institut für Weltraumforschung) verwendet vier Sonda-4 Höhenforschungsraketen als Booster der ersten Stufe der VLS. Eine modifizierte Version der Sonda-4 bildet die erste Stufe. Sie hat eine Düse mit einem höheren Expansionsverhältnis von 37,2 anstatt 12,9 bei den Boostern. Jede Sonda-4 Rakete wiegt 7,3 t. Zwei Feststofftriebwerke bilden die dritte Stufe.

Brasilien investierte über 300 Millionen US Dollar in die Entwicklung und Aufbau des Startgeländes. Die INPE hofft, mit dieser Trägerrakete Mitglied im exklusiven Klub derer Nationen zu werden, die einen Satelliten mit einer eigenen Trägerrakete gestartet haben.

Ähnlich wie bei der japanischen H-2 fanden Testflüge mit einem Modell von einem Drittel der Größe von 1985 bis 1989 statt. 1990 fanden Tests mit zwei Stufen erfolgreich statt. Der erste orbitale Versuch 1997 scheiterte allerdings, da einer der Booster nicht zündete. Beim zweiten Test 1999 wurde die Rakete gesprengt, als sie vom Kurs abkam, nachdem die zweite Stufe nicht zündete. Zwei Tage vor dem geplanten dritten Start zündete bei Arbeiten am Träger einer der Booster und die Rakete explodierte. Es gab 21 Tote und 20 Verletzte. Daraufhin wurde das Programm unterbrochen und erst 2008 wieder aufgenommen. Brasilien plant nun den ersten Satellitenstart für 2011.

Eine verkleinerte Version der VLS-1, ohne die Booster, mit einer kleinen Feststoffoberstufe, der VLM (**V**eiculo **L**ancador de **M**icrosatellites), wurde inzwischen eingestellt. Mit russischer Hilfe soll eine größere Rakete, zuerst als VLS-2 bezeichnet, mit einer mit flüssigen Treibstoffen angetriebenen Oberstufe entstehen. Sie soll schwerere Satelliten transportieren können. Mittlerweile wurde sie in „Alfa" umbenannt.

Von allen Weltraumzentren an Land liegt das Centro de Lançamento de Alcântara am nächsten am Äquator. Es liegt nur 2 Grad südlich des Äquators. Es gab zahlreiche Pläne, es für Starts größerer Träger zu nutzen, wie der Zyklon, Proton und Langer Marsch und Shavit. Bisher blieben die Starts der VLS aber die Einzigen von diesem Startkomplex aus.

## Datenblatt VLS-1

| | |
|---|---|
| Einsatzzeitraum: | 1997 – heute |
| Starts: | 3, davon 3 Fehlstarts |
| Zuverlässigkeit: | 0 % erfolgreich |
| Abmessungen: | Länge 19,46 m |
| | Durchmesser: 3,10 m |
| Startgewicht: | 49.900 kg |
| Maximale Nutzlast: | 380 kg in eine 5 Grad Bahn, 200 km Höhe |
| | 200 kg in eine 750 km hohe 25 Grad Bahn |
| | 80 kg in eine 800 km hohen SSO-Orbit |
| Nutzlastverkleidung | 3,25 m Länge, 1,20 m Durchmesser, 105 kg Gewicht |

| | Booster | Stufe 1 | Stufe 2 | Stufe 3 |
|---|---|---|---|---|
| Länge: | 9,00 m | 8,10 m | 8,10 m | 5,60 m |
| Durchmesser: | 1,00 m | 1,00 m | 1,00 m | 1,00 m |
| Startgewicht: | 4 × 8.550 kg | 8,720 kg | 5.664 kg | 1.025 kg |
| Trockengewicht: | 4 × 1.328 kg | 1.536 kg | 1,212 kg | 190 kg |
| Schub Meereshöhe: | 4 × 257,6 kN | - | - | - |
| Schub Vakuum: | 4 × 309 kN | 320,6 kN | 208,39 kN | 33,24 kN |
| Triebwerke: | 4 × S-43 | 1 × S-43 | 1 × S-40TM | 1 × S-44 |
| Spezifischer Impuls (Meereshöhe): | 2207 m/s | - | - | - |
| Spezifischer Impuls (Vakuum): | 2550 m/s | 2720 m/s | 2700 m/s | 2766 m/s |
| Brenndauer: | 60 s | 59 s | 58 s | 68 s |
| Treibstoff: | HTPB / Aluminium / Ammoniumperchlorat | HTPB / Aluminium / Ammoniumperchlorat | HTPB / Aluminium / Ammoniumperchlorat | HTPB / Aluminium / Ammoniumperchlorat |

*Abbildung 82: Die VLS*

# KSLV / Naro-1

Südkorea entwickelt unter der Bezeichnung KSLV (**K**orea **S**pace **L**aunch **V**ehicle) ebenfalls eine eigene Trägerrakete. Im Jahre 2002 wurde geplant, auf Basis der selbst entwickelten Höhenforschungsrakete KSR eine Trägerrakete zu bauen. Die erste Stufe sollte flüssige Treibstoffe einsetzen und 130 kN Schub besitzen. Als Oberstufen waren zwei Feststoffantriebe vorgesehen.

Schon 2004 gab Südkoreas Regierung eine gravierende Änderung bekannt. Das russische Unternehmen GKNPZ Chrunitschew sollte nun für 200 Millionen Dollar die erste Stufe entwickeln, die auf dem Angara URM basiert. Die zweite Stufe mit einem Feststoffantrieb stammt von Südkorea. Bei einer Startmasse von 133 t kann die KSLV-I nur 100 kg in einen 800 × 1500 km hohen Orbit transportieren. Auch die Startanlage auf der Insel Oenaro bei 34 Grad Nord und 127 Grad Ost wird von Russland errichtet. Allein 250 Millionen Dollar wurden bisher in das Weltraumzentrum Naro Space Center investiert. Die Entwicklung der KSLV-I kostet insgesamt 488 Millionen Dollar. Die erste Stufe der KSLV soll zu 80 % identisch mit der Angara sein. Sie hat auch denselben Durchmesser von 2,90 m. Ein wesentlicher Unterschied ist der Einsatz des neuen Triebwerks RD-151. Der Schub des RD-151 ist mit 1.646 kN etwas geringer als der des RD-191 beim Angara-URM mit 2.080 kN. Das RD-151 wird als RD-170 Derivat bei Energomasch geführt. Es ist wahrscheinlich ein RD-191 mit geringeren Anforderungen und niedrigerem Brennkammerdruck. Seine Entwicklung konnte vor dem RD-191 abgeschlossen werden konnte, das sich noch in der Testphase befindet. Chrunitschew soll zehn Stufen für die KSLV liefern. Ursprünglich sollte der Start 2005 erfolgen, wurde jedoch mehrfach verschoben. Am 25.8.2009 fand er statt, jedoch löste sich nur die Hälfte der Nutzlastverkleidung und der Satellit trat wieder in die Erdatmosphäre ein und verglühte. Der zweite Start ist für den April 2010 geplant. Im Juli 2009 wurde die KSLV-I in Naro-1 umbenannt, nach dem Naro Space Center, von dem sie startet.

Der KSLV-I soll schon 2010 die KSLV-II mit einer zweiten Stufe mit flüssigen Treibstoffen folgen, wahrscheinlich wird die erste Stufe der KSR eingesetzt. Sie soll 1.000 kg in einen Orbit transportieren und die erste Stufe soll 200 t anstatt 170 t Schub wie bei der KSLV-I aufweisen. Die 200 t Bodenschub passen zum RD-191 Triebwerk, das zumindest in der KSLV-II zum Einsatz kommen könnte. Mittlerweile gab Südkorea bekannt, dass sich der Jungfernflug der KSLV-II bis 2017 verzögern kann. Bis 2015 sollte nach ursprünglichen Planungen die noch stärkere KSLV-III folgen, die mit drei Stufen 1.500 kg in einen sonnensynchronen Orbit transportieren soll. Wann deren Erstflug erfolgt, ist noch offen.

## Datenblatt KSLV I / Naro I

| | |
|---|---|
| Einsatzzeitraum: | 2009 |
| Starts: | 1, davon ein Fehlstart |
| Zuverlässigkeit: | 0 % |
| Abmessungen: | 33,00 m Höhe |
| | 2,90 m Durchmesser |
| Startgewicht: | 140.000 kg |
| Maximale Nutzlast: | 100 kg in einen 800 × 1500 km Orbit |
| | 10,00 m Länge, 3,30 m Durchmesser |
| Nutzlasthülle: | 5,75 m Länge, 1,80 m Durchmesser |

| | URM | Stufe 2 |
|---|---|---|
| Länge: | 24,48 m ? | 2,00 m |
| Durchmesser: | 2,90 m | 0,95 m ? |
| Startgewicht: | 125.500 kg ? | ? |
| Trockengewicht: | 10.500 kg ? | ? |
| Schub Meereshöhe: | 1.667 kN | - |
| Schub Vakuum: | 1.804 kN ? | 86,2 kN |
| Triebwerke: | 1 × RD-151 | ? |
| Spezifischer Impuls (Meereshöhe): | 3030 m/s ? | - |
| Spezifischer Impuls (Vakuum): | 3304 m/s ? | ? |
| Brenndauer: | 210 s ? | ? |
| Treibstoff: | LOX / Kerosin | fest |

*Abbildung 83: Die Naro-1 vor dem Start*

# Paektusan-1 / Taepodong 1

Am 31.8.1998 gab Nordkorea bekannt, den Satelliten Kwangmyŏngsŏng-1 in den Orbit geschlossen zu haben. Er sollte auf der Frequenz von 27 MHz patriotische Lieder abspielen. Westliche Radar-Überwachungsstationen fanden aber kein neues Objekt im Orbit und gingen zuerst von einem verschleierten ICBM-Test aus. Erst als Videos des Starts auftauchten und die Auswertung der Aufstiegsbahn einen Orbitalversuch bestätigte, änderte sich diese Einschätzung. Der Satellit schien aber durch Fehlfunktion der dritten Stufe keinen Orbit erreicht zu haben. Die im Westen als Taepodong-1 bezeichnete Rakete wurde von Nordkorea als Paektusan-1, nach dem höchsten Berg auf der koreanischen Halbinsel, bezeichnet. Sie basierte auf der Nodong Rakete. Erstmals wurde sie im Februar 1994 auf Satellitenaufnahmen gesichtet und im Mai desselben Jahres begann der Bau der Raketenbasis Musudan-ri.

Die Paektusan-1 verwendete als erste Stufe die Nodong Rakete. Über ihre Natur gibt es unterschiedliche Meinungen. Möglich wäre der Einsatz der Triebwerke YF-2 der chinesischen DF-3 / Langer Marsch 1. Die meisten Autoren sind aber der Meinung, sie wäre durch Verbesserung der russischen Scud entstanden. Nordkorea hatte von Ägypten Scud-C bekommen und westliche Aufklärungssatelliten fotografierten diese Raketen sowie Weiterentwicklungen der Scud-C.

Die Scud-B und -C waren Kurzstreckenraketen mit einer Reichweite von 300 bis 450 km und einem Startgewicht von 6,4 t. Der Durchmesser betrug 0,88 m. Demgegenüber hatte die erste Stufe der Paektusan-1 einen Durchmesser von 1,35 m. Durch einfaches Vergrößern des Triebwerks der Scud kann der Schub nicht so weit gesteigert werden, dass eine so große Rakete gestartet werden kann. Eventuell wurde ein Bündel aus vier Scud-C Triebwerken in der ersten Stufe eingesetzt. Das Heck der Taepodong weist eine große Ähnlichkeit zur Scud aus, inklusive von Strahlruder und Finnen zur Steuerung.

Die zweite Stufe war weitere Scud-C. Durchmesser und Länge passen exakt zu diesem Muster. Beide Stufen verbrannten Kerosin mit einer Mischung aus Salpetersäure und NTO. Gezündet wurden sie hypergol durch Tonka 250, einem Gemisch aromatischer Amine oder UDMH. Verbunden waren erste und zweite Stufe durch einen Gitterrohradapter – ein Hinweis auf eine heiße Stufentrennung? Die dritte Stufe könnte ein chinesischer FG-47 Feststoffmotor sein. Die angegebene Brennzeit passt genau zu diesem Typ. Er wurde in den CZ-2D als Smart Dispenser verwendet. Andere Autoren tippen auf eine nordkoreanische Eigenentwicklung.

## Datenblatt Paektusan-1

| | | | |
|---|---|---|---|
| Einsatzzeitraum: | 1998 | | |
| Starts: | 1, davon ein Fehlstart | | |
| Zuverlässigkeit: | 0 % erfolgreich | | |
| Abmessungen: | 24,50 m Höhe | | |
| | 2,74 m Durchmesser | | |
| Startgewicht: | 21.000 kg? | | |
| Maximale Nutzlast: | > 27 kg | | |
| Nutzlasthülle: | 2,00 m Länge, 0,88 m Durchmesser? | | |

| | Stufe 1 | Stufe 2 | Stufe 3 |
|---|---|---|---|
| Länge: | 13,41 m ? | 8,99 m ? | 0,85 m ? |
| Durchmesser: | 1,25 m ? | 0,88 m ? | 0,52 m ? |
| Startgewicht: | 15.192 kg ? | 5.438 kg ? | 160 kg ? |
| Trockengewicht: | 1.866 kg ? | 1.195 kg ? | 35 kg ? |
| Schub Meereshöhe: | 310,9 kN | - | |
| Schub Vakuum: | - | 58,8 kN | 9,8 kN ? |
| Triebwerke: | 4 × Scud C ? | 1 × Scud C ? | |
| Spezifischer Impuls (Meereshöhe): | 2217 m/s ? | | |
| Spezifischer Impuls (Vakuum): | 2598 m/s ? | 2598 m/s ? | 2746 m/s ? |
| Brenndauer: | 95 s | 171 s | 27 s |
| Treibstoff: | Salpetersäure / Kerosin | Salpetersäure / Kerosin | fest |

# Unha 2 / Taepodong 2

Am 5.7. 2007 fand ein Test der weiterentwickelten nordkoreanischen Taepodong 2 Rakete statt, die offiziell als Unha 1 bezeichnet wird. Dieser endete schon nach 40 Sekunden in der Explosion der Rakete. Dieser Zeitpunkt entspricht dem der maximalen aerodynamischen Belastung. So bleibt offen, ob sie als ICBM oder Trägerrakete getestet wurde. Am 5.4.2009 gab Nordkorea mit einem Startvideo den zweiten erfolgreichen Satellitenstart bekannt. Auch diesmal gelangte kein Objekt in einen Orbit und es wurde zuerst ein ICBM-Test vermutet, später aber aufgrund der Aufstiegsbahn ausgeschlossen. Diesmal wurde die Rakete als „Unha 2" (Milchstraße) bezeichnet. Die erste Stufe schien ordnungsgemäß funktioniert zu haben. Es muss dann eine Fehlfunktion während des Betriebs der zweiten oder dritten Stufe aufgetreten sein.

Die Unha 2 verwendet eine gestreckte Version der ersten Stufe, der Taepodong 1, verlängert um 4,50 m. Auch der Durchmesser ist auf 2,25 m angestiegen. Da vier Flammenstrahlen zu sehen sind und der Durchmesser dem der Langer Marsch 1 (S.252) entspricht, wird vermutet, dass deren erste Stufe oder ihre YF-2 Triebwerke eingesetzt werden. Mit Sicherheit werden aber vier Triebwerke genutzt. Es könnten allerdings auch die vier Triebwerke der Taepodong 1 sein, wenn diese ein Einzeltriebwerk einsetzt. Dies ist auf den unscharfen Aufnahmen, die 1998 entstanden nicht zu erkennen.

Die zweite Stufe scheint neu zu sein. Über ihre Natur kann nur spekuliert werden. Eventuell ist es die verkürzte, im Durchmesser vergrößerte erste Stufe der Taepodong 1.

Über die dritte Stufe gibt es keine Daten. Vermutet wird ein Feststoffantrieb. Anders als beim ersten Start wurden diesmal keine Brennzeiten veröffentlicht, sodass noch mehr Daten spekulativ sind. Die Rakete soll viermal so groß wie die Taepodong sein und rund 78 t wiegen. Die chinesische Langer March mit etwa derselben Startmasse und Technologie hat zum Vergleich eine Nutzlast von rund 300 kg.

Als militärische Rakete hat die Taepodong 2 eine Reichweite von 6.000 km mit einem 1.000 kg schweren Sprengkopf und 9.000 km mit einem 500 kg Sprengkopf. Da ein Test einer ICBM für Nordkorea wegen der politischen Isolation schwer möglich ist – wie will Nordkorea den Einschlag beobachten? – wird der Start von Kwangmyŏngsŏng-2 von der UN als verdeckter ICBM Test betrachtet. Es könnte sich aber auch um einen echten Satellitenstart handeln, und zwar aus dem einfachen Grund, dass Nordkorea vor Südkorea aus propagandistischen Gründen einen Satelliten mit einer eigenen Rakete in einen Orbit bringen will. Auf der koreanischen Halbinsel ist der kalte Krieg und der Wettlauf ins All noch nicht beendet.

| Datenblatt Unha-2 | | | | |
|---|---|---|---|---|
| Einsatzzeitraum: | 2009 – heute | | | |
| Starts: | 1, davon ein Fehlstart | | | |
| Zuverlässigkeit: | 0 % erfolgreich | | | |
| Abmessungen: | 32,00 m Höhe<br>2,25 m Durchmesser | | | |
| Startgewicht: | 78.000 kg | | | |
| Maximale Nutzlast: | 100 kg in einen LEO-Orbit | | | |
| Nutzlasthülle: | 5,00 m Länge, 1,10 m Durchmesser | | | |
| | **Stufe 1** | **Stufe 2** | **Stufe 3** | |
| Länge: | 17,00 m | 7,00 m | 3,00 m | |
| Durchmesser: | 2,25 m | 1,50 m | 1,10 m | |
| Startgewicht: | 65.900 kg ? | 11.100 kg ? | 1.000 kg ? | |
| Trockengewicht: | 5.900 kg ? | 2.100 kg ? | 200 kg ? | |
| Schub Meereshöhe: | 1098 kN ? | - | | |
| Schub Vakuum: | - | 206 kN ? | 53 kN ? | |
| Triebwerke: | 4 × YF-2 ? | | | |
| Spezifischer Impuls (Meereshöhe): | 2205 m/s ? | - | - | |
| Spezifischer Impuls (Vakuum): | 2471 m/s ? | 2500 m/s ? | 2648 m/s ? | |
| Brenndauer: | 120 s ? | 110 s ? | 40 s ? | |
| Treibstoff: | Salpetersäure / Kerosin | Salpetersäure / Kerosin | fest | |

# Safir

Am 3.2.2009 brachte Iran mit dem dritten Startversuch nach dem 4.2.2008 und 16.8.2008, den Satelliten Omid 1 in den Orbit. Trägerrakete soll die Safir IRILV sein, ein Abkömmling der Shahab-3 Mittelstreckenrakete. Zwei Objekte wurden per Radar geortet – eines in einem 245 × 378 km, 55,51 Grad Orbit und eines in einem 245 × 439 km hohen, 55,6 Grad Orbit.

Verlässliche Daten über die Safir gibt es wenige. Die erste Stufe hat ein einzelnes Haupttriebwerk. Das Heck zeigt Strahlruder und Finnen und ähnelt dem Heck einer Scud. Das ist nicht verwunderlich, ist doch die Shahab-3 ein Scud-Abkömmling. Ein iranisches Video zeigt die Herstellung des Triebwerks, das monolithisch ist und bei dem Kühlrippen aus dem Metallblock herausgefräst werden, ebenfalls passend zur veralteten Scud-Technologie. Das Video machte auch klar, dass Iran die Raketen selbst fertigt. Iran bekam die Technologie wahrscheinlich von Nordkorea. Viele Beobachter sehen die erste Stufe der Taepodong 1 und Safir als ähnliche, vielleicht sogar identische Raketen an.

Über die zweite Stufe ist wenig bekannt. Auffällig ist aber, dass sie den gleichen Durchmesser wie die Unterstufe hat. Mindestens zwei kleine Düsen sind in einem iranischen Video zu erkennen, die Animation des Satellitenstarts deutet dagegen auf vier Brennkammern hin. Zum jetzigen Zeitpunkt sind diese, wie auch weitere Angaben nur spekulativ.

Bedingt durch die nur zweistufige Bauweise ist die Nutzlast der Safir mit 27 kg sehr klein. Der Satellit Omid 1 (Hoffnung) diente wahrscheinlich nur zur Erprobung der Rakete. Omid hatte keine Solarzellen und war batteriebetrieben. Funksignale des Satelliten konnten bei einer Frequenz von 459 MHz von der englischen Kettering Grammar School empfangen werden. Ihm sollen in den nächsten zwei Jahren vier weitere Satelliten folgen.

Am 14.4.2009 gab Iran bekannt, dass bis 2010 eine Safir-2 entwickeln wird. Zwei Ghadr-101/Samen Booster mit festem Treibstoff sollen die Shahab 3C Erststufe unterstützen. Eine dritte Stufe mit festen Treibstoffen soll die Nutzlast verdoppeln. Damit sind auch höhere Bahnen von bis zu 700 km Höhe möglich. Danach soll eine Trägerrakete auf Basis der Ghadr-101/Samen, Ghadr-110 und 110A/Sejjil/Ashura Raketen folgen. Sie würde nur feste Treibstoffe einsetzen und eine Nutzlast von 330 kg besitzen. Bedingt durch die wahrscheinlich hohe Leermasse der zweiten Stufe und die schlechten spezifischen Impulse, könnte eine dritte Stufe die Nutzlastkapazität deutlich erhöhen.

*Abbildung 84: Taepodong 1+2 und Safir (von oben nach unten)*

## Datenblatt Safir

| | |
|---|---|
| Einsatzzeitraum: | 2008 – heute |
| Starts: | 3, davon 2 Fehlstarts |
| Zuverlässigkeit: | 33 % erfolgreich |
| Abmessungen: | 22,50 m Höhe |
| | 1,25 m Durchmesser |
| Startgewicht: | 26.000 kg |
| Maximale Nutzlast: | 26 kg in einen LEO-Orbit |
| Nutzlasthülle: | 2,00 m Höhe, 1,25 m Durchmesser. |

| | Stufe 1 | Stufe 2 |
|---|---|---|
| Länge: | 16,60 m | 3,40 m |
| Durchmesser: | 1,25 m | 1,25 m |
| Startgewicht: | 22.200 kg ? | 3.800 kg ? |
| Trockengewicht: | 3.000 kg ? | 800 kg ? |
| Schub Meereshöhe: | 279 kN ? | - |
| Schub Vakuum: | - | 48 kN ? |
| Triebwerke: | 1 × YF-2 ? | 1 × YF-3 ? |
| Spezifischer Impuls (Meereshöhe): | 2378 m/s ? | - |
| Spezifischer Impuls (Vakuum): | - | 2810 m/s ? |
| Brenndauer: | >100 s (130 s ?) | 105 s ? |
| Treibstoff: | Salpetersäure / Kerosin | Salpetersäure / Kerosin |

# Weitere Trägerraketenprojekte
## Tronador LSA

Argentinien arbeitet an der Tronador LSA Trägerrakete. Sie basiert auf dem 1993 eingestellten Condor II Raketenprogramm. Sie besteht aus zwei Stufen, wobei die erste Stufe noch durch vier Booster unterstützt wird. Alle Stufen setzten feste Treibstoffe ein. Die Schubvektorkontrolle und Lageregelung geschieht durch ein Kaltgassystem. Die Tronador hat eine Höhe von 16 m, einen Durchmesser von 0,80 m und wiegt etwa 31 t. Sie soll Nutzlasten von 200 kg in einen Orbit befördern oder als Höhenforschungsrakete 500 kg auf 1.000 km Höhe bringen. Die Tronador soll ab 2012 zur Verfügung stehen.

## Orion

Ein brasilianisch-russisches Joint Venture namens OrionSpace plante den Start einer in Russland gebauten Rakete von Brasilien aus. Dadurch wird die geografisch günstige Lage am Äquator kombiniert mit russischem Raketen Know-How. Die Orion Rakete sollte vier Booster als erste Stufe einsetzen, jeder angetrieben mit einem NK-33-1 Triebwerk. Gleichzeitig mit den Boostern wäre die zweite Stufe mit einem NK-33-1 gezündet worden. Sie sollte mehr Treibstoff aufnehmen und länger brennen. Die dritte Stufe sollte von einem RD-0124E Triebwerk, einer Weiterentwicklung des Antriebs der Sojus 2 Drittstufe, angetrieben werden. Die Orion sollte 14 t in einen LEO-Orbit und 6 t in den GTO-Orbit befördern. Auch der Transport in den GSO sollte möglich sein. Inzwischen wurde OrionSpace aufgelöst.

## Shaheen-3

Im Jahre 2002 zeigte Pakistan auf der „IDEAS 2002 Defense Exhibition" ein Modell einer Trägerrakete auf Basis der Shaheen-2 Kurzstreckenrakete. Diese zweistufige Rakete wurde um eine weitere Stufe ergänzt – dabei kam die erste Stufe nochmals zum Einsatz, analog wie bei der Shavit. Die Shaheen-3 war zirka 15 m lang und hatte einen Durchmesser von 1,40 m. Sie sollte etwa 80 kg in einen 450 km hohen Orbit befördern. Seit dieser ersten Präsentation 2002 gab es keine weiteren Nachrichten von der Shaheen-3.

## Lapan

Indonesien ist bisher die letzte Nation, die eine eigene Trägerrakete entwickeln will. Sie basiert auf der RX-420 Höhenforschungsrakete. Die RX-420 ist eine 6,20 m lange Rakete mit 0,42 m Durchmesser und rund 1.000 kg Gewicht. Ihr Schub beträgt 100 kN bei einer Brennzeit von 12,29 Sekunden. Drei dieser Raketen, ohne ihre Nutzlastspitze noch 4,20 m lang, bilden zwei Booster und eine Zentralstufe. Die zweite Stufe ist eine auf die Hälfte verkürzte RX-420 von 2,52 m Länge. Die dritte Stufe ist eine auf ein Viertel der Länge verkürzte RX-420 von 0,75 m Länge. Die vierte Stufe ist eine RX-320 Höhenforschungsrakete von 32 cm Durchmesser und 53 cm Länge. Diese etwa 4 t schwere Rakete soll fähig sein, einen 5 kg schweren Minisatelliten in einen Orbit zu befördern. Sie ist damit die bisher kleinste entwickelte Trägerrakete. Ab 2014 will Indonesien damit den ersten Orbitalversuch durchführen.

## Al Abid

Die Verwendung von Scud-Kurzstreckenraketen als Trägerraketen ist nicht neu. Schon 1989 startete der Irak eine suborbitale Version einer Trägerrakete, gebündelt aus verlängerten Scud-B Kurzstreckenraketen. Diese wurden vom Irak als „Al Hussein" bezeichnet und auch militärisch im Golfkrieg eingesetzt. Vier Scud-B fungierten als Booster. Eine zentrale Scud-B bildete die erste Stufe der Al Abid, eine weitere Scud-B mit verlängerten Düsen die zweite Stufe und ein Feststoffantrieb die dritte Stufe. Bei 30 t Startmasse und 19 m Höhe hätte die Al Abid einen kleinen Satelliten von 50 kg Gewicht in den Orbit befördern können. Der Test am 5.12.1989 erfolgte mit nicht funktionsfähigen Oberstufen. Nach 45 Sekunden explodierte die Rakete beim Erreichen von Mach 1. Irakische Ingenieure vermuteten eine vorzeitige Auslösung der Stufentrennungsraketen. Eventuell kollabierte die Rakete aber auch bei der maximalen aerodynamischen Belastung. Dies soll auch bei zahlreichen, vom Irak zur Verlängerung der Reichweite modifizierten Scud-B im Golfkrieg der Fall gewesen sein.

## AUSROC

Von 1990 an führte Australien eine Studie für die AUSROC-IV durch. Diese sollte 30 kg Nutzlast in einen 300 km hohen Orbit befördern. Sie bestand in der ersten Stufe aus vier gebündelten AUSROC-III Höhenforschungsraketen von 9,20 m Länge, 0,75 m Durchmesser und jeweils 1.500 kg Gewicht. Ihr LOX / Kerosin Antrieb mit 35 kN Schub arbeitet 80 Sekunden lang. Die zweite Stufe bestand aus einer weiteren AUSROC-III Stufe, die von den Boostern umgeben wird. Die dritte Stufe sollte ein Feststoffantrieb oder ein Satellitenmotor sein. 1996 kaufte Australien eine Reihe dieser Feststoffantriebe für Testzwecke. Seitdem gibt es keine Neuigkeiten von Australiens erster selbst entwickelter Trägerrakete.